# Higiene industrial

# Higiene industrial

Xavier Baraza Sánchez
Emilio Castejón Vilella
Xavier Guardino Solà

EDITORIAL UOC

Diseño de la colección: Editorial UOC

Primera edición en lengua castellana: junio 2014


Gran Via de les Corts Catalanes, 872, 3a. planta, 08018 Barcelona
www.editorialuoc.com

Realización editorial: Oberta UOC Publishing, SL
Impresión: Service Point F.M.I., S.A.
ISBN: 978-84-9064-206-1
Depósito legal: B-13.526-2014

# Autores

## Xavier Baraza Sánchez

Ingeniero químico industrial por la Universidad de Barcelona y Doctor en Ingeniería del Medio Ambiente y del Producto por la Universidad de Barcelona. Máster en Prevención de riesgos laborales y máster en Dirección y administración de empresas por la Escuela Europea de Negocios. Ha sido profesor de la Universitat de Barcelona, de la Universidad Politécnica de Cartagena y de la Universitat Rovira i Virgili de Tarragona. Director de seguridad, salud y medio ambiente de una empresa farmacéutica entre el 2005 y el 2010. Actualmente es profesor de los estudios de Economía y Empresa de la Universitat Oberta de Catalunya y director del máster universitario de Prevención de riesgos laborales. Autor de varios artículos y ponente en congresos nacionales e internacionales en materia de medio ambiente, gestión empresarial y prevención de riesgos laborales.

## Emilio Castejón Vilella

Ingeniero industrial, ingeniero químico IGC y licenciado en Farmacia. Trabajó como higienista industrial desde 1972 hasta 1984 en el Centro Nacional de Condiciones de Trabajo (INSHT), donde ocupó el cargo de director desde 1984 hasta el 2002; desde enero del 2008 es coordinador de Ediciones y Publicaciones del INSHT. Es autor de 85 publicaciones sobre prevención de riesgos laborales. Colaborador del máster universitario de Prevención de Riesgos Laborales de la Universitat Oberta de Catalunya.

## Xavier Guardino Solà

Ingeniero químico diplomado del IQS, doctor en Ciencias Químicas por la Universitat de Barcelona, máster en Ingeniería y gestión ambiental por la Universitat Politècnica de Catalunya, higienista industrial. Desde 1972 hasta 1977 trabajó en el Centro de Investigación y Desarrollo del CSIC y desde 1977 hasta la actualidad, en el CNCT del INSHT (Ministerio de Empleo y Seguridad Social), donde ha sido responsable del Departamento de Análisis Ambientales, y actualmente es director del Departamento de Información y Documentación. Profesor de másteres y cursos de doctorado de distintas universidades y autor de setenta artículos científicos sobre temas de higiene industrial y medio ambiente. Colaborador del máster universitario de Prevención de Riesgos Laborales de la Universitat Oberta de Catalunya.

# Índice

# Presentación

La higiene industrial es la ciencia encargada de prevenir las enfermedades laborales derivadas de agentes físicos, químicos o biológicos. Esta ciencia, de carácter multidisplicinar, obliga a aquel que quiera dedicarse a su práctica a adquirir unos amplios conocimientos en el campo de la toxicología, ingeniería, matemáticas, química, física y biología entre otras, con el fin de aplicar dicho conocimiento en la gestión de los riesgos para la salud que suponen las exposiciones laborales a los mencionados agentes.

Esta variedad de conocimiento que es necesario adquirir para desempeñar la profesión con éxito dificulta a su vez la formación del profesional como tal. Cabe resaltar la trascendencia que tiene el buen hacer del trabajo del higienista industrial, puesto que de ello depende la prevención de enfermedades en el campo laboral.

Dada la importancia que juega la formación para esta ciencia multidisciplinar a nivel mundial, la Asociación Internacional de Higiene Industrial IOHA, promueve su difusión mediante el proyecto OHlearning, para poder llegar así a todos aquellos países con menor disponibilidad de recursos y además promover mejores estándares a nivel global, persiguiendo un reconocimiento formal de cualificación. La IOHA cuenta con el reconocimiento de la Organización Mundial de la Salud y la Organización Internacional del Trabajo en su apoyo a la protección de la salud de los trabajadores.

En línea con los objetivos y consideraciones que la IOHA tiene de la profesión, su desarrollo, mejora y formación, la Asociación Española de Higiene Industrial, AEHI, promueve la misma dedicación a nivel nacional. Una formación rigurosa y exigente redundará en una reducción de las enfermedades profesionales y mejor bienestar sociolaboral.

Por ello, la AEHI considera esta formación rigurosa del higienista industrial como un elemento clave y fundamental para el desarrollo de sus capacidades, puesto que el objetivo profesional será proteger la salud de los trabajadores. Será necesario pues, el desarrollo de buenas herramientas, manuales y material didáctico, como el aquí desarrollado por la UOC, que facilite la tarea del higienista industrial, tanto si está en su etapa inicial de formación como si es para ayudarle en el desempeño de sus tareas del día a día y que le acompañen a lo largo de su recorrido.

Ruth Jiménez Saavedra
Presidenta de la Asociación Española de Higiene Industrial

# Capítulo I
# **Introducción a la higiene industrial**

Xavier Baraza Sánchez

## Introducción

La humanidad, desde su origen, ha ido progresando en el conocimiento de los fenómenos físicos y químicos del planeta.

A partir de esto, se dedujeron las posibles aplicaciones de este conocimiento con el objetivo de mejorar el nivel de vida y aprovechar mejor los recursos naturales. Este esfuerzo, unido al espíritu de superación del ser humano, ha dado lugar a la aplicación tecnológica de los conocimientos científicos descubiertos y, como consecuencia, al grado de desarrollo industrial producido a lo largo del siglo XX y principios del XXI.

En este proceso, el ser humano no se ha limitado a utilizar sustancias naturales, sino que, por el contrario, ha avanzado extraordinariamente en el desarrollo de nuevos productos con mejores cualidades y en la aplicación práctica de nuevas formas de energía. Estas acciones, sin duda beneficiosas para las personas, también han aumentado la calidad y la cantidad de nuevos riesgos, que han ocasionado el deterioro de su salud y la aparición de nuevas enfermedades.

Simultáneamente a este proceso de desarrollo científico y tecnológico, el ser humano ha evolucionado en el ámbito social y se ha visto en la necesidad y la obligación de apostar por una mayor prevención y protección de la salud.

En la lucha contra las enfermedades profesionales, son dos las soluciones básicas: prevenir o curar. Esta última es misión específica de la medicina. En la fase preventiva, la medicina, que actúa siempre sobre el hombre, puede intervenir con tratamientos médicos preventivos, educación sanitaria e, incluso, mediante la realización de una selección médica del personal para un puesto de trabajo;

pero esta prevención es insuficiente, ya que la persona está obligada a continuar en contacto con el ambiente de trabajo y con los factores ambientales que allí se encuentran. Si actuamos directamente sobre estos factores, conseguiremos una prevención verdaderamente eficaz de las enfermedades profesionales. Éste es el campo de la **higiene industrial** que vamos a tratar en este libro.

## 1. Antecedentes históricos

El concepto de **riesgo laboral** ha tenido un desarrollo lento y progresivo en el tiempo; el accidente de trabajo y la enfermedad profesional eran considerados, hasta no hace demasiado tiempo, como tributos que se debían pagar a cambio del trabajo, y todos los esfuerzos se dirigían hacia una reparación de los daños y de las consecuencias de los accidentes o las enfermedades, sin ninguna acción preventiva destacable. Sin embargo, es necesario destacar la existencia de verdaderos precursores de la concepción prevencionista actual, desde las épocas más antiguas.

Así, tanto en Grecia como en Roma prestaron especial atención a la salud individual del mismo modo que a la colectiva. Se conservan escritos de Platón, Plinio, Lucrecio y otros autores sobre enfermedades producidas en los trabajos de minería, en la obtención de azufre y de cinc y en la manipulación de materias colorantes.

**Hipócrates**, a quien se llama padre de la medicina, describía en el siglo V a.C. las enfermedades de los mineros en la extracción del mineral de plomo en su libro *Morbus Vulgaris*. **Plinio**, en su *Historia natural* del siglo I a.C., hace referencia al uso de caretas como medio preventivo contra el polvo metálico. También entre los árabes, el médico **Avicena** (980-1037) hizo un estudio de las relaciones entre los cólicos saturninos y el uso de pinturas hechas con plomo.

El primer libro general sobre medicina del trabajo fue publicado por el alemán **Ulrico Ellemborg** en 1475. En él, se trata la acción tóxica del óxido de carbono, plomo, antimonio y otros metales y de sus vapores, asimismo se proponen varias reglas preventivas. **Georgius Agricola** estudia varios aspectos relacionados con los accidentes y las enfermedades de los mineros y destaca especialmente lo que él denomina asma de los mineros y los métodos mediante los cuales se pueden proteger; su libro *De re metallica* fue publicado en latín en 1556, un año después de su muerte. Diez años después, ***Paracelso*** publica *De morbis metallicis*, donde describe las enfermedades de los trabajadores de la fundición y la metalurgia.

En 1512, el rey Fernando II dispuso que las mujeres embarazadas de más de cuatro meses no fuesen a las minas ni a los trabajos del campo y sirvieran en las haciendas de los españoles en labores como elaborar el pan o cocinar.

No obstante, salvo algunos aspectos muy puntuales, el primer libro dedicado a la higiene industrial que aparece en la historia es *De morbis artificum diatriba*, escrito por el médico italiano **Bernardino Ramazzini** en el siglo XVII, en el que se estudiaban las enfermedades propias de las actividades de 54 oficios y profesiones de la época, y las medidas para evitarlas. Los aspectos abordados por Ramazzini son los que posteriormente conformaron la llamada higiene industrial.

A fines del siglo XVIII y principios del siglo XIX, se produce una gran revolución industrial y con ello toman importancia los derechos de los trabajadores, al pedir sobre todo mejores condiciones laborales. Con esta revolución, se produce una explotación de la mano de obra que emigraba en masa desde las zonas rurales hacia las ciudades y, en especial, de mujeres y niños que se ocupaban de las máquinas con sueldos más bajos que los hombres. Ante esta situación, **sir Robert Peel**, un parlamentario británico, organizó una comisión que consiguió que en 1802 se aprobase la primera ley sobre protección de los trabajadores, la Ley de Salud y Moral de los Aprendices, en la que se establecía el límite horario de doce horas, se prohibía el horario nocturno y se obligaba a los empresarios a limpiar las paredes de las fábricas dos veces al año y a ventilarlas.

En 1830, el propietario de una industria inglesa pidió consejo a un famoso médico llamado **Robert Baker**, conocedor de la obra de Ramazzini y muy interesado en la problemática laboral, que fue nombrado cuatro años más tarde inspector médico de fábricas. Baker iba a diario a visitar fábricas para conocer las influencias de los diferentes tipos de trabajo en la salud de los trabajadores. De esta forma, se creó en Inglaterra el primer servicio de inspección de industrias del mundo.

A mediados del siglo XIX, se publicaron *La higiene industrial*, de **Pedro F. Monlau**, en 1856, e *Higiene del teixidor*, de **Joaquim Salarich**, en 1858. Estas obras se centraban en la higiene obrera y pretendían que la sociedad y el Gobierno tomaran conciencia de la situación de la clase obrera en los talleres y fábricas. El doctor Monlau se refería a la higiene industrial señalando las medidas higiénicas que debían ser dictadas por el Gobierno. Salarich dedicó su obra a las medidas físicas y morales para evitar las enfermedades y procurar el bienestar de los obreros ocupados en hilar y tejer el algodón.

Con la industrialización, el número de trabajadores que sufren enfermedades profesionales y accidentes de trabajo llega a niveles extremadamente altos, situación que obliga a actuar para mejorar la situación. Con este objetivo, a finales del siglo XIX se promulgaron, en diferentes países, las primeras leyes sobre prevención de riesgos laborales. Es entonces cuando nace la higiene industrial como una técnica independiente de la medicina del trabajo.

En España, la evolución histórica en materia de prevención ha estado ligada a la legislación en materia de seguridad e higiene. En este sentido, se pueden diferenciar cinco etapas que se describen a continuación:

**1) 1873-1900:** Regulación del trabajo de las mujeres y de los niños menores de diez años, con la prohibición de que los niños trabajen en actividades perjudiciales para su salud (1873). Antes de finales del siglo XIX, apareció el primer reglamento moderno de policía minera, en el que se trataba de la prevención de accidentes en las minas.

**2) 1900-1938:** Primera ley de accidentes de trabajo (Ley Dato) que aumenta la atención respecto a éstos y su prevención. Se publica también un catálogo de mecanismos preventivos (1900). En el año 1906, se crea la Inspección de Trabajo. En 1926, se publica el Código de Trabajo, que encomienda a la Inspección de Trabajo la vigilancia de la seguridad e higiene laborales. En 1933, se crea el Ministerio de Trabajo, Sanidad y Previsión.

**Ley Dato**

El conde de Romanones se equivocó cuando, en el seno del debate parlamentario sobre la Ley de Accidentes de Trabajo de 1900, vaticinó su inutilidad al exclamar que esta Ley sólo "servirá para satisfacer el deseo bien justo, que hace tiempo persigue el Sr. Dato, de que antes de dejar el Ministerio haya una ley que lleve su nombre; y yo, como quiero mucho al Sr. Dato, desearía que esta ley, que ha de llevar su nombre fuera una ley formal, porque si no nadie la conocerá por el nombre de Ley Dato, puesto que no se practicará".

Años después de su aprobación, la Ley de Accidentes de Trabajo de 30 de enero de 1900 –la Ley Dato– fue considerada la primera disposición que se dicta en España regulando el accidente de trabajo, creando el Seguro para el mismo y adoptando frente a la doctrina de la culpa, hasta entonces imperante, la doctrina del riesgo profesional.

La evolución de la doctrina de la culpa a la doctrina del riesgo es uno de los aspectos más relevantes del primer tercio del siglo XX. Se abandona la doctrina de la culpa que establece que aquel que por acción u omisión causase un daño a otro, interviniendo culpa o negligencia, estará obligado a reparar el daño causado. Por el contrario se toma en consideración la doctrina del riesgo que parte del principio de que quien crea un riesgo, con independencia de que se dé o no la culpa o negligencia, ha de responder ante la posible actualización del riesgo en accidente.

**3) 1938-1970:** Se inicia el tercer periodo, con la promulgación de un Reglamento General de Seguridad e Higiene, que se completa con otras disposiciones como, por ejemplo, la norma de iluminación de los centros de trabajo. En el año 1944, se crean los comités de seguridad e higiene y el Instituto Nacional de Medicina, Higiene y Seguridad en el Trabajo. En 1950, se publica una reglamentación específica de seguridad en la construcción. En el año 1956, se constituye la Sociedad Española de Medicina y Seguridad en el Trabajo y en el mes de agosto de ese mismo año se organizan, por decreto, los servicios médicos de empresa.

**4) 1970-1996:** Frente a las cifras de accidentes que se registraban (106 accidentes con más de 2.600 muertos en el año 1969) se crea el Plan Nacional de Higiene y Seguridad del Trabajo con el objetivo de coordinar y programar las acciones de organismos, entidades y empresas. En el año siguiente, 1971, se dota el Plan de Infraestructura (Instituto Nacional de Seguridad e Higiene en el Trabajo) y se aprueba la Ordenanza General de Seguridad e Higiene en el Trabajo, en vigencia hasta la publicación de los reglamentos de desarrollo de la Ley 31/1995, de Prevención de Riesgos Laborales, en 1997. La Constitución española de 1978 abre un nuevo periodo con el reconocimiento en el artículo 40.2 de la seguridad e higiene en el trabajo.

Asimismo, según el artículo 40.2 de la Constitución, los poderes públicos fomentarán una política que garantice la formación y readaptación profesionales; velarán por la seguridad e higiene en el trabajo y garantizarán el descanso necesario, mediante la limitación de la jornada laboral, las vacaciones periódicas retribuidas y la promoción de centros adecuados.

Con la llegada de la democracia y la transformación del Estado centralista en el Estado de las autonomías, se produce la transferencia a las comunidades autónomas de la función ejecutiva en materia de higiene y seguridad. La integración de España en la CEE en 1986 supone otro impulso en las políticas de seguridad y salud laboral. Consecuencia de esta integración fue la necesaria adaptación a nuestro marco jurídico de las exigencias que imponen las directivas de la Unión Europea en materia de prevención de riesgos laborales. Este proyecto dio el gran salto cualitativo con la entrada en vigor, el 11 de febrero de 1996, de la Ley 31/1995, de 8 de noviembre, de Prevención de Riesgos Laborales.

**5) 1996-actualidad:** Con la entrada en vigor de la Ley de Prevención de Riesgos Laborales se genera en el año 1997 una serie de reglamentos de aplicación y desarrollo de la misma; uno de los principales es el Real Decreto 39/1997, de 17 de enero, de los Servicios de Prevención. Destaca la creación de la Comisión Nacional de Seguridad y Salud en el Trabajo en el año 1996 (se actualiza en el año 2004) y la aprobación en el año 2004 del Plan Estratégico para la Inspección de Trabajo y Seguridad Social. Asimismo, también se desarrolló la Estrategia Española de Seguridad y Salud en el Trabajo para el periodo 2007-2012.

La Comisión Nacional de Seguridad y Salud en el Trabajo (CNSST) es el órgano colegiado asesor de las Administraciones públicas en la formulación de las políticas de prevención y el órgano de participación institucional en materia de seguridad y salud en el trabajo (artículo 13 de la Ley de Prevención de Riesgos Laborales).

## 2. Higiene industrial: conceptos y objetivos

Como hemos podido observar, la evolución de la higiene industrial como disciplina y profesión se ha relacionado con las enfermedades profesionales desarrolladas por los trabajadores industriales. En la actualidad, es cada vez mayor el número de personas que trabajan en el sector servicios y en ciertos países sobrepasan el número de trabajadores respecto de las que trabajan en las fábricas; en España, el 70% de la población activa actúa en el sector de servicios y el 15% en la industria. La necesidad de evitar enfermedades relacionadas con el trabajo comprende también este campo que está fuera de la industria y que puede afectar a trabajadores de servicios como oficinistas, dependientes de tiendas o personal de enfermería. La preocupación por estos trabajadores no industriales da origen al hecho de que el concepto de higiene industrial se amplíe al de higiene laboral, higiene del trabajo o higiene profesional, aunque en la práctica se continúe hablando de higiene industrial.

El objeto de la higiene industrial es la prevención de las enfermedades profesionales causadas por los contaminantes físicos, químicos o biológicos que actúan sobre los trabajadores. La metodología de aplicación de la higiene industrial está basada en la identificación, medida, evaluación y control de los contaminantes presentes en el ambiente de trabajo.

Se trata, por lo tanto, de una técnica preventiva, no médica, dirigida a evitar enfermedades profesionales, cuyas acciones han de llevarse a cabo con la antelación suficiente para que éstas no lleguen a manifestarse.

Una de las muchas definiciones que podemos encontrar para la disciplina de higiene industrial es la propuesta por la *American Industrial Hygiene Association* (AIHA) en el año 1959 que da un carácter muy amplio al término y lo define de la siguiente manera:

> La **higiene industrial** es la ciencia y arte dedicados a la identificación, medida, evaluación y control de aquellos factores ambientales o tensiones emanadas o provocadas por el lugar de trabajo y que pueden ocasionar enfermedades, destruir la salud y el bienestar o crear algún malestar significativo entre los trabajadores o los ciudadanos de la comunidad.

La definición de la Organización Internacional del Trabajo (OIT) es la siguiente:

> La **higiene industrial** es la ciencia de la anticipación, la identificación y el control de los riesgos que se originan en el lugar de trabajo o en relación con éste que pueden poner en peligro la salud y el bienestar de los trabajadores, teniendo en cuenta su posible repercusión en las comunidades vecinas y en el medio ambiente en general.

Y, finalmente, otra posible definición es la que aporta M. J. Falagán Rojo en su manual *Higiene industrial aplicada "ampliada"*:

> La **higiene industrial** es una técnica no médica de prevención de las enfermedades profesionales, mediante el control del medio ambiente de trabajo de los contaminantes que las producen. La higiene industrial se ocupa de las relaciones y efectos que produce sobre el trabajador el contaminante existente en el lugar de trabajo, y debe contribuir a un desarrollo seguro pero a la vez sostenible, dando garantías en el presente sin comprometer la capacidad de las futuras generaciones.

De lo expuesto hasta aquí, podemos destacar los siguientes aspectos más significativos:

- El objeto de la higiene industrial es la prevención de enfermedades profesionales.
- Las enfermedades profesionales están causadas por los contaminantes presentes en el puesto de trabajo.
- Su metodología se fundamenta en la identificación, medida, evaluación y control de los contaminantes.

- Las acciones de control de estos contaminantes se desarrollan en el ambiente del puesto de trabajo.

Dado que el principal objetivo de la higiene industrial es el de prevenir las enfermedades profesionales y aunque podríamos pensar que éstas son el objetivo de la medicina del trabajo debemos diferenciar ambas disciplinas:

1) **La medicina del trabajo** actúa sobre el trabajador y controla su estado de salud mediante técnicas médicas.

2) **La higiene industrial** actúa sobre los factores ambientales ocasionados como consecuencia del desarrollo de la actividad laboral y en su ambiente atacando la situación desde un punto de vista técnico.

A continuación, vamos a definir y a analizar otros conceptos relacionados con la higiene industrial y que son necesarios para que podamos seguir correctamente los aspectos que aborda la higiene industrial.

## 2.1. Condiciones de trabajo

El ser humano se halla integrado en la naturaleza y se relaciona de forma activa con ella, así existen una serie de interacciones entre la persona y las condiciones ambientales del medio que lo rodea. Estas condiciones ambientales pueden modificarse, como consecuencia del trabajo, con la aparición de contaminantes que pueden deteriorar la salud del individuo.

Este problema se incrementa de forma importante cuando la contaminación se da en el ambiente laboral donde los contaminantes se concentran y pueden aumentar sustancialmente su acción nociva.

En este sentido, las **condiciones de trabajo** expresan las relaciones del trabajador con su medio de trabajo, definen una tarea concreta y el entorno en el que ésta se desempeña. Cuando estas variables definen las condiciones físicas, químicas o biológicas del medio de trabajo, hablamos del área de higiene industrial.

Al respecto, la Ley de Prevención de Riesgos Laborales define como **condición de trabajo:**

"cualquier característica del mismo que pueda tener una influencia significativa en la generación de riesgos para la seguridad y la salud del trabajador".

Por lo tanto, podemos decir que quedan específicamente incluidas en esta definición:

- Las características generales de los locales, instalaciones, equipos, productos y demás útiles existentes en el centro de trabajo.
- La naturaleza de los agentes físicos, químicos y biológicos presentes en el ambiente de trabajo y sus correspondientes intensidades, concentraciones o niveles de presencia.
- Los procedimientos para la utilización de los agentes citados anteriormente que influyan en la generación de los riesgos mencionados.
- Todas aquellas otras características del trabajo, incluidas las relativas a su organización y ordenación, que influyan en la magnitud de los riesgos a los que esté expuesto el trabajador.

También influye en la salud las condiciones de empleo, el modo en el que se presta el trabajo asalariado, por ejemplo los tipos de contratos, la jornada, el reparto por sexos en las tareas o la doble jornada. Todos estos aspectos tienen mucho que ver con la calidad de vida y la salud. Cuando hablamos de salud laboral y, por lo tanto, de salud en el trabajo, no nos podemos olvidar de todos estos temas.

## 2.2. Enfermedad profesional

La Ley de Prevención de Riesgos Laborales define como daños derivados del trabajo las enfermedades, patologías o lesiones sufridas con motivo u ocasión del trabajo. En este sentido, el concepto de **salud** ha evolucionado y se ha ampliado sustancialmente, así la Organización Mundial de la Salud (OMS) lo define del modo siguiente:

La **salud** es el estado completo del bienestar físico, psíquico y social y no sólo la ausencia de enfermedad de los trabajadores como consecuencia de la protección frente al riesgo.

La Figura 1 esquematiza el concepto de **salud laboral**.

**Figura 1.** Salud laboral

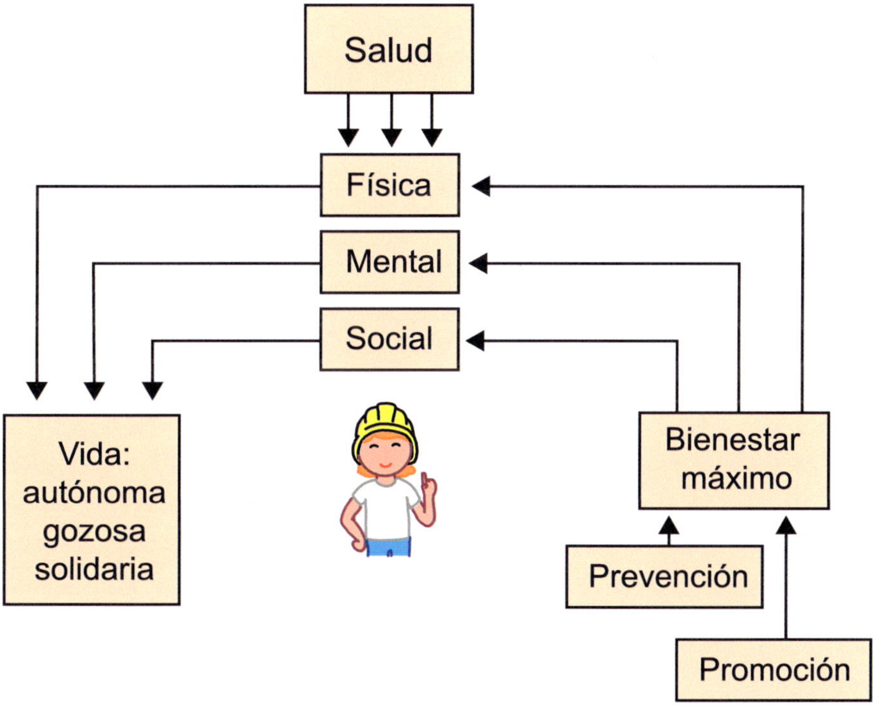


Atendiendo a esta definición de salud como el equilibrio físico, psíquico y social, podemos aceptar que el control de la salud laboral sea algo más amplío que únicamente evitar la aparición de la **enfermedad profesional** que se define según estas palabras:

Se entiende por **enfermedad profesional** la contraída como consecuencia del trabajo ejecutado por cuenta ajena en las actividades que se especifiquen en el cuadro que se apruebe por las disposiciones de aplicación y desarrollo de esta Ley, y que ésta proceda por la acción de elementos o sustancias que en dicho cuadro se indiquen para cada enfermedad profesional (artículo 116 de la Ley General de la Seguridad Social).

El actual cuadro de enfermedades profesionales así como los criterios para su notificación y registro se encuentran en el Real Decreto 1299/2006, de 10 de noviembre.

Según esta definición, para que una **enfermedad** sea considerada como **profesional**, deben darse los siguientes elementos:

- Que el trabajo se haga **por cuenta ajena**. Excluye por lo tanto a los trabajadores autónomos. En cambio, se incluye a los trabajadores agrarios por cuenta propia.
- Que sea a consecuencia de las **actividades** que se especifiquen en el cuadro de enfermedades profesionales. Es un cuadro limitado, con un listado cerrado de enfermedades profesionales. No obstante, las enfermedades profesionales que no se encuentren reflejadas en el mismo, pueden ser indemnizadas como si se tratase de un **accidente laboral**, según establece el artículo 115, apartado e, de la Ley General de la Seguridad Social (LGSS), pero no tendrán la consideración de enfermedad profesional.
- Que proceda de la acción de **sustancias** o **elementos** que en el cuadro de enfermedades profesionales se indiquen para cada enfermedad.

De forma complementaria, y con el fin de diferenciar la enfermedad profesional de la enfermedad común, podemos decir que esta última es la producida por cualquier agente externo al individuo, como la gripe, y que no guarda relación con el trabajo.

### 2.2.1. Relación entre enfermedad profesional y accidente de trabajo

El técnico en higiene industrial estudia las enfermedades profesionales, entendidas desde un punto de vista técnico. Es decir, no se limita tan solo a las enfermedades profesionales recogidas como tal en el cuadro correspondiente sino a cualquier deterioro lento y gradual de la salud del trabajador, producido como consecuencia del trabajo.

De esta forma, desde un punto de vista técnico, podemos definir la **enfermedad profesional** del modo siguiente:

> La **enfermedad profesional** es aquel deterioro lento y paulatino de la salud del trabajador producido por una exposición crónica a situaciones adversas, sean éstas producidas por el ambiente en que se desarrolla el trabajo o por la forma en que éste está organizado.

Por el contrario, el **accidente de trabajo** se define, desde un punto de vista técnico, como un suceso anormal, que aparece de modo inesperado, detiene la continuidad del trabajo y origina daño al trabajador. Mientras que, desde un punto de vista legal, se entiende por accidente de trabajo toda lesión corporal que el trabajador sufra como consecuencia del trabajo que ejecute por cuenta ajena (artículo 16 de la LGSS). La semejanza entre enfermedad profesional y accidente de trabajo radica en la consecuencia final, el daño en la salud del trabajador. La diferencia está en el tiempo durante el que transcurre la acción que acaba originando el daño.

Un ejemplo que clarifica la diferencia entre accidente de trabajo y enfermedad profesional se da en el caso de la exposición al ruido. Exposiciones a niveles superiores a 87 dBA durante ocho horas al día pueden originar al cabo de varios años sordera profesional (enfermedad profesional), mientras que una exposición puntual a niveles superiores a los 140 dBA puede causar rotura de tímpano (accidente de trabajo).

La Tabla 1 recoge los principales factores que diferencian la enfermedad profesional del accidente de trabajo:

**Tabla 1.** Accidente de trabajo frente a enfermedad profesional

| Factor | Accidente de trabajo | Enfermedad profesional |
|---|---|---|
| Iniciación | brusca, súbita | lenta |
| Manifestación | única y externa | repetida e interna |
| Relación causa-efecto | clara y fácil | no inmediata y difícil |
| Tratamiento | traumatológico | médico |

### 2.3. Riesgo higiénico

El riesgo, en sentido general, se entiende como probabilidad de daño.

Se considera **riesgo higiénico** la probabilidad de que un trabajador sufra un daño con ocasión o a consecuencia de su trabajo, en particular por la exposición ambiental (agentes físicos, químicos y biológicos).

A partir de esta definición podemos concluir que cada situación de riesgo higiénico quedará caracterizada por un tipo de daño y una serie de factores de riesgo relacionados con el ambiente laboral. Podemos diferenciar, en general, dos factores de riesgo que cuantifican el contacto; éstos son:

**a)** La intensidad del contacto del trabajador expuesto al agente ambiental.
**b)** La duración de este contacto.

## 3. Metodología de actuación: ramas de la higiene industrial

La **actuación de la higiene industrial** (ver Figura 2) es de tipo preventivo y de carácter técnico, y se basa en un esquema metódico que es aplicable, prácticamente, a cualquier situación en la que podamos encontrar un contaminante en el entorno de trabajo.

**Figura 2.** Actuación en higiene industrial

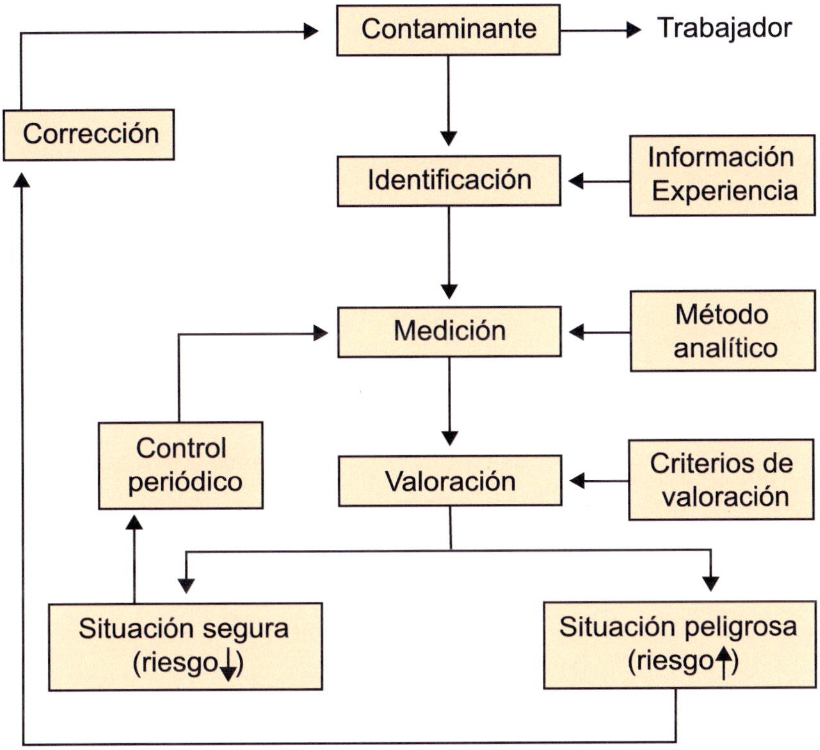


Ante la perspectiva de un contaminante en un puesto de trabajo, el primer paso es el que conduce a la **identificación** y **localización** del mismo. Para ello, debemos realizar una encuesta higiénica, como estudio previo, y obtener información sobre productos, procesos, maquinaria y organización, entre otros. Esta identificación no siempre es fácil.

Para realizar la **identificación** de los riesgos, se debe analizar de forma secuencial:

**1)** Las materias primas utilizadas,
**2)** los procesos tecnológicos utilizados,
**3)** los métodos de trabajo y las instalaciones,

4) las energías liberadas, y
5) los productos, subproductos y residuos.

Así, por ejemplo, con frecuencia, percepciones muy desagradables (amoniaco por ejemplo), no se corresponde con un elevado nivel de riesgo y, al revés, precepciones agradables (benceno y otras sustancias aromáticas) pueden ser peligrosas a concentraciones muy bajas.

La **localización** consiste en situar el contaminante temporal y espacialmente, es decir, conocer cuándo y dónde se presenta.

Una vez identificado y localizado el contaminante, el siguiente paso es averiguar la concentración del mismo en ese ambiente de trabajo mediante la **medición** y, junto con el tiempo de exposición, determinar la dosis que recibe el personal expuesto.

La medición de los riesgos consiste en determinar la cantidad de contaminante presente en el ambiente de trabajo. Esta cantidad se mide en concentración en el caso de contaminantes químicos o biológicos o con alguna magnitud energética en el caso de contaminantes físicos.

Dichas mediciones se someten a una **evaluación** que consiste en comparar la situación ambiental estudiada con unos criterios previamente definidos (patrones de referencia), con el objetivo de determinar la necesidad de intervenir para evitar un daño a la salud. Para poder evaluar es necesario que cada agente higiénico tenga un valor de referencia; si no es así, en la mayoría de los casos, no tiene mucho sentido hacer mediciones.

Si, como resultado de la evaluación surge una situación peligrosa, hay que adoptar medidas que hagan disminuir el riesgo hasta situaciones seguras, por lo que se deben introducir **correcciones**.

Para disminuir la exposición a los contaminantes se deberán desarrollar acciones que permitan disminuir la concentración del contaminante y/o el tiempo de exposición de los trabajadores. Las acciones de control para lograrlo pueden ser de dos tipos:

**a) Medidas técnicas:** Son las que actúan reduciendo la concentración del contaminante presente en el ambiente de trabajo, y de esta forma, disminuyen la exposición del trabajador.

**b) Medidas organizativas:** Son las que intentan reducir el tiempo de exposición de los trabajadores a los contaminantes.

La Tabla 2 es un resumen de las preguntas que se deben contestar en cada una de las etapas del proceso de actuación en higiene industrial:

**Tabla 2.** Resumen de la metodología de actuación en higiene industrial

| | |
|---|---|
| **Identificación** | ¿Cuál es el contaminante?<br>¿Cómo se presenta?<br>¿Cuándo se presenta?<br>¿Dónde se presenta? |
| **Medición** | ¿Cuánto hay? |
| **Valoración** | ¿Se ha superado el límite establecido?<br>¿Hay una situación de riesgo? |
| **Control** | ¿Se han de introducir modificaciones para eliminar o reducir el riesgo?<br>¿Se mantienen las condiciones seguras? |

La higiene industrial para evaluar y corregir las condiciones ambientales partiendo de criterios de validez general se desarrolla a través de cuatro ramas básicas con el objetivo de racionalizar el trabajo. Éstas son las siguientes:

- higiene teórica,
- higiene de campo,
- higiene analítica,
- higiene operativa.

Como veremos por las funciones que competen a cada una, será precisa la actuación conjunta de todas ellas, ya que se encuentran íntimamente ligadas entre sí y, además, sería imposible desarrollar el tratamiento de los problemas higiénicos que se planteen si faltara alguna de ellas.

A continuación, vamos a explicar cuál es el ámbito de actuación de cada una de estas ramas de la higiene industrial.

### 3.1. La higiene teórica

La **higiene teórica** se dedica a estudiar los efectos que tienen los contaminantes sobre la persona con la intención de determinar cuáles son los valores que pueden resultar peligrosos para la salud de los trabajadores expuestos, al analizar la relación que existe entre la dosis que recibe el organismo y su respuesta. Su objeto es, por lo tanto, establecer los valores límites de exposición que garanticen la salud de los trabajadores.

Esta rama constituye la base de toda la higiene industrial, ya que establece los valores estándar de concentración a los que la mayoría de los trabajadores pueden estar expuestos sin riesgo para su salud.

Para establecer los valores estándar, se procede experimentando a dos niveles:

**1) A nivel de laboratorio:** se somete a seres vivos a los efectos del contaminante que se desea estudiar y se determinan las alteraciones funcionales que experimentan. Con posterioridad, estos resultados se extrapolan para determinar los que corresponden al ser humano.

**2) A nivel de campo:** en esta fase, se recoge la información que las técnicas higiénicas y médicas suministran de un determinado compuesto que se manipula en procesos industriales. La información obtenida en el laboratorio sirve principalmente como alerta ante un contaminante nuevo o ante la sospecha de que sea generador o potenciador de una nueva enfermedad, información con la que se puede establecer un valor de referencia. Pero, para que adquiera un auténtico significado, deberá ser corroborado por la experiencia en el ámbito de campo.

### 3.2. La higiene de campo

La **higiene de campo** tiene por misión llevar a cabo el estudio de la situación higiénica de un puesto de trabajo concreto y detectar los contaminantes que pueden estar presentes, midiendo sus concentraciones, evaluando en comparación con los límites establecidos y determinando el grado de riesgo que presentan para el trabajador.

En esta rama, es fundamental identificar correctamente los agentes contaminantes presentes en el lugar de trabajo en las cantidades que puedan representar un riesgo para la salud, así como los factores que la condicionan. La investigación de estos factores se lleva a cabo de una manera metódica para poder recoger toda la información necesaria. Este proceso se conoce con el nombre de **encuesta higiénica**. Esta toma de datos tiene en cuenta los siguientes aspectos fundamentales:

- Actividad de la empresa.
- Productos que elabora y procesos tecnológicos que utiliza.
- Instalaciones que utiliza y condiciones en las que se encuentran.
- Productos que se usan, se manipulan o se generan. Es necesario tener en cuenta las materias primas, los productos intermedios, los productos finales, los que están en proceso y los residuos.
- Número de personas expuestas, tiempo de trabajo y periodicidad de la exposición, así como los procedimientos de trabajo y el uso de protecciones personales.
- Variables de población que puedan ser de interés en cada caso, como sexo y edad, y datos epidemiológicos.
- Horarios y ciclos de trabajo.

Toda esta información se obtiene mediante los siguientes factores:

- Información proporcionada por la empresa y por las personas afectadas,
- Documentación disponible,
- Inspección del lugar de trabajo y experiencia del higienista.

En la encuesta higiénica, se descubren y se analizan los diferentes factores que median en un problema higiénico, lo que permite la aplicación de medidas técnicas o medidas de control y la disminución de las situaciones de riesgo.

Podemos hablar de distintos tipos de encuesta higiénica y el proceso puede llegar a ser bastante complejo, por lo que no deben adoptarse posturas simplistas que podrían llevarnos a un tratamiento totalmente erróneo del problema.

Una vez realizado todo esto, con los datos que se hayan obtenido, se diseña la estrategia de muestreo. En esta estrategia, hay que considerar:

- Zonas donde se llevará a cabo la medida.
- Duración de la medida, que depende de los ciclos de trabajo y de los procesos usados.
- Número de medidas necesarias en cada lugar de trabajo y número de personas del muestreo.
- Periodos de tiempo en los que hay que tomar medidas y periodos en los que no.
- Tipos de mediciones: personal o ambiental, continua, puntual o mixta.
- Periodicidad con la que se debe repetir la medición.

Los datos obtenidos de esta manera, junto con los valores proporcionados por la higiene analítica y contrastados por la higiene teórica, deben proporcionar una medida representativa de la exposición a contaminantes en el lugar de trabajo.

## 3.3. La higiene analítica

La **higiene analítica** se encarga de determinar cualitativa y cuantitativamente los contaminantes captados en el ambiente de trabajo. Utiliza los conocimientos que aporta la higiene teórica para valorar las muestras obtenidas en el puesto de trabajo mediante la aplicación de las técnicas de la higiene de campo.

Dentro de la higiene analítica, podemos destacar las siguientes funciones:

- Determinación de materias primas, productos (intermedios o finales) y residuos que puedan ser origen de la contaminación.
- Análisis de los componentes químicos concurrentes en el ambiente laboral.
- Análisis de los contaminantes concurrentes en fluidos biológicos de personas expuestas a ellos.
- Investigación encaminada a lograr métodos analíticos, a mejorar los ya existentes y a estudiar los efectos toxicológicos de distintos contaminantes.
- Poner a punto y elaborar métodos de análisis y de muestreo.

Las técnicas utilizadas en esta rama de la higiene han de ser muy sensibles y trabajar habitualmente inmersos en la escala micro, ya que las cantidades de contaminantes presentes en los soportes de muestreo que se manejan son muy pequeñas.

Para desarrollar su cometido, actúa en dos niveles:

**1) A nivel de campo:** efectuando la identificación cualitativa y cuantitativa del contaminante en el mismo punto en el que se ha producido, sin que sea necesario llevar a cabo una toma de muestras previa. Esto requiere utilizar equipos portátiles de análisis y, si es posible, de lectura directa que, en general, son de aplicación específica.

**2) A nivel de laboratorio:** es el campo más utilizado porque es el que dispone de más posibilidades de determinación y porque es con el que se obtienen resultados más exactos. Además, es la base para fijar los parámetros exigidos por los análisis que se llevan a cabo en el ámbito de campo. La ejecución de análisis en el laboratorio requiere que previamente se tomen muestras del contaminante en el mismo lugar de trabajo.

## 3.4. La higiene operativa

La **higiene operativa** tiene por objeto corregir las situaciones de riesgo detectadas mediante la implantación de las acciones de control que permitan eliminar o reducir la exposición de los trabajadores a los contaminantes, de forma que no presente efectos perjudiciales para su salud.

Para poder conseguir la eliminación del riesgo higiénico o si no es posible, reducirlo hasta límites aceptables (no perjudiciales para la salud), la higiene operativa debe actuar sobre los diferentes factores que intervienen en el proceso según el orden que se indica a continuación (ver Figura 3): Sobre el foco emisor del contaminante, sobre el medio de difusión del contaminante y sobre el individuo (trabajador expuesto).

**Figura 3.** Actuaciones de la higiene operativa

**Medidas correctoras**

| | |
|---|---|
| 1.º Actuación sobre el foco contaminante | Impedir la emisión |
| 2.º Actuación sobre el medio de difusión | Evitar la propagación |
| 3.º Actuación sobre el individuo | Proteger al trabajador |

De las diferentes medidas que se exponen en la Tabla 3, las más eficaces desde el punto de vista de la higiene operativa son las que actúan sobre el foco emisor del contaminante, actuando sobre el medio difusor cuando no ha sido posible la eliminación del foco y, por último, sólo sobre los trabajadores expuestos cuando no ha sido posible actuar sobre las opciones anteriores o como medida complementaria de otras que se hayan adoptado.

**Tabla 3.** Actuaciones en higiene operativa

| | |
|---|---|
| **Actuación sobre el foco emisor del contaminante** | • Métodos de sustitución<br>• Modificación de procesos<br>• Aislamiento o confinamiento del proceso<br>• Extracción localizada<br>• Métodos de retención<br>• Mantenimiento<br>• Selección de equipos y diseños adecuados |
| **Actuación sobre el medio de difusión del contaminante** | • Limpieza<br>• Ventilación general<br>• Separación entre foco emisor y trabajador expuesto<br>• Cierres<br>• Sistemas de alarma<br>• Mantenimiento |
| **Actuación sobre los trabajadores expuestos** | • Formación e información<br>• Rotación de lugares de trabajo<br>• Encerramiento del trabajador<br>• Control y reconocimiento médico periódico de los trabajadores<br>• Equipos de protección individual |

## 3.5. El informe técnico de higiene industrial

La última etapa del estudio higiénico concluye con la elaboración del **informe técnico**, el cual debe responder a una presentación lógica, sencilla y comprensible, utilizando la terminología correcta de forma que no pueda dar lugar a confusión. En el mismo deben contemplarse al menos:

- **Antecedentes:** Se incluirán los datos relativos a la identificación de la empresa y actividad, motivo del estudio, etc.
- **Metodología:** Se aportará la información relativa a días y horas de presencia en la empresa para la realización, con indicaciones de las personas consultadas y datos recogidos, mediciones efectuadas con instrumentos de lectura directa, análisis de riesgos, etc.
- **Toma de muestras:** Debe explicar todas las circunstancias del muestreo, características del local, descripción del proceso y los puntos analizados, haciendo referencia para cada uno de ellos a trabajadores expuestos, resultados de las mediciones técnicas de muestreo e instrumentos utilizados, tiempos de exposición, y concentración media ponderada para cada contaminante.
- **Conclusiones:** Este apartado debe contener la valoración de los riesgos existentes por comparación de las concentraciones obtenidas con los valo-

res de referencia legales o universalmente aceptados cuando la normativa legal no lo contempla y las recomendaciones sugeridas para su control, ya sean individuales o colectivas.

Sería conveniente el apoyo documental del informe con la inclusión de planos, esquemas, registros de datos, fotografías, etc.

# 4. Contaminantes

La causa de las enfermedades profesionales es la exposición continua a los contaminantes. Si la higiene industrial tiene por objeto la prevención de estas enfermedades, es imprescindible disponer de un conocimiento amplio de los contaminantes que nos pueden afectar.

## 4.1. Definición

Anteriormente indicábamos como la salud, entendida como equilibrio y bienestar físico, mental y social depende fundamentalmente de la interacción de los factores ambientales. Estos factores, producidos como consecuencia del desarrollo de la actividad laboral y el ambiente en que ésta se realiza, son los contaminantes. Podemos definir **contaminante** como:

> Producto, energía o microorganismo presente en un medio que pueda afectar a la salud de las personas.

Asimismo, por **contaminación** se entiende cualquier variación del medio que pueda repercutir negativamente en la salud de los trabajadores.

Por lo tanto, genéricamente hablando, un contaminante es, desde un punto de vista extenso, un producto químico, una energía o un ser vivo presente en un entorno laboral, que en cantidad o concentración suficiente puede alterar la salud de las personas que entran en relación o contacto con él.

De esta forma, por ejemplo, denominamos **contaminante químico** a todo producto natural o artificial, llamado sustancia de forma genérica, que durante su manipulación puede incorporarse al ambiente y penetrar en el organismo humano con efectos nocivos y capacidad para lesionar la salud de las personas que entran en contacto con él, en función de su inherente toxicidad y de su tiempo de permanencia.

### 4.2. Clasificación

Los contaminantes que estudia la higiene industrial son todos aquellos que se producen como consecuencia del desarrollo de una actividad laboral y dentro del ámbito natural donde se lleva a cabo. Pueden ser contaminantes o agentes químicos, físicos o biológicos (ver Figura 4).

**Figura 4.** Tipos de contaminantes

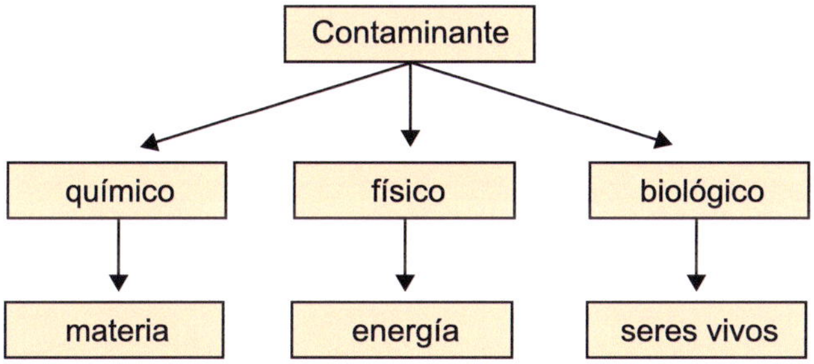


#### 4.2.1. Contaminantes químicos

Son muchas las actividades industriales en las que se utilizan productos químicos y los trabajadores están expuestos a este tipo de contaminantes, como es el caso del manejo de detergentes, disolventes, pinturas, pegamentos, aceites, taladrinas, ácidos, álcalis o insecticidas.

Los **contaminantes químicos** son los que están constituidos por materia inerte (no viva). Se pueden presentar en el aire en forma de moléculas individuales (gas o vapor) o en forma de grupos de moléculas unidas, así forman aerosoles (sólidos o líquidos).

Es importante la diferencia entre estos dos tipos, ya que los aerosoles, a causa de su mayor tamaño, tienen un comportamiento en el aire y por inhalación diferente al de los gases y vapores, cuyo comportamiento es idéntico al del aire, ya que se trata de moléculas individuales.

Atendiendo a la forma como se presentan los contaminantes químicos, éstos se clasifican (ver Figura 5) de la siguiente manera:

**1) Gases**

Son las sustancias que a 25°C y a 1 atmósfera de presión están compuestas por partículas de tamaño molecular. Pueden pasar a estado líquido o sólido por el efecto combinado del aumento de la presión y la disminución de la temperatura. Son fluidos amorfos y ocupan el espacio que los contiene. La manipulación de gases implica siempre un riesgo de exposición, a no ser que el proceso se lleve a cabo en un sistema cerrado.

**Ejemplos**

Monóxido de carbono, dióxido de carbono, cloro, ozono, sulfuro de hidrógeno, óxidos nitrosos, dióxido de azufre.

**2) Vapores**

Fase gaseosa de una sustancia normalmente sólida o líquida a 25°C y a 1 atmósfera. Las partículas son de tamaño molecular. Cuando un líquido se evapora, pasa al estado gaseoso y se mezcla con el aire que lo envuelve. Un vapor se puede considerar como un gas, en el que la concentración máxima depende de la temperatura y de la presión de saturación de la sustancia. Todo proceso que incluya una combustión genera vapores y gases. Actividades como carga y mezcla de líquidos, pintura, nebulización, limpieza en general y limpieza en seco pueden generar vapores nocivos.

**Ejemplos**

Hidrocarburos aromáticos, cíclicos y alifáticos, cetonas, esteres, alcoholes, derivados clorados.

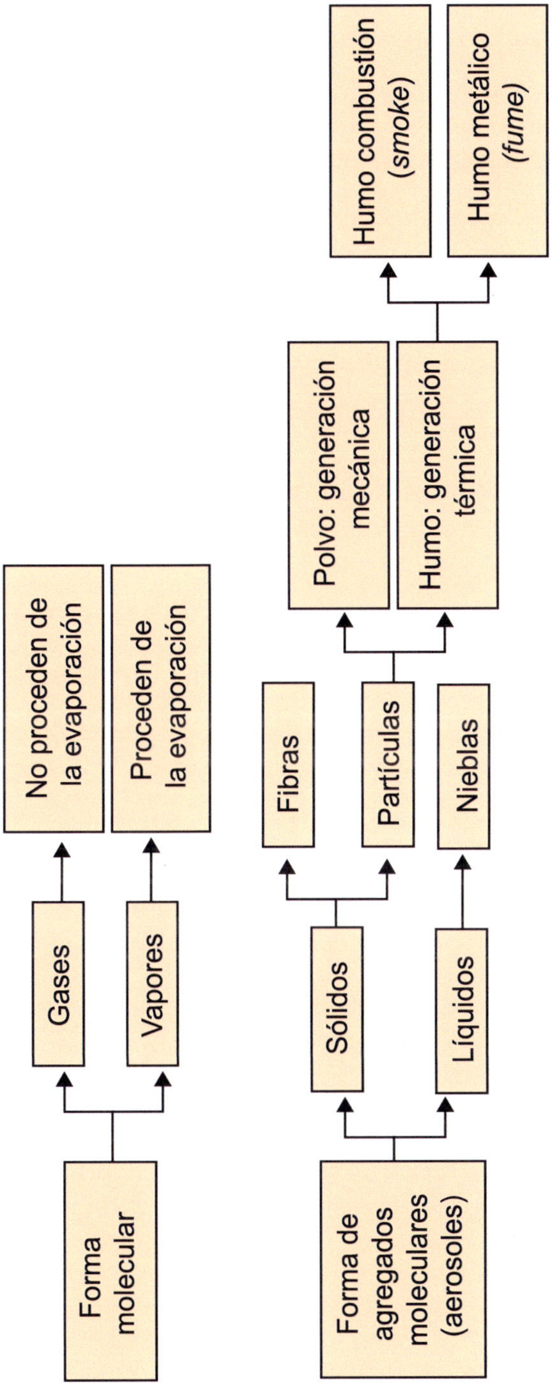


**Figura 5.** Clasificación de los contaminantes químicos

**3) Aerosoles**

Es una dispersión de partículas líquidas o sólidas en medio gaseoso. Podemos diferenciar:

**a) Aerosoles de partículas sólidas**: Dentro de este grupo, se encuentran una serie de estados físicos que definiremos de la siguiente manera:

- **Fibras:** Partículas de forma alargada de diámetro inferior a una tercera parte de su longitud. Son ejemplos de ello las fibras de amianto, celulosa, textil.
- **Polvos (*dust*)**: Se trata de una suspensión en el aire de pequeñas partículas sólidas procedentes de procesos físicos de disgregación de materiales sólidos orgánicos o inorgánicos. La mayor parte del polvo orgánico es de origen biológico. El polvo inorgánico se genera en procesos mecánicos como trituración, molienda, corte, serrado, pulido u otros, como por ejemplo, sílice, óxidos metálicos, talco, etc.
- **Humo de combustión (*smoke*)**: Es una suspensión de partículas sólidas originadas en procesos de combustión incompleta, por ejemplo, de carbón, asfalto o petróleo.
- **Humo metálico (*fume*)**: Se trata de una suspensión de partículas sólidas metálicas procedentes de una sublimación previa o de una volatilización del metal con una posterior condensación. Son ejemplos de ello los humos que se desprenden en operaciones de soldadura y corte de metales y en la combustión de ciertos metales como el manganeso. Ejemplos: cromo, níquel, titanio, estaño, cadmio, etc.

Aunque se admite que el tamaño de la partícula de polvo es mayor que la del humo, la diferencia más clara está en cómo se genera: el polvo tiene un origen mecánico, mientras que el humo tiene un origen térmico.

**b) Aerosoles de partículas líquidas**: dentro de este grupo se encuentran una serie de estados físicos que definiremos del siguiente modo:

- **Nieblas**: gotas de líquido en suspensión, que se forman por condensación del estado gaseoso cuando pasa al estado líquido o por fragmentación de un líquido en un estado disperso por salpicadura, formación de espuma o atomización. Son ejemplos de ello las nieblas de aceite originadas en operaciones de trillado y molienda, nieblas ácidas o alcalinas producidas por procesos electroquímicos, nieblas de pinturas aplicadas por pulverización. En inglés, se diferencia entre ***mist*** (neblina) y ***fog*** (niebla). La primera es una suspensión de gotas finísimas, cuya medida normalmente no es apreciable a simple vista. La medida de las partículas puede oscilar entre las 0,1 y las 10 micras. *Fog* es una suspensión de pequeñas gotas, apreciables a simple vista, originadas por condensación. La medida de las partículas suele oscilar entre las 2 micras y las 60 micras.

En higiene industrial, para la materia en forma de partículas sólidas o líquidas se usa cada vez más el concepto de partícula inhalable, torácica o respirable. Es un criterio que depende del muestreo selectivo según tamaño de partícula por aerosoles y que está desarrollado en la norma UNE-EN 481: "Atmósfera en los puestos de trabajo: definición de las fracciones por el tamaño de las partículas para la medición de aerosoles." Se basa en el hecho de que solamente se inhala una fracción del aerosol que está cerca de la nariz y la boca, esta fracción se llama fracción inhalable. Para algunas sustancias, tienen especial significación para la salud las subfracciones de éstas que penetran más allá de la laringe, es la fracción torácica, o que llegan hasta las vías respiratorias no ciliadas, la fracción respirable.

Es necesario que los instrumentos utilizados en el muestreo estén de acuerdo con lo que se quiere medir. Por ejemplo, se debería seleccionar un equipo que realice el muestreo según el convenio para la fracción inhalable, en caso de que el aerosol pueda llegar a producir un efecto biológico allí donde se deposite. Hace falta escoger un equipo que haga el muestreo según el convenio para la fracción torácica si la región de depósito es la de los bronquios, y según el convenio de la fracción respirable si la región es la de los alvéolos (región de intercambio gaseoso). Así, definimos:

- **Partículas inhalables o inspirables**: Fracción másica del aerosol total que se inhala a través de nariz y boca. Se selecciona cuando puede haber efecto biológico en cualquier parte del tracto respiratorio.
- **Partículas torácicas**: Fracción másica de las partículas inhalables que penetra más allá de la laringe. Se selecciona cuando puede haber efecto biológico en las vías pulmonares y en la región de intercambio de gases (alvéolos).

- **Partículas respirables**: Fracción másica de las partículas inhalables que penetra en las vías respiratorias no ciliadas. Se selecciona cuando puede existir efecto biológico en la región de intercambio de gases (alvéolos).

La correspondencia entre estas dos definiciones y el tamaño del diámetro aerodinámico de la partícula no es fácil. Varios autores hablan de PM10 (en su mayoría partículas con diámetro aerodinámico inferior a 10 μm) para las partículas torácicas y de PM 2,5 (en su mayoría partículas con diámetro aerodinámico inferior a 2,5 μm) para las partículas respirables.

### 4.2.2. Contaminantes físicos

Los **contaminantes físicos** (ver Figura 6) son distintas formas de energía generadas por fuentes concretas, que pueden afectar a los trabajadores que están sometidos a ellas. Pueden ser energías mecánicas, térmicas o electromagnéticas.

**Figura 6.** Tipos de contaminantes físicos

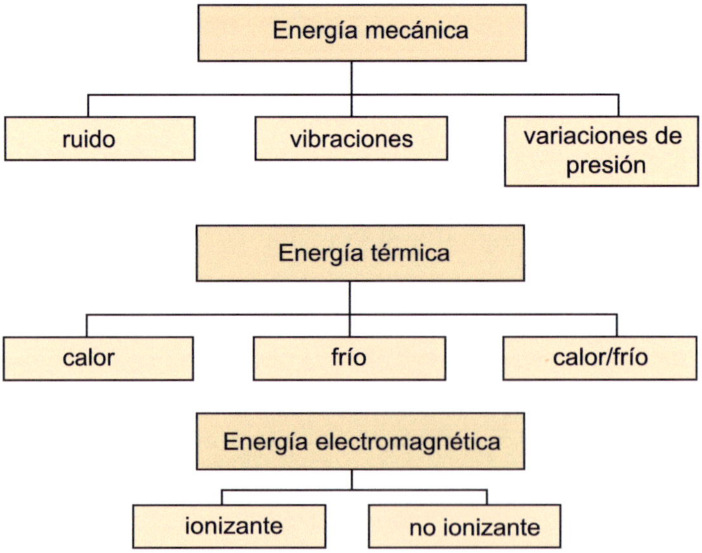

Las **energías mecánicas** más frecuentes son el ruido y las vibraciones.

El **ruido** es posiblemente el contaminante más extendido en el ambiente laboral. Se corresponde con un sonido que molesta u ocasiona daño a las personas; uno de los daños más importantes que el ruido puede ocasionar en el trabajador es la sordera profesional, que es provocada por la exposición continuada a niveles de ruido elevados, esto ataca al oído, trayendo consigo la pérdida de la capacidad auditiva de forma permanente.

Se encuentran expuestos a ruido las personas que trabajan, por ejemplo, con prensas, remachadoras, amoladoras, martillos neumáticos, etc.

Las **vibraciones** son también una energía mecánica que abarcan, según establece la Organización Internacional del Trabajo (OIT), todo movimiento transmitido al cuerpo humano por elementos sólidos capaces de producir un efecto nocivo o como mínimo una sensación de molestia.

Hay muchas fuentes de vibración pero quizás, una de las más conocidas sea el uso del martillo neumático en las obras de construcción, pero también se produce en actividades como la de conductor de autobús debido a la repercusión del movimiento del mismo sobre el asiento.

En cuanto a la exposición a la energía térmica, por exceso o por defecto, el organismo tiene una capacidad de adaptación muy grande, en especial en lo que respecta al calor, por lo que no es frecuente encontrar situaciones, en el mundo laboral, de daños para la salud, pero sí situaciones que pueden generar incomodidad.

Están expuestos a un ambiente térmico hostil, bien sea por calor o por frío, las personas que trabajan, por ejemplo, en hornos, fundiciones, cámaras frigoríficas, a la intemperie (agricultura, construcción), etc.

Por lo que respecta a las radiaciones electromagnéticas, conocidas habitualmente como radiaciones, se corresponden con la transmisión de energía mediante ondas electromagnéticas que se diferencian por la energía que poseen según la frecuencia y la longitud de onda que tienen. En este sentido, nos encontramos con:

**1) Radiaciones no ionizantes**: Son aquellas radiaciones que no son capaces de arrancar electrones de la materia que ilumina y producen, como mucho, excitaciones electrónicas.

Estas radiaciones no ionizantes son: ultravioletas, visibles, infrarrojas, microondas y radiofrecuencias. Se encuentran expuestos a este tipo de radiaciones no ionizantes los trabajadores que trabajan a la intemperie, con fuentes de calor, realizando soldaduras o manejando fotocopiadoras.

2) **Radiaciones ionizantes**: Son aquellas radiaciones con energía suficiente para ionizar la materia y extraer los electrones de sus estados ligados al átomo. Las radiaciones de frecuencia superior a 1.017 Hz son ionizantes.

**Figura 7.** Clasificación de las radiaciones

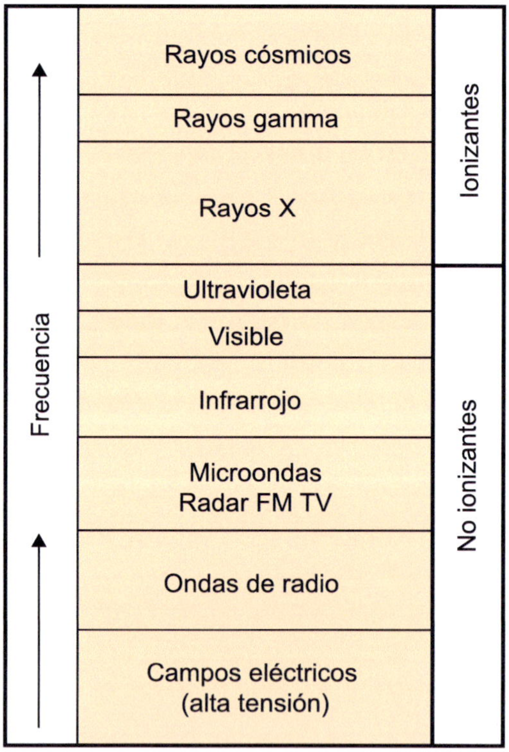


Un ejemplo práctico de este tipo de radiaciones lo encontramos en las radiografías o radioscopias, y en general, podemos decir que se encuentran expuestos aquellos trabajadores que desarrollan su actividad en centrales nucleares e instalaciones radiactivas.

### 4.2.3. Contaminantes biológicos

Los **contaminantes biológicos** son seres vivos que pueden producir efectos nocivos sobre la salud, por lo general enfermedades de tipo infeccioso, parasitarias o alérgicas. Pueden ser de índole muy diversa (ver Figura 10) como bacterias, virus, hongos, protozoos, parásitos u otros.

Los vehículos de transmisión más normales son los animales, las personas, los aerosoles y materiales o productos contaminantes.

Estos contaminantes biológicos, a diferencia de los contaminantes físicos y químicos, son seres vivos, microorganismos con un ciclo vital, capaces de reproducirse y, por tanto, de multiplicarse. Al penetrar en el cuerpo humano pueden producir enfermedades de tipo infeccioso o parasitario. La brucelosis (fiebre de Malta), el tétanos, la hepatitis B, el VIH o la fiebre tifoidea, son ejemplos de daños a la salud que pueden producirse en el trabajo.

El riesgo de exposición a agentes biológicos se da, básicamente, en las actividades que se relacionan a continuación:

- Producción de alimentos.
- Trabajos agrarios.
- Trabajos con animales.
- Trabajos en hospitales.
- Trabajos en laboratorios.
- Eliminación de residuos.
- Trabajos en el alcantarillado.

## 5. Higiene industrial y otras disciplinas

### 5.1. Relación de la higiene industrial con otras disciplinas

Las soluciones de los problemas de salud de los trabajadores, entendida la salud según la Organización Mundial de la Salud como “el estado de bienestar y de equilibrio personal físico, mental y social", requieren un enfoque interdisciplinario con la participación de disciplinas fundamentales como la higiene industrial, la medicina del trabajo, la ergonomía y la psicología del trabajo.

La **principal diferencia entre la medicina del trabajo y la higiene industrial** es que la primera sólo puede actuar sobre los trabajadores, mientras que la higiene actúa sobre el medio de trabajo. En el primer caso, hablamos de técnicas médicas de prevención; en el segundo, de técnicas no médicas de prevención.

La **ergonomía** se ocupa del confort del individuo en su lugar de trabajo. Esta técnica actúa también para prevenir la enfermedad provocada por el medio ambiente pero no como consecuencia de contaminantes químicos o biológicos. La **psicología del trabajo** se ocupa de conocer las actividades de los individuos frente al puesto de trabajo.

Es evidente la relación de la higiene industrial con la disciplina de **seguridad en el trabajo**, pero mientras ésta actúa sobre la prevención de accidentes, la higiene actúa sobre la prevención de enfermedades.

Se necesita también el apoyo de la **química**, la **física** y la **biología** para caracterizar y analizar los diferentes contaminantes químicos, físicos y biológicos. Asimismo, se necesita la colaboración de otras especialidades como la **toxicología**, la **epidemiología**, la **patología** y la **estadística**, ya que el higienista ambiental puede aplicar las técnicas únicamente en la medida de los conocimientos que tenga sobre los efectos tóxicos de los materiales en estudio.

La relación de la higiene industrial y el medio ambiente exterior es natural, ya que los contaminantes producidos en los procesos industriales no limitan sus efectos sobre el medio laboral sino que pueden pasar al exterior y contribuir a la contaminación ambiental general. Muchas veces, esta acción se potencia con el hecho de que, con la finalidad de reducir los contaminantes en el medio laboral, éstos son enviados hacia el exterior mediante técnicas de extracción localizada sin depuración de los efluentes emitidos. En este campo, la higiene industrial puede contribuir a un desarrollo seguro y sostenible del medio ambiente al actuar sobre los procesos de trabajo.

Conviene, por otro lado, diferenciar entre la higiene industrial, la higiene pública y la higiene personal. La primera, tal como ya hemos explicado, actúa sobre trabajadores de cualquier campo laboral; la segunda actúa sobre toda la población sin distinción de edad o estado de salud y sin limitación de tiempo, y la tercera se refiere al concepto clásico de urbanidad.

## 5.2. Epidemiología laboral

La **epidemiología laboral** es una técnica preventiva que estudia las enfermedades profesionales relacionadas con el trabajo y como se distribuyen entre los trabajadores.

La importancia de la epidemiologia laboral ha ido en aumento con el tiempo, ya que desgraciadamente, durante los primeros años de la revolución industrial la relación causa-efecto entre el trabajo y la enfermedad era tan evidente que los estudios epidemiológicos no eran necesarios. Algunos ejemplos de esto son la sordera que sufrían los trabajadores de la forja o la silicosis propia de los mineros.

En la actualidad el origen de ciertas enfermedades profesionales no es tan claro, las causas no siempre son únicas y su diagnóstico se basa tanto en manifestaciones subjetivas como en manifestaciones objetivas. Esta situación hace que la contribución de la epidemiología sea absolutamente imprescindible.

Algunas de las tareas concretas que desarrolla la epidemiología laboral son:

- Tratar de averiguar las causas directas (contaminantes) e indirectas (edad, nutrición, etc.) que producen alteraciones de la salud.
- Intentar determinar las fuentes de producción del agente causal.
- Estudiar la distribución de las enfermedades profesionales.
- Analizar las condiciones de la población.
- Estudiar las vías de transmisión.
- Evaluar los resultados de las medidas aplicadas.

### 5.2.1. Indicadores de frecuencia de una enfermedad

La epidemiología laboral estudia las exposiciones en los puestos de trabajo y su relación con la frecuencia y la distribución de las enfermedades en la población.

La medida más elemental de frecuencia de una enfermedad es el número de personas que la padecen. Esta medida no hace referencia al tamaño de la población de la que proceden los casos ni al periodo de tiempo en que se han detectado, y no ofrece, por tanto, información sobre la importancia de un problema de salud concreto; es decir, no es lo mismo decir que se han presentado seis casos de silicosis en una población de tres millones de personas, que haber detectado los mismos seis casos en un grupo de mil trabajadores. Ni es lo mismo haber detectado los seis casos en diez años, que haberlo hecho en un solo año.

Por este motivo, en epidemiología se trabaja con diferentes variables que permiten cuantificar el impacto de una enfermedad determinada. las variables más utilizadas en epidemiología son:

- La **prevalencia** de una enfermedad que es la proporción de individuos de una población que están afectados por la enfermedad en un momento o en un periodo de tiempo determinado.
- La **incidencia** de una enfermedad se corresponde con los nuevos casos de enfermedad que aparecen en una población en un periodo de tiempo determinado.

La incidencia es mejor medida que la prevalencia para la prevención de enfermedades de origen profesional, pero la prevalencia puede ser una medida mejor en otros casos como cuando hay que evaluar la magnitud global de un problema sanitario (gripe A, por ejemplo).

## 6. La figura del higienista industrial

### 6.1. Funciones del higienista industrial[1]

Dentro del ámbito de responsabilidades del higienista industrial, las *funciones* como profesional que debe conocer y ser capaz de poner en marcha, entre otras, son las siguientes:

**1) Dirigir y planificar el programa** de higiene industrial.

**2) Prever los riesgos** cuya génesis tiene lugar en procesos de trabajo, operaciones y equipos.

1. Información extraída de Manuel J. Falagán Rojo (2005). *Higiene industrial aplicada "ampliación"* (1.ª ed.). Oviedo: Fundación Luis Fernández Velasco.

**3) Asesorar sobre la planificación y el diseño.**

**4) Identificar y reconocer** la presencia real o potencial de los diversos tipos de contaminantes, así como su interacción con el medio, entre ellos o con otros factores.

**5) Conocer sus vías de entrada** en el organismo humano, así como los efectos que los diversos agentes y otros factores pueden tener sobre la salud.

**6) Evaluar los procesos y procedimientos** de trabajo bajo la visión de su generación, emisión/propagación, así como otros factores potencialmente nocivos.

**7) Examinar los puestos y ambientes** de trabajo así como su entorno y familiarizarse con ellos:

a) **Estrategia de muestreo**: estudiando las operaciones de trabajo y procesos, para obtener información sobre la naturaleza de tareas, materiales y equipos empleados, productos, subproductos y productos finales, número y sexo de los trabajadores y tiempo de trabajo.

b) **Realizando mediciones para determinar exposiciones** de riesgo higiénico y, para ello, se debe elegir el método de toma de muestras, dirigir las mediciones y estudiar el desarrollo del trabajo.

**8) Estudiar e investigar los resultados** obtenidos en líquidos biológicos (sangre y orina), cuando éstos pueden ayudar a establecer el nivel de exposición.

**9) Conocer el ámbito jurídico** de la higiene industrial en el ámbito nacional y europeo fundamentalmente.

**10) Informar a la dirección y a los representantes** de los trabajadores en su caso.

**11) Interpretar los resultados** de la evaluación ambiental en función de su afectación para la salud del trabajador o la colectividad y presentar conclusiones específicas a los responsables.

**12) Planificar la actividad preventiva**: tomar decisiones específicas acerca de la necesidad o efectividad en las medidas de control y, cuando sea necesario, aconsejar sobre los procedimientos normalizados que puedan ser convenientes y efectivos tanto para el ambiente como para su entorno.

**13) Implantar medidas eficaces** para proteger a las personas que sean especialmente vulnerables a las condiciones adversas del ambiente de trabajo y reforzar su capacidad de resistencia.

**14) Participar en el análisis del riesgo global y la gestión de un agente**, proceso o lugar de trabajo y contribuir al establecimiento de prioridades para la gestión de los riesgos.

**15) Documentar y registrar** todas las acciones preventivas.

**16) Confeccionar normas, reglas o procedimientos** de trabajo, así como efectuar personalmente las actividades de control y vigilancia del cumplimiento y la eficacia del programa de control y reducción de riesgos higiénicos.

**17) Elaborar documentos informativos** sobre medidas preventivas para productos; fichas de seguridad.

**18) Dirigir programas de formación e información** para los trabajadores a fin de evitar las enfermedades profesionales. Por lo tanto, educar, formar, informar y asesorar a personas de todos los niveles en todos los aspectos de la comunicación de riesgos.

**19) Promover estudios epidemiológicos** entre los trabajadores o empresas con el fin de objetivar el control sobre los problemas para la salud y más en concreto descubrir posibles enfermedades profesionales y establecer o mejorar los valores límite.

**20) Coordinar investigaciones** sobre los efectos y medios para evitar todos los contaminantes presentes en el medio.

**21) Tener una relación estrecha con el médico de la empresa** para vincular el medio con las enfermedades. En general, colaborar con el resto de técnicos de otras disciplinas.

**22) Decidir si existen soluciones alternativas** para un problema.

Con carácter general, el higienista industrial debe promover la prevención de accidentes de trabajo y en especial las enfermedades profesionales en la empresa.

## 6.2. Terminología utilizada en higiene industrial

El higienista industrial que por primera vez se enfrenta al estudio de esta técnica de prevención conviene que se familiarice con los términos que en ella se utilizan y, de forma muy especial, los que hacen referencia a:

- Tipos de contaminantes.
- Distribución o presentación en el medio ambiente.
- Efectos de los contaminantes sobre el organismo.
- Unidades en las que se expresa la concentración de los contaminantes.
- Evaluación y control de los contaminantes.

En este punto, sólo haremos mención de las principales formas de expresar las concentraciones de los contaminantes utilizadas en higiene industrial y de los factores de conversión y equivalencias existentes entre ellas.

- **mg/m$^3$:** miligramos por metro cúbico. Es la expresión gravimétrica de la concentración de los contaminantes químicos en general, con independencia de su estado físico. Significa peso en mg del contaminante en 1 m$^3$ de aire.
- **ppm:** partes por millón en volumen. Es la expresión volumétrica de la concentración de gases y vapores en el aire. Significa las partes en volumen del contaminante en un millón de partes de aire. Así *x* ml de gas o vapor en 1 m$^3$ de aire es igual a *x* ppm.

La conversión entre ambas formas de expresar la concentración de un gas (mg/m$^3$ y ppm) se puede realizar según la ecuación siguiente:

$$\text{Concentración (mg/m}^3\text{)} = \frac{\text{concentración (ppm)} \times \text{peso molecular en gramos}}{24{,}45}$$

donde 24,45 es el volumen molar del aire en litros en condiciones estándar de presión y temperatura (25 °C y 760 mm Hg).

- **mppcf**: millones de partículas por pie cúbico.
- **ppcfc**: partículas por centímetro cúbico.
- **f/cc**: fibras por centímetro cúbico. Indica el número de fibras por centímetro cúbico de aire. Se puede encontrar también la expresión f/ml, número de fibras referidas a 1 ml de aire. 1.000 f/ml es igual a 1 f/cc.

- **µg**: microgramos $10^{-3}$ mg.
- **µm**: micrómetro $10^{-3}$ mm.
- **nm**: nanómetro $10^{-6}$ mm.
- **µl**: microlitros $10^{-3}$ ml.
- **dB**: decibelio. Medida del nivel relativo de presión acústica.
- **Hz**: hercio. Número de ciclos por segundo.
- **Gy**: gray. Equivalente a la absorción de un julio de energía ionizante por un kilogramo de material irradiado.

# Capítulo II

# Toxicología laboral

Xavier Guardino Solà

## Introducción

La toxicología es la ciencia que estudia las sustancias químicas y su interacción con los seres vivos. Cuando se habla de toxicología laboral se hace referencia a la toxicología de las sustancias químicas empleadas en el ámbito laboral, llamada también toxicología industrial, y su interacción con los trabajadores que están en contacto con ellas. Se trata, en general, de los disolventes y productos químicos empleados en la actividad laboral, pero también de sustancias que pueden formarse in situ como resultado de reacciones entre las presentes.

El nivel de interacción de las sustancias con los trabajadores depende de tres factores fundamentales:

1) **La propia capacidad de las sustancias** de producir efectos adversos en el organismo de las personas expuestas que, obviamente, es muy variada.

2) **La cantidad de la sustancia** que interviene, conocida normalmente como dosis y que comentaremos más adelante.

3) **La vía de contacto** o entrada en el organismo.

Cuando se aborda la toxicología debemos citar a Paracelso, considerado el padre de la toxicología, ya que fue el autor de la célebre frase *"Dosis sola facit venenum"* (la dosis hace el veneno), es decir, es la dosis (cantidad de sustancia) la que está relacionada con el efecto en el organismo.

En esta línea, cabe recordar un suceso ocurrido en Estados Unidos según el cual queda constancia de que, hasta la ingesta de agua, usada tradicionalmente como referencia de sustancia inerte, puede llegar a producir la muerte a una persona.

"**Una mujer muere en California por una sobreingesta de agua tras participar en un concurso radiofónico**

*Aguanta tu pipí por una Wii* (*Hold Your Wee for a Wii*).

Este era el lema de un concurso radiofónico organizado en Estados Unidos, que premiaba con una consola a quien fuera capaz de beber más agua sin ir al baño. Le ha costado la vida a una mujer, que ha sido encontrada muerta en una habitación de su casa tras participar en la prueba. El médico ha atribuido la muerte de Jennifer Strange, de 28 años, a la excesiva cantidad de agua que había ingerido durante el concurso, que organizaba la cadena de radio KDND 107.9 de Sacramento, en California".

Edición digital de *El País*. Madrid (15-01-2007).

Incluimos, a modo de introducción, algunas definiciones básicas de interés en el campo de la toxicología industrial.

- **Dosis**: En toxicología laboral se define como la cantidad de una sustancia a la que se expone una persona durante un período de tiempo y se expresa normalmente en unidades de concentración y/o tiempo. Existen, sin embargo, muchas otras acepciones de este término que aparecerán a lo largo del texto.
- **Toxicidad**: Capacidad intrínseca de una sustancia de causar efectos adversos en el organismo de un ser vivo. Así pues, cada sustancia tiene, para la misma dosis, distintos niveles de toxicidad.
- **Xenobiótico**: Sustancia que, presente en el medio, entra en el organismo.
- **Toxicocinética**: Es aquella parte de la toxicología que describe y estudia todos los mecanismos mediante los cuales una sustancia es absorbida, distribuida, almacenada, biotransformada (metabolizada) y excretada por el organismo.
- **Toxicodinámica**: Es aquella parte de la toxicología que describe y estudia todos los mecanismos mediante los cuales una sustancia afecta a un ser vivo.

- **Vía de absorción**: Hace referencia a la puerta de entrada de sustancias en el organismo. Aunque en Farmacología se considera un número elevado de ellas, muchas de aplicación exclusiva en el campo médico, las vías posibles de absorción de xenobióticos en el organismo son: respiratoria, digestiva, dérmica y parenteral. En el campo de toxicología laboral y en relación con la higiene industrial, solamente se consideran la vía respiratoria o inhalatoria y la dérmica, ya que las otras dos solo pueden tener lugar en caso de accidente. La vía por la que penetre la sustancia en el organismo suele ser determinante en cuanto a la magnitud del efecto adverso que puede provocar.
- **Metabolismo**: Se refiere a la transformación de los xenobióticos que han ingresado en el organismo.

# 1. Toxicocinética

## 1.1. La ruta de los xenobióticos en el organismo

Como ya se ha dicho, la vía de entrada de los xenobióticos en el organismo puede ser totalmente determinante en cuanto a la magnitud –y a veces también en cuanto a sus características– de los efectos adversos. Por ello es importante incidir, aunque sea de manera simplificada, en las posibles rutas que siguen los xenobióticos.

Obviamente, la propia **vía de entrada** ya define una ruta determinada, convergiendo todas ellas en los sistemas sanguíneo y linfático, aunque este último no lo trataremos aquí por su complejidad e importancia relativa en el caso de los xenobióticos.

En la Figura 1 resumimos esquemáticamente las rutas posibles, incluyendo las **vías de eliminación**, aspecto este muy importante también, puesto que mucha sustancias generan el efecto adverso en estas vías, como es el caso de algunos metales pesados en el riñón o las aminas aromáticas en le vejiga urinaria. Las flechas discontinuas indican vías de retorno en esta circulación.

**Figura 1.** Rutas de los xenobióticos en el organismo

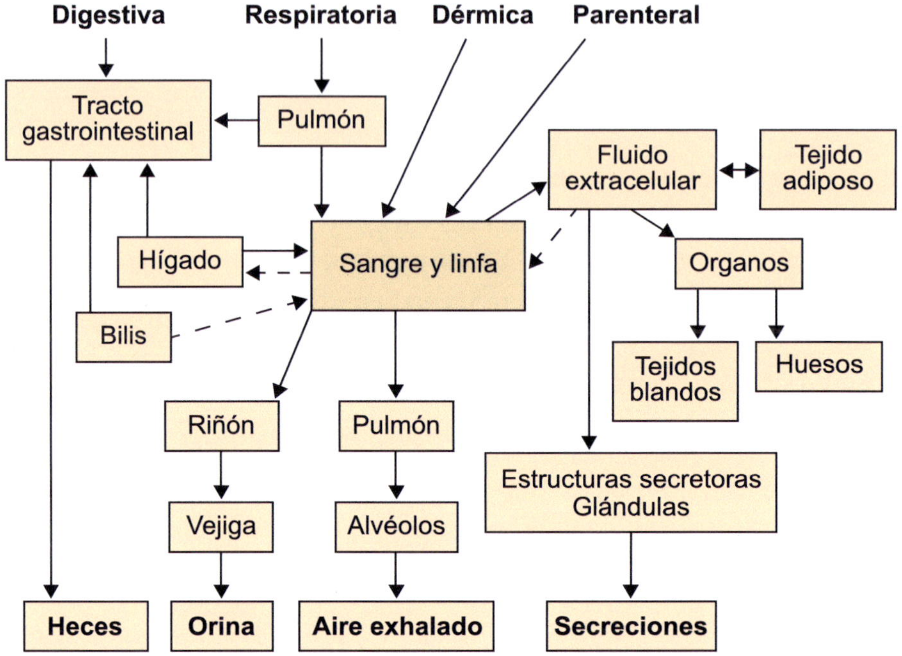


## 1.2. Entrada de sustancias por vía respiratoria

Es la vía principalmente considerada y que cubre la mayoría de casos estudiados en el ámbito de la higiene industrial.

### 1.2.1. Funcionamiento del sistema respiratorio

El aire inhalado, que entra en el organismo a través de la nariz y la boca, va avanzando a lo largo del sistema respiratorio, mezclándose con el aire existente hasta llegar a la zona más profunda del sistema, los alvéolos, donde entra en contacto con la sangre venosa; el oxígeno contenido en él se disuelve en la sangre y es fijado por la hemoglobina, macromolécula encargada de su transporte, convirtiéndose la sangre venosa en arterial. Este recorrido del aire es el mismo que hacen los xenobióticos contenidos en él y de esta manera penetran en el organismo, siendo absorbidos. Un esquema de este recorrido lo podemos ver en la Figura 2.

**Figura 2.** Estructura simplificada del sistema respiratorio

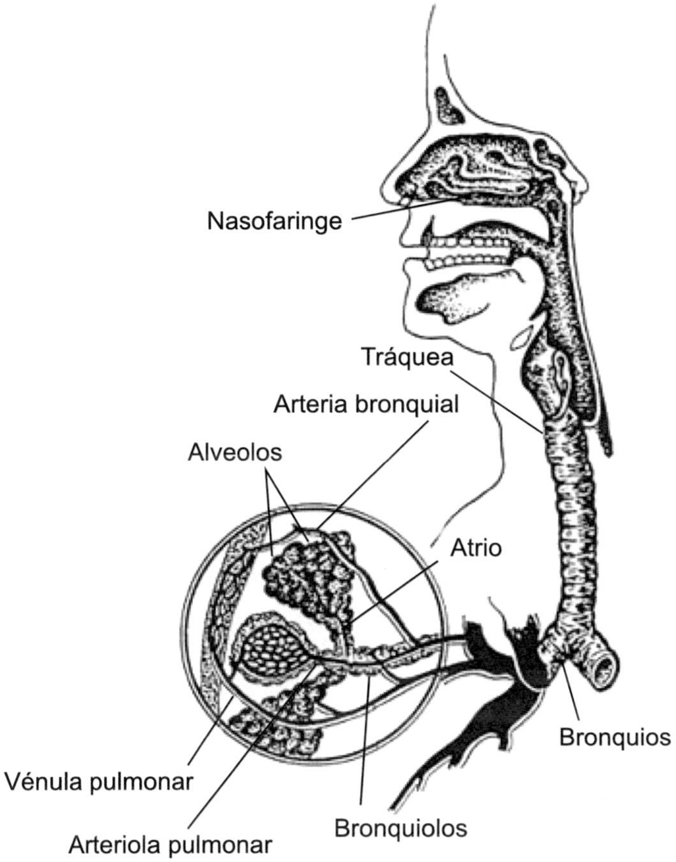


### 1.2.2. Factores que afectan la entrada por vía respiratoria

La magnitud y las consecuencias de la entrada de sustancias por vía respiratoria están sujetas a una serie de factores que comentamos a continuación.

**1) Cantidad de sustancia presente en el aire**

Es el primer factor a considerar. Evidentemente, a mayor cantidad de sustancia presente en el aire, más cantidad penetrará en el organismo. Las unidades empleadas para medir las concentraciones de las sustancias en aire pretenden reflejar, de la manera más directa posible, la capacidad de producir el efecto adverso en el organismo, motivo por el cual se emplean unidades distintas según se trate de

- aerosoles ($mg/m^3$),
- gases/vapores (ppm: $ml/m^3$) o
- fibras (fibras/ml).

**2) Forma física de la sustancia**

El sentido común, pero también los experimentos realizados, nos indican que la forma física en que se presenta la sustancia es un factor determinante.

**Gases y vapores:**

Si la sustancia se halla en forma de gas o vapor (gas que puede coexistir en condiciones normales con su forma líquida o sólida), un factor determinante es su solubilidad en agua. Dado que la parte más externa de la mucosa respiratoria está cubierta por un líquido de base acuosa, este recubrimiento actúa como barrera protectora para aquellas sustancias que tienen carácter **liposoluble**; estas van avanzando a lo largo del sistema respiratorio sin ser absorbidas de manera importante hasta que llegan al alvéolo, donde el líquido que recubre el tejido pulmonar permite la solubilización tanto de estas sustancias liposolubles como de las **hidrosolubles**. De ahí pasan a la sangre y son distribuidas por el sistema sanguíneo. Las sustancias hidrosolubles, en cambio, empiezan a ser absorbidas a través de la mucosa del sistema respiratorio desde el mismo momento en que penetran en él. En la Figura 3, representamos un esquema de la entrada de gases y vapores por la vía inhalatoria.

**Sustancias liposolubles:** son sustancias solubles en grasas y aceites, pero no en agua.
**Sustancias hidrosolubles:** son sustancias solubles en agua pero no en grasas y aceites.

Los conceptos de hidrosoluble y liposoluble realmente diferencian a las sustancias químicas en dos grupos, siendo la solubilidad una característica determinante en la entrada, distribución y acumulación de los xenobióticos en el organismo. La solubilidad de una sustancia se determina, experimentalmente, mediante el coeficiente partición agua/aceite (normalmente isooctanol) a base de medir la distribución en peso entre la fase acuosa y la grasa de una cantidad de sustancia añadida al sistema bifásico. Los disolventes orgánicos y los plaguicidas son típicas sustancias liposolubles, mientras que los ácidos, las bases y las sales minerales son hidrosolubles.

**Figura 3.** Inhalación de gases y vapores (forma molecular)

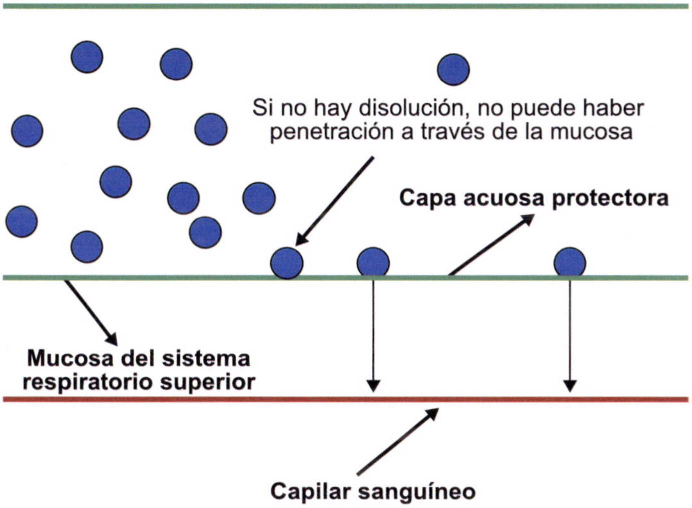


Las moléculas que no contactan con la superficie van penetrando en el sistema respiratorio.

Dado que la capacidad de producir un efecto adverso está directamente relacionada con la cantidad de sustancia que penetra, expresada en número de moléculas o moles, se emplean como unidades de medida las **ppm** (partes por millón: ml/m$^3$) que reflejan directamente la cantidad de moléculas existentes por volumen de aire.

**Aerosoles:**

Si la sustancia se halla en forma de aerosol sólido o líquido, aparte de su solubilidad, que implicaría el mismo comportamiento que en el caso de los gases/vapores, tiene otro factor determinante en la capacidad de ser absorbida, que es el **tamaño de la partícula**. Cuando más pequeña es esta, más probable es que penetre más hacia el fondo del sistema respiratorio, llegando al alvéolo pulmonar; las partículas más grandes quedarán retenidas por el camino y, si son insolubles, podrán ser expulsadas o deglutidas, al pasar al sistema digestivo. En la Figura 4 representamos un esquema de la entrada de materia particulada (aerosol) por la vía inhalatoria.

**Figura 4.** Inhalación de partículas (aerosol)

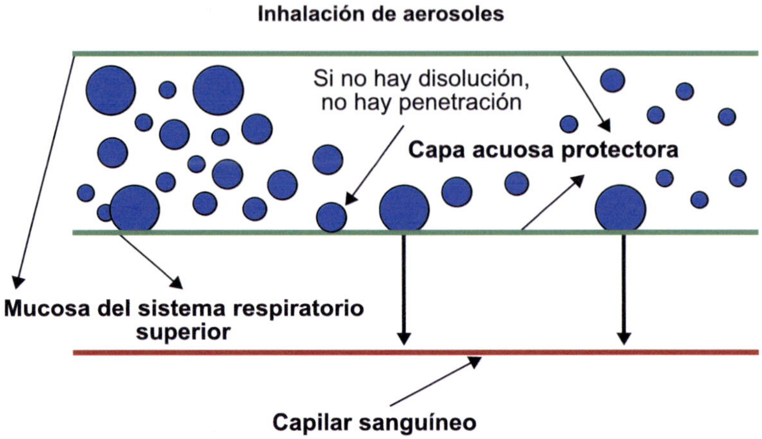


Las partículas que no contactan con la superficie van penetrando en el sistema respiratorio, siendo discriminadas en función de su tamaño. Llegan al final del sistema respiratorio las que forman parte de la llamada **fracción de polvo respirable**.

A lo que acabamos de comentar hay que añadir, además, que las partículas predominantes en suspensión en el aire, excepto cuando acaban de generarse, son inferiores a 10 μm, tal como se muestra en la Tabla 1 para una atmósfera sin corrientes de aire.

**Tabla 1.** Velocidad estacionaria de sedimentación de materia particulada

| Diámetro de partícula μm | Velocidad cm/min | Velocidad m/h |
|---|---|---|
| 0,5 | 0,045 | 0,027 |
| 2,0 | 0,72 | 0,43 |
| 5,0 | 4,5 | 2,7 |
| 10 | 18 | 11 |
| 20 | 73 | 43 |

Velocidad estacionaria de sedimentación de partículas en el aire (d=1), en función del tamaño.

Esta cuestión es determinante en muchos casos, ya que, por ejemplo, en el caso de la exposición a sílice, solo causan silicosis las partículas más pequeñas. Para abordarla se han propuesto modelos que, basándose en su tamaño, agrupan las partículas según su capacidad de penetración en el sistema respiratorio. El más sencillo de ellos es el que divide las partículas en tres grupos (ver Figura 5):

- la **fracción inspirable** (partículas que por su tamaño son capaces de entrar en el sistema respiratorio),

- la **torácica** (capaces de llegar a la parte más externa del pulmón), y

- la **respirable** (capaces de llegar a la zona de intercambio gaseoso: los alvéolos), que son inferiores a 10 µm de tamaño y cuya probabilidad de llegar al alvéolo aumenta al disminuir su tamaño. Las llamadas nanopartículas entran dentro de este grupo.

**Figura 5.** Fracciones de polvo inhalable, torácica y respirable

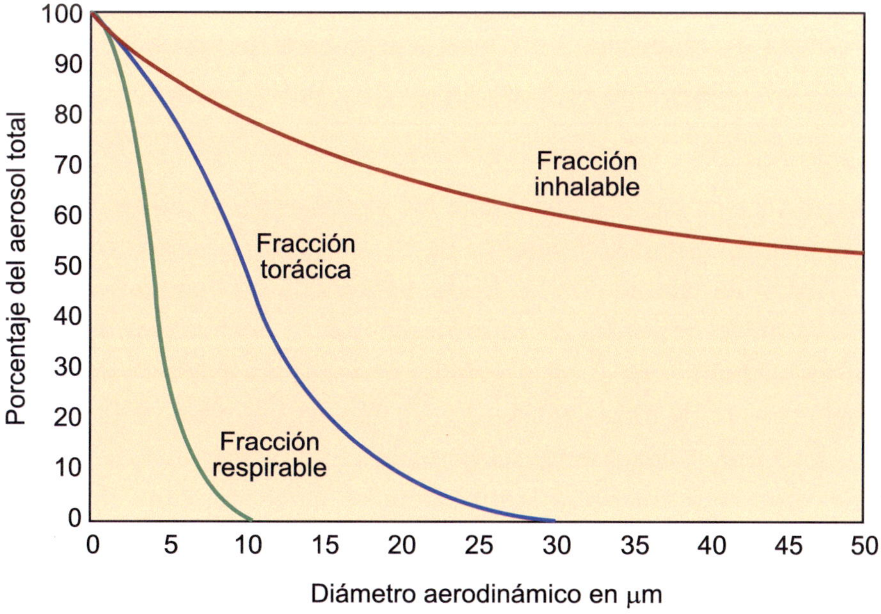

Las **nanopartículas** se definen como aquellas partículas que, al menos una de sus dimensiones, no exceden de 100 nm (0,1 μm) y pueden ser de composición química muy variable. Su comportamiento físico, químico y biológico es diferente del de las partículas más grandes aunque tengan exactamente la misma composición química. Ello es debido a que la relación entre el número de átomos superficiales y su tamaño es de carácter exponencial. Por ello, las propiedades relacionadas con la superficie, como las eléctricas, mecánicas, magnéticas, ópticas, químicas o toxicológicas son diferentes a las de los mismos materiales a escala no nanométrica.

Una vez las partículas alcanzan el alvéolo, pueden pasar a la sangre atravesando la membrana alveolocapilar, o pueden permanecer en él. En este caso, puede producirse una reacción de rechazo o incluso intervenir los macrófagos, linfocitos altamente especializados, que se encargan de eliminar, mediante un proceso equivalente a la fagocitosis, estas partículas. En el caso de ciertos materiales, como la sílice, los macrófagos se destruyen en este proceso y de su lisis se liberan enzimas hidrolíticos que son los posteriores causantes de la silicosis.

Tal como hemos dicho para gases y vapores, la capacidad de producir un efecto adverso está directamente relacionada con la cantidad de sustancia que penetra, expresada en número de moléculas o moles. En el caso de los aerosoles, sin embargo, hay dos factores de gran importancia, la **solubilidad** y el **tamaño de partícula**, que hacen que no tenga sentido emplear el número de moléculas como unidad de referencia. En consecuencia, para los aerosoles se emplean como unidades **masa/volumen**, generalmente, **mg/m$^3$** de aire.

**Fibras:**

Las consideraciones realizadas para los aerosoles son equivalentes para las fibras e, incluso, el proceso descrito de eliminación pulmonar mediante los macrófagos se da también en las fibras, generando los llamados **cuerpos asbestósicos**, fibras rodeadas de macrófagos que se encuentran, mayoritariamente, en los pulmones de las personas expuestas. En este caso, las unidades empleadas son **n° de fibras/ml** de aire, ya que es el número de fibras que penetra el que está directamente relacionado con la capacidad de producir el efecto adverso o de aumentar la probabilidad de su aparición. Dado que los valores límite para la mayoría de fibras oscilan alrededor de 1 fibra/ml, se emplean como referencia de volumen los ml ($10^{-6}$ m$^3$), en lugar de los m$^3$, para no manejar valores con un número elevado de cifras.

### 3) Solubilidad

La solubilidad en agua o en grasa/aceites es determinante también, como ya se ha comentado en el apartado anterior.

### 4) Ventilación pulmonar

La ventilación pulmonar o ritmo respiratorio es otro factor a tener en cuenta: al aumentar la cantidad de aire inspirado, aumenta la cantidad de sustancia que, acompañando a este, entra por la vía respiratoria. Una persona en reposo ventila entre 5 y 6 l/min, mientras que un velocista o un nadador de series cortas puede llegar a ventilar por encima de 100 l/min. Ved una serie de ejemplos en la Tabla 2. Aunque este aspecto no es considerado muchas veces en la evaluación de riesgos por inhalación, su importancia puede ser determinante.

**Tabla 2.** Caudal respiratorio del ser humano en función de la actividad

| | |
|---|---|
| **Reposo** | 5,5 l/min |
| **Andando** | 15,4 l/min |
| **Marchando** | 22,0 l/min |
| **Trabajo medio** | 33,0 l/min |
| **Trabajo pesado** | 55,0 l/min |
| **Velocista** | 100,0 l/min |

### 5) Difusión a través de la membrana alveolocapilar

La **difusión de sustancias** a través de la membrana alveolocapilar, y de las membranas biológicas en general, es un fenómeno complejo que se basa en mecanismos muy diferentes. En el caso de gases y vapores, el hecho de que tengan mayor o menor facilidad para atravesarla afecta a la relación existente entre la concentración en el aire alveolar y la concentración en sangre; a mayor facilidad de paso, más rápidamente aumenta la concentración en la sangre y, en consecuencia, su distribución en el organismo.

## 1.3. Entrada de sustancias por vía dérmica

Es la segunda vía en importancia de entrada de los xenobióticos en el organismo, sobre la que cabe hacer una serie de precisiones.

**1)** En primer lugar, hay que distinguir entre lo que es **daño local o tópico**, es decir, la afectación de la piel por contacto con la sustancia, como ocurre con las sustancias corrosivas, caso de los ácidos fuertes (sulfúrico, fluoruro de hidrógeno o cloruro de hidrógeno) y sustancias fuertemente irritantes como la acroleína, de su papel como **vía de entrada del xenobiótico**. Las sustancias pueden penetrar a través de la piel, causar daño local y las dos cosas a la vez.

Un caso característico es el del fluoruro de hidrógeno (ácido fluorhídrico), una de las sustancias con efecto corrosivo más importantes. Sin embargo, personas que han sufrido accidentes por contacto que les han provocado importantes quemaduras en la piel, presentan problemas de supervivencia a causa de la intoxicación por el ión fluoruro, el cual provoca un desequilibrio sodio-potasio-calcio que puede causar la muerte. Independientemente de este hecho, además, el ión fluoruro se fija en los huesos por su afinidad por el catión calcio.

**2)** En segundo lugar, es una vía que no tiene protocolizados procedimientos de evaluación, como ocurre en el caso de la inhalatoria. Existen modelos para su estimación, como el **Riskofderm**, pero en la práctica el que exista o no riesgo de exposición dérmica se basa en la opinión del higienista después de un detallado seguimiento de las tareas que hace el trabajador: superficie de piel expuesta, su aspecto general o nivel de higiene. Los sistemas de evaluación de la vía inhalatoria suelen incluir una identificación de las sustancias que pueden ser peligrosas a través de la vía dérmica, pero se queda solamente en una advertencia al higienista para que lo tenga en cuenta como complemento al efectuar la evaluación ambiental, ya que la capacidad o flujo de penetración de las sustancias de uso industrial por vía dérmica no es conocido para la mayoría de ellas. Una herramienta eficaz es el control biológico de la exposición que, basándose en la determinación del xenobiótico, su metabolito o la alteración de un parámetro biológico reversible en fluidos biológicos (sangre, orina, aire exhalado) del organismo, permite detectar si ha habido o no entrada del xenobiótico.

***Riskofderm***

Es una aplicación informática desarrollada en la UE en la que se introducen datos sobre la sustancia (clasificación, frases de peligro, etc.), su utilización (cantidad, concentración, temperatura, tiempo de uso, etc.), entorno de trabajo (temperatura ambiental, ventilación, aislamiento, etc.) y tipo de tarea realizada (modo de empleo, uso de protecciones, etc.). Ello da un valor de exposición potencial por vía dérmica. Es uno de los pocos modelos existentes para llevar a cabo, de una manera lo más rigurosa posible, el riesgo de exposición por vía dérmica.

**3)** En tercer y último lugar, debe insistirse en que, aunque muchas veces puede llegar a ser inaparente, por ejemplo si la sustancia es incolora y no se observa contaminación visible, su importancia puede ser grande. Sirva el ejemplo siguiente para resaltar esta situación.

**Ejemplo 1**

Supongamos que un trabajador en manga corta se halla expuesto, durante una jornada laboral de 8 horas, a una concentración de un aerosol de 10 mg/m$^3$, concentración, por otro lado, considerada como máxima para sustancias presentes en el aire en forma de aerosol. Estimando un ritmo respiratorio de trabajo moderado, se calcula que este trabajador respiraría 10 m$^3$ de aire en el conjunto de la jornada y, en consecuencia, la cantidad inhalada (vía respiratoria) del aerosol sería:

$$10 \text{ mg/m}^3 \times 10 \text{ m}^3\text{/8 horas} = 100 \text{ mg/jornada (8h)}$$

La posible entrada por vía dérmica se calcularía del siguiente modo:

- Superficie expuesta (ver Tabla 3) suponiendo una superficie corporal de 1,6 m$^2$: manos + antebrazo + cabeza + cuello (2 + 8 + 9 = 19%): 0,3 m$^2$.
- Contacto con el 50% de la superficie expuesta 0,15 m$^2$; se considera que el contacto es siempre con el 50% de la superficie expuesta, ya que tiene lugar al desplazarse y es con sólo la mitad de la superficie.
- Distancia recorrida en una jornada: 15.000 m
- Volumen contactado en 8 horas: 15.000 m × 0,15 m$^2$ = 2.250 m$^3$
- Masa de contaminante contactada: 2.250 m$^3$ x 10 mg/m$^3$ = 22.500 mg
- Suponiendo la absorción de tan solo el 1% del aerosol contacto: 225 mg/jornada

El ejemplo pretende llamar la atención sobre la importancia que una entrada por vía dérmica podría llegar a suponer: más del doble de la de la vía respiratoria. Se trata, evidentemente, de una estimación estandarizada, pero el mensaje es claro.

**Tabla 3.** Distribución de la superficie corporal según la regla de los nueve de Wallace

| Área | % |
|---|---|
| Cabeza y cuello | 9% |
| Extremidades superiores | 9 + 9%* |
| Cara anterior de tórax y abdomen | 18% |
| Espalda y nalgas | 18% |
| Extremidades inferiores | 18 + 18% |
| Genitales | 1% |

*: palma de la mano: 1%; antebrazo: 4%.

### 1.3.1. Estructura de la piel

Contrariamente a lo que pudiera parecer a primera vista, la piel es un órgano extremadamente complejo, fundamental para la vida humana, cuya ausencia, por ejemplo en casos de quemaduras extensas, hace imposible la vida. Se respira a través de la piel, tiene actividad metabólica y en ella existen cantidad de elementos: glándulas sudoríparas (encargadas de eliminar el sudor mediante los poros), pelos con glándulas sebáceas (generadoras de la grasa para su adecuado mantenimiento a través también de los correspondientes poros), vasos sanguíneos, y nervios y terminaciones nerviosas. En la Figura 6 se muestra un esquema simple de su composición.

**Figura 6.** Composición de la piel

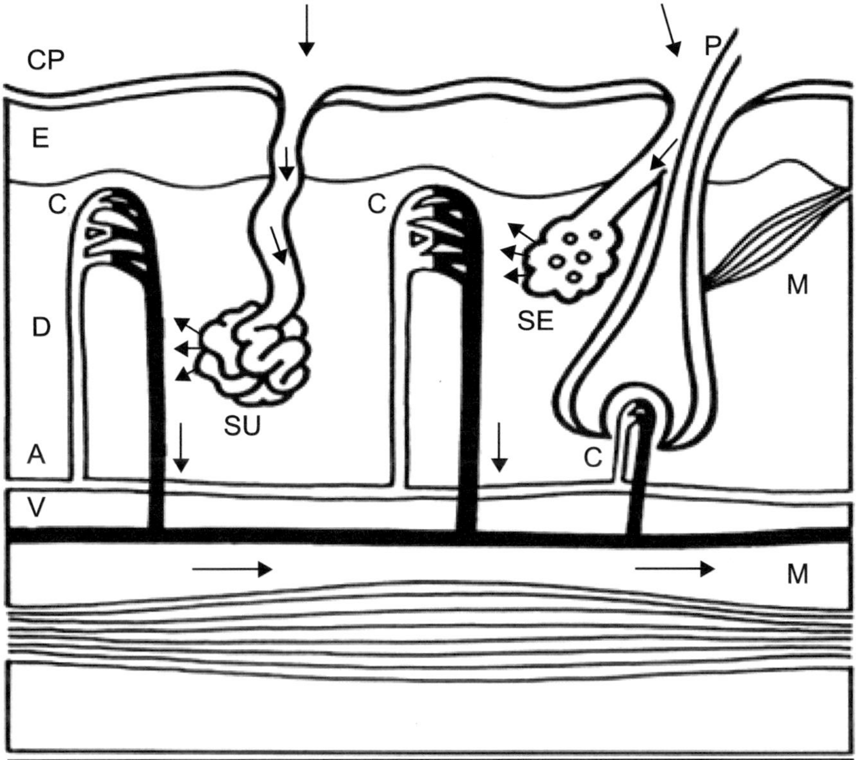


| | | | |
|---|---|---|---|
| **A** | Arteriola | **M** | Músculo |
| **C** | Capilar sanguíneo | **P** | Pelo |
| **CP** | Capa ácido-grasa protectora | **SE** | Glándula sebácea |
| **D** | Dermis | **SU** | Glándula sudorípara |
| **E** | Epidermis | **V** | Vénula |

Está compuesta, de dentro hacia fuera, por: la hipodermis, capa adiposa que actúa de aislamiento y "colchón" con poca actividad biológica; la dermis, que es la más activa con terminaciones nerviosas, capilares sanguíneos y actividad metabólica; en ella se crean células que van migrando hasta la capa más externa, la epidermis, donde mueren y pasan a formar parte del estrato córneo, la capa más externa que hace las funciones de contención y que, a su vez, está recubierta por una capa ácidograsa que la mantiene en buen estado de conservación y evita la fijación de microorganismos patógenos en ella. Esta capa más externa es la que deja "huella" cuando tocamos cualquier superficie lisa.

### 1.3.2. Factores que afectan la entrada por vía dérmica

La entrada de xenobióticos a través de la piel puede tener lugar directamente, atravesando las células que la componen (transcelular o intracelular), a través del espacio intercelular (espacio existente entre las células) o a través de los anexos (poros y pelos), tal como se esquematiza en la Figura 7. La magnitud y consecuencias de la entrada de sustancias por vía dérmica están sujetas a unos pocos factores que comentamos a continuación, no disponiéndose en general de datos experimentales que provengan de estudios toxicológicos en el ámbito laboral.

**Figura 7.** Rutas de entrada de xenobióticos a través de la piel

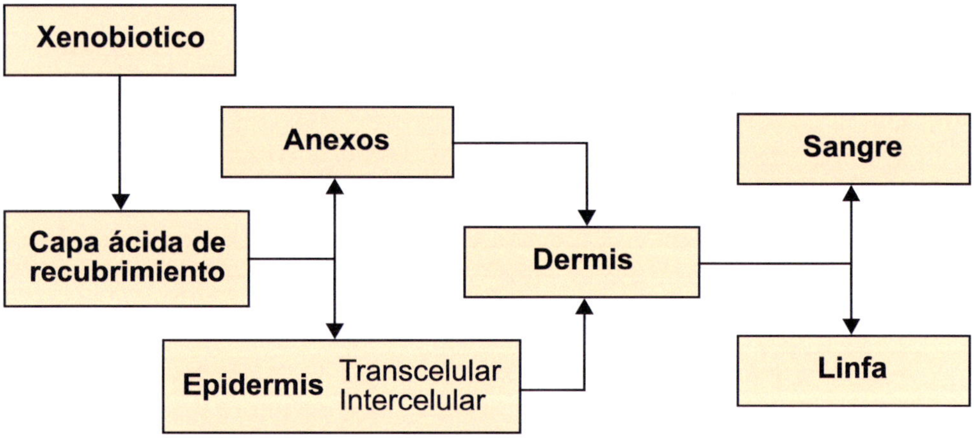


**1) Gas-vapor/aerosol sólido o líquido**

También en el caso de la piel, la forma en que se presenta el xenobiótico es determinante. En general, se admite que tiene lugar una deposición del aerosol en la piel como se representa en la Figura 8, y, a partir de este punto, se inicia el proceso de penetración que depende, a su vez, de una serie de factores que se comentan a continuación. De manera general, se considera que la penetración por vía dérmica de gases/vapores no es relevante.

**Figura 8.** Deposición de aerosoles en la piel

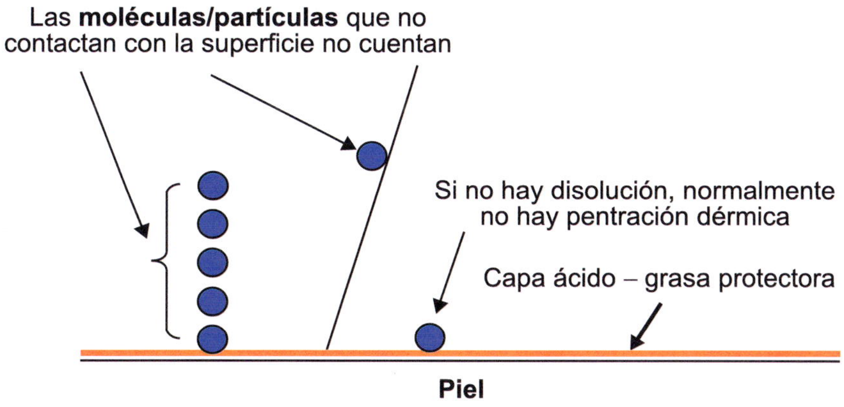


**2) Carácter lipo-hidrofílico**

La capa ácidograsa protectora es la primera barrera a superar para la entrada en el organismo; en un primer instante, puede evitar el contacto directo con la piel si las partículas sólidas o líquidas no se solubilizan en ella.

**3) Tamaño de partícula**

El tamaño de la partícula sólida depositada en la piel es importante, a la hora de su valoración, para su entrada directa a través de la piel o a través de los poros.

**4) Tamaño molecular**

La penetración transcelular o intercelular de materia particulada disuelta en la capa ácidograsa, o que de alguna manera ha superado esta, viene determinada por el tamaño molecular; aunque ya se ha comentado que la penetración a través de las distintas membranas biológicas es un fenómeno muy complejo, cuando esta tiene lugar por difusión, el tamaño molecular es determinante.

**5) Estado de la piel**

De lo que hemos expuesto hasta aquí se puede deducir que el estado de conservación de la piel es fundamental. Si debido a la actividad laboral la capa ácidograsa se ha eliminado, la piel está poco hidratada, se halla resquebrajada, presenta grietas, o tiene heridas por rozamientos o golpes, las consideraciones hechas en los puntos anteriores carecen de sentido, viéndose la entrada muy facilitada.

**6) Área expuesta**

Obviamente, la superficie de la piel descubierta y expuesta al contacto también es determinante. En cuanto a la gestión de este riesgo, la ropa de trabajo adecuada es importante. Cabe recordar el ejemplo expuesto al principio de este apartado.

**7) Tipo de contacto y protección de la piel**

En relación con el modo en que se desarrolla el trabajo, existen diferentes tipos de contacto:

- **Directo**: cuando existe contacto directo voluntario con el producto químico por manipularse directamente sin protección (cosa que nunca debe ocurrir), o bien, por ejemplo, en caso de accidente por salpicaduras o vertidos.
- **Indirecto**: cuando el contacto con el producto se produce por medio de herramientas, utensilios, superficies o ropa contaminada.

Por ello, deben preverse estas situaciones a la hora de diseñar procedimientos y métodos de trabajo. En estos casos, además, es fundamental la utilización de equipos de protección individual, especialmente guantes adecuados, teniendo en cuenta que no existen guantes protectores frente a todos los productos químicos.

## 1.4. Distribución y almacenamiento de xenobióticos en el organismo

Cuando el xenobiótico ha sido absorbido y por tanto se encuentra ya en la sangre, puede ser transportado a todo el organismo. La facilidad con la que un agente llega a un órgano o tejido está determinada por el riego sanguíneo, y la facilidad con que penetre en su interior depende de su capacidad para atravesar las paredes de las células que lo constituyen; o, mejor dicho, de sus membranas.

Podríamos describirlo como una "carrera de obstáculos" que el xenobiótico o su metabolito han de superar a lo largo de su ruta en el organismo. En la Figura 9 se esquematiza esta situación.

**Figura 9.** Entrada del xenobiótico desde el ambiente exterior hasta el interior de una célula

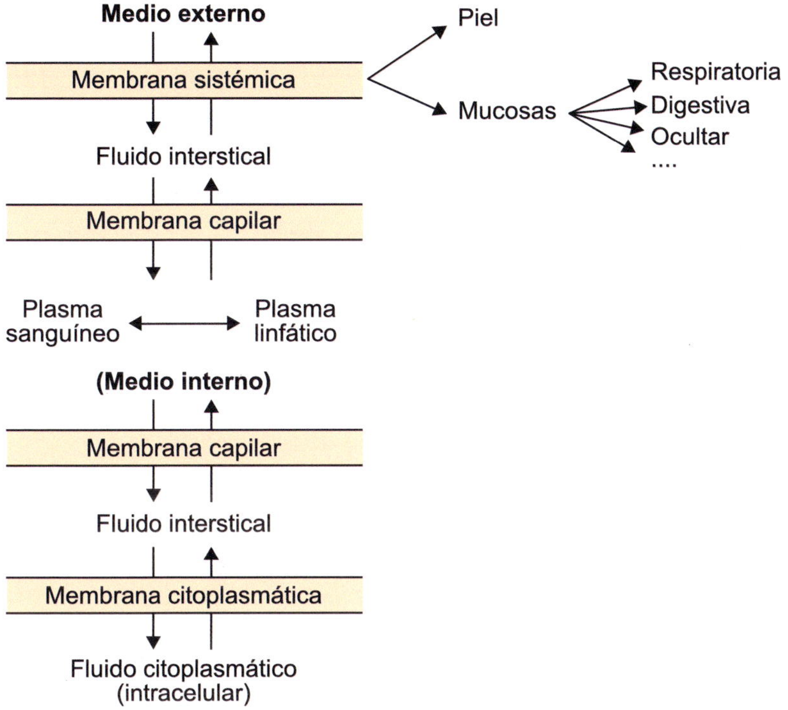


La cantidad de sustancia que se aloja en un tejido depende de su afinidad por él, pero la acumulación en determinados puntos del organismo se debe a una unión a proteínas, a procesos de transporte activo, o a la afinidad por la grasa. Puede ocurrir que un xenobiótico vaya a parar directamente a los órganos donde ejerce su acción (órgano diana u órgano crítico), pero también a otros órganos, llamados "almacén", donde no ejercen ninguna acción; tan solo se acumulan en ellos (de ahí el nombre de almacén), lo que en el fondo es un mecanismo de defensa.

Un ejemplo sería la acumulación de sustancias liposolubles en el tejido adiposo. Ello no impediría que con posterioridad este depósito pueda ser movilizado, quedando el agente otra vez libre y, por consiguiente, con capacidad para alcanzar un órgano crítico; en el caso del tejido adiposo, podría ocurrir por disminución del volumen total del tejido al haber seguido un régimen de adelgazamiento.

Para estimar la cantidad total de un agente o su metabolito presente en el organismo está la llamada TBB: ***total body burden*** (carga total corporal); se parte de ensayos con animales de experimentación, a los que se ha suministrado una cantidad determinada del agente, y se determina su concentración en plasma. Se divide la cantidad suministrada (mg, normalmente) por la concentración en plasma (mg/litro). El resultado es el llamado **volumen de distribución,** $\mathbf{V_d}$, que es un parámetro matemático, sin significado biológico, que representa el volumen teórico (litros) en el que el agente o un metabolito se encontrarían, a la dosis administrada, a la misma concentración que el plasma, y por tanto da una idea de la cantidad no circulante del agente o su metabolito. Otro concepto importante es el de **semi - vida** (o **vida media**), $\mathbf{t_{1/2}}$, que es el tiempo necesario para reducir la concentración en el plasma a la mitad que se describe en la Figura 10.

**Figura 10.** Cálculo de la vida media ($t_{1/2}$) de un xenobiótico

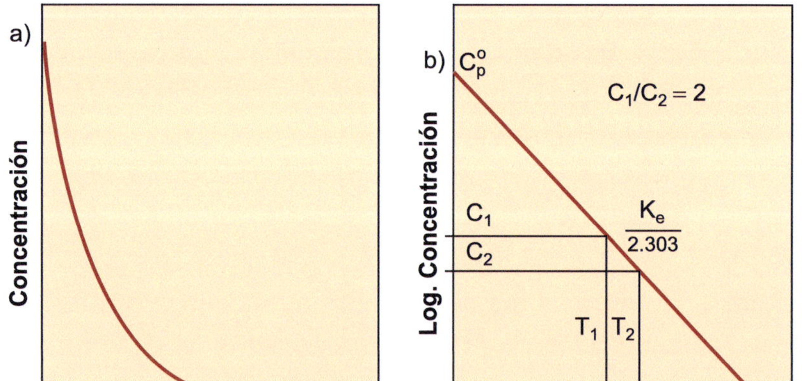


$C_p = C_p^o \cdot e^{-k_e t}$

Vida media: $T_2 - T_1$

$\ln C_p = \ln C_p^o - K_e t$

$\log C_p = \log C_p^o - \frac{K_e}{2.303} \cdot t$

La **vida media** es un parámetro extensamente utilizado para simplificar medidas relacionadas con parámetros físicos y químicos que tienen un comportamiento exponencial, de cálculo complicado. Transformando la ecuación mediante un logaritmo, se obtiene un valor manejable y que da una idea clara del comportamiento del fenómeno estudiado; en nuestro caso, la disminución de la concentración de un contaminante en el organismo, o en un determinado órgano del mismo.

El modelo descrito es el llamado **monocompartimental**; se define el compartimento como el volumen por medio del que la sustancia administrada se distribuye con una cierta rapidez. Las sustancias que siguen este modelo se comportan como si estuviesen uniformemente distribuidas en una "sola zona" del organismo.

Sin embargo, hay una mayoría de sustancias en las cuales el equilibrio entre el plasma y los tejidos es mucho más lento y no es uniforme en los distintos tejidos por los que se distribuye. En este caso se distinguen dos fases:

- la primera, llamada **distributiva**, de duración distinta según la sustancia, a lo largo de la cual la concentración plasmática decrece rápidamente, a medida que aumenta la concentración tisular;

- en la segunda se alcanza el equilibrio entre la concentración plasmática y la del tejido, por lo que recibe el nombre de **fase de equilibrio**. Este sería el modelo **bicompartimental**, pudiendo establecerse modelos con más compartimentos (**multicompartimentales**) que describan con mayor precisión el comportamiento de una sustancia en el organismo.

A modo de resumen, podemos decir que la circulación de la sustancia o sus metabolitos por el organismo depende de:

- La capacidad de difusión a través de la membrana alveolocapilar, las mucosas o la piel.
- Su solubilidad en sangre.
- Los mecanismos de circulación y distribución.
- La capacidad de difusión a través de la membrana tisular.
- Su solubilidad en un tejido.
- Su capacidad de fijación (interacción química) en el órgano.

El riñón es uno de los órganos donde tienden a acumularse algunos xenobióticos, lo que probablemente está relacionado con su función excretora, aunque el mecanismo es poco conocido. Lo mismo se puede decir del hígado, cuya función básica es metabólica, pero que también ejerce una función excretora.

Muchos metales, como el mercurio, el plomo y el cadmio, tienden a acumularse en uno u otro. El plomo, además, al igual que el ión fluoruro, tiene una marcada afinidad por el tejido óseo, donde aumenta su concentración a lo largo del tiempo debido a que su comportamiento es similar al del calcio. Otras sustancias altamente lipófilas, como lo son muchos pesticidas órganoclorados, entre ellos el DDT (Diclorodimetiltricloroetano), tienden a acumularse en el tejido graso por un proceso de disolución. El herbicida paraquat, en cambio, una vez ha sido absorbido por vía parenteral o digestiva, tiende a acumularse rápidamente en el tejido pulmonar, donde al cabo de unos días o semanas determina la fibrosis del propio tejido como respuesta, lo que habitualmente acaba con la vida del sujeto intoxicado, justo cuando la fase de los efectos agudos inmediatos empieza a ser superada con una mejora del cuadro clínico.

## 1.5. Metabolismo y biotransformación

El metabolismo se ha definido como la biotransformación de los xenobióticos.

Aunque algunas sustancias son eliminadas sin sufrir transformación alguna, lo corriente es que sufran transformaciones a fin de aumentar su solubilidad en agua, por razón de que la lipofilia dificulta su eliminación, mientras que la hidrofilia la hace más fácil. El **tiempo de permanencia** en el organismo de una sustancia exógena modifica su carácter tóxico, de modo que cuanto mayor es aquel mayor tiende a ser este.

La biotransformación se refiere a estos cambios bioquímicos, generalmente de naturaleza enzimática, que afectando a los xenobióticos tienden a disminuir su toxicidad y a facilitar su eliminación. En los mamíferos existen dos grandes categorías de enzimas,

- la primera es la de aquellos que catalizan la transformación de sustancias endógenas normales;

- en la segunda se encuentran aquellos que actúan sobre sustancias químicas extrañas al organismo.

A pesar de que algunos de los enzimas que transforman las sustancias endógenas normales ocasionalmente pueden transformar algunas sustancias exógenas, la mayoría de las sustancias extrañas al organismo son transformadas por los del segundo grupo, a los que genéricamente se ha llamado **enzimas del metabolismo de drogas**, aunque no actúan solo sobre las drogas sino también sobre otras sustancias extrañas al organismo, en general, detoxificándolas. No obstante, no siempre sucede así: algunas transformaciones convierten al xenobiótico en una sustancia más activa que la que ha sido absorbida, aumentando considerablemente sus efectos adversos.

Algunos ejemplos son:

- La toxicidad de metanol, que en casos graves afecta al nervio óptico pudiendo llegar a provocar ceguera, es debida a los dos metabolitos principales resultantes de la oxidación enzimática: el formaldehído y el ácido fórmico.
- Se ha comprobado experimentalmente que el efecto neurotóxico (parálisis de las extremidades) del n-hexano (isómero lineal del hexano) está causado por su metabolito resultante también de la oxidación enzimática, la 2,5-hexanodiona.

## 2. Toxicodinámica

### 2.1. El concepto de dosis

En el apartado de definiciones, se ha indicado que en toxicología laboral la dosis se define como la cantidad de una sustancia a la que se expone una persona durante un período de tiempo.

Desde el punto de vista de los efectos cualitativos y cuantitativos sobre el organismo de los xenobióticos, y siguiendo criterios aplicados en farmacología, se pueden distinguir tres tipos diferentes de dosis:

- **Dosis efectiva:** Es la que recibe el órgano o tejido diana. Es decir, es aquella cantidad absoluta o relativa de xenobiótico que alcanza el órgano en el cual causa el efecto adverso. Es un parámetro que, en la práctica de la higiene industrial, no se determina nunca y que, en cambio, es extensamente utilizado en la toxicología forense y en necropsias en casos de intoxicación.

- **Dosis interna:** Se refiere a la cantidad total de xenobiótico que se halla dentro del organismo. Su determinación se lleva a cabo, de modo indirecto, a partir de los parámetros citados anteriormente, como la concentración en plasma. Teniendo en cuenta otros parámetros, se puede estimar a partir de la concentración en plasma y otras determinaciones habituales en control biológico.
- **Dosis externa**: Se refiere a la cantidad de xenobiótico presente en el aire y que, presumiblemente, será inhalada por el trabajador durante el tiempo en que esté expuesto a la misma. Es la que se determina habitualmente en higiene industrial en el área o zona respiratoria del trabajador y que permite su comparación con los valores de referencia.

Por otro lado, y como se verá más adelante al abordar el tema de la "medida" de la toxicidad, se debe tener en cuenta también el concepto de dosis asociado a los ensayos de toxicología experimental.

## 2.2. Dosis y exposición

En la práctica de la toxicología y la higiene laboral o industrial, la dosis es el parámetro usado para medir la exposición, en general por vía inhalatoria, ya que por vía dérmica no se puede medir, sino solamente **estimar**. Si medimos la dosis externa, por ejemplo, determinaremos la concentración media en el aire de la zona respiratoria del trabajador y la multiplicaremos por el tiempo durante el cual este está en contacto con el aire en cuestión, obteniendo la dosis en forma de concentración × tiempo, mientras que la dosis interna se expresará en unidades de cantidad total, por ejemplo mg, medida mediante el TBB y la dosis efectiva se expresaría en unidades de concentración, mg/g de tejido o mg/ml de sangre, por ejemplo.

La exposición es un concepto más amplio que el de dosis externa, ya que incluye también la entrada por otras vías, la posibilidad de una contaminación extralaboral, la influencia del ritmo respiratorio o a una entrada en el organismo debida a hábitos, entre otras circunstancias. Se detallan a continuación algunos ejemplos:

- Una concentración elevada de nitroglicerina en sangre en un trabajador expuesto se deberá prioritariamente a una entrada por vía dérmica, ya que esta sustancia tiene un gran poder de penetración a través de la piel y, en cambio, es muy poco volátil, no detectándose generalmente en aire.

- Un valor elevado de plomo en orina puede ser debido a una entrada por vía digestiva, si tiene lugar una ingesta de agua que ha circulado por conducciones de este metal.
- Un trabajo realizado con un esfuerzo físico elevado implica una exposición mayor a la dosis externa, puesto que el ritmo respiratorio es más elevado.
- Un fumador que trabaje en una área contaminada con monóxido de carbono (en un túnel o un aparcamiento subterráneo mal ventilados, por ejemplo) tendrá una exposición a dicho gas mayor que un no fumador, debido a la inhalación del monóxido proveniente del humo del tabaco.

## 2.3. Relación exposición - efectos

En general, se admite que existe una relación positiva entre la exposición, medida a través de la dosis y los efectos causados por los xenobióticos. Como veremos más adelante para algunas familias importantes de sustancias, esta relación no se establece con el efecto que pueden causar, sino con la probabilidad de su aparición. Esta relación positiva (que no directamente proporcional) se describe en la Figura 11.

**Figura 11.** Relación dosis - efecto

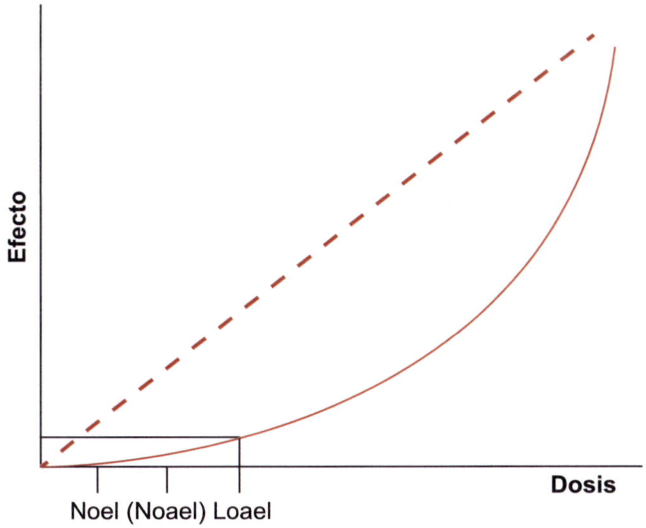

En ella, se representa esta relación positiva mediante la línea discontinua que, para muchas sustancias, sigue en realidad la curva exponencial e implica que la gravedad del efecto va aumentando desde una zona de "no efecto", a un efecto admisible, un efecto inadmisible, un efecto grave y un efecto mortal. Esta representación permite comprender algunos parámetros habituales en toxicología como son los conceptos de:

- **NOEL (*no observed effect level*)**: nivel de dosis al que no se observan efectos; dicho de otra manera, el nivel de dosis más alto observado sin que aparezca ningún efecto.

- **NOAEL (*no observed adverse effect level*)**: nivel más alto en el que no se identifica ninguno de los efectos adversos reconocidos para un determinado agente en exposición crónica.

- **LOAEL (*lowest observed adverse effect level*)**: nivel más bajo en el que se observa el efecto crítico. Se emplea para calcular el NOAEL, cuando este valor no está disponible, mediante la aplicación de un factor de conversión adecuado.

## 2.4. Fijación de valores límites de exposición

Sobre el papel, la exposición o dosis debería mantenerse siempre por debajo de los valores que acabamos de comentar y que son los que, en principio, garantizan una situación de exposición sin efecto adverso sobre la salud. Sin embargo, estos valores de dosis implicarían la fijación de unos límites máximos de exposición tremendamente bajos, que en la mayoría de casos serían inasumibles desde el punto de vista técnico y económico. Por ello, para su fijación se introduce otro concepto, el de "**efecto máximo permisible**", que implica un efecto que se considera "tolerable" en función de una serie de circunstancias, como son la capacidad detoxificadora del organismo, la vida media o la capacidad de acumulación en órganos no críticos, entre otros.

Esta posibilidad, muy discutida por parte de muchos toxicólogos, de fijar un efecto máximo admisible (EMP), tiene la ventaja de poder determinar en el mismo gráfico, reproducido en la Figura 12, una dosis máxima permisible (DMP) asociada a dicho efecto. Con la aplicación de los correspondientes factores de seguridad, directamente relacionados con la propia definición del valor límite de que se trate, se puede establecer el **valor límite ambiental** (VLA) correspondiente.

**Figura 12.** Establecimiento de la dosis máxima permisible

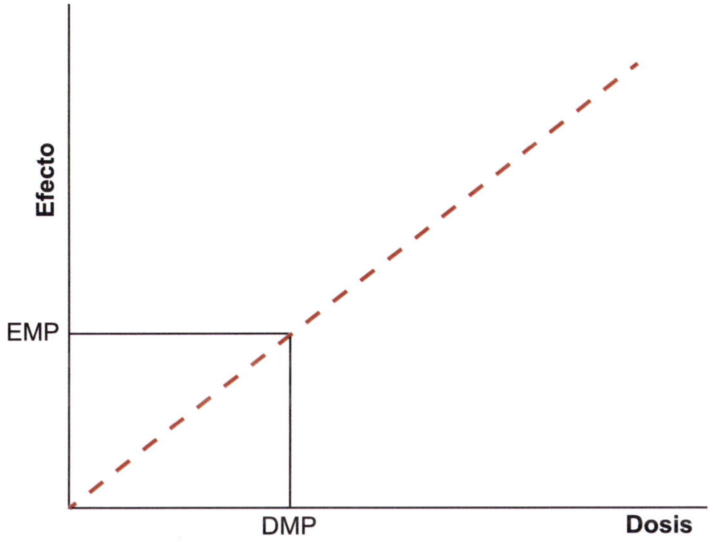


## 2.5. Relación dosis - respuesta

La relación dosis - efecto que acabamos de comentar, cuya descripción parece sencilla y es de fácil comprensión, en la práctica se complica por el hecho de que el caso planteado hace referencia a un solo individuo. Cuando distintos individuos se encuentran expuestos a la misma sustancia, sus respuestas no son ni mucho menos idénticas, sino que los efectos pueden ser **cuantitativamente distintos** entre ellos, lo que nos llevaría a la fijación de valores de dosis máximas permitidas distintas para diferentes individuos, tal como se muestra en la Figura 13.

**Figura 13.** Dosis máximas permisibles para distintos individuos

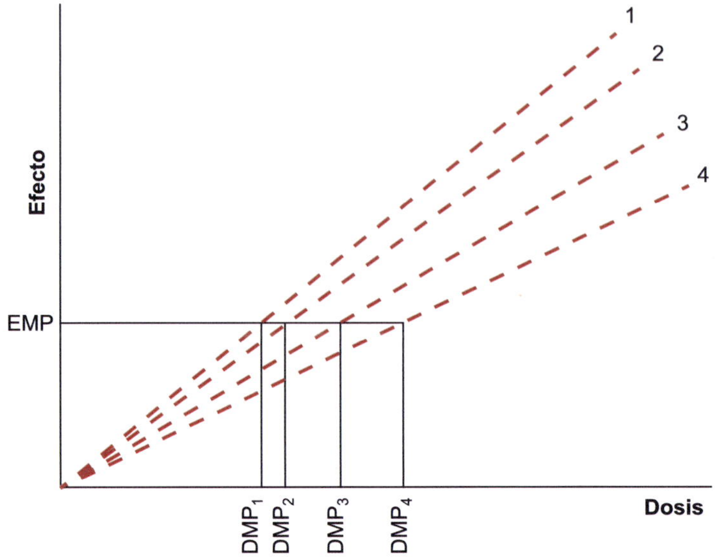


Debe tenerse en cuenta que esta disparidad de respuesta puede llegar a ser **cualitativamente también distinta** ya que, debido a la cadena de efectos que se van desarrollando, los efectos externos, es decir, los síntomas, también pueden llegar a ser distintos. Otro hecho que complica aún más este análisis es que una mayoría de sustancias provocan **más de un efecto distinto**.

Ello nos lleva, después de los tratamientos matemáticos correspondientes a la obtención de una nueva relación, a la llamada **dosis – respuesta**, en la que se refleja el porcentaje de individuos que presentarán una "respuesta" determinada a cada dosis y que se representa en la Figura 14.

En ella, se observa que a dosis bajas no hay individuos afectados, que al aumentar esta empieza a dar "respuesta" un porcentaje pequeño de individuos (los llamados técnicamente y en la legislación "especialmente sensibles"), que al continuar aumentando la dosis se produce primero un aumento significativo del porcentaje de afectados (señalado mediante el rectángulo) y que finalmente, antes de llegar a una afectación del 100% de los individuos expuestos, hay una zona en la que un porcentaje pequeño de estos todavía no se ve afectado, que es el grupo considerado como "resistentes" a la agresión sufrida. La propia singularidad del comportamiento de un grupo de individuos a la exposición es debido a la gran variedad de diferencias interindividuales, y de susceptibilidad individual.

**Figura 14.** Relación dosis - respuesta

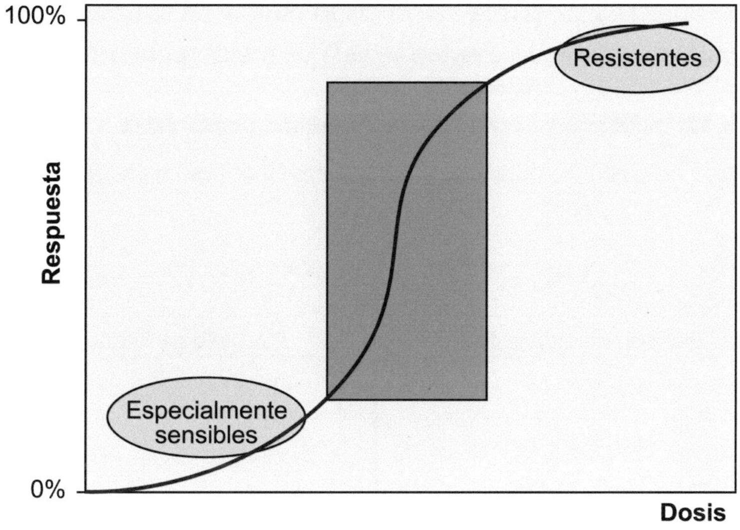


## 2.6. Tipos de efectos tóxicos según la relación dosis - efecto

Existen distintas clasificaciones que relacionan los efectos tóxicos en el organismo con las dosis recibidas. Comentamos a continuación las más relevantes.

### 2.6.1. Efecto agudo o inmediato

El efecto agudo o inmediato es el que aparece **durante la exposición o inmediatamente** después de ella.

Las sustancias irritantes, como el cloro, el ácido acético o la acroleína, son ejemplos de sustancias con este tipo de efecto.

### 2.6.2. Efecto retardado

El efecto retardado, a veces mal llamado crónico, **surge al cabo de un cierto tiempo** de tener lugar la exposición, o incluso después de cesar esta. Son casos característicos las radiaciones ionizantes, muchos tipos de cánceres laborales y las enfermedades relacionadas con el amianto, que pueden tener un tiempo de latencia muy importante. En la Figura 15 se esquematiza esta situación. Para generar una enfermedad, la exposición debe superar un periodo de inducción; si no, no se inicia el proceso; pero una vez iniciado este, tiene lugar en un inérvalo de latencia hasta la detección de la enfermedad que puede ser tremendamente largo.

**Figura 15.** Inducción y latencia de enfermedades profesionales

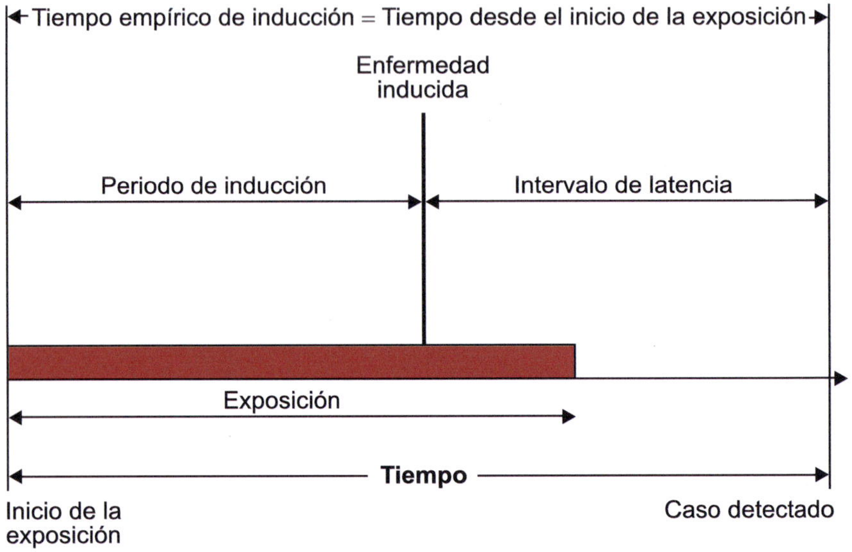


Se han descrito casos de aparición de enfermedades al cabo de 30 y hasta 40 años de haberse iniciado una exposición, como ocurre en el caso de las enfermedades asociadas al amianto y en muchos tipos de cánceres.

El efecto retardado se llama a veces efecto crónico por contraposición al agudo, pero en realidad un efecto crónico es el que perdura durante mucho tiempo o de manera indefinida.

### 2.6.3. Efecto reversible

Se trata de un efecto **temporal**. Al cesar la exposición, o al cabo de un tiempo no muy largo, cesa el efecto causado por aquella, recuperándose el estado de salud previo a la exposición.

Presentan este tipo de efecto el monóxido de carbono, asfixiante químico, y los disolventes orgánicos, como el tetracloruro de carbono, el tolueno o el éter etílico, que son anestésicos o narcóticos.

### 2.6.4. Efecto irreversible

El efecto es **permanente**. Aunque cese la exposición, este permanece.

Los cancerígenos, como los hidrocarburos aromáticos policíclicos, el benceno o la bencidina, se consideran siempre de efectos irreversibles.

### 2.6.5. Efectos proporcionales o graduales

Este efecto, llamado también no estocástico por lo que se verá a continuación, es el comentado en los apartados anteriores: **al aumentar la dosis aumenta el efecto**, tal como se presenta en la Figura 11.

### 2.6.6. Efectos estocásticos o cuantales

Son aquellos efectos en los cuales, al aumentar la dosis, aumenta la probabilidad de aparición del efecto.

La relación **dosis - efecto** de la Figura 11, se convierte en **dosis - probabilidad** de efecto, como se representa en la Figura 16. Los ejemplos más característicos son los cancerígenos y las radiaciones ionizantes.

**Figura 16.** Relación dosis - probabilidad de efecto

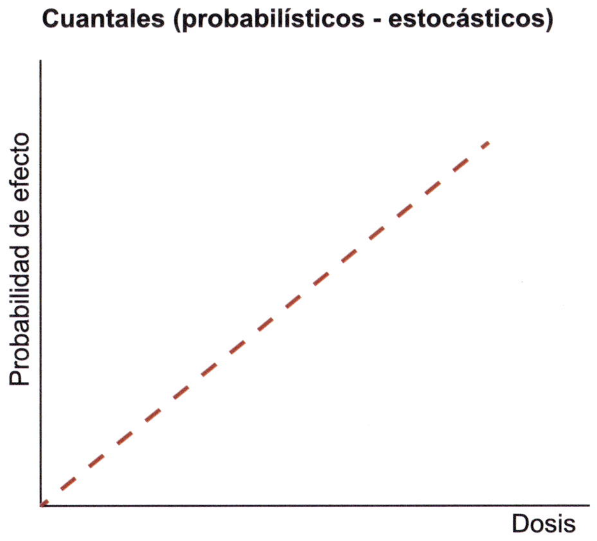

Para ilustrar este tipo de efectos, se pueden dar dos ejemplos concretos.

- Los juegos de azar: si no se juega, la probabilidad de obtener un premio es cero; si se juega, existe ya una probabilidad (en general, extraordinariamente pequeña) de obtenerlo.
- En los casos más simples de accidente: si pisamos una mancha de aceite en el suelo, puede que no resbalemos y no ocurra nada, pero si resbalamos (hay una probabilidad) podemos caer y sufrir daños importantes.

### 2.6.7. Efectos combinados

En higiene industrial, casi siempre suele tener lugar la llamada **multiexposición**; es decir, las personas expuestas lo están a más de un contaminante al mismo tiempo. Esto presenta un problema a la hora de evaluar la exposición. La norma generalmente adoptada para abordar estas situaciones y poder llevar a cabo la encuesta higiénica consiste en que aquellos contaminantes que presentan el mismo efecto en el mismo órgano o sistema se consideran "aditivos" y se "suman" las exposiciones medidas. Ello permite resolver formalmente el problema, pero desde el punto de vista toxicológico la situación es mucho más compleja.

Tampoco hay que olvidar otra simplificación habitual en estos casos, consistente en considerar solamente un efecto de un contaminante, el llamado **efecto principal**, cuando la mayoría presentan varios efectos y la interacción puede tener lugar entre el efecto principal de un contaminante y el secundario o secundarios de otros o entre dos secundarios. Los efectos causados por la multiexposición se agrupan en cuatro posibilidades que se comentan a continuación.

**1) Independientes**

Se dice que dos contaminantes presentan efectos independientes cuando estos no coinciden en el mismo órgano y/o son manifiestamente distintos. Una exposición a la sustancia **a** tiene unos **efectos distintos** a los de la exposición a la sustancia **b**.

El amianto es cancerígeno y el mercurio un tóxico del sistema nervioso.

**2) Aditivos**

Parte del principio de que el efecto de una exposición a una sustancia **a** y a otra sustancia **b** es la **suma** del **efecto** de **a** más el **efecto** de **b**. Es siempre una simplificación, ya que raramente ni la exposición ni los efectos causados por esta serán equivalentes.

El ejemplo más característico es la exposición combinada a disolventes orgánicos, como destilados de petróleo o ésteres volátiles, cuyo efecto es narcótico.

**3) Sinérgicos**

En este caso, el efecto resultante de una exposición a **a** y a **b** es **mayor** que la **suma** del **efecto** de **a** más el efecto de **b**.

Es un caso muy descrito el efecto sinérgico del tabaco en relación con el carácter cancerígeno del amianto: el riesgo de cáncer asociado al amianto es mucho mayor entre los fumadores.

**4) Antagónicos**

El efecto resultante de una exposición conjunta a **a** y a **b** es **menor** que la **suma** del **efecto** de **a** y el **efecto** de **b**, pudiendo llegar a anularse en ciertas circunstancias. En general, suele estar relacionado con el proceso enzimático, al coincidir en un mismo enzima la función metabolizadora de dos sustancias distintas.

El caso más conocido es el de la exposición conjunta a etanol y metanol; la presencia del primero ralentiza la velocidad de oxidación del segundo, con lo cual genera menos cantidad de ácido fórmico y formaldehído.

### 2.6.8. Efectos según el lugar de acción

Según el **sitio del organismo** donde tiene lugar el efecto, se dividen en dos grupos.

**1) Efecto local o tópico**

Se manifiesta en el lugar de contacto o entrada en el organismo.

Es típico de las sustancias corrosivas o irritantes como el hidróxido sódico, el ácido sulfúrico o el anhídrido acético.

**2) Efecto sistémico**

Es el que se produce en un órgano o tejido lejano a la vía de entrada o contacto. Ello implica que el xenobiótico o sus metabolitos han sido distribuidos y transportados hasta el órgano al que afectan, donde tiene lugar el efecto diana. Una mayoría de sustancias tienen efectos sistémicos y, en toxicología, se asocia en general el término tóxico a las sustancias que presentan este tipo de efectos.

Así, se habla de tóxicos hepáticos (afectan al hígado), renales (al riñón), pulmonares (al pulmón), dérmicos (a la piel), del SCN (al sistema nervioso central), etc.

### 2.6.9. Efectos según su comportamiento cinético

Básicamente, se refiere a la **capacidad o no** de acumularse la sustancia en el organismo, clasificándose en los tres grupos siguientes.

**1) Acumulativos**

Toda sustancia que penetra en el organismo **es retenida** por este y no se elimina. Son las sustancias con una vida media ($t_{1/2}$) muy alta.

El polvo neumoconiótico, que se acumula en el pulmón y prácticamente no se elimina, es un buen ejemplo de sustancia acumulativa; igual que el cadmio, con una vida media muy larga.

**2) No acumulativos**

Toda la sustancia que penetra en el organismo **es eliminada**. Son las sustancias con una vida media ($t_{1/2}$) muy baja, como muchos gases y vapores, como el monóxido de carbono, éter etílico o acetona.

### 3) Parcialmente acumulativos

Tiene dos acepciones. Se puede referir a las sustancias de las cuales solamente se elimina un porcentaje, quedando el resto retenido en el organismo, o bien a las sustancias que, debido a la dosis recibida y/o a su vida media relativamente elevada, el organismo "no tiene tiempo" de eliminar antes de que se produzca la siguiente exposición.

Son ejemplos característicos de sustancias parcialmente acumulativas el plomo y el mercurio.

En la Figura 17, se representa esquemáticamente una comparación entre un comportamiento acumulativo y uno no acumulativo a lo largo de tres jornadas de exposición, mientras que en la Figura 18 se compara un comportamiento no acumulativo con uno parcialmente acumulativo. En general, son más peligrosos los contaminantes con efecto acumulativo que los no acumulativos, siempre y cuando estos últimos no rebasen el umbral de toxicidad en sus exposiciones diarias.

**Figura 17.** Comportamiento acumulativo y no acumulativo

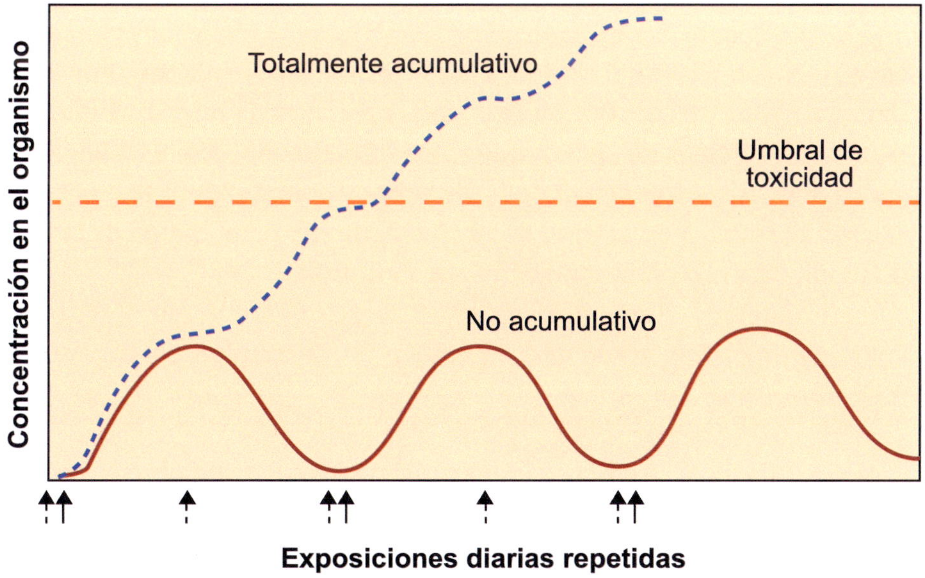

**Figura 18.** Comportamiento acumulativo y parcialmente acumulativo

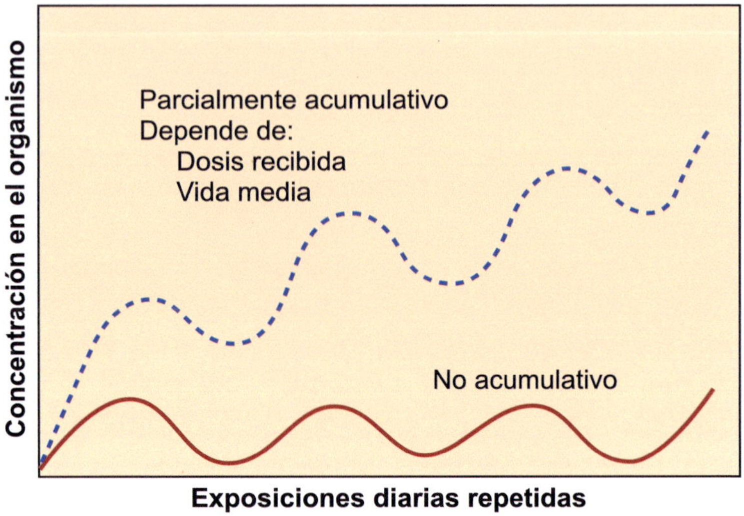


## 2.7. Clasificación fisiopatológica de los contaminantes

Los efectos sobre la salud causados por la inhalación, contacto o entrada por vía dérmica de los agentes químicos pueden agruparse de muy distintas maneras. Para aquellos tipos de efectos que están formalmente establecidos, nos basamos en la clasificación actual de la UE sobre sustancias químicas peligrosas, añadiendo a la misma otros tipos de efectos de interés en el campo de la toxicología laboral o de uso corriente en higiene industrial.

### 1) Toxicidad aguda y toxicidad específica en determinados órganos después de una exposición única

La toxicidad aguda se asocia a las sustancias cuyos efectos adversos se manifiestan tras la administración por vía oral o cutánea de una sola dosis de una sustancia o mezcla; de dosis múltiples administradas a lo largo de 24 horas; o como consecuencia de una exposición por inhalación durante 4 horas. Se dividen en distintas categorías según los valores que presenten de ETA (Estimación de la Toxicidad Aguda), que se calcula a partir de la determinación en animales de experimentación de las dosis y concentraciones letales características que se comentan a continuación:

- **$DL_{50}$ oral**: Cantidad ingerida por una muestra de animales (principalmente ratas) y que ocasiona la muerte del 50% de la muestra en unas condiciones de ensayo determinadas; se expresa en mg por unidad de peso (kg) de los animales de la muestra; su extrapolación para la determinación de la toxicidad sobre las personas es orientativa y puede conducir a errores, si bien su utilidad es manifiesta en análisis comparativos de toxicidad de productos químicos.

- **$DL_{50}$ cutánea**: También expresada en mg/kg, indica la toxicidad del producto cuya vía de entrada sea la dermis y en experimentos equivalentes a los comentados en el punto anterior, aplicándose en este caso sobre la piel en unas condiciones estandarizadas; los animales de experimentación, en este caso, suelen ser mayoritariamente conejos o ratas.

- **$CL_{50}$ por inhalación**: Es el parámetro concentración letal de gases, vapores y polvos o nieblas, expresada en partes por millón (ppm) o $mg/m^3$ de producto en el aire, y va acompañada del tiempo de exposición en que se ha realizado el ensayo, que generalmente es de 4 horas.

Tales parámetros son indicativos ante intoxicaciones accidentales; en la Tabla 4 se han recogido algunas de esta dosis publicadas en la bibliografía, incluyendo datos en humanos (accidentes). Incluso se llegan a diferenciar las dosis que producen efectos letales (mortales) de las que producen efectos funcionales en determinados órganos. Estas últimas se agrupan en la categoría de **toxicidad específica en determinados órganos (exposición única)**, que se define como la toxicidad no letal que se produce en determinados órganos tras una única exposición a una sustancia o mezcla. Se incluyen todos los efectos significativos para la salud que pueden provocar alteraciones funcionales, tanto reversibles como irreversibles, inmediatas y/o retardadas y que no se contemplan en otras clasificaciones.

**Tabla 4.** Ejemplos de diferentes tipos de dosis

| Tipos de dosis | Sustancia | mg/kg |
|---|---|---|
| **$DL_{50}$ oral humanos mg/kg** | Cromo | 50 |
| | Etanol | 8.000 |
| | Etilenglicol | 1.400 |
| | Polonio 210 | 0,000050 |
| | Tolueno | 500 |
| **$DL_{50}$ oral ratas mg/kg** | Acetona | 5.800 |
| | Cianuro sódico | 15 |
| | Etilenglicol | 5.000 |
| | Hidróxido sódico | 220 |
| | Plomo | 11.000 |
| **$CL_{50}$ ratas mg/l/4h** | Cianuro de hidrogeno | 0,45 |
| | Cloro | 0,9 |
| | Etanol | 17 |
| | Metanol | 85 |
| | Monóxido de carbono | 3 |
| **$DL_{50}$ dérmica conejos (mg/kg)** | Acetona | 20.000 |
| | Cianuro sódico | 15 |
| | Etilenglicol | 10.000 |
| | Hidróxido sódico | 1.100 |
| | Metanol | 15.800 |

### 2) Toxicidad sistémica después de exposiciones repetidas

Esta característica de peligrosidad de las sustancias y mezclas hace referencia a la toxicidad que se produce en determinados órganos tras una **exposición repetida**, característica de la toxicología laboral. Se incluyen los efectos significativos para la salud que pueden provocar alteraciones funcionales, tanto reversibles como irreversibles, inmediatas y/o retardadas. En humanos, se consideran efectos tóxicos identificables producidos como consecuencia de exposiciones repetidas y, en animales de experimentación, se consideran los cambios significativos toxicológicamente que afecten al funcionamiento o a la morfología de un tejido u órgano o que provoquen alteraciones importantes de la bioquímica o la hematología del organismo, siempre que dichos cambios sean relevantes para la salud humana.

Este tipo de toxicidad es la más característica y objeto de estudio en higiene industrial, donde se contemplan exposiciones repetidas de una manera estandarizada: 8 horas/día, con 16 horas de no exposición y 40 h/semana, con 48 horas de no exposición durante el fin de semana.

### 3) Corrosión

Es el efecto asociado a las sustancias y mezclas que, en contacto con tejidos vivos, puedan ejercer una acción destructiva de los mismos. El efecto destructivo es sinónimo de efecto **irreversible**, es decir, no recuperable, al revés de lo que ocurre con el efecto irritante que se comenta a continuación. Los efectos corrosivos se establecen a partir de la capacidad del producto para destruir los tejidos, considerando el tiempo necesario para que se produzca el daño (minutos y horas).

En el caso de la piel, se entiende por corrosión cutánea la aparición de una lesión irreversible en la piel, o sea, una necrosis visible por medio de la epidermis que alcanza la dermis, como consecuencia de la aplicación de una sustancia de ensayo durante un período de hasta 4 horas.

Las reacciones corrosivas se caracterizan por úlceras, sangrado, escaras sangrantes y, tras un período de observación de 14 días, por decoloración debida al blanqueo de la piel, zonas completas de alopecia y cicatrices.

Estos productos suelen ser ácidos o álcalis cuyo contacto dérmico, incluso en tiempo muy corto, provoca quemaduras químicas. Muchos son disoluciones líquidas, como determinados ácidos tanto inorgánicos (sulfúrico, clorhídrico, nítrico, fosfórico, etc.), como orgánicos (fórmico, acético, etc.). Existe también un amplio grupo de productos corrosivos en estado sólido, como determinados álcalis y sales alcalinas (hidróxido sódico, potásico, etc.) cuya acción nociva se genera a través de la absorción del agua de la dermis, lo que permite su dilución y su acción destructora sobre los tejidos.

El carácter corrosivo dependerá del tipo de producto, de su estado y forma de presentación y de su concentración. Un indicador de la acidez o de la alcalinidad de una sustancia es el pH, que está en función de la concentración de iones $[H_3O]^+$. Los productos fuertemente alcalinos ($pH \geq 11,5$) o fuertemente ácidos ($pH \leq 2$) se consideran corrosivos. En el caso de los ojos, se considera una **lesión ocular grave** un daño en los tejidos del ojo o un deterioro físico importante de la visión, como consecuencia de la aplicación de una sustancia de ensayo en la superficie anterior del ojo, no reversible al menos en los 21 días siguientes a la aplicación.

### 4) Irritación

El efecto irritante se asocia a las sustancias y mezclas que en contacto breve, prolongado o repetido con la piel puedan provocar una reacción inflamatoria **reversible**. Los efectos irritantes por vía cutánea se establecen a partir del tamaño de los eritemas y escaras (costras) o bien de los edemas provocados en la piel de animales tras periodos de exposición de un máximo de 4 horas y cuyos efectos persisten al menos 24 horas. En el caso de los ojos, se define la **irritación ocular** como la producción de alteraciones oculares como consecuencia de la aplicación de una sustancia de ensayo en la superficie anterior del ojo, totalmente reversible en los 21 días siguientes a la aplicación. La irritación por vía inhalatoria se valora a partir de observaciones de los efectos en las personas.

### 5) Sensibilización

Se clasifican como sensibilizantes las sustancias que, por inhalación o penetración cutánea, puedan ocasionar una reacción de **hipersensibilización**, de forma que una exposición posterior a esa sustancia o mezcla dé lugar a efectos negativos característicos. Los sensibilizantes respiratorios provocan una hipersensibilidad de las vías respiratorias después de ser inhalados, mientras que los sensibilizantes cutáneos provocan una respuesta alérgica después de un contacto con la piel. Se dividen en dos categorías según el efecto sea sobre el **sistema respiratorio** o sobre **la piel**, siendo considerados siempre como más peligrosos el efecto sobre el sistema respiratorio.

Desde el punto de vista de la toxicología laboral y la higiene industrial, este tipo de efecto es muy problemático a la hora de tomar medidas tanto para evitar su aparición como para proteger a las personas ya sensibilizadas. Su detección por parte del higienista es complicada, puesto que puede aparecer después de una primera exposición, pero también después de muchas exposiciones o de una exposición sufrida durante largo tiempo, y afectar a una sola persona del colectivo, lo que induce a pensar que se trate de un efecto de origen no laboral. Por otro lado, la persona afectada difícilmente puede ser protegida, ya que cantidades insignificantes del producto pueden desencadenar la respuesta correspondiente, aparte de que pueden tener lugar respuestas cruzadas y estar afectadas también por motivos psicológicos.

Una situación que va adquiriendo relevancia, por estar aumentando de manera significativa el número de afectados, es la **sensibilidad química múltiple**.

La sensibilidad química múltiple la presentan personas que, con posterioridad a una intoxicación aguda con un producto químico, aunque no haya sido relevante desde el punto de vista cuantitativo, desarrollan una situación de sensibilización generalizada, con respuestas muy significativas frente a una nueva exposición a cualquier producto químico que identifiquen por el olor. Son mayoritariamente mujeres (90%); esta situación les impide llevar a cabo la mayor parte de actividades habituales, debiendo quedar recluidas en sus domicilios, en ausencia de cualquier producto químico detectable por el olor y/o a llevar permanentemente una mascarilla autofiltrante.

### 6) Mutagenicidad

El carácter mutagénico (o mutágeno) se asocia a las sustancias y mezclas que pueden producir efectos genéticos hereditarios o aumentar su frecuencia.

Una **mutación** es un cambio permanente en la cantidad o en la estructura del material genético de una célula y se aplica tanto a los cambios genéticos hereditarios, que pueden manifestarse en el ámbito fenotípico (información genética del individuo), como a las modificaciones subyacentes del ADN. Los términos **mutagénico** y **mutágeno** se utilizan para designar aquellos agentes que aumentan la frecuencia de mutación en las poblaciones celulares, en los organismos o en ambos.

En el Sistema Globalmente Armonizado (SGA) y su adaptación en la UE (REACH-CLP) para la mutagenicidad (y también la carcinogenicidad y la toxicidad para la reproducción) se emplea la misma clasificacion en dos categorías, dividiéndose la primera en dos subcategorías.

- **1A**: sustancias de las que existen pruebas positivas en humanos obtenidas a partir de estudios epidemiológicos, opción que es muy difícil de demostrar, por lo que no hay sustancias clasificadas en esta categoría.
- **1B**: sustancias de las que se obtienen resultados positivos en células germinales de mamíferos **in vivo**; o en células somáticas de mamífero, junto con alguna prueba que haga suponer que la sustancia puede causar mutaciones en células germinales; o en ensayos que muestran efectos mutagénicos en células germinales de personas, sin que esté demostrada la transmisión a los descendientes. El sulfato de dietilo y la mayoría de dicromatos solubles son ejemplos de sustancias incluidas en esta categoría.
- **2**: Sustancias que son motivo de preocupación porque pueden inducir mutaciones hereditarias en las células germinales humanas. Son ejemplos de sustancias clasificadas en esta categoría el sulfato de dimetilo y todos los isómeros del nitrotolueno.

Los términos más generales **genotóxico** y **genotoxicidad** se refieren a los agentes o procesos que alteran la estructura, el contenido de la información o la segregación del ADN, incluidos aquellos que originan daño en el ADN, bien por interferir en los procesos normales de replicación, o por alterar esta de forma no fisiológica (temporal). Los resultados de los ensayos de genotoxicidad se suelen tomar como indicadores de efectos mutagénicos.

### 7) Carcinogenicidad

La carcinogenicidad (o carcinogénesis) se asocia a sustancias o mezclas que por inhalación, ingestión o penetración cutánea inducen cáncer o aumentan su incidencia. Las sustancias que han inducido tumores benignos y malignos en animales de experimentación, en estudios correctamente desarrollados, son consideradas también supuestamente carcinógenos o sospechosos de serlo, a menos que existan pruebas convincentes de que el mecanismo de formación de tumores no sea relevante para el hombre. Igual que los mutágenos, los carcinógenos se clasifican en dos categorías, dividiéndose la primera en dos subcategorías:

- **1A**: sustancias de las que se sabe que son carcinógenas para el hombre en base a la existencia de pruebas en humanos, como el ácido arsénico y sus sales, la bencidina y el trifluoruro de boro.
- **1B**: sustancias de las que se supone que son carcinógenas para el hombre en base a la existencia de pruebas en animales. Ejemplos: el diazometano, la hidracina y el sulfato de dimetilo.
- **2**: sustancias sospechosas de ser carcinógenas para el hombre a partir de pruebas procedentes de estudios en humanos o con animales, no lo suficientemente convincentes para clasificarlas en las categorías 1A o 1B. Son ejemplos de sustancias clasificadas en esta categoría: el níquel, el nitrobenceno y la fenilenidamina.

Es importante resaltar que existen distintas clasificaciones para las sustancias cancerígenas, habiéndose reflejado aquí la establecida en el ámbito de la UE. El organismo mundial de referencia en este campo es la **IARC**: ***Internacional Agency for Research on Cancer*** (Agencia Internacional de Investigación sobre el Cáncer), que en sus monografías que publica periódicamente establece su propia clasificación de carcinogenicidad en cinco categorías y que se considera de referencia, aunque los países no suelen adaptar sus propuestas de manera inmediata ni mucho menos.

### 8) Toxicidad para la reproducción y la lactancia

Esta clase incluye las sustancias causantes de efectos adversos sobre la función sexual y la fertilidad de hombres y mujeres adultos, y los efectos adversos sobre el desarrollo de los descendientes. Se consideran tres tipos de efectos.

#### a) Efectos adversos sobre la función sexual y la fertilidad

Son los efectos producidos por sustancias que interfieren en la función sexual y la fertilidad.

Incluyen las alteraciones del aparato reproductor masculino y femenino; los efectos adversos sobre el comienzo de la pubertad; la producción y el transporte de los gametos; el desarrollo normal del ciclo reproductor; el comportamiento sexual; la fertilidad; el parto; los resultados de la gestación; la senescencia reproductora prematura; y las modificaciones de otras funciones que dependen de la integridad del aparato reproductor.

**b) Efectos adversos sobre el desarrollo de los descendientes**

Incluye cualquier efecto que interfiera en el desarrollo normal del organismo, antes o después del nacimiento, y sea una consecuencia de la exposición de los padres antes de la concepción o de la exposición de los descendientes durante su desarrollo prenatal o postnatal hasta el momento de la madurez sexual.

Se refiere, fundamentalmente, a aquellos efectos adversos, inducidos durante el embarazo o que resultan de la exposición de los padres que pueden manifestarse en cualquier momento de la vida del organismo. Los principales signos son: muerte del organismo en desarrollo; anomalías estructurales; alteración del crecimiento; y deficiencias funcionales.

**c) Efectos sobre la lactancia o por medio de ella**

Los efectos adversos sobre la lactancia o por medio de ella también se incluyen dentro de la toxicidad para la reproducción aunque, a efectos de clasificación, son tratados separadamente. El motivo de esta separación es que se considera conveniente poder clasificar las sustancias específicamente para efectos adversos sobre la lactancia, con el fin de advertir a las madres lactantes sobre este peligro específico.

### Clasificación

Se clasifican en tres categorías, dividiéndose la primera en dos subcategorías.

- **1A**: sustancias para las que existen pruebas en humanos, como la warfarina, el 2-bromopropano y la mayoría de sales de plomo.
- **1B**: sustancias que se supone que son tóxicas para la reproducción humana, como el ácido metoxiacético, el dibutil ftalato y los dicromatos.

- **2**: sustancias de las que se sospecha que son tóxicas para la reproducción humana. Son ejemplos: la metilacetamida, el nitrobenceno y los isómeros del dinitrotolueno.
- **3: efectos sobre la lactancia o por medio de ella**: se reconoce que no existe información sobre estos efectos adversos. No obstante, las sustancias que son absorbidas por las mujeres y cuya interferencia en la lactancia ha sido mostrada o aquellas que pueden estar presentes (incluidos sus metabolitos) en la leche materna, en cantidades suficientes para amenazar la salud de los lactantes, deben clasificarse y etiquetarse para indicar el peligro que representa para los bebés alimentados con la leche materna. Son ejemplos de sustancias químicas que se clasifican según este efecto: el lindano, el mirex y el fenarimol.

### 9) Sustancias CMR

Una clasificación muy habitual es la de CMR, siglas bajo las cuales se agrupan las sustancias cancerígenas, mutágenas y reprotóxicas (tóxicas de la reproducción) por tener unas características específicas en cuanto a su acción adversa en el organismo. Básicamente, son dos: la relación dosis/exposición es de tipo probabilístico (a mayor dosis, mayor probabilidad de efecto) y que sus efectos suelen tener carácter retardado. De ahí que se clasifiquen en categorías, dada la dificultad de establecer listas cerradas.

Debido a la coincidencia en el efecto desencadenante de la mutagénesis y la carcinogénesis, la práctica totalidad de sustancias mutágenas son también cancerígenas.

Ambos efectos son consecuencia de procesos que se inician con una alteración genética a nivel celular (ADN) inducida por un agente (químico, físico o biológico). Si las células afectadas son germinales (encargadas de la reproducción: esperma, óvulos), se producen cambios hereditarios que afectan la descendencia, lo que se denomina una mutación, que es una alteración transmisible en el material genético del organismo que puede afectar a las siguientes generaciones. Si las células afectadas son somáticas (de un tejido del organismo), se produce un cáncer: las células sufren un cambio que las vuelve anormales (diferentes de las del tejido original) ya que carecen de la inhibición de contacto (capacidad de reconocer los límites y el tamaño normales de su tejido específico) y sufren una reversión a un tipo menos especializado que el original, pudiendo invadir y destruir tejidos normales (tumor) y son capaces de desprenderse, emigrar y afectar a otros tejidos lejanos (metástasis).

Los tóxicos de la reproducción agrupan a sustancias con efectos muy diversos, por lo que su caracterización es muy difícil. A modo de resumen, se puede afirmar que en este grupo se incluye cualquier sustancia que afecte de cualquier modo la reproducción humana como efecto primario, no como consecuencia secundaria de una toxicidad general o determinada en otro órgano.

### 10) Neumoconiosis

Las sustancias causantes de neumoconiosis son aquellas que producen algún tipo de efecto en los pulmones. Se trata de aerosoles de fibras o partículas que, acumuladas en los alvéolos y bronquiolos, generan una respuesta biológica en los tejidos pulmonares cuyo resultado es una insuficiencia respiratoria e, incluso, ciertos tipos de tumores.

Resulta obvio que, además de la naturaleza química de la sustancia, el tamaño y la forma de las partículas del aerosol son factores que influyen de forma determinante en el desarrollo de daños en el pulmón. Se agrupan en dos tipos.

**a) Fibrogénica**: Produce una alteración y degeneración fibrótica del tejido pulmonar. Son ejemplos: el amianto (asbestosis), la sílice y las resinas derivadas (silicosis), el carbón y el berilio (beriliosis).

**b) No fibrogénica:** No produce alteración pulmonar, pero impide la correcta difusión del oxígeno a través de los alvéolos pulmonares. Son ejemplos: el mármol, el yeso, el cemento o la celulosa.

### 11) Asfixia

Los asfixiantes son sustancias, normalmente en estado gaseoso, cuya presencia en el aire impide, por diferentes procedimientos, que se lleve a cabo el aporte de oxígeno a las células.

El monóxido de carbono, el cianuro de hidrógeno o el sulfuro de hidrógeno son ejemplos de sustancias asfixiantes, denominadas **asfixiantes químicos**.

El cianuro de hidrógeno, junto con un estabilizante y un aromatizante, fue empleado en los campos de exterminio nazis durante la Segunda Guerra Mundial. Recibía el nombre de Gas Cyclon B o Ciclón B.

También se incluyen en este grupo los gases biológicamente inertes, es decir, que no ocasionan ningún efecto ni respuesta biológica, pero cuya presencia en el aire implica una menor concentración de oxígeno. Reciben el nombre de **asfixiantes simples u oxiprivos.**

El nitrógeno, los gases nobles, el hidrógeno y muchos hidrocarburos gaseosos (metano, etano, etileno, etc.) son ejemplos de asfixiantes simples.

Obviamente, para que su presencia en aire genere una disminución importante en la del oxígeno, deben encontrarse concentraciones muy elevadas, lejos de las concentraciones habitualmente consideradas en higiene industrial. Su presencia en el aire no debe hacer disminuir la concentración de oxígeno presente por debajo del 18%. Concentraciones de este inferiores a 10% se consideran peligrosas para la supervivencia.

### 12) Efecto anestésico

Los anestésicos o narcóticos, también llamados depresores del sistema nervioso, son aquellos compuestos que actúan sobre el sistema nervioso central, limitando o reduciendo la actividad cerebral. En general, se trata de sustancias liposolubles que actúan sobre el tejido nervioso del cerebro, de carácter graso.

Los disolventes orgánicos, como el destilado del petróleo, el éter etílico, los alcoholes o las cetonas, son ejemplo típicos.

### 13) Disruptores endocrinos

Los disruptores (o perturbadores) endocrinos son sustancias químicas que interfieren con la síntesis, secreción, transporte, acción o eliminación de las hormonas naturales que, segregadas por las distintas glándulas del organismo humano, son responsables del mantenimiento de la homeostasis, las funciones reproductoras, el desarrollo y el comportamiento.

En consecuencia, pueden interferir con el sistema hormonal de diversas formas: afectando al desarrollo físico, la reproducción, la actividad sexual, el comportamiento, la regulación de la temperatura y otras funciones importantes. Los efectos de los disruptores endocrinos no se limitan a los seres humanos, sino que pueden extenderse a los animales. La interferencia más estudiada es su interacción con los receptores hormonales, en particular los que actúan sobre los receptores de estrógenos, por lo se denominan xenoestrógenos, estrógenos ambientales o, también, estrogenomiméticos.

En general los estudios sobre los efectos de los disruptores endocrinos en los seres humanos han conducido a resultados poco consistentes, lo que ha puesto de manifiesto la necesidad de estudios más rigurosos. Hasta el momento la única evidencia de que los seres humanos son susceptibles a los disruptores endocrinos proviene de situaciones a niveles de exposición elevados; los conocimientos sobre los efectos crónicos de exposiciones a niveles bajos de disruptores endocrinos, como sería el caso de la exposición laboral, son mucho más oscuros. En cambio, las evidencias de que los disruptores endocrinos han afectado a la fauna salvaje son mucho más intensas.

# Capítulo III
# Agentes biológicos

Xavier Guardino Solà

## Introducción

Los contaminantes biológicos, a diferencia de los contaminantes químicos y físicos, son organismos con un determinado ciclo de vida, capaces de reproducirse o transmitir material genético. Pueden ocasionar enfermedades de tipo infeccioso o parasitario, como, por ejemplo, la fiebre de malta, el tétanos, la hepatitis B, la fiebre tifoidea, la brucelosis o el carbunco, y ello sin descartar efectos sensibilizantes ni tóxicos, ni otras enfermedades de la piel.

Las enfermedades de la piel de origen laboral causadas por agentes biológicos forman un grupo muy amplio y de características muy diferentes que no trataremos aquí.

Los agentes biológicos pueden acceder al interior del organismo humano a través de las mismas vías de penetración que los contaminantes químicos, aunque en este caso la vía parenteral, sobre todo, y la digestiva son también importantes. Cuando el agente se halla en suspensión en el aire, solo o depositado en un aerosol, se habla de la existencia de un **bioaerosol**, que es lo que puede ocurrir cuando se manipulan materiales infecciosos generando aerosoles.

Algunas de estas enfermedades se transmiten de los animales al hombre y viceversa, recibiendo el nombre de **zoonosis**. Los agentes biológicos necesitan para su desarrollo sustancias que les sirvan de alimento y ciertos requisitos medioambientales como temperatura, humedad, luz o pH adecuado, que, en estos casos, es el hombre o el animal (llamado **huésped**) el que se las proporciona.

Algunos agentes biológicos tienen vida independiente (**saprofitos**), es decir, no precisan invadir ningún ser vivo; otros, en cambio, solo sobreviven en el interior de un ser vivo (**parásitos**), pero también los hay que actúan de una manera u otra según las circunstancias.

La protección frente a la exposición laboral a agentes biológicos está regulada en Europa y está basada en distintos documentos generados por la Organización Mundial de la Salud (OMS); ejemplo típico de ello es el Manual de Bioseguridad de dicha organización.

Según las estadísticas disponibles de la OIT, en el mundo, las enfermedades transmisibles son la cuarta causa de mortalidad entre los trabajadores, después del cáncer, las enfermedades del sistema circulatorio y de los accidentes. Cabe comentar también que a dicha organización le preocupan mucho más las grandes pandemias (gripe, tuberculosis, VIH) o la incidencia de la malaria en amplias extensiones que muchas de las epidemias localizadas de virus altamente peligrosos causantes de fiebres hemorrágicas, como el ébola.

La filosofía de actuación frente al riesgo biológico se basa en la clasificación de los agentes en cuatro grupos de peligrosidad y en asociar las medidas de prevención y protección, llamadas de **contención**, a estos grupos. De este modo, se habla de instalaciones de nivel de seguridad biológica (o de contención) 1, 2, 3 o 4 en orden de peligrosidad creciente.

## 1. Agente biológico

Se define a los **agentes biológicos** como microorganismos, con inclusión de los genéticamente modificados, cultivos celulares y endoparásitos humanos, susceptibles de originar cualquier tipo de infección, alergia o toxicidad. Se consideran también incluidos los agentes no convencionales asociados con las encefalopatías espongiformes transmisibles llamados priones.

Un microorganismo es toda entidad microbiológica, celular o no, capaz de reproducirse o de transferir material genético, mientras que un **cultivo celular** se define como el resultado del crecimiento in vitro de células obtenidas de organismos multicelulares y **parásito**, como un ser vivo que vive y se nutre a expensas de otro sin aportar ningún beneficio; cuando el ser vivo parasitado es el hombre, se llama parásito humano.

De la definición de agente biológico cabe remarcar que el daño al organismo afectado no solamente son infecciones, sino también respuestas alérgicas y efectos tóxicos. Por otro lado, y aunque no se indica expresamente en dicha definición, el concepto de contaminante biológico incluye también sustancias generadas por ellos e, incluso, partes de ellos mismos.

Al abordar la contaminación biológica, se incluyen los efectos tóxicos y alérgenos causados por sustancias generadas por organismos vivos; las más importantes son las micotoxinas, sustancias provenientes de los hongos que pueden presentar niveles de toxicidad muy elevados, como es el caso de las aflatoxinas, tricotecenos y ocratoxinas. En la propia clasificación formal de los agentes biológicos, se incluye su capacidad de producir toxinas o de generar efectos alérgenos. Ved las NTP-351 y NTP-802 del INSHT.

Finalmente, se llama **vector** al animal que transmite una enfermedad sin padecerla él mismo.

## 2. Clasificación de los agentes biológicos según su naturaleza

La clasificación de los agentes biológicos según su naturaleza y en orden decreciente de su complejidad biológica es la siguiente.

### 1) Ácaros

Los ácaros son insectos microscópicos; la enfermedad más conocida causada por ellos es la sarna, con escasa incidencia en el ámbito laboral. Su efecto más característico es la sensibilización, causada primordialmente por sus excretas o partes de ellos mismos. La denominada "alergia al polvo doméstico" es generalmente causada por ellos y también pueden ser vectores de enfermedades infecciosas. Los ácaros no son citados como agentes biológicos en la legislación; sin embargo, hemos creído conveniente citarlos aquí, ya por ser causantes de enfermedades o actuar de vectores.

### 2) Helmintos o gusanos

Los helmintos o gusanos son organismos pluricelulares, denominados macroparásitos; incluyen gran variedad de nemátodos (gusanos), trematodos y cestodos (tenias) que pueden acceder al interior del organismo humano a través de diversas vías de penetración. Es frecuente que completen cada una de sus fases de desarrollo (huevo, larva y adulto) con ciclos vitales complicados en diferentes huéspedes (animales-hombre), y que la transmisión de un huésped a otro sea realizada por diferentes vectores (heces, agua, alimentos o insectos).

Son ejemplos de enfermedades causadas por los gusanos la anquilostomiasis (gusanos intestinales) y la tenia.

### 3) Hongos

Los hongos son organismos eucariotas (con núcleo diferenciado) multicelulares o unicelulares que comprenden un gran grupo de microflora que incluye mohos, mildiu, levaduras, setas, royas y tizón. Los hongos son heterótrofos (requieren fuentes de alimentación externas), así como una fuente de nitrógeno diferente del atmosférico. Muchos hongos producen esporas (células reproductivas en general muy resistentes) que se esparcen a través del aire. La mayoría son saprofitos (viven de la materia orgánica en descomposición), aunque algunos pueden ser parásitos facultativos.

En función de su estructura se pueden diferenciar dos grandes grupos, las **levaduras**, que son formas unicelulares, y los **mohos**, que son formas micelares (filamentosas). En este caso, los distintos individuos de la colonia permanecen unidos formando estructuras ramificadas y comunicadas por donde circulan los núcleos, el citoplasma y los diferentes orgánulos. La propagación de las colonias se realiza por esporas. Sus principales efectos sobre la salud son los procesos alérgicos, causados por la inhalación de esporas. Algunos miembros del grupo pueden causar infecciones, sobre todo cutáneas, y también presentan efectos tóxicos debidos a las micotoxinas.

### 4) Protozoos

Los protozoos son organismos eucariotas unicelulares, la mayoría de vida libre, como las amebas; su hábitat natural es un medio líquido, aunque algunos son parásitos de los vertebrados. Su ciclo vital es complejo, necesitando en algunos casos de varios huéspedes para completar su desarrollo. La transmisión de un huésped a otro la realizan habitualmente los insectos.

Son ejemplos de enfermedades causadas por protozoos la amebiasis, la toxoplasmosis y la enteritis.

### 5) Bacterias

Son organismos procariotas (células con núcleo no diferenciado) que pueden ser simples o multicelulares, con diferentes formas como esferas (cocos), bastoncitos (bacilos), en espiral (espirilos), o largos filamentos (actinomicetes). Si bien algunas bacterias son parásitos obligados, muchas son saprofitas (con vida independiente).

Algunas bacterias pueden formar esporas, muy resistentes a condiciones ambientales adversas, incluyendo sequedad y temperaturas elevadas, y también a la falta de nutrientes; las esporas se pueden convertir en nuevas bacterias con capacidad infectiva al entrar en contacto con el organismo humano.

Sus efectos adversos son las infecciones, los procesos alérgicos y los efectos tóxicos causados por las endotoxinas, sustancias que forman parte de la pared celular de las bacterias Gram-.

Son ejemplos de enfermedades: la tuberculosis, el carbunco, y la legionelosis o enfermedad del legionario.

Una clasificación básica de las bacterias es Gram- y Gram+, siendo las primeras de pared más gruesa, impidiendo que se coloreen por la tinción de Gram; la diferenciación implica en la práctica comportamientos distintos.

### 6) Virus

Los virus son la forma de vida más pequeña y sencilla en su composición que se conoce. Son parásitos intracelulares obligados; fuera de las células no son viables más allá de un par de horas. Constan de un único tipo de ácido nucleico, ADN (ácido desoxirribonucleico) o ARN (ácido ribonucleico), y una cubierta proteica o cápside que rodea este ácido nucleico; también puede poseer una membrana lipídica que envuelve esta cápside.

Sus efectos son infecciones de diversa gravedad, inducción de tumores (virus oncogénicos) y efectos teratogénicos. Algunos ejemplos de virus son el de la gripe, los del herpes, el de la hepatitis, el VIH o el de la rabia.

### 7) Priones

Los priones o proteínas priónicas son los entes causantes de la encefalopatía espongiforme bovina (EEB, enfermedad de las vacas locas) y de la correspondiente en humanos (variante de la enfermedad de *Creutzfeld-Jakobs*), enfermedades conocidas en su conjunto como encefalopatías espongiformes transmisibles (EET), que son degenerativas del sistema nervioso sin posibilidad de tratamiento. Se distingue de los demás agentes en que no presenta un proceso de infección característico, sino que es una proteína anómala capaz de convertir a las que tiene más próximas, a su vez, en proteínas también anómalas, sin que el sistema inmunológico se dé por enterado. En cuanto a riesgo, se clasifican dentro de la categoría de virus.

Concretamente, la proteína priónica PrPSc es la forma anómala de un componente normal PrPC de la membrana celular de neuronas y otros tejidos, y es la causante de la enfermedad comentada. Es un **agente transmisible no convencional** (se reproduce sin DNA/RNA); su estructura está determinada por el gen Prnp. Los principales problemas que genera son que no existe posibilidad de detección analítica y que presenta una resistencia muy elevada a los desinfectantes. Es también un caso de enfermedad que "cambia" de especie, como ocurre con algunos virus como los causantes del SARS (síndrome respiratorio agudo severo), la gripe aviaria, o el SIDA. Las siglas citadas corresponden a:

**PrPSc**: Proteína Priónica Scrapie (patológica) que provoca la enfermedad (*Scrapie*: tembladera).

**PrPC**: Proteína Priónica Celular (proteína celular proteasa sensible, no patológica).

**Gen Prnp**: gen que provee instrucciones para la síntesis de la proteína priónica.

## 3. Clasificación de los agentes biológicos en función del riesgo que representan

Los agentes biológicos se clasifican en las cuatro categorías o grupos siguientes:

- **Grupo 1**: resulta *poco probable* que cause una *enfermedad* en el hombre.
- **Grupo 2**: *puede causar* una *enfermedad* en el hombre y *puede suponer* un *peligro* para los trabajadores, siendo *poco probable* que se propague a la colectividad y *existiendo generalmente* profilaxis o tratamiento eficaz.

- **Grupo 3**: *puede causar* una *enfermedad grave* en el hombre y *presenta* un *serio peligro* para los trabajadores, con *riesgo* de que se propague a la colectividad y **existiendo generalmente** una profilaxis o tratamiento eficaz.
- **Grupo 4**: *causando* una *enfermedad grave* en el hombre *supone* un *serio peligro* para los trabajadores, con *muchas probabilidades* de que se propague a la colectividad y *sin que exista generalmente* una profilaxis o un tratamiento eficaz.

Hemos señalado en cursiva las características que se van modificando y haciendo que su peligrosidad vaya aumentando. Una esquematización de esta clasificación se presenta en la Tabla 1.

**Tabla 1.** Clasificación de agentes biológicos según su peligrosidad

| Agentes biológicos del grupo de riesgo | Riesgo infeccioso | Riesgo de propagación a la colectividad | Profilaxis o tratamiento eficaz |
|---|---|---|---|
| 1 | Poco probable que cause enfermedad | No | Innecesario |
| 2 | Pueden causar una enfermedad y constituir un peligro para los trabajadores. | Poco probable | Posible generalmente |
| 3 | Puede provocar una enfermedad grave y constituir un serio peligro para los trabajadores. | Probable | Posible generalmente |
| 4 | Provocan una enfermedad grave y constituyen un serio peligro para los trabajadores. | Elevado | No conocido en la actualidad |

La lista de agentes biológicos clasificados por categorías incluye los agentes biológicos clasificados en los grupos 2, 3 o 4, siguiendo el criterio anteriormente expuesto, y se agrupan en bacterias y afines, virus (en sus diferentes clases), priones, parásitos (helmintos y protozoos) y hongos. Al grupo 4 solamente se asocian ciertas familias de virus, quedando la mayoría de agentes repartidos entre las categorías 2 y 3. Se informa, asimismo, sobre sus posibles efectos alérgicos, el tiempo durante el cual debe conservarse información sobre los expuestos al agente, si son capaces de producir toxinas, si hay vacuna eficaz disponible, si otras especies (*spp*) del género mencionado pueden constituir un riesgo y, finalmente, si habitualmente no son infecciosas a través del aire. Este último aspecto es fundamental desde el punto de vista de la acción preventiva y de protección, ya que muchas enfermedades graves ven limitada su propagación por este hecho, lo cual les hace mucho menos peligrosos y, en consecuencia, puede prescindirse de algunas medidas de contención.

La clasificación se ha hecho partiendo de los posibles efectos en personas sanas, sin patologías previas, medicación, trastornos inmunitarios, embarazo o lactancia, debiéndose tener en cuenta, además, lo siguiente:

- La no inclusión en la lista de un determinado agente no significa su clasificación en el grupo 1.
- La lista no incluye los microorganismos genéticamente modificados, objeto de una reglamentación específica que no abordaremos en este texto.
- Cualquier virus aislado en seres humanos, no incluido en la lista, se considera clasificado, como mínimo, en el grupo 2.
- Cuando una cepa esté atenuada, no será necesario aplicable la contención requerida por la clasificación de su cepa madre.
- En el caso de los parásitos, las medidas asociadas al grupo se aplicarán únicamente a las distintas etapas del ciclo del parásito que puedan ser infecciosas para las personas.

## 4. Evaluación de riesgos por exposición a agentes biológicos

En primer lugar, debemos proceder a la identificación de los posibles agentes biológicos presentes y ver si su presencia se puede eliminar. Para aquellos que se constate que puede haber exposición, procederemos a evaluarla, determinando su naturaleza, grado y duración. Deberemos repetir esta evaluación periódicamente y siempre que se produzca un cambio en las condiciones de trabajo o hayamos detectado una enfermedad que pueda relacionarse a una exposición.

La evaluación se efectuará teniendo en cuenta toda la información disponible y, en particular:

- La naturaleza de los agentes biológicos y el grupo a que pertenecen.
- Las recomendaciones de las autoridades sanitarias.

- La información sobre las enfermedades, así como sus efectos alérgicos o tóxicos.
- La detección de una enfermedad directamente ligada al trabajo.
- El riesgo adicional para los trabajadores especialmente sensibles.

Una vez realizada la preceptiva evaluación inicial de riesgos, nos podemos encontrar frente a distintas situaciones, como se expone en la Figura 1.

**Figura 1.** Evaluación del riesgo biológico

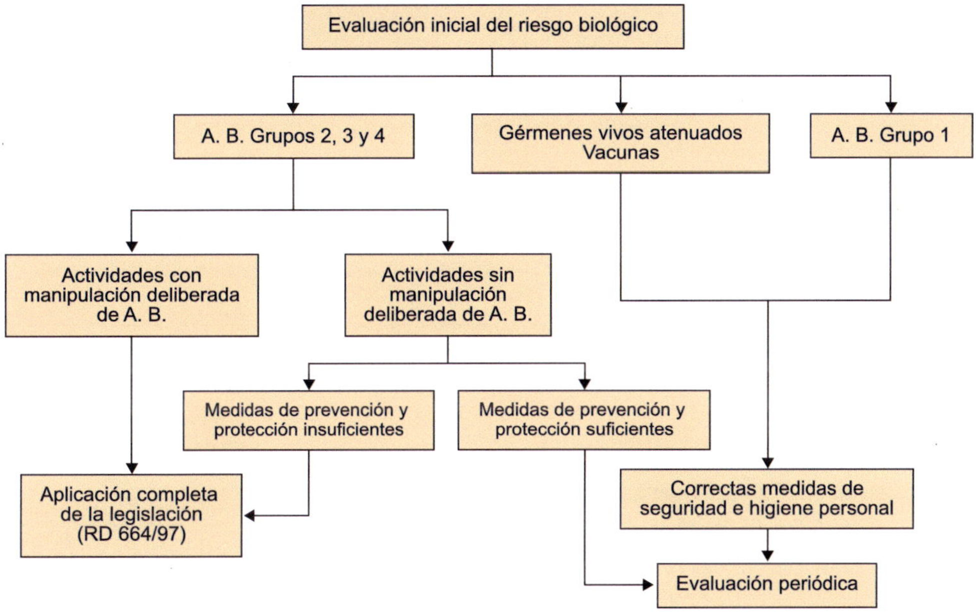


**1)** Si la exposición es deliberada, deberán aplicarse las medidas que se exponen en los apartados siguientes. Son ejemplos de manipulación deliberada: los laboratorios de diagnóstico microbiológico, los trabajos con animales deliberadamente infectados y en instalaciones industriales que utilicen agentes biológicos en grandes cantidades.

**2)** Si la exposición se refiere a un agente biológico del grupo 1 o a gérmenes vivos atenuados (vacunas), deben observarse los principios de correcta seguridad e higiene profesional, sin ser necesario la aplicación de otras medidas complementarias.

3) Si la exposición no implica la intención deliberada de manipular agentes biológicos, pero puede existir una exposición, se actuará en función de los resultados de la evaluación de riesgos. Si de esta se dedujera que, con las medidas existentes, no fuera suficiente, se aplicarán las medidas que se exponen en los apartados siguientes. En la Tabla 2, presentamos un listado de ejemplos de actividades sin intención deliberada de manipulación.

**Tabla 2.** Actividades sin intención deliberada de manipular agentes biológicos

| **Lista indicativa de actividades que se consideran con intención no deliberada de manipulación de agentes biológicos** |
|---|
| • Trabajos en centros de producción de alimentos. |
| • Trabajos agrarios. |
| • Actividades en las que existe contacto con animales o con productos de origen animal. |
| • Trabajos de asistencia sanitaria, comprendidos los desarrollados en servicios de aislamiento y de anatomía patológica. |
| • Trabajos en laboratorios clínicos, veterinarios, de diagnóstico y de investigación, con exclusión de los laboratorios de diagnóstico microbiológico, ya que se considera manipulación deliberada. |
| • Trabajos en unidades de eliminación de residuos. |
| • Trabajos en instalaciones depuradoras de aguas residuales. |

Tomado del anexo I, RD 664/97.

En el apartado 12 se expondrán las medidas de contención asociadas a las actividades sin intención deliberada de manipular agentes biológicos.

## 5. Reducción de los riesgos

Aparte de evitar la utilización de agentes biológicos peligrosos por sustitución, se procurará impedir la exposición a los mismos por medios técnicos, y cuando ello no sea factible, se reducirá la exposición (o el riesgo de la misma) mediante las medidas técnicas que relacionamos a continuación.

- Establecimiento de procedimientos de trabajo adecuados que eviten la formación de bioaerosoles e incluyan procesos de desinfección de manera rutinaria. En el caso expuesto al principio pueden formarse aerosoles y contaminar el ambiente por no disponer de un procedimiento adecuado de trabajo.
- Utilización de medidas para evitar o minimizar la liberación de agentes biológicos, garantizando su confinamiento en origen y utilizando cabinas de seguridad biológica, cuyos esquemas presentamos en la Figura 2.

**Figura 2.** Cabinas de seguridad biológica

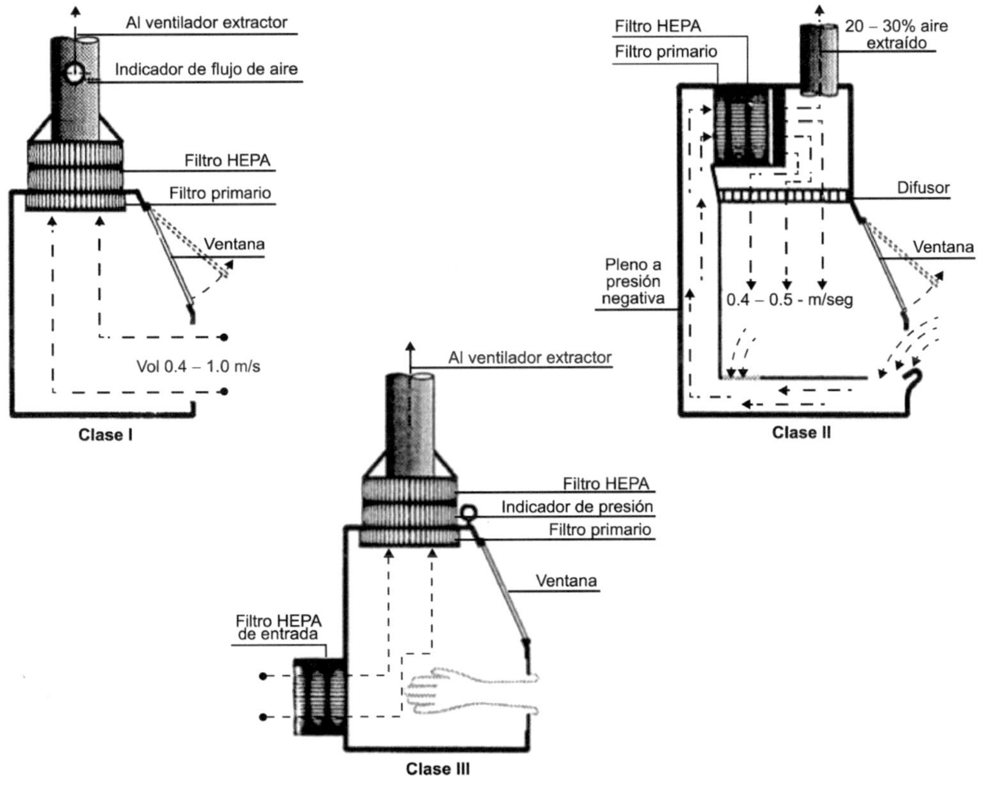


- Reducción al mínimo del número de trabajadores expuestos. En el caso expuesto, tampoco se cumplía esta cuestión, puesto que un posible riesgo (formación de bioaerosoles) afectaba no solamente a los implicados en la utilización de las centrífugas, sino a todo el personal del laboratorio.

- Adopción de medidas seguras para la recepción, manipulación y transporte de los agentes biológicos dentro del lugar de trabajo.
- Adopción de medidas de protección colectiva, empleando la compartimentación de salas por ventilación (una vez más, en el caso expuesto, las centrífugas no se hallaban compartimentadas) y utilización de flujo laminar.
- Adopción de medidas de barrera y de protección individual, cuando la exposición no pueda evitarse por otros medios.
- Utilización de medios seguros para la gestión de los residuos, aspecto que trataremos con detalle en el apartado 13.
- Utilización de medidas de higiene personal que eviten o dificulten la dispersión del agente biológico fuera del lugar de trabajo.
- Utilización de la señal de peligro biológico, así como de otras señales de advertencia pertinentes, como las que presentamos en la Figura 3.

**Figura 3.** Señales de peligro biológico

- Establecimiento de planes para hacer frente a accidentes de los que puedan derivarse exposiciones a agentes biológicos; al parecer, en el hospital del caso expuesto, estos planes no existían o la trabajadora afectada no los conocía.
- Verificación, cuando sea necesaria y técnicamente posible, de la presencia de los agentes biológicos utilizados en el trabajo fuera del confinamiento físico primario. Veremos los procedimientos de medición de agentes biológicos en el apartado16 de este capítulo.

## 6. Medidas de higiene para personas expuestas

En todas las actividades en las que exista riesgo para la salud o seguridad, se deben adoptar las medidas siguientes:

**1)** Prohibición de comer y beber.

**2)** Usar ropas o prendas de protección adecuadas, siempre a cargo de la empresa.

**3)** Disponer de baños adecuados con productos para la limpieza ocular y antisépticos.

**4)** Disponer de un lugar para el almacenamiento de los equipos de protección, verificando que se limpian y se comprueba su buen funcionamiento.

**5)** Especificar los procedimientos de obtención, manipulación y procesamiento de muestras de origen humano o animal.

**6)** Disponer, dentro de la jornada laboral, de 10 minutos para aseo personal antes de la comida y otros 10 minutos antes de abandonar el trabajo.

**7)** Al salir de la zona de trabajo, quitarse las ropas de trabajo y los equipos de protección personal que puedan estar contaminados y guardarlos en lugares que no contengan otras prendas.

Las denominadas "**precauciones universales**", expresión utilizada ampliamente en el campo sanitario, constituyen la estrategia fundamental para la prevención del riesgo ocupacional para todos los microorganismos vehiculizados por la sangre y fluidos corporales en general. Su principio básico es que estos deben considerarse siempre potencialmente infecciosos. Como precauciones universales, se consideran las siguientes:

**1)** Vacunación (inmunización activa).

**2)** Normas de higiene personal.

**3)** Cuidado con los objetos cortantes.

**4)** Elementos de protección de barrera, EPI incluidos.

**5)** Esterilización y desinfección correcta de instrumentos y superficies.

## 7. Vigilancia de la salud

La vigilancia de la salud (adecuada y específica) deberá ofrecerse a los trabajadores, los cuales podrán acceder a los resultados, en las siguientes ocasiones:

- Antes de la exposición.
- A intervalos regulares, en función de los conocimientos médicos, considerando el agente biológico, el tipo de exposición y la existencia de pruebas eficaces de detección precoz.
- Cuando se haya detectado una infección o enfermedad que pueda deberse a la exposición a agentes biológicos.

Si hay vacunas eficaces, deben ponerse a disposición de los trabajadores, informándoles de sus ventajas e inconvenientes, tanto de la vacunación como de la no vacunación. En caso de que haya vacunación, debe elaborarse un certificado.

El médico encargado de la vigilancia de la salud, familiarizado con las condiciones de exposición, puede proponer medidas de prevención y protección para cada trabajador en particular, deberá llevar un historial médico individual e informará sobre cualquier control médico a efectuar con posterioridad al cese de la exposición.

## 8. Documentación

Debe disponerse de los resultados de la evaluación y los criterios y procedimientos utilizados, de la lista de los trabajadores expuestos a agentes biológicos de los grupos 3 y 4, y de un registro de las exposiciones, accidentes e incidentes. La lista de los trabajadores expuestos y sus historiales médicos deben conservarse durante diez años, ampliables a cuarenta en caso de riesgo de infecciones persistentes o latentes, o no diagnosticables en la actualidad, o con período de incubación prolongado, o que den lugar a una enfermedad recurrente, o que pueda tener secuelas a largo plazo.

## 9. Notificación a la autoridad laboral

La utilización por primera vez de agentes biológicos de los grupos 2, 3 o 4 debe notificarse a la autoridad laboral con una antelación mínima de treinta días, así como cuando se introduzcan cambios sustanciales en los procesos. Asimismo, se notificará previamente la utilización por primera vez de cualquier otro agente biológico del grupo 4, o con asignación provisional al grupo 3. A los laboratorios de diagnóstico relacionados con agentes del grupo 4 se les exigirá únicamente la notificación inicial de tal propósito, que incluirá:

- El nombre y la dirección de la empresa o centro de trabajo.
- El nombre y la formación de las personas con responsabilidades en materia de prevención en la empresa.
- El resultado de la evaluación.
- La especie del agente biológico.
- Las medidas de prevención y protección previstas.

## 10. Información a las autoridades competentes

Debe tenerse a disposición de las autoridades laboral y sanitaria la documentación relacionada con la evaluación. Si se han detectado riesgos, se informará a las autoridades laboral o sanitaria que lo soliciten, sobre:

- Las actividades en las que los trabajadores hayan estado expuestos.
- El número de trabajadores expuestos.
- El nombre y la formación de los responsables de prevención.
- Las medidas de prevención y de protección adoptadas.
- Para los agentes de los grupos 3 o 4, el plan de emergencia en caso de fallo de la contención física.

Cualquier accidente o incidente que haya podido provocar la liberación de un agente biológico que pueda causar una grave infección o enfermedad en el hombre, y todos los casos de enfermedad o fallecimiento que se hayan identificado como resultantes de una exposición profesional, deben comunicarse a las autoridades sanitaria y laboral. En caso de cese de la empresa, la lista de expuestos y sus historiales médicos serán remitidos por la autoridad laboral a la sanitaria, quien los conservará, garantizándose en todo caso la confidencialidad. La autoridad laboral no conservará copia de los historiales.

## 11. Información y formación de los trabajadores

Los trabajadores deberán ser informados sobre cualquier medida relativa a la seguridad y la salud que se adopte y se garantizará que los trabajadores y sus representantes reciban, en el momento de su incorporación o cuando fuera necesario, una formación suficiente, adecuada y precisa en relación con:

- Los riesgos potenciales para la salud.
- Las precauciones que deberán tomar para prevenir la exposición.
- Las disposiciones en materia de higiene.
- La utilización y empleo de ropa y equipos de protección individual.
- Las medidas a adoptar en el caso de incidentes y para la prevención de estos.

La **ficha de Datos de Seguridad de Agentes Biológicos** (FDS-AB) permite reunir, de manera sistematizada, la información sobre los agentes biológicos de manera paralela a la FDS de productos químicos. En la misma se ofrece información sobre las características del agente, efectos sobre la salud, propagación, viabilidad, grupo de riesgo y nivel de contención asociado, los peligros específicos para el personal expuesto, inmunización activa (vacunación), primeros auxilios, actuación frente a vertidos, control de la exposición, eliminación, almacenamiento y transporte.

El responsable dará instrucciones escritas y, si procede, colocará avisos con el procedimiento a seguir en caso de accidente o incidente y siempre que se manipule un agente del grupo 4. Por su parte, los trabajadores comunicarán inmediatamente cualquier accidente o incidente que implique la manipulación de un agente biológico a su superior jerárquico directo y a la persona o personas con responsabilidades en materia de prevención en la empresa.

El responsable informará inmediatamente a los trabajadores y a sus representantes de cualquier accidente o incidente con riesgo de causar una grave infección o enfermedad en el hombre. Además, el responsable informará a los trabajadores y a sus representantes de cualquier accidente o incidente grave y de las medidas adoptadas.

Los trabajadores tendrán acceso a la información contenida en la documentación mencionada cuando les concierna a ellos mismos, mientras que sus representantes la tendrán sobre cualquier información colectiva anónima.

## 12. Medidas de contención

Las medidas de contención están relacionadas con las situaciones de riesgo que se pueden presentar y se asocian a la clasificación de los agentes biológicos en ellas manipulados. Se agrupan en establecimientos sanitarios y veterinarios, laboratorios y animalarios, centros de producción de alimentos, trabajos agrarios, pesca, ganadería, trabajos en instalaciones depuradoras de aguas residuales y gestión de residuos con riesgo biológico. Todas estas medidas se comentan a continuación, dedicándose un apartado específico a la gestión de los residuos.

### 12.1. Establecimientos sanitarios

Como norma general, se seleccionarán las medidas de contención de la Tabla 3 en función grupo (conocido o supuesto) al que pertenezcan los agentes biológicos manipulados. Existen, además, recomendaciones específicas sobre distintas actividades, basadas en criterios de la OMS, sobre cómo controlar las infecciones en centros sanitarios. A título de ejemplo, comentamos algunas a continuación.

**Tabla 3.** Medidas de contención en establecimientos sanitarios y veterinarios

| A. Medidas de contención | B. Niveles de contención | | |
|---|---|---|---|
| | 2 | 3 | 4 |
| **1)** El lugar de trabajo se encontrará separado de toda actividad que se desarrolle en el mismo edificio. | No | Aconsejable | Sí |
| **2)** El aire introducido y extraído del lugar de trabajo se filtrará mediante la utilización de filtros de aire para partículas de elevada eficacia (HEPA) o de forma similar. | No | Sí, para la salida de aire | Sí, para la entrada y la salida de aire |
| **3)** Solamente se permitirá el acceso al personal designado. | Aconsejable | Sí | Sí, con una cámara de aire |
| **4)** El lugar de trabajo deberá poder precintarse para permitir su desinfección. | No | Aconsejable | Sí |
| **5)** Procedimientos de desinfección especificados. | Sí | Sí | Sí |
| **6)** El lugar de trabajo se mantendrá con una presión negativa respecto a la presión atmosférica. | No | Aconsejable | Sí |
| **7)** Control eficiente de vectores, por ejemplo, de roedores e insectos. | Aconsejable | Sí | Sí |
| **8)** Superficies impermeables al agua y de fácil limpieza. | Sí, para el banco de pruebas | Sí, para el banco de pruebas y el suelo | Sí, para el banco de pruebas, las paredes, el suelo y los techos |
| **9)** Superficies resistentes a ácidos, álcalis, disolventes, desinfectantes. | Aconsejable | Sí | Sí |
| **10)** Almacenamiento de seguridad para agentes biológicos. | Sí | Sí | Sí, almacenamiento seguro |
| **11)** Se instalará una ventanilla de observación o un dispositivo alternativo en las zonas, de manera que se pueda ver a sus ocupantes. | Aconsejable | Aconsejable | Sí |
| **12)** Laboratorio con equipo propio. | No | Aconsejable | Sí |
| **13)** El material infectado, animales incluidos, deberá manejarse en un armario de seguridad o en un aislador u otra contención apropiada. | Cuando proceda | Sí, cuando la infección se propague por el aire | Sí |
| **14)** Incinerador para destrucción de animales muertos. | Aconsejable | Sí (disponible) | Sí, in situ |

Un aspecto muy importante en la gestión del riesgo biológico en centros sanitarios es la correcta utilización de los EPI y la ropa de trabajo, que comentaremos detalladamente en el apartado 14, pero que debe remarcarse como herramienta fundamental ya que existe una mala práctica en su uso.

Otro caso concreto hace referencia a las medidas de contención en el caso de aplicación de medicamentos aerosolizados (aplicados con nebulizador) a pacientes con enfermedades respiratorias infecciosas con riesgo de contagio a los trabajadores que los aplican por generarse bioaerosoles con una gran carga infectiva.

La correcta utilización de los objetos cortopunzantes, las medidas de seguridad asociadas a su uso y los mecanismos de seguridad existentes para evitar o reducir al máximo el riesgo de accidente son otras medidas a considerar.

Los cortes y punciones son accidentes muy habituales en el ámbito sanitario, por lo que acciones tendentes a su reducción, basados en el uso de dispositivos de seguridad aplicables a los objetos cortopunzantes, así como la manera de valorar su eficacia, son acciones muy importantes desde el punto de vista preventivo.

Finalmente, otra cuestión de interés preventivo está relacionada con los trabajadores dedicados a la manipulación de cadáveres (tanatopraxia). En este sentido, cabe tener en cuenta que la persona fallecida puede sufrir infecciones no asociadas directamente a la causa de su fallecimiento, por lo que deben considerarse siempre medidas de prevención y protección en este tipo de actividades, poco conocidas de la población general.

### 12.2. Establecimientos veterinarios

En este apartado hacemos referencia a los establecimientos veterinarios propiamente dichos, que se dividen en consultorios, clínicas y hospitales en función de los servicios crecientes que ofrecen. Los riesgos asociados a la actividad "de campo" de los veterinarios, que acuden a distintas explotaciones ganaderas visitando todo tipo de cabañas, lo trataremos en el apartado dedicado a la ganadería.

Debido al incremento considerable de la población de animales de compañía o mascotas, algunos de ellos de origen exótico, los centros veterinarios se han visto en la necesidad de prestar asistencia clínica a una población de animales mayor y más diversa y de afrontar la posibilidad de entrar en contacto con patógenos desconocidos. Las principales vías de exposición y de entrada en el organismo de los agentes biológicos pueden ser: inhalación de bioaerosoles, absorción a través de la piel y de las mucosas, penetración a través de heridas, ingestión (consecuencia de hábitos higiénicos deficientes), mordeduras, arañazos y, de forma accidental, por pinchazos o cortes con materiales cortopunzantes. En el caso de mordeduras y/o arañazos, muy frecuentes en esta actividad, pueden resultar graves cuando se trabaja con animales no vacunados, abandonados o silvestres.

Entre los efectos derivados de la exposición a agentes biológicos en profesionales que trabajan con animales, destacan las dermatitis de contacto y las reacciones alérgicas, producidas por la exposición a alérgenos procedentes de la saliva, pelo, plumas, descamaciones cutáneas y otros tejidos animales, que pueden ocasionar básicamente enfermedades alérgicas respiratorias. Sin embargo, el efecto más importante es la posibilidad de contraer alguna de las zoonosis siguientes: tiña, bartonelosis (enfermedad por arañazo de gato), pasteurelosis, tuberculosis zoonótica, rabia, toxoplasmosis, leishmaniasis visceral, giardiasis y ectoparasitosis.

En los establecimientos veterinarios, aparte de lo indicado en la Tabla 3, deben considerarse medidas que son equivalentes a las que hemos expuesto para los centros sanitarios:

- Identificar los animales susceptibles, si es posible.
- Reducir la exposición de los trabajadores mediante la aplicación de las precauciones universales ya comentadas.
- Utilización de equipos de protección individual.
- Vigilancia de la salud. Vacunación.
- Cubrir las lesiones de las manos con apósitos impermeables.
- Lavado de manos con antiséptico. La utilización de guantes no debe sustituir el lavado de las manos.
- Lavado adecuado de la ropa de trabajo.
- Formación e información suficiente y adecuada.

- Procedimientos correctos de gestión del riesgo biológico como, por ejemplo: registros de actividades, incidencias, eliminación de residuos, etc.

## 12.3. Laboratorios y animalarios

En los laboratorios, incluidos los laboratorios de diagnóstico e investigación, y en los locales destinados a animales de laboratorio deliberadamente contaminados por agentes biológicos de los grupos 2, 3 o 4, o que sean o se sospeche que son portadores de estos agentes, se tomarán las medidas de contención expuestas en la Tabla 4.

**Tabla 4.** Medidas de contención en laboratorios y animalarios

| Medida de contención para procesos industriales | | | |
|---|---|---|---|
| **A. Medidas de contención** | **B. Niveles de contención** | | |
| | **2** | **3** | **4** |
| **1)** Los microorganismos viables deberán ser manipulados en un sistema que separe físicamente el proceso del medio ambiente. | Sí. | Sí. | Sí. |
| **2)** Deberán tratarse los gases de escape del sistema errado para: | Minimizar la liberación | Impedir la liberación | Impedir la liberación |
| **3)** La toma de muestras, la adición de materiales a un sistema cerrado y la transferencia de organismos viables a otro sistema cerrado deberán realizarse de un modo que permita: | Minimizar la liberación | Impedir la liberación | Impedir la liberación |
| **4)** Los fluidos de grandes cultivos no deberán retirarse del sistema cerrado a menos que los microorganismos viables hayan sido: | Inactivados mediante medios de eficacia probada | Inactivados mediante medios físicos o químicos de eficacia probada | Inactivados mediante medios físicos o químicos de eficacia probada |
| **5)** Los precintos deberán diseñarse con el fin de: | Minimizar la liberación | Impedir la liberación | Impedir la liberación |
| **6)** Los sistemas cerrados deberán ubicarse en una zona controlada: | Facultativo | Facultativo | Sí, expresamente construida |

| Medida de contención para procesos industriales | | | |
|---|---|---|---|
| **A. Medidas de contención** | **B. Niveles de contención** | | |
| | **2** | **3** | **4** |
| **a)** Deberán colocarse señales de peligro biológico. | Facultativo | Sí | Sí |
| **b)** Solo deberá permitirse el acceso al personal designado. | Facultativo | Sí | Sí, mediante exclusa de aire |
| **c)** El personal deberá vestir indumentaria de protección. | Sí, ropa de traba- | Sí | Cambiarse completamente |
| **d)** Deberá dotarse al personal de instalaciones de descontaminación y lavado. | Sí | Sí | Sí |
| **e)** Los trabajadores deberán ducharse antes de abandonar la zona controlada. | No | Facultativo | Sí |
| **f)** Los efluentes de fregaderos y duchas deberán recogerse e inactivarse antes de su liberación. | No | Facultativo | Sí |
| **g)** La zona controlada deberá ventilarse adecuadamente para reducir al mínimo la contaminación atmosférica. | Facultativo | Facultativo | Sí |
| **h)** En la zona controlada deberá mantenerse una presión del aire negativa respecto a la atmósfera. | No | Facultativo | Sí |
| **i)** Se deberá tratar con filtros "HEPA" el aire de entrada y salida de la zona controlada. | No | Facultativo | Sí |
| **j)** Deberá diseñarse la zona controlada para impedir la fuga del contenido del sistema cerrado. | No | Facultativo | Sí |
| **k)** Se deberá poder precintar la zona controlada para su fumigación. | No | Facultativo | Sí |
| **l)** Tratamiento de efluentes antes de su vertido final. | Inactivados por medios de eficacia probada | Inactivados por medios físicos o químicos de eficacia probada | Inactivados por medios físicos o químicos de eficacia probada |

Cuando exista incertidumbre acerca de la presencia de agentes biológicos que puedan causar una enfermedad en el hombre, pero que el objetivo no sea trabajar con ellos deliberadamente, deberían adoptar, al menos, el nivel 2 de contención.

## 12.4. Centros de producción de alimentos

En el ámbito de la producción y manipulación de alimentos existen normas higiénicas que incluyen formación del personal y medidas de seguridad destinadas a proteger su asepsia. Sin embargo, la aparición de ciertos tipos de parásitos ha impulsado también normas higiénicas destinadas a la protección de los manipuladores de cara a no ser parasitados por aquellos. Un ejemplo de ello es la manipulación de pescados y mariscos, que conlleva el riesgo del manejo de proteínas de origen natural, así como de proteínas sobreañadidas procedentes de algunos parásitos que se encuentran en los mismos, y que pueden crear entre los trabajadores del sector problemas de sensibilización profesional. Uno de los parásitos más frecuentes encontrados en los pescados y los mariscos es el **anisakis**.

## 12.5. Trabajos agrarios

Los riesgos de origen biológico, a los que se ven expuestos los agricultores con ocasión de su trabajo, podrían ser notablemente disminuidos si se adoptaran las oportunas medidas de prevención. El establecimiento de estas medidas preventivas se ven a menudo dificultadas debido a:

- La contratación estacional de los trabajadores.
- La diversidad de tareas que realiza un mismo trabajador.
- La falta de información derivada de una escasa o nula formación e información.

Un resumen de las enfermedades asociadas al trabajo agrícola se presenta en la Tabla 5.

**Tabla 5.** Trabajos agrícolas. Relación entre vía de entrada, tarea y alteración de la salud

| Vía de entrada | Tarea | Alteración |
|---|---|---|
| **Respiratoria** | Siembra y manipulación de la tierra | Carbunco |
| | | Histoplasmosis |
| | | Leptospirosis |
| | | Psitacosis |
| | | Síndrome pulmonar por hantavirus |
| | Abonado | Fiebre Q |
| | Riego | Carbunco |
| | Recolección, transporte y almacenaje | Aspergilosis (micotoxinas) |
| | | Asma profesional |
| | | Bisinosis (endotoxinas) |
| | | Blastomicosis |
| | | Bronquitis crónica |
| | | Coccidiomicosis |
| | | Criptococosis |
| | | Histoplasmosis |
| | | Neumonitis alérgica |
| | | Nocardiosis |
| | | Rinitis alérgica |
| | | Síndrome tóxico por polvo orgánico (micotoxinas) |
| **Dérmica** | Siembra y manipulación de la tierra | Carbunco |
| | | Dermatitis inducida por artrópodos |
| | | Hidatidosis |
| | | Histoplasmosis |
| | | Tularemia |
| | Abonado | Anquilostomiasis |
| | | Brucelosis |
| | | Criptosporidosis |
| | | Fiebre Q |

| Vía de entrada | Tarea | Alteración |
|---|---|---|
| **Dérmica** | Riego | Esquistosomiasis |
| | | Leptospirosis |
| | | Melioidosis |
| | Recolección, transporte y almacenaje | Adiaspiromicosis |
| | | Dermatitis alérgica por fotocontacto |
| | | Dermatitis inducida por artrópodos |
| | | Dermatosis |
| | | Dedo de tulipán |
| | | Envenenamiento de nicotina |
| | | Histoplasmosis |
| | | Melioidosis |
| | | Miasis |
| **Digestiva** | Siembra y manipulación de la tierra | Toxocariasis |
| | | Toxoplasmosis |
| | | Pasteurelosis |
| | Abonado | Ascariasis |
| | | Cisticercosis |
| | Riego | Problemas gastrointestinales o entéricos diversos |
| | | Fasciolopsiasis |
| | | Hepatitis A |
| | Recolección, transporte y almacenaje | Toxocariasis |
| | | Toxoplasmosis |
| **Parenteral** | Siembra y manipulación de la tierra | Fiebre por arañazo de gato |
| | | Fiebre por mordedura de rata |
| | | Envenenamiento por artrópodos |
| | | Leptospirosis |
| | | Pasteurelosis |
| | | Peste |
| | | Rabia |
| | Abonado | Tétanos |

| Vía de entrada | Tarea | Alteración |
|---|---|---|
| **Parenteral** | Recolección, transporte y almacenaje | Dirofilariasis |
| | | Enfermedad de Lyme |
| | | Envenenamiento por artrópodos |
| | | Erisipeloide |
| | | Fiebre por mordedura de rata |

Fuente: tomado de NTP-771 (INSHT).

A continuación, revisamos brevemente los riesgos biológicos asociados a las principales actividades agrícolas y las medidas preventivas específicas en cada caso.

**1) Siembra y manipulación de tierras**

Los agentes biológicos forman parte fundamental de las tierras de cultivo y son responsables de procesos esenciales para el crecimiento y desarrollo de cualquier planta, como la descomposición de la materia orgánica, la fijación del nitrógeno y de otros minerales. Asimismo, la tierra puede contener otros agentes biológicos, provenientes de heces, orines o aguas residuales. En las tareas al aire libre en el campo, los trabajadores se exponen además al ataque, mordedura o picadura de animales silvestres. Las medidas preventivas a aplicar son:

- Controles periódicos de la calidad de la tierra de cultivo.
- Enterramiento de cadáveres y vísceras de animales silvestres que puedan encontrarse en el campo.
- Evitar el contacto con heces y orines de animales silvestres.
- Extremar la higiene individual y el lavado de las ropas de trabajo.
- Desinfección inmediata en caso de lesiones y vendaje de pequeños cortes y abrasiones en la piel.
- Vacunación cuando sea necesario (tétanos, rabia).
- Control de reservorios de ciertas enfermedades (roedores y otros animales): desratización.
- Limitar o evitar el acceso de animales a los campos de cultivo.
- Estudio de los cadáveres de animales silvestres si fuera necesario.

- Precauciones oportunas en zonas endémicas con riesgo de picaduras de garrapata:
- No aplastarlas sobre la piel.
- Usar bandas ajustadas en tobillos y muñecas con repelente de insectos.
- Uso de equipos de protección individual (EPI), especialmente en caso de presentar algún corte o herida en la piel.
- No beber ni comer o fumar durante la manipulación de la tierra y hasta que no se hayan lavado las manos y los brazos con abundante agua.

**2) Abonado**

La progresiva disminución de los abonos químicos ha hecho adquirir mayor importancia a los abonos orgánicos, cada vez más utilizados en cultivos intensivos. Los más extendidos son los estiércoles y purines de diferentes animales y el compost de residuos orgánicos. Si se utilizan aquellos de manera directa el riesgo de contaminación biológica es mayor que si se emplea el compost, obtenido mediante un proceso biológico aeróbico, en el cual los microorganismos actúan sobre la materia biodegradable (restos de cosecha, excrementos de animales y residuos urbanos), generando un abono excelente. Las medidas de prevención y protección a aplicar son:

- Adecuada gestión del estiércol y purines, en su caso.
- Utilización siempre que sea posible de abonos orgánicos tratados.
- Leer atentamente las instrucciones que facilita el fabricante acerca del uso, almacenaje y manipulación del abono a emplear.
- En caso de fabricar el abono orgánico, realizar el proceso de acuerdo con un procedimiento apropiadamente establecido y utilizando los medios adecuados.
- Control sobre el abono resultante en caso de fabricación.
- Evitar, en la medida de lo posible, la manipulación o contacto directo del abono. Siempre que se pueda, su aplicación se realizará mediante maquinaria.
- Durante la manipulación de los abonos, se utilizarán botas y guantes de goma, así como ropa que no deje descubiertas partes del cuerpo.
- No fumar, beber o comer mientras se realizan tareas de manipulación o aplicación de abonos.

- Al finalizar, el trabajador debe lavarse, o mejor ducharse, con abundante agua.

### 3) Riego

El riesgo del riego de las tierras de cultivo aparece cuando se utilizan aguas residuales o insuficientemente tratadas, lo que formalmente no está autorizado, aunque se hace con frecuencia. Obviamente, las aguas residuales suelen transportar agentes biológicos procedentes de reservorios humanos o animales. En general, estos microorganismos son de origen fecal no patógenos, pero cuando además hay presencia de residuos agrícolas o de producción de alimentos, o dilución con aguas pluviales, su contendido puede variar y los microorganismos pueden producir infecciones. Las medidas de prevención y protección a aplicar son las siguientes:

- Evitar en lo posible la utilización de aguas residuales.
- Tratamiento y desinfección de aguas residuales antes de su utilización.
- Controles periódicos del agua de riego y una adecuada evaluación de los riesgos inherentes que se repetirá periódicamente, ya que el tipo de microorganismos cambia constantemente.
- Nunca beber del agua de riego a no ser que se tenga constancia de que es potable.
- Eliminar o reducir la exposición o contacto con aguas residuales mediante la utilización de guantes, botas impermeables y ropa de protección.
- En caso de riego por aspersión con aguas de origen residual, ausentarse de la zona siempre que sea posible hasta que el riego haya finalizado, o utilizar mascarillas para evitar infecciones por vía respiratoria.

### 4) Recolección, transporte y almacenaje

En estas tareas, además de los riesgos asociados de las tareas al aire libre, son frecuentes los derivados de la exposición a antígenos como el polen, el polvo de grano, el moho o los ácaros de los almacenes, dando lugar, sobre todo, a riesgos de tipo respiratorio y dérmico. Las medidas de prevención y protección son las siguientes:

- Los locales han de construirse de forma que permitan una limpieza rápida y total, un buen mantenimiento y una adecuada ventilación.
- El almacenamiento se producirá en condiciones relativamente secas para prevenir el enmohecimiento (humedad relativa inferior al 70%) y a una temperatura baja.
- Evitar que la humedad del suelo llegue al producto.
- En operaciones de humidificación o rociado, mediante la utilización de humidificadores, solo se utilizará agua con garantía de calidad microbiológica.
- La instalación de aire acondicionado, junto con la planta de humidificación, se mantendrá en perfecto estado de limpieza, evitando que el agua se condense en sus conductos.
- Eliminar y destruir todo residuo infectado que pueda contaminar el producto recién introducido.
- Mediciones del nivel de polvo en los almacenes.
- Control del nivel de endotoxinas y micotoxinas del material almacenado. Control de roedores, garrapatas, ácaros e insectos.
- Mantener el grano limpio. Remover y limpiar el grano.
- Apilado de los sacos adecuadamente para facilitar la limpieza del suelo, la inspección del producto y permitir la ventilación de las pilas de sacos.
- Reparación de las grietas de las paredes y orificios de las puertas y techos que puedan ser fuentes de plagas.
- No mezclar el grano nuevo con el viejo y fumigar el material viejo que haya de mantenerse. Realizar la fumigación por personal especializado.
- Limpieza de las estructuras de almacenamiento, eliminando todo indicio de grano derramado, polvo, etc.; eliminar el polvo del equipo y la maquinaria de manipulación y desinfectar los sacos y cestos, mediante soleamiento y tratamiento químico.
- Adopción de medidas generales de control en la generación de polvo. Trabajar en áreas bien ventiladas y usar ventiladores de extracción si es posible.
- Uso de EPI apropiados durante la recolección: ropa de trabajo que cubra todo el cuerpo, guantes, botas de protección y gorra, para evitar cortes, pinchazos, picaduras, reacciones alérgicas o contactos indeseados.
- Curar y proteger inmediatamente cualquier herida que pudiera producirse.

- Empleo de mascarilla (autofiltrante P3) por parte de las personas que desarrollen su trabajo en zonas de almacenamiento y trasiego de cereales, así como gafas de protección.
- Mantenimiento de una buena higiene personal, lavándose a menudo las manos.

**5) Control biológico de plagas**

El control biológico de plagas consiste en la utilización de agentes biológicos habitualmente modificados genéticamente. Uno de los principales problemas que plantea la utilización de **organismos modificados genéticamente** es que estos se pueden cruzar con organismos naturales superándolos, llevándolos a la extinción y a otros efectos ambientales impredecibles, afectando de manera indirecta a los trabajadores. Es un tema sujeto a un amplio debate actualmente. Las medidas de prevención y protección son:

- Se llevará a cabo siguiendo estrictamente las instrucciones del fabricante para cada preparado.
- Se extremarán las precauciones adoptadas en caso de aplicación en invernaderos.
- Se evitará la presencia de terceras personas en el momento de la aplicación.
- En caso de observar cualquier anomalía en los cultivos sospechosa de ser consecuencia del control biológico de plagas, se comunicará de inmediato a las autoridades competentes.

## 12.6. Pesca

Las patologías más frecuentes causadas por agentes biológicos y otros seres vivos más frecuentemente encontradas entre los pescadores son debidas a diferentes tipos de lesiones cutáneas causadas por infecciones, alergias, mordeduras y algunas por infestación (recordad el caso del anisakis). Las manos son vulnerables a los pinchazos con los alambres de los cabos y a las defensas (dientes, escamas, aletas, etc.) y espinas del pescado. Los riesgos más relevantes suelen aparecer en tres actividades concretas: extracción de capturas del arte, clasificación y selección y procesado.

Algunas de las afecciones más corrientes entre los pescadores son:

- Furúnculo por agua salada
- Prurito o erupción por algas rizadas
- Urticaria por bacalao
- Conjuntivitis del pescador
- Dermatomicosis
- Asma profesional
- Infecciones bacterianas
- Lesiones por picaduras, contactos o mordeduras de animales marinos peligrosos
- Enfermedades transmisibles: el tipo de trabajo, los desplazamientos por todo el mundo, el trabajo en agua dulce o en zonas tropicales puede fomentar el contagio de enfermedades transmisibles; la herramienta preventiva fundamental en este caso es la vacunación.

Como medidas preventivas de carácter general, podemos señalar las siguientes.

- Utilizar siempre los medios de protección personal adecuados en cada caso, evitando en la medida de lo posible que estos generen condiciones de oclusión y exceso de humedad y calor. Utilizar guantes que protejan hasta el codo, botas altas, gafas y casco.
- Evitar introducir las manos en la pila de pescado, emplear rastro y palas.
- Inspeccionar las redes, en la medida de lo posible, para estar seguros del tipo de pescado que se ingresa en cubierta para estar prevenidos en caso de captura accidental o no de especies potencialmente peligrosas.
- Cuando se utilicen herramientas como cuchillos afilados u hojas de corte circular, se emplearán guantes de cota de malla. Siempre que sea posible mecanizar los procesos en que se vean implicados herramientas de corte, especialmente cuando estos sean monótonos y repetitivos como descabezado, eviscerado, etc.
- Formar a la tripulación en cuanto a manutención manual de cargas y mecánica de cargas.
- Instruir acerca de las especies marinas potencialmente peligrosas.

- En los puestos de mayor riesgo como maquinillas y viradores, o en la manipulación de especies peligrosas, mantener solo al personal más experimentado.
- Sustituir los embalajes de madera por otros de plástico sin aristas.
- No desatender las pequeñas heridas producidas por espinas, dientes y aletas del pescado, lavarlas y desinfectarlas.

## 12.7. Ganadería

La brucelosis es la enfermedad de mayor incidencia entre los trabajadores del sector ganadero. Otras enfermedades relevantes son la tuberculosis bovina, la tularemia o la enfermedad de Lyme.

Dado que las distintas cabañas presentan enfermedades específicas con mayor o menor riesgo de transmisión a los humanos (zoonosis), una primera acción preventiva consiste en conocer, controlar y tomar las acciones preventivas específicas para cada caso, incluyendo controles veterinarios periódicos, la vacunación prescrita, el aislamiento en caso de detección o sintomatología, aunque sea débil, el tratamiento o sacrificios de los animales enfermos y la correcta gestión de los cadáveres por incineración o enterramiento en profundidad.

Una segunda fase consiste en actuar sobre el medio de cara a evitar la propagación, eliminando los elementos que pudieran actuar como transmisores, mediante acciones sobre las instalaciones y utensilios de trabajo y aplicando medidas higiénicas generales y específicas, repetidamente citadas.

La tercera fase consiste en el adecuado uso de los equipos de protección personal y la ropa de trabajo, siempre adecuados al nivel de riesgo existente, desde una mascarilla, guantes o gafas hasta ropa de protección tipo buzo.

Finalmente, no debe olvidarse la vacunación, siempre asociada a las zoonosis características de la cabaña de nuestro país.

## 12.8. Trabajos en instalaciones depuradoras de aguas residuales

Las aguas residuales suelen transportar bacterias, virus, hongos y parásitos procedentes de reservorios humanos o animales. En general, estos microorganismos son de origen fecal y no patógeno; pueden vivir de forma natural en el agua y en el suelo, aunque la mayoría están unidos a los materiales en suspensión, lo que explica su concentración en los lodos de decantación. Otros microorganismos pueden estar asociados a la presencia de animales que viven en este entorno (ratas e insectos) o bien asociados a objetos contaminados con fluidos biológicos (jeringas, preservativos, compresas higiénicas, apósitos, etc.).

La concentración de los agentes biológicos en las aguas residuales está en función del reservorio humano o animal, de su dilución en los efluentes y de su supervivencia en el medio. Las aguas residuales de procedencia doméstica tienen una composición relativamente estable. Sin embargo, su contenido puede variar por distintas causas, sobre todo cuando la recogida es en una red única: existencia de residuos agrícolas, de producción de alimentos o dilución con aguas pluviales, entre otras. También, a causa de epidemias (humanas o animales), pueden variar las concentraciones y aumentar temporalmente la contaminación de las aguas residuales por el microorganismo causante.

Por otro lado, las **aguas residuales industriales** presentan los problemas propios de contaminación en función de su actividad. Cuando el efluente industrial sea común con el doméstico, habrá que tenerlo en cuenta de cara a la estimación de las características finales del mismo.

Las aguas residuales constituyen no solo un vector para numerosos microorganismos, sino que además pueden ser un medio de proliferación para muchos de ellos. El riesgo de contaminación biológica dependerá de que el microorganismo esté presente en las aguas residuales en cantidades significativas, de que sobreviva dentro del entorno conservando su poder infeccioso, así como de los diferentes grados de exposición.

El riesgo de infección existe si el trabajador es receptivo y si el microorganismo encuentra una vía de entrada al organismo. Cada uno de estos elementos por sí solo no es suficiente para provocar la infección, pero si coinciden varios de ellos pueden originarla.

La exposición a los agentes biológicos tiene gran importancia en este medio laboral, por lo que, de entrada, deben imponerse medidas de prevención primaria. Han de priorizarse las técnicas que no generen aerosoles y suprimirse, en la medida de lo posible, las operaciones con riesgo. El nivel de exposición depende de la duración y de la frecuencia de las intervenciones, así como de su intensidad, existiendo una dosis umbral que puede provocar una infección. En consecuencia, las medidas a tomar se basarán tanto en el plan individual como colectivo, en el respeto de las reglas de higiene y seguridad. El personal debe estar formado e informado de los peligros de una posible contaminación y de todos los medios que debe utilizar para evitarla.

**Medidas generales de higiene:**

Las medidas de higiene personal, el empleo de ropa de trabajo adecuada y la protección individual deben de ser respetadas. Estará prohibido comer, beber o fumar durante el trabajo, siendo indispensable un lavado de manos a conciencia y un cepillado de las uñas antes de las comidas, así como una ducha después del trabajo. También es fundamental tanto la limpieza como el mantenimiento de los locales y de las instalaciones.

**Medidas de protección:**

Se definirán las reglas de utilización de los equipos de protección individual y, especialmente, los de protección respiratoria, prestando especial atención a la gestión de los mismos. El uso correcto de guantes es indispensable, asegurando su impermeabilidad y evitando que se manche el interior de los mismos. Es necesario usar botas impermeables y adecuadas. La limpieza y la desinfección de las botas, guantes y ropa deben de ser meticulosas.

**La vacunación como herramienta preventiva:**

La vacunación como medida preventiva es totalmente eficaz. Sin embargo, no debe en ningún caso sustituir o restringir la aplicación de medidas no específicas. Se recomiendan, de manera general, la vacunación contra la gripe, el tétanos, la difteria y la poliomielitis y las hepatitis.

## 13. Gestión de residuos

**Residuo** es todo aquel material que el usuario considera destinado al abandono. A partir del mismo momento en que se clasifica como tal, este material pasa a ser una agresión al medio ambiente. Los procesos de gestión de residuos pretenden minimizar al máximo esta agresión.

En todos los procesos de gestión de residuos que contienen materia orgánica existe la posibilidad de riesgos asociados a los agentes biológicos. Vamos a comentar, brevemente, aquellos en los que el riesgo biológico presenta mayor relevancia.

### 13.1. Residuos sólidos urbanos

Las fases de la gestión de residuos (sólidos) urbanos son: recogida, transporte, transferencia, vertederos, incineración y compostaje, que trataremos de forma separada por tratarse de un proceso que utiliza precisamente agentes biológicos para su desarrollo.

Los riesgos asociados a la recogida, transporte, transferencia, vertido e incineración se pueden agrupar, puesto que el origen es equivalente. En general, se trata de contactos dérmicos o por formación de bioaerosoles con sustancias orgánicas que se hallan en distintos niveles de descomposición y que tienen asociada la presencia de distintos agentes biológicos, además de los provenientes de material contaminado biológicamente en origen. Las precauciones a tomar son las generales frente al riesgo biológico, que ya hemos comentado.

### 13.2. Compostaje

Ya hemos comentado brevemente en qué consiste el compostaje, procedimiento acelerado de digestión anaeróbica de materia orgánica con participación activa de microorganismos para obtener el compost utilizado como abono. Los agentes biológicos que se encuentran es este proceso se pueden agrupar en:

- Microorganismos presentes ya en el material a compostar; constituido principalmente por bacterias entéricas.
- Microorganismos que se desarrollan durante el proceso de compostaje; principalmente formado por bacterias, hongos y actinomicetos.
- Endotoxinas, producidas por bacterias Gram negativo.

Se han detectado en plantas de compostaje elevadas concentraciones ambientales, en forma de bioaerosoles, de esporas fúngicas, bacterias Gram-, actinomicetos termófilos y endotoxinas, por lo que la principal vía de exposición es la inhalatoria. También se han descrito casos de sensibilización.

Como medidas de prevención y protección se consideran las habituales frente al riesgo biológico, que ya hemos comentado a lo largo del capítulo. Como medidas específicas de protección frente a la inhalación de bioaerosoles, se recomiendan: guantes impermeables en operaciones que impliquen la manipulación de residuos y operaciones de limpieza, mascarillas autofiltrantes apropiadas contra bioaerosoles (preferentemente de tipo FFP3, mínimo FFP2) y gafas ajustadas (tipo cazoleta).

Las mascarillas autofiltrantes usadas como protección respiratoria frente a aerosoles, que se comentan con más detalle en el punto 14.3 de este capítulo, se identifican con las siglas FFP y se clasifican en tres categorías (1, 2 y 3) según su eficacia en la retención de la materia particulada. En la mayoría de casos, debería usarse la de máxima eficacia, FFP3, pero debido a su elevada pérdida de carga (dificultad en pasar el aire a través de ella y, en consecuencia, para respirar) se utilizan en su lugar las FFP2.

## 13.3. Residuos sanitarios

La gestión de los **residuos sanitarios** está regulada por las comunidades autónomas, y en ella se aplican criterios de minimización, científicos y operativos, aunque también de operabilidad y estéticos. Su correcta gestión disminuye el riesgo para los trabajadores, el público en general y el medio ambiente. Los residuos sanitarios se clasifican en cuatro grupos, que detallamos a continuación.

La eliminación final de los residuos con riesgo biológico suele basarse en su desinfección y posterior eliminación, cuando anteriormente eran incinerados. En este sentido, el espectacular aumento de material desechable o de un solo uso ha representado un incremento exponencial del mismo, con el correspondiente aumento de costes y afectación al medio ambiente.

### 1) Residuos sanitarios asimilables a residuos municipales o de tipo I

Son los que no plantean exigencias especiales en su gestión; incluyen cartón, papel, material de oficinas y despachos, cocinas, bares y comedores, talleres, jardinería y residuos procedentes de pacientes no infecciosos, no incluidos en los grupos II y III.

### 2) Residuos sanitarios no específicos o de tipo II

Son residuos sobre los cuales se han de observar medidas de prevención en su manipulación, recogida, almacenamiento y transporte, únicamente en el ámbito del centro sanitario. Incluyen material de curas, yesos, ropa y material de un solo uso contaminados con sangre, secreciones y/o excreciones.

### 3) Residuos sanitarios específicos o de tipo III

Son residuos sobre los cuales se han de observar medidas de prevención en su manipulación, recogida, almacenamiento, transporte, tratamiento y eliminación, tanto dentro como fuera del centro generador, ya que pueden representar un riesgo para la salud laboral y pública. Se clasifican, en orden decreciente de riesgo de infección, en los tipos siguientes:

- **Residuos sanitarios o infecciosos**: son los capaces de transmitir las enfermedades de la tabla siguiente, de escasa frecuencia entre nuestra población.
- **Agujas y material punzante y cortante**: cualquier objeto punzante o cortante utilizado en la actividad sanitaria, independientemente de su origen. Se trata de agujas, pipetas, hojas de bisturí, portaobjetos, cubreobjetos, capilares y tubos de vidrio. Hasta que no se ha extendido su regulación han sido la fuente más habitual de infección entre el personal sanitario y auxiliar.
- **Cultivos y reservas de agentes infecciosos**: residuos de la actividad analítica o de la experimentación microbiológica, como reservas de agentes infecciosos, cultivos de estos y material que haya estado en contacto con ellos y se considere un residuo: placas **petri**, hemocultivos, extractos líquidos, caldos, instrumental contaminado, etc. Las elevadas concentraciones de agentes infecciosos que se alcanzan en estos residuos no se encuentran en los residuos municipales.
- **Residuos de animales infecciosos**: cadáveres, partes del cuerpo y otros residuos anatómicos, camas de animalarios y otro material contaminado, procedentes de animales que se hayan inoculado con los agentes infecciosos indicados en la lista de la Tabla 6.

- **Vacunas vivas y atenuadas**: restos de estos medicamentos, no incluyéndose materiales de un solo uso con restos del medicamento.

**Tabla 6.** Agentes infecciosos causantes de enfermedades preocupantes

| | |
|---|---|
| Cólera (heces) | Tifus abdominal (heces) |
| Fiebres hemorrágicas causadas por virus (todos) | Lepra |
| Brucelosis (pus) | Ántrax cutáneo (pus) |
| Difteria faríngea (secreciones respiratorias) | Ántrax inhalado (secreciones respiratorias) |
| Difteria cutánea (secreciones de lesiones cutáneas) | Fiebre paratifoidea A, B y C |
| Meningitis, encefalitis (heces) | Peste bubónica (pus) |
| Fiebre Q (secreciones respiratorias) | Peste neumónica (secreciones respiratorias) |
| Muermo | Poliomielitis |
| Tuberculosis activa (secreciones respiratorias) | Disentería bacteriana |
| Hepatitis vírica | Rabia (secreciones respiratorias) |
| Tularemia pulmonar (secreciones respiratorias) | Sida |
| Tularemia cutánea (pus) | |

También se incluyen en este grupo:

- La sangre y hemoderivados en forma líquida u otros líquidos biológicos contenidos en un recipiente. Se trata siempre de líquidos, en ningún caso de materiales manchados o que hayan absorbido estos líquidos, ya que los sistemas municipales de recogida de residuos (camiones, contenedores, bolsas de basura, etc.) no están diseñados para recibir grandes cantidades de líquidos biológicos.
- Los residuos anatómicos humanos que se puedan reconocer como tales (no incluyéndose restos anatómicos con entidad) por criterios de operabilidad, éticos y estéticos.

**4) Residuos sanitarios específicos o de tipo IV**

Son los residuos cuya gestión está sujeta a requerimientos especiales desde el punto de vista higiénico y medioambiental, tanto dentro como fuera del centro generador. Se clasifican en:

- Residuos citostáticos
- Residuos químicos
- Residuos radiactivos
- Restos anatómicos humanos con entidad

Los restos anatómicos humanos con entidad son los únicos importantes desde el punto de vista de la contaminación biológica; se trata de cadáveres y restos humanos con entidad suficiente, procedentes de abortos, mutilaciones u operaciones quirúrgicas. Su gestión se basa en distintas regulaciones autonómicas y estatales y han de eliminarse por inhumación o incineración. Los riesgos asociados a la manipulación de cadáveres se han tratado en el subapartado 12.1.

**5) Gestión de los residuos biosanitarios. Grupos II y III**

Al grupo II va a parar cualquier residuo, procedente de una actividad sanitaria, que haya estado en contacto con fluidos corporales y que no quede incluido en la definición del grupo III. Según la información disponible, entre un 1% y un 5% del total de los residuos biosanitarios han de considerarse del grupo III. Los del grupo II presentan en general un potencial patógeno inferior a los residuos municipales, por lo que, extracentro, no tiene sentido tomar medidas diferentes a las que se toman para la gestión de aquellos. Dentro del centro, sin embargo, son una reserva importante de gérmenes oportunistas que, a través de un vector adecuado, por ejemplo, la superficie corporal del personal sanitario, pueden afectar a los pacientes y trabajadores inmunodeprimidos. Su gestión intracentro debe tratarse como un problema de prevención laboral, extremando las precauciones en el interior del centro. Extracentro, se pueden eliminar como residuos municipales.

- **Recogida e identificación**
  Los recipientes deben ser de estanqueidad total, con opacidad a la vista, resistencia a la rotura, asepsia total en su exterior con ausencia total en su exterior de elementos sólidos, punzantes y cortantes, de un volumen no superior a 70 litros y cierre especial hermético de fácil apertura pero que no pueda abrirse de forma accidental. Un ejemplo de un típico recipiente se presenta en la Figura 4.

**Figura 4.** Recipientes característicos de residuos biopeligrosos

Los residuos cortantes y punzantes (bisturís, agujas, vidrios rotos) han de ser recogidos en recipientes impermeables, rígidos y a prueba de pinchazos que, una vez llenos, tendrán que eliminarse como residuos sanitarios del grupo III. En la Figura 5 se reproducen distintos modelos de embalajes para material punzante y cortante.

**Figura 5.** Recipientes para materiales cortantes y punzantes

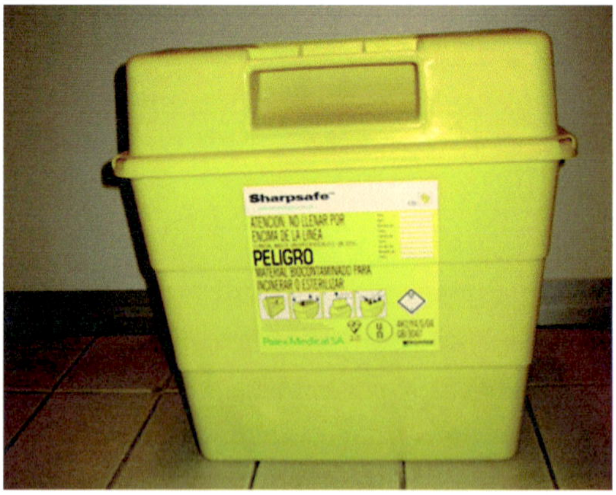

Los residuos correspondientes a muestras de sangre, hemoderivados y otros residuos específicos líquidos, cuando no sean eliminados directamente, serán recogidos en recipientes rígidos impermeables y herméticos.
Solamente requieren identificación externa **residuos de riesgo** las bolsas, recipientes y contenedores destinados a la recogida de residuos del grupo III.

- **Transporte intracentro**
  Deben transportarse al almacén de residuos sanitarios con una periodicidad máxima de 12 horas. Los sistemas de transporte y contenedores han de ser sin rincones, que faciliten el proceso de limpieza, el cual debe realizarse en lugares adecuados con agua a presión y detergentes. Deben evitarse roturas de los contenedores. El personal que transporta los residuos ha de llevar guantes resistentes a los pinchazos por agujas, vidrios y otros materiales, disponer de una ropa exclusiva para este trabajo, tener a su disposición un baño con ducha y ropa limpia y, siempre que en la manipulación se sospeche que pueden producirse aerosoles o salpicaduras, han de emplear equipos de protección individual para ojos y vías respiratorias, preferiblemente, mascarillas autofiltrantes FFP2.

- **Almacenamiento**
  Deben almacenarse un máximo de 72 horas; una semana con refrigeración. El almacén tendrá que estar ventilado, bien iluminado, debidamente señalizado y acondicionado para poder desinfectarlo y limpiarlo; estará situado de tal manera que no pueda afectar a espacios vecinos; tendrá fácil acceso, se encontrará protegido de la intemperie, de las temperaturas elevadas y de los animales y se podrá cerrar, permitiéndose el acceso al mismo al personal autorizado. Las operaciones de carga en los vehículos de transporte se tendrán que realizar en condiciones de seguridad, limpieza y agilidad.

- **Tratamiento y eliminación**
  Los residuos del grupo II se tratarán y eliminarán como residuos asimilables a los municipales (equivalencia a grupo I). Por lo que hace referencia a los del grupo III, su tratamiento debe garantizar la eliminación de los gérmenes patógenos y la protección del medio ambiente. Los líquidos pueden eliminarse (con precaución) por el desagüe conectado a la red de saneamiento del centro sanitario, no siendo necesaria su desinfección previa, con la excep-

ción de los líquidos procedentes de pacientes con infecciones no endémicas en España, los cultivos líquidos de microbiología y los líquidos contenidos en recipientes difíciles de abrir o cuya manipulación entrañe el riesgo de contacto o formación de aerosol, que se deben eliminar como residuo sanitario del grupo III. Los procedimientos de eliminación de los residuos de este grupo son: incineración teniendo en cuenta la legislación vigente, tratamiento por microondas (previo humedecimiento), esterilización en autoclave y eliminación como residuos asimilables a los municipales; los cortantes y punzantes tratados mediante esterilización, preferiblemente en el mismo centro, y después eliminados como residuos asimilables a los municipales.

## 14. Elementos de protección de barrera. EPI

Deben utilizarse rutinariamente los elementos de protección de barrera apropiados cuando deban realizar actividades que impliquen contacto con la sangre o fluidos corporales, procedentes de personas o animales, teniendo en cuenta que dicho contacto puede producirse tanto de forma directa como durante la manipulación de instrumental o de materiales extraídos para fines diagnósticos (muestras). Dentro de los elementos de protección de barrera, podemos distinguir los guantes, los protectores oculares, faciales y respiratorios y la ropa de protección.

### 14.1. Guantes

El uso de guantes, que deberán garantizar la protección frente al riesgo biológico, el pictograma correspondiente se muestra en la Figura 6, será obligatorio en los siguientes casos:

- Cuando el trabajador presente heridas no cicatrizadas o lesiones dérmicas exudativas o rezumantes, cortes, lesiones cutáneas, etc.
- Si maneja sangre, fluidos corporales contaminados con sangre, tejidos, etc.
- Al entrar en contacto con la piel no intacta o mucosas.
- Al manejar objetos, materiales o superficies contaminados con sangre.
- Al realizar procesos invasivos.

**Figura 6.** Pictograma de protección frente al riesgo biológico

El uso de guantes para protegerse del riesgo biológico es cada vez más extenso, lo que no significa que se utilicen adecuadamente. Es muy habitual que el usuario se coloque los guantes y no se los quite a lo largo de las distintas operaciones que realice en su trabajo, unas con riesgo evidente y otras no. Ello genera el riesgo de contaminación cruzada: el guante se contamina y luego es el mismo guante que contamina material inicialmente no contaminado: superficies de trabajo, teclados de ordenador, instrumentos, teléfonos, la propia ropa, etc. El uso de guantes, obviamente extensivo, debe ir acompañado de una política adecuada de uso y deben quitarse y ponerse las veces que sea necesario, aunque ello implique modificaciones en el proceso. Una última consideración es que, una vez usados, se han de quitar correctamente, tal como se expone en la Figura 7, y eliminarse como material contaminado.

**Figura 7.** Procedimiento para quitarse unos guantes contaminados

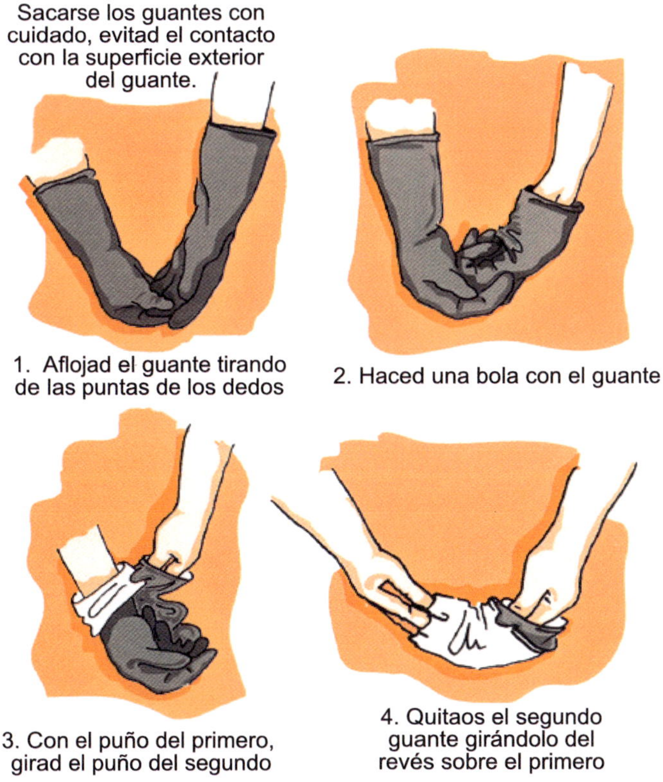

## 14.2. Protección ocular y facial

Se emplearán en aquellos casos en los que, por la índole del procedimiento a realizar, se prevea la producción de salpicaduras de sangre u otros fluidos corporales que afecten las mucosas de ojos, boca o nariz. Pueden utilizarse para este cometido las mascarillas quirúrgicas (ver Figura 8) que no son EPI, las pantallas faciales (ver Figura 9) y una combinación de ambas, esta última utilizada en quirófanos como alternativa a las gafas de seguridad (ver Figura 10).

**Figura 8.** Mascarillas quirúrgicas o higiénicas

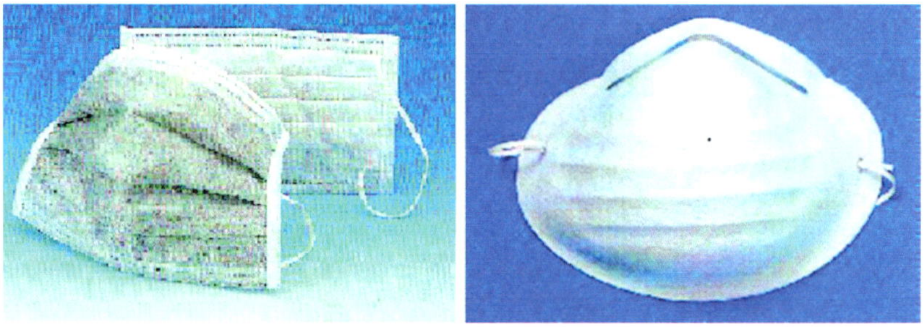

No son EPI.

**Figura 9.** Pantalla facial

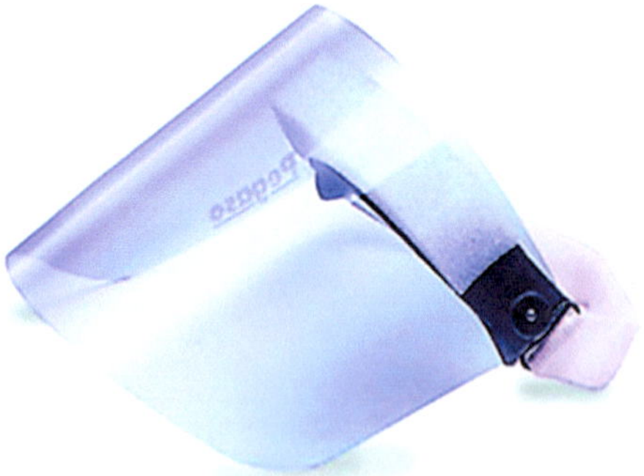

**Figura 10.** Mascarilla quirúrgica con pantalla facial

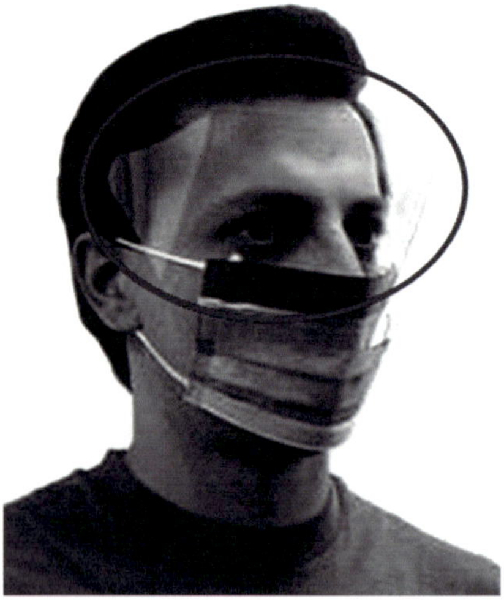

## 14.3. Protección respiratoria

Cuando de la evaluación de riesgos se concluya que es necesaria la utilización de la protección respiratoria frente a bioaerosoles, debe recurrirse a la utilización de mascarillas autofiltrantes, preferiblemente con válvula de exhalación, certificadas y, como mínimo, del tipo FFP2.

Existe un mal uso generalizado de las mascarillas autofiltrantes, que son EPI, destinadas a la protección respiratoria en general, y especialmente frente a bioaerosoles. En primer lugar, no deben confundirse con las destinadas exclusivamente a protegerse de salpicaduras o a proteger la esterilidad de un material, muestra o paciente, llamadas quirúrgicas o higiénicas. En segundo lugar, deben cumplir una condición indispensable: ajustarse absolutamente a la cara de tal manera que, al inspirar, todo el aire atraviese la mascarilla y no queden huecos de ningún tipo que permitan la entrada directa del aire sin ser filtrado, en cuyo caso pierden toda su eficacia.

## 14.4. Batas y ropa de protección

Las batas deben utilizarse en las situaciones en las que pueda darse un contacto con la sangre u otros fluidos orgánicos, que puedan afectar las propias vestimentas del trabajador. Deben llevarse abrochadas, cambiárselas siempre que haya habido (o se sospeche) algún contacto con material, muestras o pacientes con riesgo. Es muy útil el empleo de cubrebatas de un solo uso. Si la ropa está certificada frente al riesgo biológico, llevará el pictograma indicado en la Figura 6.

# 15. Desinfección y esterilización

La **desinfección** es un proceso mediante el cual se eliminan los agentes patógenos reconocidos, pero no necesariamente todas las formas de vida microbianas, mientras que la **esterilización** es el proceso mediante el cual se alcanza la muerte de todas las formas de vida microbianas, incluyendo bacterias y sus esporas, los hongos y sus esporas, y los virus, entendiendo por muerte la pérdida irreversible de la capacidad reproductiva del microorganismo. Se trata de un término absoluto, donde un objeto está estéril o no lo está, sin rangos intermedios.

## 15.1. Desinfección

El empleo de productos químicos permite desinfectar, a temperatura ambiente, los instrumentos y superficies que no resisten el calor seco o la temperatura elevada. Para llevar a cabo una desinfección del tipo que sea, es necesario tener en cuenta:

- La actividad desinfectante del producto
- La concentración adecuada para su aplicación
- El tiempo de contacto
- Las especies y el número de gérmenes que se han de eliminar

El producto desinfectante debe tener un amplio espectro de actividad y una acción rápida e irreversible, presentando la máxima estabilidad posible frente a ciertos agentes físicos, no debiendo deteriorar los objetos que se han de desinfectar ni tener un umbral olfativo alto ni especialmente molesto. Una correcta aplicación de los desinfectantes será, en general, aquella que permita un mayor contacto entre el desinfectante y la superficie a desinfectar. Debe tenerse en cuenta que, por su propia función, destrucción de microorganismos, muchos desinfectantes tienen características de toxicidad importantes para el hombre, por lo que se deberán adoptar las medidas de protección y prevención adecuadas y seguir siempre las instrucciones para su aplicación, contenidas en la etiqueta y en las fichas de seguridad.

La **eficacia de los desinfectantes** está limitada por la presencia de materia orgánica, por lo que el tiempo de aplicación de los mismos disminuirá cuando el instrumental que se deba desinfectar esté limpio. En función de los microorganismos existentes, deben darse las instrucciones de desinfección en las que consten los desinfectantes y las diluciones a las que se deban emplear. Hay que tener en cuenta que las fórmulas de los productos desinfectantes comerciales presentan grandes diferencias, por lo que es esencial seguir las indicaciones del fabricante. En la Tabla 7 se presenta un listado de productos químicos empleados habitualmente como desinfectantes, y en la Tabla 8 su actividad antibacteriana.

**Tabla 7.** Desinfectantes. Características principales

| Desinfectante | Características principales | | | | |
|---|---|---|---|---|---|
| | Conservación > 1 semana | Corrosivo | Irritante cutáneo | Irritante ocular | Irritante respiratorio |
| Alcoholes: etílico e isopropílico | + | | | + | |
| Aldehidos: formaldehído | + | | + | + | + |
| Aldehidos: glutaraldehído | + | | + | + | |
| Halógenos: cloro hipoclorito | | + | + | + | + |
| Halógenos: yodo yodóforos | + | + | + | + | |
| Compuestos fenólicos | + | + | + | + | |
| Compuestos de amonio cuaternario | + | | + | + | |

Otros desinfectantes: agua oxigenada, ácido peracético, glioxal, trialdehídos, ozono.

**Tabla 8.** Actividad antibacteriana de los desinfectantes principales

| Desinfectante | Gram (+) Staphylococcus | Gram (-) Pseu-domonas | Bacterias ácido resistentes Mycobacterium tuberculosis | Virus lipídicos | Virus no lipídicos | Esporas Clos-tridium |
|---|---|---|---|---|---|---|
| Alcoholes (etílico, isopropílico) | Buena | Buena | Buena | Buena | Variables según el virus | Nula |
| Aldehídos: formaldehído | Buena | Buena | Buena | Buena | Buena | Buena |
| Aldehídos: glutaraldehído | Buena | Buena | Moderada | Buena | Buena | Buena |
| Halógenos: cloro hipoclorito | Buena | Buena | Buena | Buena | Buena | Buena |
| Halógenos: yodo yodóforos | Buena | Buena | Buena | Buena | Buena | Moderada Escasa |
| Compuestos fenólicos | Buena | Buena | Moderada | Buena | Variables según el virus | Ligera Nula |
| Compuestos de amonio cuaternario | Buena | Moderada | Nula | Buena | | Nula |

Nota: para eliminar priones, los únicos procedimientos considerados efectivos son: hidróxido sódico 2M (1 hora), no utilizable con objetos de aluminio o hipoclorito sódico 1,65% de cloro libre (2 horas).

## 15.2. Esterilización

La esterilización es el proceso de eliminación de toda forma de vida, incluidas las esporas. Existen diferentes procedimientos.

### 1) Esterilización por calor húmedo bajo presión (autoclave)

Es el método de elección, por ser el más fiable, eficaz y de fácil empleo. Se introduce el material a esterilizar en bolsas adecuadas y cerradas, dejándose durante 20 minutos a 121 °C (para algunos agentes pueden ser necesarias otras condiciones), teniendo la precaución de que la atmósfera del autoclave esté a saturación.

**2) Esterilización por calor seco**

Se utilizan distintos tipos de hornos (Poupinel, Pasteur, microondas), aunque en ciertas circunstancias se recurre al flambeado o incineración de la muestra.

**3) Radiaciones ionizantes**

Basan sus efectos en la capacidad de destrucción celular. La radiación *g* es la más empleada en la esterilización del material sanitario, sobre todo en el ámbito industrial. También se emplean radiaciones *b*, *a* y ultravioleta a 250-260 nm. La instalación de esterilización mediante radiaciones ionizantes ha de cumplir unos requisitos especiales como instalación radiactiva, lo que limita mucho su aplicación.

**4) Esterilización con vapores químicos**

Los agentes gaseosos, tales como el formaldehído o el óxido de etileno, tienen una actividad bactericida y esporicida en el intervalo de 30-80°C. La esterilización, en este caso, se lleva a cabo en esterilizadores diseñados específicamente, que también se llaman autoclaves, y que permiten obtener las condiciones de presión, temperatura y humedad adecuadas. La esterilización por óxido de etileno, sustancia clasificada como cancerígena, solo debe aplicarse a aquel material que no pueda ser esterilizado al vapor. Los autoclaves de óxido de etileno deben ser de estanqueidad contrastada, de doble puerta con extracción localizada y aireación incorporada. Deben ubicarse en áreas aisladas, bien ventiladas y mantenidas a depresión con las adyacentes.

## 16. Medición de agentes biológicos

Recurrir a la medición de los agentes biológicos en aire para su comparación con criterios de valoración suele ser una medida poco frecuente. Igual que ocurre con los contaminantes químicos, también aquí pueden aplicar procedimientos de evaluación simplificada.

Si se trata de medir la presencia de los agentes biológicos en superficies, se toman muestras por contacto; si se trata de líquidos, se usa el líquido directamente y si hay que determinarlos en aire, se procede a la captación del bioaerosol.

Los procedimientos empleados para la captación de bioaerosoles son: la **sedimentación**, empleando placas Petri abiertas que recogen los microorganismos por gravedad, o la **impactación**, consistente en forzar el contacto de un volumen de aire conocido con el medio de cultivo en el que quedarán retenidos. Estas placas, llevadas a las condiciones adecuadas, provocan la formación de colonias y su posterior contaje; el resultado se expresa en UFC/$m^3$, unidades formadoras de colonias por metro cúbico y se habla de microorganismos cultivables. Para aquellos agentes que puedan encontrarse en el aire en forma de esporas, o por ejemplo el polen, se suele emplear la **filtración** usándose diversos materiales filtrantes y se citan como microorganismos contables, dando como resultado su número por metro cúbico. Si la filtración se lleva a cabo en condiciones que garanticen la supervivencia del agente, también se puede proceder a su cultivo posterior.

El segundo paso es la identificación de las especies microbianas captadas, que se inicia con una primera observación macroscópica del aspecto, forma, color, etc. de la colonia. Esta observación va seguida, en el caso de las bacterias, de una tinción de Gram y de la observación microscópica, que permitirá su clasificación en dos grupos, bacterias Gram+ y Gram–; a partir de ahí se utilizan distintas pruebas bioquímicas que van caracterizando la bacteria hasta su completa clasificación en género y especie. La identificación de hongos, tras la observación macroscópica, sigue con la observación microscópica de un corte de la colonia que permitirá identificar la estructura vegetativa del hongo, así como la forma de sus esporas, lo cual conducirá a la identificación del género y la especie.

El tercer paso de la metodología de evaluación, la valoración, no es tan sencillo como en el caso de los contaminantes químicos, ya que la utilización de límites cuantitativos está sometida a discusión. Cuando aparecen especies patógenas, la conclusión es siempre que se trata de una situación de riesgo. Cuando se trata de especies banales, la valoración depende de muchos factores, por lo que difícilmente puede ser concluyente; una solución operativa es tomar muestras del aire próximo al lugar estudiado (por ejemplo, en el exterior más cercano) y hacer una comparación cualitativa y cuantitativa.

# Capítulo IV
# Agentes químicos: evaluación de la exposición

Xavier Guardino Solà

## Introducción

La legislación establece que la evaluación de la exposición por inhalación debe hacerse, con carácter general, por medición de las concentraciones ambientales de dichos agentes químicos. Ello implica un proceso de cierta complejidad técnica que incluye:

- **La estrategia de muestreo**: número de muestras, duración de cada una, ubicación, momento del muestreo, número de trabajadores a muestrear, número de jornadas y periodicidad del muestreo.
- **La toma de muestras**: elección de la instrumentación y parámetros de muestreo adecuados.
- **El análisis químico de las muestras**: su recuperación del soporte, tratamiento y análisis instrumental.
- **El tratamiento de los datos y comparación con los criterios de valoración**: obtener la concentración promedio, sus límites de confianza y cálculo del índice de exposición.
- **Las conclusiones sobre el riesgo por exposición al agente químico**: nivel de riesgo, necesidad de repetir mediciones, propuesta de control periódico, propuestas de corrección.

La misma legislación, al referirse a las mediciones, también indica que no serán necesarias cuando el empresario demuestre claramente por otros medios de evaluación que se ha logrado una adecuada prevención y protección. Por ello, y dada la complejidad y el coste asociado al proceso que acabamos de comentar, procedemos habitualmente a una evaluación de la situación de exposición, jerarquizándola en tres niveles de profundidad:

- **Estimación inicial**: la estimación inicial consiste en recopilar la máxima información acerca de las variables condicionantes de la exposición (peligrosidad intrínseca y condiciones de trabajo), de forma que pueda discriminarse una situación de riesgo aceptable, a juicio del higienista. Este riesgo equivale a una situación de **riesgo leve** considerada como una posibilidad en la legislación. Para no dejar exclusivamente a criterio del higienista la opinión sobre si unas determinadas circunstancias de exposición se podrían clasificar como riesgo leve, desde principios de este siglo han ido proponiéndose distintos procedimientos simplificados de evaluación que hoy en día son extensamente utilizados para este fin.

- **Estudio básico**: el estudio básico puede o no incluir mediciones de la concentración, pero normalmente estas no poseen representatividad estadística. Nos restringimos a la obtención de datos cuantitativos en la situación más desfavorable, cuya aceptabilidad implica también la aceptabilidad del riesgo higiénico, extrapolaciones en el tiempo a partir de mediciones anteriores, mediciones de los parámetros de funcionamiento de los sistemas de control de la exposición y medidas dentro de la jornada sin que se asegure su representatividad.

- **Estudio detallado**: solamente el estudio detallado es el que comprende una evaluación cuantitativa de la exposición con mediciones personales estadísticamente representativas. Es, obviamente, la opción más fiable, pero también la más costosa en tiempo e inversión

En el presente capítulo expondremos el proceso completo de evaluación, siguiendo las directrices establecidas en las distintas guías publicadas sobre la cuestión, pero incluiremos también la descripción de los procedimientos simplificados mencionados conocidos hoy en día con la nomenclatura en inglés de *control banding* (control por bandas).

La legislación básica en higiene industrial es el RD 374/2001 y su correspondiente Guía Técnica del INSHT.

# 1. Modelos simplificados de evaluación: *control banding*

## 1.1. Introducción

Los **modelos simplificados de evaluación del riesgo por exposición a agentes químicos** se utilizan para obtener una estimación inicial del riesgo y pueden permitir discriminar una situación aceptable de una situación no aceptable y, en este segundo caso, además pueden permitir evidenciar situaciones claras de riesgo, para las cuales pueden tomarse medidas preventivas sin necesidad de pasar a evaluar el riesgo de forma más exhaustiva, evitando de esta manera costes innecesarios.

Aunque existen precedentes de aplicación de estos criterios en la operaciones de soldadura en el año 1979, el origen de los sistemas de evaluación simplificada se centra en distintas iniciativas que tuvieron lugar en la década de los años noventa del siglo pasado cuando, en pleno desarrollo de la aplicación del modelo tradicional de la evaluación de la exposición por inhalación, se empezaron a detectar problemas de diferente envergadura en su aplicación: inexistencia o poca fiabilidad de valores límite de exposición, escasa fiabilidad de la estrategia de muestreo, límites de confianza demasiado amplios de los resultados experimentales para la correcta comparación con el valor límite, dificultad en la interpretación de la multiexposición, discusiones formales (y judiciales) sobre cumplimiento/no cumplimiento de un estándar y, sobre todo, costes muy elevados si se querían obtener conclusiones fiables.

Un desarrollo importante de estos métodos tuvo lugar en la industria farmacéutica, ante la inexistencia de valores límites a aplicar a los principios activos y la dificultad de calcularlos, que en principio no parece muy lógica dado el volumen de información disponible de la relación dosis - efecto obtenida en los estudios clínicos necesarios a la puesta en el mercado de una especialidad farmacéutica.

Muchos expertos ponen en cuestión el calificativo de simplificada a este tipo de evaluación, y con razón, ya que con la evolución y ampliación que han ido experimentado estos métodos en los últimos años no les corresponde el calificativo de simples, aunque se les coloque por contraposición al sistema tradicional de estrategia, toma de muestras, análisis y comparación con un valor límite.

Estos modelos (una lista de los más utilizados se aporta en la Tabla 1) constituyen un apoyo para el higienista al permitir combinar las variables determinantes de la exposición de forma sistemática y facilitar la toma de decisiones respecto a la aceptabilidad o no de la exposición. Antes de su actual desarrollo, era el criterio, basado en la experiencia del propio higienista, el que le llevaba en ocasiones a descartar una evaluación detallada, bien por concluir que el riesgo era leve o pequeño, bien porque este era a todas luces elevado y debían tomarse medidas de corrección inmediata.

**Tabla 1.** Modelos actuales de *control banding*

| | |
|---|---|
| **Metodologías existentes de *control banding*** | • COSHH *Essentials Control of Substances Hazardous to Health* (Reino Unido, 1999). |
| | • Regetox (Bélgica, 2003). |
| | • *Targeted Risk Assessment Tools*, ECETOC (UE, 2004). |
| | • *Easy-to-use Workplace Control Scheme for Hazardous Substances* (Alemania, 2004). |
| | • *International Chemical Control Toolkit* (CCTK) (Oficina Internacional del Trabajo, 2006). |
| | • Méthodologie d'Evaluation Simplifiée du Risc Chimique (Francia, 2006). |
| | • Stoffenmanager (Holanda, 2007). |

Dependiendo del modelo simplificado elegido, se analizan una serie de variables, que relacionamos en la Tabla 2, asignándoles índices de valoración.

**Tabla 2.** Variables del *control banding*

| *Control banding* **Variables analizadas** | |
|---|---|
| | • Peligrosidad intrínseca de los agentes químicos |
| | • Frecuencia de la exposición |
| | • Duración de la exposición |
| | • Cantidad de agente químico utilizado o presente |
| | • Características físicas del agente |
| | • Forma de uso |
| | • Tipo de medida de control existente |

La expresión *control banding* se refiere a que, en este tipo de procedimientos, la evaluación nos lleva a un sistema de control higiénico "por bandas de riesgos" que tienen asociadas unas medidas concretas de control. Dada la oposición existente a la denominación de "sistema simplificado", esta expresión es la que se viene imponiendo, aunque sea en su versión en inglés, ya que la traducción literal 'bandas de control' no aporta información útil sobre el procedimiento de que se trata.

La respuesta es una categorización en distintos niveles de riesgo, que determinan si el riesgo es o no aceptable y, en ocasiones, el tipo de medidas preventivas a aplicar. Según el modelo aplicado y su complejidad, también los resultados obtenidos son más o menos completos. En este módulo resumiremos brevemente el modelo COSHH (*Control of Substances Hazardous to Health*) *Essentials* del HSE británico por ser quizás el más utilizado.

## 1.2. El método del COSHH Essentials

Esta metodología, elaborada por el HSE (*Health and Safety Executive*) británico, después de llevar a cabo la evaluación higiénica siguiendo el procedimiento que describimos a continuación, propone la medida de control adecuada a la operación que estamos evaluando. Su aplicación es, en principio, extremadamente sencilla, incluso para los usuarios no técnicos. Los niveles de control que se obtienen, y que remiten a unas fichas de control según el tipo de operación, corresponden a niveles de **riesgo potencial**, puesto que no intervienen las medidas de control existentes como variable de entrada del método.

### 1.2.1. Determinación del nivel de riesgo potencial

En la Figura 1 se muestra el procedimiento para la categorización del riesgo en cuatro niveles de riesgo potencial, según tres variables de la operación a evaluar que indican el nivel de exposición potencial que puede existir.

**Figura 1.** Etapas del modelo

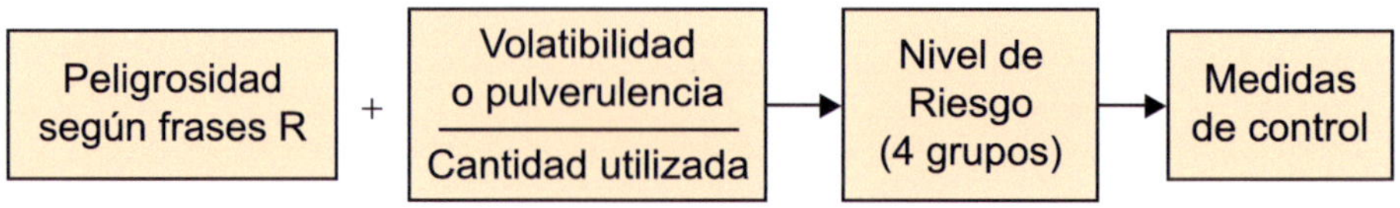


**1) Peligrosidad de la sustancia según las frases R asignadas**

Tal como presentamos en la Tabla 3, la peligrosidad intrínseca de las sustancias se clasifica en cinco categorías, A, B, C, D y E, en función de las frases R asociadas al producto y que constan en la etiqueta y la Ficha de Datos de Seguridad.

**Tabla 3.** Peligrosidad intrínseca de las sustancias

| | Clasificación de agentes químicos peligrosos por inhalación (*) |
|---|---|
| A | R36, R36/38, R38, R65, R67. Cualquier sustancia sin frases R contenidas en los grupos B a E . |
| B | R20, R20/21, R20/21/22, R20/22, R21, R21/22, R22. |
| C | R23, R23/24, R23/24/25, R23/25, R24, R24/25, R25, R34, R35, R36/37, R36/37/38, R37, R37/38, R41, R43, R48/20, R48/20/21, R48/20/21/22, R48/20/22, R48/21, R48/21/22, R48/22. |
| D | R26, R26/27, R26/27/28, R26/28, R27, R27/28, R28, Carc. Cat 3 R40, R48/23, R48/23/24, R48/23/24/25, R48/23/25, R48/24, R48/24/25, R48/25, R60, R61, R62, R63, R64. |
| E | R42, R42/43, R45, R46, R49, Mut. Cat. 3 R68(**) |

(*) El nivel de peligrosidad aumenta de A hasta E.
(**) Antes del año 2002 la frase R40 se asignaba también a los mutágenos de tercera categoría. Sería posible, pues, disponer de un producto así etiquetado si fue comprado antes de tal fecha. En cualquier caso, el nivel de peligrosidad que corresponde a un mutágeno de tercera categoría [antigua] es el E.
Fuente: INSHT, NTP- 7S0.

Dadas las fechas de implantación de estos métodos, previas a la aparición de la nueva reglamentación europea (REACH-CLP) sobre sustancias químicas que sustituyen las tradicionales frases R de riesgo por frases H de peligro (*hazard*), estos métodos se basan aún en la frases R, aunque en algunas versiones o bien ya se han sustituido directamente las frases R por sus equivalentes (cuando las haya) H, o bien incluyen la tabla de equivalencias entre ambas para usarlas cuando la información sobre la peligrosidad del producto ya es con el nuevo formato. Ved la equivalencia entre las frases R y las H en la Tabla 4.

**Tabla 4.** Equivalencia entre frases R y H

| | | |
|---|---|---|
| **R1** | Explosivo en estado seco. | EUH001 |
| **R2** | Riesgo de explosión por choque, fricción, fuego u otras fuentes de ignición. | *NHCP* |
| **R3** | Alto riesgo de explosión por choque, fricción, fuego u otras fuentes de ignición. | *NHCP* |
| **R4** | Forma compuestos metálicos explosivos muy sensibles. | *NATC* |
| **R5** | Peligro de explosión en caso de calentamiento. | *NATC* |
| **R6** | Peligro de explosión, en contacto o sin contacto con el aire. | EUH006 |
| **R7** | Puede provocar incendios. | H242 |
| **R8** | Peligro de fuego en contacto con materias combustibles (gas). | H270 |
| **R9** | Peligro de explosión al mezclar con materias combustibles. | H271 |
| **R10** | Inflamable. | *NHCP* |
| **R11** | Fácilmente inflamable. | *NHCP* |
| **R12** | Extremadamente inflamable (gas). | *NHCP* |
| **R13** | Extremadamente inflamable (líquido). | H224 - H242 |
| **R14** | Reacciona violentamente con el agua. | EUH014 |
| **R15** | Reacciona con el agua liberando gases extremadamente inflamables. | *NHCP* |
| **R16** | Puede explosionar en mezcla con sustancias comburentes. | *NATC* |
| **R17** | Se inflama espontáneamente en contacto con el aire. | H2S0 |
| **R18** | Al usarlo pueden formarse mezclas aire-vapor explosivas/inflamables. | EUH018 |
| **R19** | Puede formar peróxidos explosivos. | EUH019 |
| **R20** | Nocivo por inhalación. | H332 |
| **R21** | Nocivo en contacto con la piel. | H312 |
| **R22** | Nocivo por ingestión. | H302 |

| | | |
|---|---|---|
| **R23** | Tóxico por inhalación. | H331 |
| **R24** | Tóxico en contacto con la piel. | H311 |
| **R25** | Tóxico por ingestión. | H301 |
| **R26** | Muy tóxico por inhalación. | H330 |
| **R27** | Muy tóxico en contacto con la piel. | H310 |
| **R28** | Muy tóxico por ingestión. | H300 |
| **R29** | En contacto con agua libera gases tóxicos. | EUH029 |
| **R30** | Puede inflamarse fácilmente al usarlo. | *NATC* |
| **R31** | En contacto con ácidos libera gases tóxicos. | EUH031 |
| **R32** | En contacto con ácidos libera gases muy tóxicos. | EUH032 |
| **R33** | Peligro de efectos acumulativos. | H373 |
| **R34** | Provoca quemaduras. | H314 |
| **R35** | Provoca quemaduras graves. | H314 |
| **R36** | Irrita los ojos. | H319 |
| **R37** | Irrita las vías respiratorias. | H33S |
| **R38** | Irrita la piel. | H31S |
| **R39** | Peligro de efectos irreversibles muy graves. | *Ver combinación* |
| **R40** | Posibles efectos cancerígenos. | H3S1 |
| **R41** | Riesgo de lesiones oculares graves. | H318 |
| **R42** | Posibilidad de sensibilización por inhalación. | H334 |
| **R43** | Posibilidad de sensibilización en contacto con la piel. | H317 |
| **R44** | Riesgo de explosión al calentarlo en ambiente confinado. | EUH044 |
| **R45** | Puede causar cáncer. | H3S0 |
| **R46** | Puede causar alteraciones genéticas hereditarias. | H340 |

| | | |
|---|---|---|
| **R48** | Riesgo de efectos graves para la salud en caso de exposición prolongada. | *Ver combinación* |
| **R49** | Puede causar cáncer por inhalación. | H3S0i |
| **R50** | Muy tóxico para los organismos acuáticos. | H400 |
| **R51** | Tóxico para los organismos acuáticos. | *Ver combinación* |
| **R52** | Nocivo para los organismos acuáticos. | *Ver combinación* |
| **R53** | Puede provocar a largo plazo efectos negativos en el medio ambiente acuático. | H413 |
| **R54** | Tóxico para la flora. | *NATC* |
| **R55** | Tóxico para la fauna. | *NATC* |
| **R56** | Tóxico para los organismos del suelo. | *NATC* |
| **R57** | Tóxico para las abejas. | *NATC* |
| **R58** | Puede provocar a largo plazo efectos negativos en el medio ambiente. | *NATC* |
| **R59** | Peligroso para la capa de ozono. | EUH059 |
| **R60** | Puede perjudicar la fertilidad. | H360F |
| **R61** | Riesgo durante el embarazo de efectos adversos para el feto. | H360D |
| **R62** | Posible riesgo de perjudicar la fertilidad. | H360Df |
| **R63** | Posible riesgo durante el embarazo de efectos adversos para el feto. | H361d |
| **R64** | Puede perjudicar a los niños alimentados con leche materna. | H362 |
| **R65** | Nocivo. Si se ingiere puede causar daño pulmonar. | H304 |
| **R66** | La exposición repetida puede provocar sequedad o formación de grietas en la piel. | EUH066 |
| **R67** | La inhalación de vapores puede provocar somnolencia y vértigo. | H336 |
| **R68** | Posibilidad de efectos irreversibles. | *Ver combinación* |
| **R39/23** | Peligro de efectos irreversibles muy graves y tóxico por inhalación. | H370 |
| **R39/24** | Peligro de efectos irreversibles muy graves y tóxico en contacto con la piel. | H370 |

| | | |
|---|---|---|
| **R39/25** | Peligro de efectos irreversibles muy graves y tóxico por ingestión. | H370 |
| **R39/26** | Peligro de efectos irreversibles muy graves y muy tóxico por inhalación. | H370 |
| **R39/27** | Peligro de efectos irreversibles muy graves y muy tóxico en contacto con la piel. | H370 |
| **R39/28** | Peligro de efectos irreversibles muy graves y muy tóxico por ingestión. | H370 |
| **R39/41** | Peligro de efectos irreversibles muy graves y riesgo de lesiones oculares graves. | EUH070 |
| **R48/20** | Riesgo de efectos graves para la salud en caso de exposición prolongada y nocivo por inhalación. | H373 |
| **R48/21** | Riesgo de efectos graves para la salud en caso de exposición prolongada y nocivo en contacto con la piel. | H373 |
| **R48/22** | Riesgo de efectos graves para la salud en caso de exposición prolongada y nocivo por ingestión. | H373 |
| **R48/23** | Riesgo de efectos graves para la salud en caso de exposición prolongada y tóxico por inhalación. | H372 |
| **R48/24** | Riesgo de efectos graves para la salud en caso de exposición prolongada y tóxico en contacto con la piel. | H372 |
| **R48/25** | Riesgo de efectos graves para la salud en caso de exposición prolongada y tóxico por ingestión. | H372 |
| **R50/53** | Muy tóxico para los organismos acuáticos y puede provocar a largo plazo efectos negativos en el medio ambiente acuático. | H400 H410 |
| **R51/53** | Tóxico para los organismos acuáticos y puede provocar a largo plazo efectos negativos en el medio ambiente acuático. | H411 |
| **R52/53** | Nocivo para los organismos acuáticos y puede provocar a largo plazo efectos negativos en el medio ambiente acuático. | H412 |
| **R60/61** | Puede perjudicar la fertilidad y riesgo durante el embarazo de efectos adversos para el feto. | H360FD |
| **R60/63** | Puede perjudicar la fertilidad y posible riesgo durante el embarazo de efectos adversos para el feto. | H360Fd |
| **R61/62** | Riesgo durante el embarazo de efectos adversos para el feto y posible riesgo de perjudicar la fertilidad. | H360Df |
| **R68/20** | Posibilidad de efectos irreversibles y nocivo por inhalación. | H371 |
| **R68/21** | Posibilidad de efectos irreversibles y nocivo en contacto con la piel. | H371 |
| **R68/22** | Posibilidad de efectos irreversibles y nocivo por ingestión. | H371 |

*NHCP*: no hay correspondencia posible.
*NATC*: no aparece en la tabla de correspondencias.

### 2) Volatilidad o pulverulencia

La tendencia a pasar al ambiente de las sustancias se mide, en el caso de líquidos (ver Figura 2), por la combinación entre su volatilidad y la temperatura de trabajo (a los agentes en forma de gas se les asigna obviamente volatilidad alta) y, en el de sólidos, por su tendencia a formar polvo (ver Tabla 5).

**Figura 2.** Capacidad de pasar al ambiente de un agente volátil

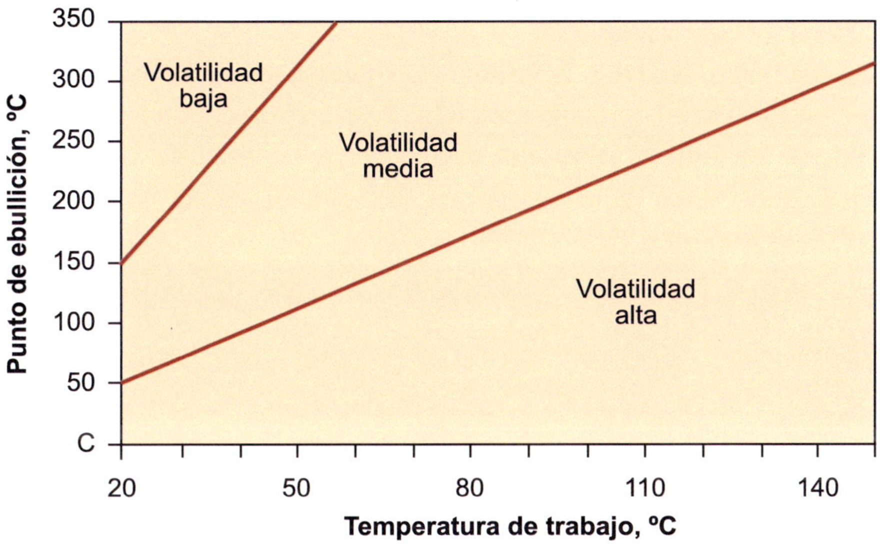


**Tabla 5.** Pulverulencia de un agente sólido

| Baja | Media | Alta |
|---|---|---|
| Sustancias en forma de granza (pellets) que no tienen tendencia a romperse. No se aprecia polvo durante su manipulación.<br>**Ejemplos:** granza de PVC, escamas, pepitas, etc. | Sólidos granulares o cristalinos. Se produce polvo durante su manipulación, que se deposita rápidamente, pudiéndose observar sobre las superficies adyacentes.<br>**Ejemplo:** polvo de detergente | Polvos finos y de baja densidad. Al usarlos se observan nubes de polvo que permanecen en suspensión varios minutos.<br>**Ejemplos:** cemento, negro de humo, yeso, etc. |

Fuente: INSHT, NTP-750.

### 3) Cantidad utilizada

La cantidad de sustancia empleada se clasifica cualitativamente en pequeña, mediana o grande según lo indicado en la Tabla 6.

**Tabla 6.** Clasificación según la cantidad utilizada

| Cantidad de sustancia | Cantidad empleada por operación |
|---|---|
| Pequeña | Gramos o mililitros |
| Mediana | Kilogramos o litros |
| Grande | Toneladas o metros cúbicos |

Fuente: INSHT, NTP-750.

### 4) Nivel de riesgo potencial

Una vez hemos recogido la información sobre las tres variables descritas, la Tabla 7 indica el nivel de riesgo potencial. Se han considerado cuatro niveles, a cada uno de los cuales corresponde una estrategia preventiva.

**Tabla 7.** Determinación el nivel de riesgo

| Grado de peligrosidad | Volatilidad / pulverulencia | | | | |
|---|---|---|---|---|---|
| | Cantidad usada | Baja volatilidad o pulverulencia | Media volatilidad | Media pulverulencia | Alta volatilidad o pulverulencia |
| A | Pequeña | 1 | 1 | 1 | 1 |
| | Mediana | 1 | 1 | 1 | 2 |
| | Grande | 1 | 1 | 2 | 2 |
| B | Pequeña | 1 | 1 | 1 | 1 |
| | Mediana | 1 | 2 | 2 | 2 |
| | Grande | 1 | 2 | 3 | 3 |
| C | Pequeña | 1 | 2 | 1 | 2 |
| | Mediana | 2 | 3 | 3 | 3 |
| | Grande | 2 | 4 | 4 | 4 |
| D | Pequeña | 2 | 3 | 2 | 3 |
| | Mediana | 3 | 4 | 4 | 4 |
| | Grande | 3 | 4 | 4 | 4 |
| E | En todas las situaciones con sustancias de este grado de peligrosidad, se considerará que el nivel de riesgo es 4. | | | | |

Fuente: INSHT, NTP-750.

### 1.2.2. Acciones correctoras

Las acciones a tomar después de categorizar el riesgo se ajustan en función del nivel obtenido.

**1) Nivel de riesgo 1**

Este nivel de riesgo correspondería al **riesgo leve** de la legislación. De la Tabla 7 deducimos que, cuando la cantidad de agente químico utilizada o manipulada es baja, el riesgo siempre es leve para agentes del **nivel de peligrosidad A y B**, y para agentes de **nivel de peligrosidad** C, lo es cuando estos manifiestan poca tendencia a pasar al ambiente. Nunca nos encontramos en una situación de riesgo leve con agentes de nivel de peligrosidad D o E. El control de la exposición lo obtendríamos, normalmente, con **ventilación general**.

La legislación permite obviar la mayoría de medidas de control si se constata que "el riesgo (es) leve por la (pequeña) cantidad de agente presente en el lugar de trabajo". Aunque es una definición poco concreta (el término "cantidad" es obviamente relativo), los sistemas de evaluación simplificada permiten la cuantificación de este término, lo que a su vez permite llegar de una manera más técnica a la situación de "riesgo leve por cantidad".

**2) Nivel de riesgo 2**

En las situaciones de este tipo habrá que recurrir a medidas específicas de prevención para el control del riesgo. El tipo de instalación más habitual para controlar la exposición a agentes químicos es la **extracción localizada**, que requiere ya un cierto nivel de especialización para su diseño, construcción e instalación.

**3) Nivel de riesgo 3**

En las situaciones de este tipo habrá que acudir al empleo de **confinamiento** o de **sistemas cerrados** mediante los cuales no exista la posibilidad de que la sustancia química pase a la atmósfera durante las operaciones ordinarias.

**4) Nivel de riesgo 4**

Se llega a situaciones de este tipo cuando, o bien se utilizan sustancias extremadamente tóxicas o bien se emplean sustancias de toxicidad moderada en grandes cantidades y estas pueden ser fácilmente liberadas a la atmósfera. Hay que determinar si se emplean sustancias cancerígenas y/o mutágenas, lo que implica la aplicación de la legislación específica establecida para este tipo de sustancias. En este nivel es imprescindible adoptar medidas específicamente diseñadas para el proceso específico; se requiere la evaluación cuantitativa de la exposición, extremar la frecuencia de la verificación periódica de la eficacia de las instalaciones de control.

### 1.3. Recomendaciones para el uso del *control banding*

En la Tabla 8 se presenta una lista de situaciones en las que la experiencia indica que la aplicación de las técnicas de ***control banding*** es adecuada.

**Tabla 8.** Aplicación del *control banding*

- Cuando no está establecido valor límite de exposición
- En apoyo de la evaluación inicial de riesgos
- Cuando se trata con muchas sustancias en cantidades poco importantes
- Para la determinación del riesgo leve
- Como apoyo documental cuando, a criterio del higienista, la situación es aceptable
- En fase de diseño de la instalación

## 2. Evaluación de la exposición a agentes químicos

### 2.1. Criterios de valoración

Para abordar la evaluación de riesgos higiénicos mediante el procedimiento tradicional, debemos disponer de valores de referencia para, una vez planeadas las mediciones y completada la toma de muestras, comparar la exposición medida con la de referencia reflejada por el criterio de valoración. En España, en consonancia con la nomenclatura de la UE, los criterios de valoración formalmente empleados se denominan LEP: límites de exposición profesional (por OEL: **occupational exposure limits**) y dan valores de referencia ambientales (VLA: valores límite ambientales) y biológicos (VLB: valores límite biológicos).

Los VLA son concentraciones de referencia de agentes químicos en aire que se utilizan para la valoración del riesgo higiénico por exposición respiratoria, mientras que los VLB son valores de referencia para los indicadores biológicos asociados a la exposición global a los agentes químicos; representan los niveles más probables de los indicadores biológicos en trabajadores sanos sometidos a una exposición global a agentes químicos equivalente, en términos de dosis absorbida, a una exposición exclusivamente por inhalación, del orden del valor límite ambiental de exposición diaria (VLA-ED) que trataremos con detalle más adelante.

Los VLA sirven para medir el riesgo higiénico por inhalación. Si suponemos que se han medido dióxido de carbono ($CO_2$), monóxido de carbono (CO) y dicloruro de carbonilo (fosgeno, $Cl_2CO$), y en todos los casos se ha obtenido en una concentración ambiental de 25 ppm; ante la pregunta: ¿significa que, para un mismo tiempo de exposición, el riesgo higiénico es el mismo? Nuestra respuesta debería ser NO porque:

- 25 ppm de dióxido de carbono: es imposible (mínimo en aire: 350 ppm).
- 25 ppm de monóxido de carbono: es el VLA.
- 25 ppm de dicloruro de carbonilo: es una concentración mortal (VLA: 0,02 ppm).

Sin los VLA no sería posible opinar sobre la peligrosidad o no de unas concentraciones de contaminantes medidas en aire y, en consecuencia, sobre la gravedad de la exposición.

### 2.1.1. Establecimiento de los valores límite ambientales

Los VLA se establecen teniendo en cuenta la información disponible, procedente de estudios de experimentación animal y humana, de estudios epidemiológicos, de analogías físico-químicas de los agentes químicos y de la experiencia industrial.

El diseño y la aplicación de un criterio de valoración implica la respuesta a dos cuestiones básicas relacionadas entre sí: ¿qué efecto máximo sobre la salud se establece como "admisible"? y ¿qué porcentaje de la teórica población expuesta se está protegiendo realmente al establecer un valor límite, teniendo en cuenta los diferentes efectos que para distintas personas provoca una misma exposición a un contaminante?

Las relaciones **dosis-efecto** y **dosis-respuesta** son una forma de cuantificar los efectos de los agentes químicos en el organismo y la base teórica para el establecimiento de los criterios de valoración.

Por ejemplo, para el tolueno se podría definir **efecto máximo permisible (EMP)** como aquel en el que "la concentración de ácido hipúrico en orina no supere el valor 1.6 g/g creatinina", y, a continuación, fijar la magnitud de la dosis de exposición a tolueno para lograr que la mayoría de las personas expuestas, partiendo de un patrón temporal de exposición de 8 h/día y 40 h/semana (por ejemplo, el 95%), no alcancen ese límite. Ese sería el valor de la dosis permisible.

Debemos admitir que la fijación del EMP y el % de población expuesta son manifiestamente discutibles. Esta forma de expresar un criterio de valoración presenta dos inconvenientes: la dificultad de uso y la gran cantidad de información epidemiológica y toxicóloga que se necesita para su definición.

La necesidad de definir criterios de valoración que sean operativos ha llevado a simplificar el problema y definirlos de forma que se alcance un compromiso entre la utilidad y el rigor científico, aunque siempre manteniendo el objetivo de protección de la salud de los trabajadores expuestos.

Cuando un agente se puede absorber por vía cutánea por la manipulación directa del mismo, o bien a través del contacto indirecto con superficies, aparatos, herramientas o ropas contaminadas, y esta aportación puede resultar significativa para la dosis absorbida por el trabajador, el agente en cuestión aparece señalizado en las listas de valores límite con la notación "vía dérmica" o similar. Esta llamada advierte de que la medición de la concentración ambiental puede no ser suficiente para cuantificar la exposición global y, además, sugiere la necesidad de adoptar medidas para evitar la absorción cutánea.

Antes de abordar los VLA vigentes en la UE, vale la pena recordar brevemente la situación en Estados Unidos, cuna de la fijación de estos valores y donde hay tres instituciones que publican listas de valores límite para contaminantes químicos: OSHA (*Occupational Safety and Health Administration*), NIOSH (*National Institute for Occupational Safety and Health*) y ACGIH (*American Conference of Governmental Industrial Hygienists*). Los valores PEL (*permisive exposure limits*) propuestos por la OSHA son los únicos que tienen validez reglamentaria. Los valores REL (*recommended exposure limits*) propuestos por NIOSH y los valores TLV (*threshold limit values*) de la ACGIH solo tienen carácter de recomendación. Sin embargo, estos últimos, que se vienen publicando periódicamente desde 1940, son considerados una referencia en todo el mundo y muchos países los adoptan como propios.

### 2.1.2. Valores límite ambientales en la UE

En la UE existen dos tipos de límites de exposición profesionales (LEP): los **vinculantes**, cuyo cumplimento se considera obligatorio por estar fijado en una directiva específica, como, por ejemplo, el plomo, el benceno, el amianto o el polvo de maderas duras; y los **indicativos**, que se fijan asimismo mediante directivas que los incluyen en un listado y que los Estados miembros tienen que considerarlos al fijar los valores nacionales. Dentro de los VLA, se consideran dos tipos los VLA-ED y VLA-EC que definiremos al tratar los LEP en España.

El origen de la fijación de estos valores es el documento con "criterios para el establecimiento de valores límite" (*criteria document*) que genera el SCOEL (*Scientific Committee for Occupational Exposure Limits*) y que se basa en criterios estrictamente científicos. Posteriormente, el Comité para el Progreso Técnico de expertos gubernamentales y representantes de los Estados miembros, establece los valores límite **indicativos** de exposición profesional, ya comentados, teniendo en cuenta otras consideraciones más allá de las de base científica: posibilidad tecnológica, coste de su aplicación y población afectada, entre otros.

### 2.1.3. Valores límite ambientales en España

En España, la Comisión Nacional de Seguridad y Salud en el Trabajo recomienda la aplicación, en los lugares de trabajo, de los límites de exposición indicados en un documento que desde 1999 el INSHT publica y actualiza cada año y que contiene una lista de valores límite ambientales VLA-ED y VLA-CE, así como los correspondientes VLB.

Los VLA son valores de referencia para las concentraciones de los agentes químicos en el aire, y representan condiciones a las cuales **se cree**, basándose en los **conocimientos actuales**, que la **mayoría** de los trabajadores pueden estar expuestos día tras día, durante toda su vida laboral, sin sufrir efectos adversos para su salud.

La definición de los VLA, aunque de carácter universal, no es aplicable a las sustancias de efectos estocásticos, ya que los conocimientos científicos actuales no permiten identificar niveles de exposición por debajo de los cuales no exista riesgo de que los agentes mutágenos y la mayoría de los cancerígenos produzcan sus efectos característicos sobre la salud. No obstante, se admite que la relación **exposición-probabilidad del efecto** permite deducir que cuanto más baja sea la exposición a estos agentes menor será el riesgo.

En estos casos, mantener la exposición por debajo de un valor máximo determinado no permitirá evitar completamente el riesgo, aunque sí podrá limitarlo. Por esta razón, los **límites de exposición** adoptados para algunas de estas sustancias (una mayoría no dispone de ellos) **no son una referencia para garantizar la protección de la salud, sino unas referencias máximas para la adopción de las medidas de** protección necesarias y el control del ambiente de los puestos de trabajo.

A nivel de VLA podemos encontrar las siguientes posibilidades:

**1) Valor límite ambiental - exposición diaria (VLA-ED)**

Es el valor de referencia para la exposición diaria, entendiendo esta como la concentración media del agente químico en la zona de respiración del trabajador medida o calculada de forma ponderada con respecto al tiempo, para la jornada laboral real, y referida a una jornada estándar de 8 horas diarias. El valor de la concentración puede expresarse matemáticamente como:

$$ED = \frac{\sum c_i \cdot t_i}{8} \qquad (1)$$

siendo:

$ED$ la concentración media diaria.

$c_i$ el valor de la concentración $i$-ésima del contaminante.

$t_i$ el tiempo de exposición diario, en horas, asociado a cada valor $c_i$.

A efectos del cálculo de la ED de cualquier jornada laboral, la suma de los tiempos de exposición que se han de considerar en el numerador de la fórmula anterior será igual a la duración real de la jornada en cuestión expresada en horas. En general, el VLA-ED de cualquier agente químico no debe ser superado por la ED a dicho agente en **ninguna** jornada laboral. En casos justificados es posible una valoración de base semanal en vez de diaria; para ello, es preciso que se cumplan dos condiciones:

**a)** Que se trate de un agente de periodo de inducción largo, es decir, capaz de producir efectos adversos solo tras exposiciones repetidas a lo largo de meses o años.

**b)** Que existan variaciones sistemáticas entre las ED de las diferentes jornadas semanales motivadas por distintas situaciones de exposición.

La exposición semanal se calcula con la fórmula:

$$ES = \frac{\sum ED_i}{5} \qquad (2)$$

siendo:

*ES* la concentración media semanal.

$ED_i$ el valor de la concentración media en cada día de la semana.

**2) Valor límite ambiental - exposición de corta duración (VLA-EC)**

Es el valor de referencia para la exposición de corta duración, entendiendo esta como la concentración media del agente químico en la zona de respiración del trabajador, medida o calculada para cualquier periodo de 15 minutos a lo largo de la jornada laboral, excepto para aquellos agentes químicos para los que se especifique un periodo de referencia inferior. En realidad, se trata de valores no sobrepasables en ningún momento de la jornada, pero que para poderlos aplicar con procedimientos de toma de muestras y análisis, se fija el tiempo considerado mínimo para una toma de muestras representativa, que son los 15 minutos. Lo habitual es determinar las **EC** de interés, es decir, las del período o períodos de máxima exposición, tomando muestras de 15 minutos de duración en cada uno de ellos. De esta forma, las concentraciones muestrales obtenidas coincidirán con las **EC** buscadas. El valor de esta concentración puede expresarse matemáticamente como:

$$EC = \frac{\sum c_i \cdot t_i}{15} \qquad (3)$$

siendo:

*EC* la concentración de corta duración.

$c_i$ el valor de la concentración *i*-ésima del contaminante.

$t_i$ el tiempo de exposición, en minutos, asociado a cada valor $c_i$.

A efectos del cálculo de la EC, la suma de los tiempos de exposición que se han de considerar en el numerador de la fórmula anterior expresados en minutos será igual a 15.

**3) Asignación de valores VLA-ED y VLA-EC**

Hay sustancias que tienen asignados valores VLA-ED y VLA-EC y otras que solamente tienen uno de ellos. Se asignan ambos tipos de valores a aquellos agentes químicos que tienen efectos agudos reconocidos, pero cuyos principales efectos tóxicos son de naturaleza crónica; en este caso, el valor EC constituye un complemento del ED y, por tanto, la exposición a estos agentes habrá de valorarse en relación con ambos límites, es decir, comprobándolos los dos. Los agentes químicos de efectos principalmente agudos como, por ejemplo, los gases irritantes, tienen asignado solamente un valor EC.

**4) Límites de desviación**

Para los agentes químicos que tienen asignado un VLA-ED pero no un VLA-EC, se establece el producto 3×VLA-ED como el valor que no debe ser sobrepasado durante más de 30 minutos a lo largo de la jornada de trabajo, y el valor 5×VLA-ED que no deberá ser sobrepasado en ningún momento. Una interpretación gráfica de esta limitación se presenta en la Figura 3.

**Figura 3.** Límites de desviación

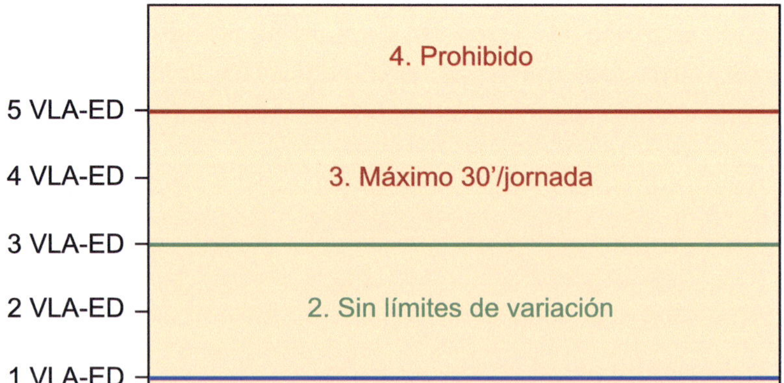

**Ejemplo 1**

La necesidad de disponer de límites de desviación se puede demostrar con el siguiente cálculo: supongamos una sustancia con un VLA-ED de 100 ppm. Atendiendo al sistema de cálculo de ED expuesto en el punto 1.3.1, ecuación (1), obtendríamos la misma dosis diaria en todos los casos de exposición siguientes:

| | |
|---|---|
| 100 ppm | durante 8 h |
| 200 ppm | durante 4 h |
| 400 ppm | durante 2 h |
| 800 ppm | durante 1 h |
| 1.600 ppm | durante 0,5 h |
| 3.200 ppm | durante 0,25 h |

Ello podría llevar a "permitir" concentraciones muy elevadas aun con tiempos de exposición cortos, que en muchos casos serían muy peligrosas para la salud.

**5) Efectos combinados de los agentes químicos**

Los **VLA** se establecen para agentes químicos específicos y no para las mezclas de estos. Cuando están presentes en el ambiente varios agentes que ejercen la **misma acción** sobre los **mismos órganos** o **sistemas**, el efecto combinado debe ser considerado como **aditivo**, salvo que se disponga de información que indique que los efectos son sinérgicos o bien independientes. El cálculo es aplicable, tanto a la comparación de ED con VLA-ED, como a la de EC con VLA-EC.

Una exposición a una niebla (aerosol líquido) compuesta de una mezcla de ácido nítrico, ácido sulfúrico y ácido clorhídrico, todos ellos (además de otros efectos) irritantes de las vías respiratorias, debe valorarse de manera conjunta, ya que tienen el mismo efecto en el mismo órgano. El mecanismo de cálculo consiste en obtener los ED o EC para cada uno de ellos, compararlos con los VLA correspondientes y sumar los resultados (% EMP o I) obtenidos.

**6) Expresión de las concentraciones ambientales**

El valor límite para los **gases y vapores** se establece originalmente en $ml/m^3$ (ppm), valor independiente de las variables de temperatura y presión atmosférica, pudiendo también expresarse en $mg/m^3$ para una temperatura de 20°C y una presión de 101,3 kPa, valor que depende de las citadas variables. La conversión de ppm a mg/m$^3$ se basa en calcular los milimoles dividiendo por el volumen molar (VM), que depende solamente de la temperatura y la presión (ver la Tabla 9), no del agente químico, y multiplicando por el peso molecular (PM), que depende solamente de la sustancia. La operación inversa permite cambiar de mg/m$^3$ a ppm.

$$\text{ppm}/\text{VM} \times \text{PM} = \text{mg}/\text{m}^3 \quad (4)$$

$$\text{mg}/\text{m}^3/\text{PM} \times \text{VM} = \text{ppm} \quad (5)$$

**Tabla 9.** Volúmenes molares a diferentes temperaturas

| VOLUMEN MOLAR a 101,3 kPa (1 Atm, 760 mmHg) | |
|---|---|
| Temperatura | Volumen molar |
| 0 °C (CN) | 22,40 l |
| 20 °C (UE) | 24,04 l |
| 25 °C (CE) (USA) | 24,45 l |
| CN: Condiciones normales según nomenclatura química | |
| UE: Temperatura de referencia en la UE | |
| CE: Condiciones estándar según la nomenclatura química | |
| USA: Valor de referencia en USA | |
| Para presiones atmosféricas muy distintas a 101,3 kPa, también debe corregirse el VM: $VM = (101{,}3 \times 24{,}04)/P_{ambiental}$ | |

**Ejemplo 2**

Se ha llevado a cabo una determinación de acetona (peso molecular: 58) en aire a 20 °C y 101,3 kPa y, realizados los cálculos pertinentes, se ha obtenido una concentración de 150 mg/m$^3$. ¿Cuál es la concentración de acetona en aire en ppm?

$$150/58 \times 24{,}04 = 62 \text{ ppm}$$

El valor límite para la **materia particulada** no fibrosa se expresa en $mg/m^3$ o submúltiplos y el de **fibras**, en $fibras/m^3$ o $fibras/cm^3$ (ml), en ambos casos para las condiciones reales de temperatura y presión atmosférica del puesto de trabajo. Esto significa que las concentraciones medidas en estas unidades, en cualquiera de las condiciones de presión y temperatura, no requieren ninguna corrección para ser comparadas con los valores límite aplicables.

Se emplean habitualmente los siguientes submúltiplos:

| | | |
|---|---|---|
| microgramos/metro cúbico | $\mu g/m^3$ | $10^{-3} mg/m^3$ |
| nanogramos/metro cúbico | $ng/m^3$ | $10^{-6} mg/m^3$ |
| picogramos/metro cúbico | $pg/m^3$ | $10^{-9}$ $mg/m^3$ |
| partes por billón | ppb | $10^{-3}$ ppm* |

* Atención: $10^{-3}$, no $10^{-6}$ (billón en España).

Recordad también:

$1\ m^3$ = 1.000 litros
$1\ \mu g$/litro = $1 mg/m^3$
1% en volumen = 10.000 ppm

En la Tabla 10 resumimos las unidades en que se expresan los VLA con indicación de las unidades alternativas utilizadas en ciertas ocasiones.

**Tabla 10.** Unidades de concentración empleadas en los VLA

| Contaminante | Unidades | alternativa |
|---|---|---|
| **Fibras** | fibras/ml ($cm^3$) | $fibras/m^3$ |
| **Gases/vapores** | ppm (v/v) ($ml/m^3$) | $mg/m^3$ |
| **Partículas** | $mg/m^3$ | $partículas/m^3$ |

ppm: volúmenes de contaminante/$10^6$ volúmenes de aire = moles de contaminante/106 moles de aire.

¿Por qué empleamos distintas unidades de medida? Si admitimos que el efecto adverso depende de la dosis, esta debe representar la capacidad de daño. En consecuencia, empleamos las unidades de medida que reflejan más directamente la capacidad de daño:

- Fibras: el daño depende del número de fibras.
- Gas/vapor: el daño depende del número de moléculas, representado por el volumen
- Aerosoles: el daño depende del número de moléculas, pero hay dos factores más importantes que afectan también a la capacidad de daño: el tamaño de partícula y su solubilidad, por lo que utilizan unidades másicas y, cuando se cree conveniente, se referencia el valor a la fracción respirable del aerosol o materia particulada.

## 2.2. Medida de la concentración ambiental

La medición de la concentración se puede llevar a cabo de una manera directa, empleando los llamados **sistemas de lectura directa**, aunque en la mayoría de situaciones es preciso efectuar una toma de muestras seguida de un análisis instrumental en el laboratorio.

Los instrumentos de lectura directa presentan una serie de ventajas sobre los sistemas de toma de muestra y análisis: la rapidez en las determinaciones, la posibilidad de obtener resultados puntuales de modo inmediato y la economía en las mediciones. Pero, sobre todo, si usamos instrumentos de lectura continua (monitores de gases) con tratamiento informático incluido, nos permiten disponer de una descripción de la evolución de la contaminación a lo largo de la jornada o de la exposición del trabajador.

No obstante, los instrumentos de lectura directa tienen limitaciones, ya que en general su precisión y especificidad son discutibles y hay una gran dependencia de la información aportada por el fabricante.

En el uso de los instrumentos de lectura directa hay una gran dependencia de la información y garantías del fabricante, tanto en sus prestaciones como en su mantenimiento. Los principales problemas son: 1) las interferencias con otros contaminantes (por ejemplo, Cl con $SO_2$ u otros oxidantes) no están suficientemente indicadas; 2) su precisión y sesgo suelen variar mucho con la concentración; 3) los monitores, como veremos más adelante, presentan problemas de mantenimiento, generando costes no esperados (reparaciones complejas, vida media muy corta de ciertos sensores o problemas para una calibración fiable).

El método convencional de toma de muestras y análisis se adapta muy bien a la determinación de valores promediados en el tiempo, pero para suministrar información sobre la variación de la concentración a lo largo del tiempo se requiere tomar muchas muestras de corta duración. Por otro lado, los resultados no son inmediatos y se exige una infraestructura relativamente especializada.

En la Figura 4 representamos una situación relativamente habitual de exposición en la que solo podemos conocer la evolución de la concentración a lo largo del tiempo si disponemos de un monitor de gases.

**Figura 4.** Medición de la exposición

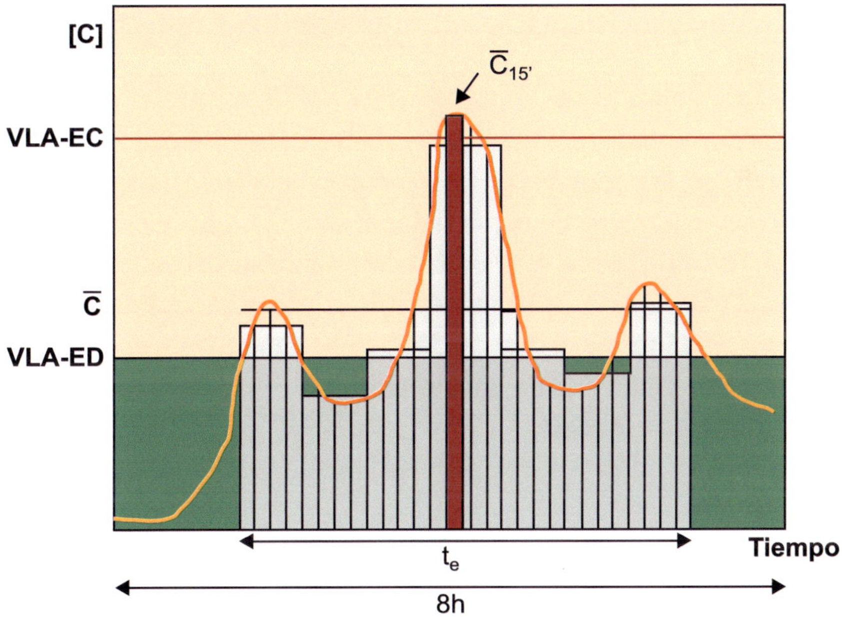


La exposición (dosis) durante el tiempo de exposición del trabajador ($t_e$) la podremos determinar de distintas maneras:

**a)** Integrando el área bajo la curva de la variación de la concentración a lo largo del tiempo. Como no conocemos esta función no podemos resolverlo matemáticamente, pero sí si el instrumento utilizado para la lectura continua está preparado para ello. Actualmente, los monitores de gases (los trataremos más adelante) proporcionan todo tipo de información sobre las lecturas: integración, valor más alto, valor más bajo, promedio, etc.

**b)** Tomando una única muestra durante el tiempo de exposición que nos proporcionará la concentración promedio durante este tiempo ($\overline{C}$). La exposición, en este caso, queda representada por el área del rectángulo que tiene por lados $\overline{C}$ y el tiempo de exposición ($t_e$). En este caso, perderemos toda la información sobre la evolución de la concentración, lo que puede ser muy importante a la hora de decidir las medidas de corrección.

**c)** Tomando 7 muestras consecutivas. De esta manera tendremos información aproximada sobre la variación de la exposición, pero, evidentemente aumentando el coste de la evaluación, ya que tomar 7 muestras "cuesta" 7 veces lo que cuesta tomar una. También tendremos la exposición total sumando los rectángulos correspondientes a las sucesivas muestras y calculando la concentración media.

La exposición medida (por integración, con 1 muestra o con 7 muestras), que es la dosis externa, la podremos comparar con la de referencia, que es el área coloreada del rectángulo que tiene por lados el valor VLA-ED y 8 h, tiempo de referencia del VLA-ED (Figura 4). Para la comprobación del valor VLA-EC, si no disponemos de un sistema de lectura continua, no queda otro remedio que hacer muestreos de 15 minutos durante los periodos de interés. En la Figura 4, representamos una situación de incumplimiento en el momento en que la concentración es más elevada.

### 2.2.1. Instrumentos de lectura directa

Existe en el mercado una gran variedad de diseños, de complejidad tecnológica y características técnicas muy variables, que comentamos brevemente a continuación.

#### 1) Medidores de concentración de gases

- **Colorimétricos**
  Son instrumentos de lectura directa para gases y vapores. Se basan en el cambio de color que sufre un reactivo al reaccionar con el contaminante. Básicamente, se trata de papeles y líquidos reactivos, y tubos indicadores con

reactivo sólido. Los más utilizados son estos últimos (tubos colorimétricos) acoplados a bombas de aspiración manual (ver Figura 5). Consisten en tubos de vidrio conteniendo un soporte inerte granulado impregnado con un reactivo químico capaz de reaccionar con una sustancia determinada cambiando de color. Un volumen predeterminado de aire contaminado se hace pasar por el tubo, produciéndose un cambio de color que se inicia en el extremo de entrada y progresa a lo largo del tubo en función de la concentración del contaminante presente. El frente de la zona coloreada señala la concentración sobre una escala impresa en la pared del tubo.

**Figura 5.** Tubo colorimétrico

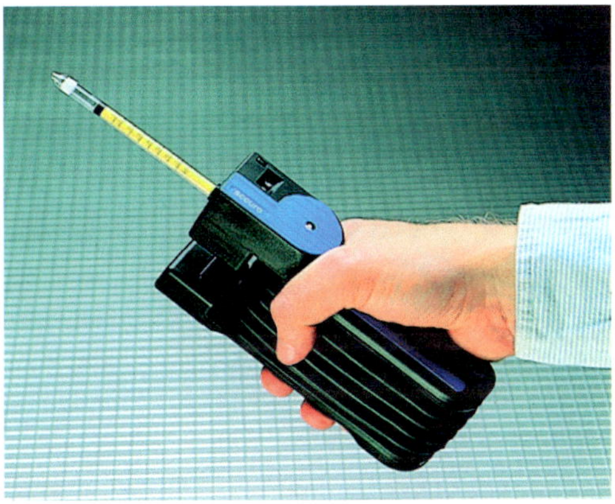

Fuente: Por cortesía de Draeguer.

La aplicación principal de estos tubos es la obtención de valores de las concentraciones en aire correspondientes a períodos de corta duración, aunque se fabrican también para muestreos de larga duración, acoplados a bombas automáticas de aspiración (muestreadores personales). En la actualidad, pueden determinarse más de cien contaminantes diferentes con los tubos colorimétricos específicos existentes en el mercado.

Presentan limitaciones importantes que pueden resumirse en: una precisión variable (entre el 5% y el 40%), en función de la técnica de fabricación y que se indica en cada caso en el folleto que los acompaña; una especificidad baja ya que la presencia de otros contaminantes es susceptible de alterar la extensión y el color de la capa coloreada; y las temperaturas frías provocan variaciones de color y las temperaturas altas influyen en el volumen muestreado proporcionando resultados erróneos.

La norma básica que describe los requisitos que deben cumplir los tubos colorimétricos es la UNE-EN 1231: 1997 Atmósferas en el lugar de trabajo. Sistemas de medición por tubos detectores de corta duración. Requisitos y métodos de ensayo.

- **Monitores de gases**
  Existe una cierta gama de instrumentos de lectura directa para la medida de concentraciones de gases y vapores, también denominados monitores. El dispositivo típico de un monitor de gases es un elemento sensor que genera una señal eléctrica proporcional a la concentración en aire del contaminante a medir. La señal es manipulada por el instrumento de forma digital o analógica, hasta convertirla en una indicación numérica en la pantalla de presentación. Los principios físicos para la detección cuantitativa en los que se basan las mediciones efectuadas con este tipo de aparatos son, principalmente: eléctricos, térmicos, electromagnéticos, quimielectromagnéticos y fotoacústicos.

  La precisión de este instrumental viene determinada por el fabricante y su utilización exige, por otra parte, calibraciones periódicas por medio de atmósferas o mezclas de gases de composición controlada. Como ya hemos comentado, los monitores portátiles se pueden utilizar como medidores personales y permiten la lectura de las concentraciones promedio al final de la jornada laboral, o bien del tiempo durante el cual se ha sobrepasado un cierto valor de la concentración, o de otros valores relacionados con la exposición.

**2) Instrumentos de lectura directa para aerosoles**

Pueden distinguirse dos grupos instrumentales principales, los ópticos y los eléctricos. Los ópticos se basan en la medida de propiedades ópticas de una partícula o de un conjunto de partículas, mientras que los eléctricos se basan en la interacción partícula - carga eléctrica. Este tipo de instrumentación ha sufrido un gran impulso con la rápida evolución de la nanotecnología, pues en este caso lo que interesa es conocer el número de nanopartículas, no su peso (medida tradicional en higiene industrial), ya que es irrelevante.

### 2.2.2. Sistemas activos de toma de muestras

En los sistemas de muestreo activos o dinámicos, se hace pasar un volumen de aire conocido a través de un soporte de retención o captador, en el que queda retenido el contaminante. Además de estos sistemas activos de toma de muestras, por fijación o concentración, existen otros que implican la toma directa de la muestra de aire sin ningún otro tipo de tratamiento. Para este tipo de muestreo, el sistema más utilizado es el de toma directa del aire contaminado con bolsas inertes.

El estado físico del contaminante (aerosol, vapor, gas, etc.), sus características químicas y la metodología analítica a emplear son los factores que determinan la naturaleza, el tipo y las características del soporte de retención a utilizar para la toma de muestras de un determinado contaminante.

#### 1) Muestreadores

Un muestreador es esencialmente una bomba que aspira aire. Los muestreadores se dividen en muestreadores personales y muestreadores de gran caudal, que no comentaremos aquí por ser de uso muy limitado en higiene industrial. Un muestreador personal está diseñado de forma que puede ser colocado sobre una persona durante la realización de su trabajo, con objeto de obtener una muestra del aire que respira la persona, concretamente de la llamada zona de respiración. Ver la Figura 6.

**Figura 6.** Muestreo ambiental

Fuente: *Higiene industrial* (2.ª ed.). (2006). Madrid: INSHT.

Para medir con eficacia la dosis externa, es fundamental que el muestreo recoja el aire que previsiblemente va a respirar el trabajador; para ello, en el muestreo personal se indica siempre que el captador debe hallarse en la **zona respiratoria del trabajador**. La norma EN 1540 *"Workplace atmospheres. Terminology"* define esta zona como el espacio alrededor de la cara del trabajador del que este toma el aire que respira. Con fines técnicos, una definición más precisa es la siguiente:

> Semiesfera de 0,3 m de radio que se extiende por delante de la cara del trabajador, cuyo centro se localiza en el punto medio del segmento imaginario que une ambos oídos y cuya base está constituida por el plano que contiene dicho segmento, la parte más alta de la cabeza y la laringe.

Esta cuestión se observa claramente en la Figura 6.

Las características más destacables de los muestreadores personales son su reducido tamaño y poco peso (menos de 1 kg), la autonomía de funcionamiento (8 horas) y el margen de caudal de aspiración, que es relativamente limitado. Este tipo de muestreadores son los que se utilizan habitualmente en el campo de la higiene industrial para la captación de muestras personales. De acuerdo con el margen de caudal, se pueden establecer dos grupos de muestreadores personales: los situados entre 0,02-0,5 litros/minuto y entre 0,5-4,5 litros/minuto. La elección, desde el punto de vista técnico, vendrá marcada por el tipo de soporte y también por las exigencias analíticas del contaminante. Su calibración se lleva cabo mediante manómetros, orificios críticos, rotámetros, contadores de gas y buretas con soluciones jabonosas.

En cualquier caso, para que un muestreo sea válido, es necesario que se realice a caudal de aspiración constante, por lo que los muestreadores están equipados con sistemas de regulación y control del caudal de aspiración, incorporando algún tipo de señalización cuando el caudal no es el previsto.

**2) Toma de muestras con filtros**

El sistema de captación sobre filtros se basa en hacer pasar un volumen del aire contaminado a través de un filtro montado en un portafiltros, constituyendo la unidad de captación básica el filtro, su soporte y el portafiltros. Existen actualmente gran variedad de sistemas de captación con filtros.

Cuando se requiere que, en la captación de la materia particulada, se discrimine esta por el tamaño y solamente se recoja la que forma parte de la fracción de polvo respirable, se utilizan separadores ciclónicos que retienen solo la fracción de polvo de interés, la "respirable". Este sistema es aplicable a numerosos contaminantes. En términos generales, es útil para la retención de todos aquellos contaminantes que se presentan en el ambiente en forma particulada (polvos, nieblas, humos o fibras). También es posible el uso de filtros impregnados con reactivos específicos para la captación de determinadas sustancias. Es un sistema de muestreo sencillo, práctico y cómodo, tanto durante la propia toma de muestras como posteriormente en el transporte y conservación de las muestras.

Existe la opinión, basada en gran número de estudios experimentales, que la captación de aerosoles (materia particulada) en aire es muy poco representativa. Se ha detectado que la distribución de tamaño, las corrientes de aire y la densidad de las partículas afectan de manera importante el rendimiento de la captación, produciéndose discriminaciones de distinto tipo. Por este motivo, se están desarrollado continuamente nuevos diseños y se aplican distintos captadores en función de las características del aerosol.

### 3) Toma de muestras con soluciones absorbentes

Las captaciones con absorbentes líquidos basadas en hacer pasar un volumen conocido de aire a través de una solución absorbente apropiada contenida en un borboteador o **impinger** (ver su esquema en la Figura 7) van siendo sustituidos por otros procedimientos, bien de adsorción o bien fijando el líquido captador en un sólido adsorbente y utilizando el modelo de tubo adsorbente que comentamos a continuación.

**Figura 7.** Muestreo con borboteador

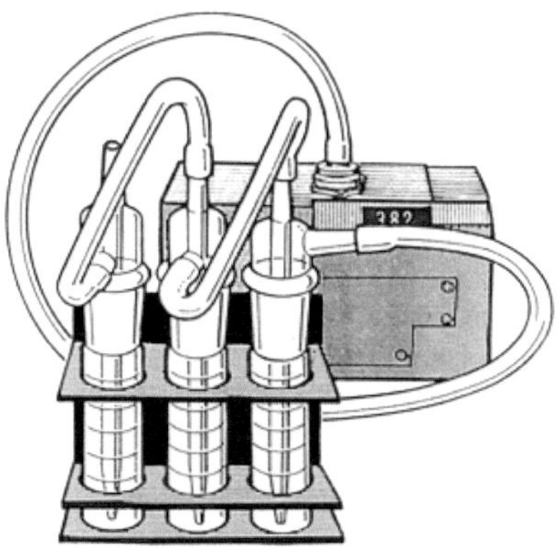

Fuente: *Higiene industrial* (2.ª ed.). (2006). Madrid: INSHT.

En la actualidad, tan solo se emplea para la toma de muestras de algunos gases, vapores y aerosoles líquidos, para los que todavía no se dispone de alternativa.

### 4) Toma de muestras con sólidos adsorbentes

El sistema de toma de muestras con sólidos adsorbentes se basa en hacer pasar un volumen determinado de aire a través de un tubo de vidrio relleno de materiales sólidos (a veces, impregnados con algún reactivo o solución) que tienen la propiedad de retener por adsorción superficial determinados gases y vapores.

Las sustancias adsorbentes utilizadas son muy variadas: carbón activo, sílica gel, alúmina, polímeros porosos, tamices moleculares, hopcalita, resinas de intercambio iónico, etc. Entre ellas, cabe destacar el carbón activo, ya que puede utilizarse para captar un amplio número de compuestos orgánicos que están presentes en el ambiente en forma de vapor (por ejemplo: hidrocarburos alifáticos, clorados y aromáticos, cetonas, alcoholes, ésteres, etc.).

La sustancia adsorbente, normalmente granulada, se dispone en el interior de los tubos de vidrio, distribuida entre una, dos o tres porciones de pesos variables y separadas entre sí mediante espaciadores. El modelo de tubo más corriente es aquel que dispone de dos secciones de adsorbente; la primera de ellas se conoce como frontal, generalmente con doble cantidad de adsorbente que la segunda, conocida como posterior. El paso del aire se efectúa entrando por la parte frontal y saliendo por la parte posterior. La parte frontal actúa como verdadero soporte de retención de la muestra, mientras que la parte posterior lo hace como testigo o control de que la primera sección ha retenido todo el contaminante y no se ha producido saturación o migración. El esquema de un tubo adsorbente se muestra en la Figura 8.

Para cada tipo de tubo debe determinarse, experimentalmente, su capacidad de retención para los distintos contaminantes. Esta capacidad viene definida por el valor del volumen de ruptura, que es el límite que señala el inicio del paso del contaminante de la parte frontal a la posterior. Las condiciones de captación con tubo adsorbente dependen de cada contaminante objeto de medición, debiéndose consultar las condiciones recomendadas en cada caso. En ocasiones, puede ser aconsejable modificar el volumen de muestreo recomendado, en función de la concentración ambiental esperada, la presencia simultánea de otros contaminantes o una humedad ambiental elevada, etc.

**Figura 8.** Tubo adsorbente característico

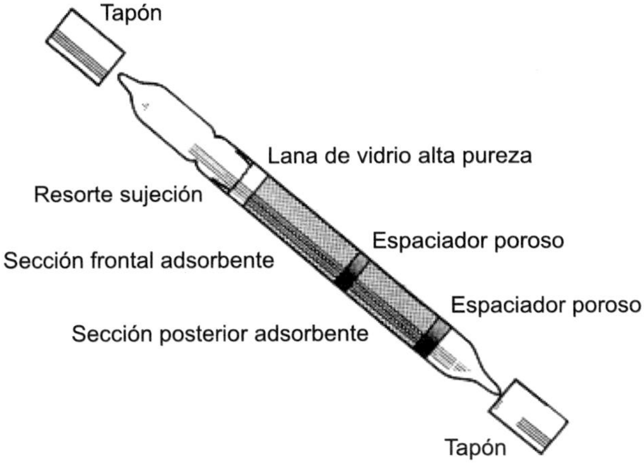


Fuente: *Higiene industrial* (2.ª ed.). (2006). Madrid: INSHT.

En la actualidad, la gama de tubos adsorbentes comercializados es cada día más amplia y variada, lo que ha permitido ampliar extraordinariamente las posibilidades de este sistema de captación y extender su ámbito de aplicación a la mayoría de vapores orgánicos y también a otros tipos de contaminantes, principalmente empleando absorbentes líquidos impregnando sólidos porosos.

**Absorción, adsorción y reacción**

Absorción es un fenómeno en el que se implica la totalidad del sustrato; en general, es sinónimo de disolución. La adsorción, en cambio, es un fenómeno superficial en el que interviene solamente la superficie del sustrato en que quedan retenidas las moléculas del gas adsorbido; el tratamiento para recuperarlas se llama desorción y puede llevarse a cabo calentando (desorción térmica) o por extracción con líquidos. Se pueden combinar ambos fenómenos, recubriendo un adsorbente con un absorbente. Cuando las moléculas captadas reaccionan químicamente con el sustrato, el producto final es distinto al que había en el aire. El conjunto de los tres fenómenos se denomina absorción.

## 5) Toma de muestras con bolsas inertes

En este sistema de captación, el volumen de aire contaminado se recoge directamente mediante una bolsa de naturaleza inerte y es analizado en el laboratorio, el cual da el resultado directamente en unidades de concentración, ppm. Este sistema tiene un enorme interés especialmente en el caso de gases (por ejemplo: CO, $N_2O$, $H_2S$, hidrocarburos ligeros, clorofluorocarbonos, etc.) ya que evita una serie de manipulaciones. Su utilización es muy recomendable cuando desconocemos la composición de los gases que pueden estar presentes en el ambiente contaminado.

Las bolsas son generalmente de plástico (Teflón ®, Tedlar ®), flexibles pero no elásticas, aluminizadas con 5 capas y con varias capacidades (normalmente entre 1 y 5 litros). Disponen de una válvula que permite su llenado y posterior vaciado. El llenado puede realizarse de forma manual o mediante una bomba impulsora que posibilita un llenado regular a lo largo del tiempo y conocer el volumen muestreado. El muestreo puede ser incluso personal, aunque con la lógica dificultad dado su tamaño. Ver la Figura 9.

**Figura 9.** Bolsa para la toma de muestras directa

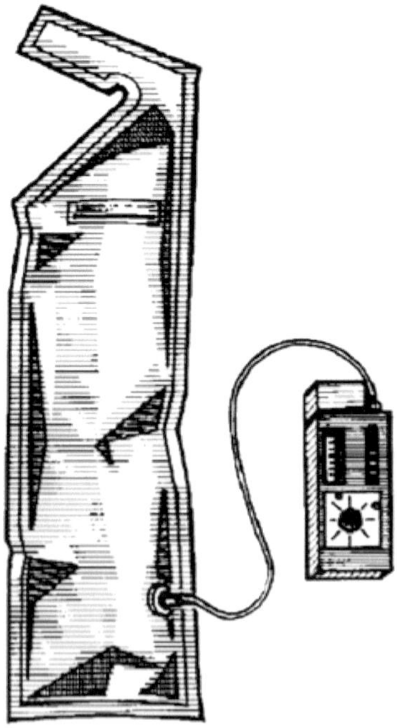

Fuente: **INSHT**. *Higiene industrial.*

Sus principales limitaciones son la insuficiente sensibilidad analítica disponible para algunos contaminantes (el contaminante no se concentra en el captador, como ocurre en los sistemas de captación) y también la posibilidad de que puedan producirse alteraciones o interacciones entre los componentes de la muestra durante su transporte o almacenamiento, especialmente cuando están presentes gases inorgánicos muy reactivos (por ejemplo: $NO_2$, $Cl_2$, $SO_2$, etc.), en cuyo caso no resulta aconsejable su utilización.

### 2.2.3. Sistemas pasivos de toma de muestra. Captación por difusión

Los sistemas de captación pasivos no precisan del bombeo del aire ambiente; se basan en el principio de difusión y permeación de los gases, motivo por el cual se llaman también de captación por difusión. Las moléculas del gas contaminante presentes en el aire son captadas por el material adsorbente o reactivo contenido en el captador cuando están próximas a él. Por el principio mencionado de difusión de los gases, unas nuevas moléculas del contaminante vienen a sustituir a aquellas, y así sucesivamente. Se trata de un proceso totalmente equivalente al funcionamiento de los deshumidificadores, que absorben el vapor de agua o de los desodorizantes que absorben olores, moléculas al fin y al cabo. La superficie del captador está protegida por una membrana permeable, para reducir al máximo la influencia de corrientes de aire que podrían alterar el mecanismo descrito, y generando una zona donde la concentración del contaminante es muy baja.

Hay una cierta variedad de modelos, con materiales diversos y con diferentes formas, pero siempre de dimensiones y peso muy reducidos. En la Figura 10 se representa un captador pasivo.

Se usan generalmente para toma de muestras de compuestos volátiles, mayoritariamente de naturaleza química orgánica, cuya presencia en el ambiente sea exclusivamente en estado gaseoso; su utilización es particularmente ventajosa en los casos en que interesan muestras promediadas a lo largo de un tiempo prolongado. Deben consultarse los catálogos de los fabricantes y comprobar si existe la referencia correspondiente al gas que queramos captar, así como los parámetros específicos a aplicar en el cálculo de la concentración.

**Figura 10.** Esquema de un captador pasivo

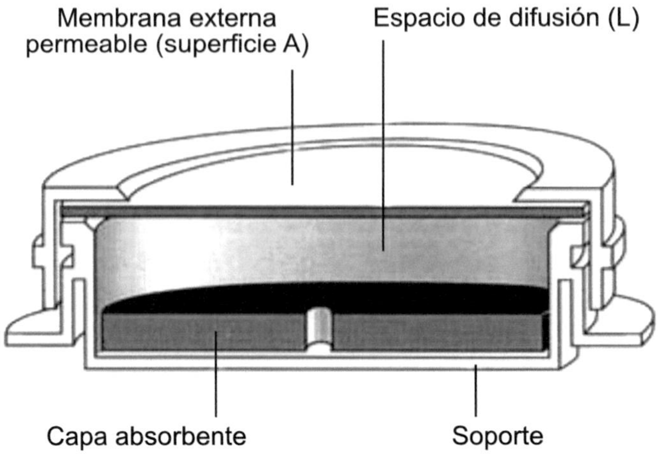


Fuente: *Higiene industrial* (2.ª ed.). (2006). Madrid: INSHT.

### 2.2.4. Transporte y conservación de las muestras

Una vez ha concluido la captación, hay que tomar toda clase de precauciones para evitar que las muestras se alteren o se modifiquen antes de llegar al laboratorio: contaminaciones, evaporaciones, derrames o roturas. Dichas precauciones, así como las instrucciones pertinentes para cada tipo de captador y contaminante, se hallan contendidas en el propio **método analítico**. Como recomendaciones generales, podemos indicar las siguientes:

- Precintar las muestras o cerrarlas perfectamente.
- Colocar las muestras en cajas o recipientes adecuados, fijándolas correctamente.
- Incluir con cada lote homogéneo de muestras una muestra blanco, que es una muestra que ha sido manipulada exactamente como las otras análogas del mismo lote, pero con la que no se ha efectuado captación de contaminante.
- No colocar en un mismo recipiente muestras ambientales y muestras de materiales o productos a fin de evitar contaminaciones.

- Evitar alteraciones de las muestras por calentamiento excesivo o exposición intensa a la luz solar.
- No demorar el envío de las muestras al laboratorio.
- No abrir las muestras hasta el momento en el que vaya a dar comienzo su análisis.
- Es recomendable conservar las muestras captadas con soluciones absorbentes o sólidos adsorbentes en la nevera (aproximadamente entre 5 y 10°C), hasta el momento de su análisis, ya que se garantiza una temperatura baja, estable y ausencia de luz. La nevera debe ser específica para este cometido, sin que contenga ningún tipo de recipientes con sustancias que puedan vaporizarse.

### 2.2.5. Control de calidad de los equipos de medición

El control de calidad de los equipos de medición, muestreo e instrumentación analítica es imprescindible para obtener la fiabilidad necesaria de los resultados. Aparte de obtener las correspondientes certificaciones o acreditaciones de los procesos y equipos empleados, hay una serie de recomendaciones básicas y controles que resumimos a continuación.

**1) Tubos colorimétricos**

En los tubos colorimétricos debe remarcarse la importancia de la información y certificaciones del fabricante, pues estamos en sus manos. Las recomendaciones básicas son las siguientes:

- Comprobar, si es posible, la calibración del fabricante.
- Almacenarlos a < 30°C, evitando variaciones de temperaturas.
- Comprobar la hermeticidad de la bomba de aspiración y la obturación de los canales de aspiración.
- Atender siempre a las instrucciones del fabricante contenidas en el correspondiente folleto.
- Atender a la fecha de caducidad, que suele ser muy corta.

**2) Monitores**

También en los monitores dependemos, en gran manera, de la información y las condiciones de uso establecidas por el fabricante. La calibración periódica es fundamental. Las recomendaciones son:

- Seguir las instrucciones del fabricante.
- Llevar a cabo el mantenimiento adecuado.
- Efectuar calibraciones periódicamente.
- Sustituir las células antes de su agotamiento, ya que son de duración muy limitada aunque no se hayan utilizado.

**3) Muestreadotes (bombas)**

Su correcto mantenimiento es muy importante, siendo fundamental:

- Controlar el estado de carga antes y después del muestreo
- Comprobar que el caudal de aspiración se mantiene constante, en condiciones análogas a las de utilización.

**4) Soportes de retención**

Por lo que se refiere a los soportes de retención, las acciones a considerar son:

- Comprobar su estado de conservación.
- Comprobar el correcto ajuste de las piezas del dispositivo de muestreo que es imprescindible para impedir fugas o estrangulamientos que pueden malograr la toma de muestras.

**5) Muestreadotes pasivos**

Actualmente, la calidad en origen de los muestreadores pasivos es correcta. En cuanto a su uso, hay que tener en cuenta los aspectos siguientes:

- Comprobar que estén perfectamente cerrados antes y después de la toma de muestras para evitar su contaminación.

- Almacenarlos en nevera libre de contaminación.
- Evitar durante su manipulación y traslado situaciones de calentamiento anormal.

### 2.2.6. El método analítico

El método analítico es el conjunto ordenado de operaciones, o procedimiento de trabajo, que permite obtener respuesta a un requerimiento analítico específico, tal como determinar la presencia o concentración de un agente químico en el aire o en una matriz concreta. En el método analítico se diferencian tres partes: la toma de muestras (cuál es el procedimiento que se debe seguir para obtener las muestras), el transporte y almacenamiento (precauciones y recomendaciones para evitar alteraciones de las muestras una vez obtenidas), y el procedimiento analítico (tratamiento a aplicar a las muestras en el laboratorio).

El método analítico se define por la/s sustancia/s concreta/s que determina (por ejemplo: determinación de vapores orgánicos), la matriz (por ejemplo: aire), el sistema de toma de muestra (por ejemplo: adsorción en carbón activo), y la técnica analítica que utiliza (por ejemplo: método por cromatografía de gases).

Deben emplearse siempre métodos que estén validados, es decir, que se pueda confirmar mediante examen y la aparición de evidencias objetivas que los requisitos para su uso específico se han cumplido. La validación establece, mediante estudios sistemáticos de laboratorio, que las características de dicho procedimiento cumplen las especificaciones relativas al uso previsto de resultados analíticos. El proceso de validación permite el conocimiento de las características de funcionamiento del método y proporciona un alto grado de confianza en el mismo y en los resultados obtenidos al aplicarlo.

Una herramienta fundamental en la validación de los métodos analíticos intralaboratorio es la atmósfera controlada. Esta consiste en una instalación que permite generar un aire del cual conocemos, con un nivel elevado de exactitud, cuál es la concentración del contaminante o contaminantes objeto del estudio; sometiendo este aire a un muestreo en las condiciones establecidas por el método, podemos comprobar si la cantidad captada en el soporte de retención es la que corresponde al contaminante contenido en el volumen de aire muestreado.

En cuanto a la elección del método, el INSHT recomienda, por este orden, la utilización de sus métodos validados, las normas UNE, normas internacionales (ISO), métodos validados en otros países de garantía suficiente (principalmente los de NIOSH-USA, OSHA-USA y HSL-Reino Unido), la adaptación de métodos diseñados para medio ambiente y, finalmente, métodos puestos a punto en el propio laboratorio. En la Figura 11 presentamos un esquema del método analítico aplicado a la determinación de la concentración ambiental mediante toma de muestras y análisis.

**Figura 11.** Obtención de la concentración ambiental

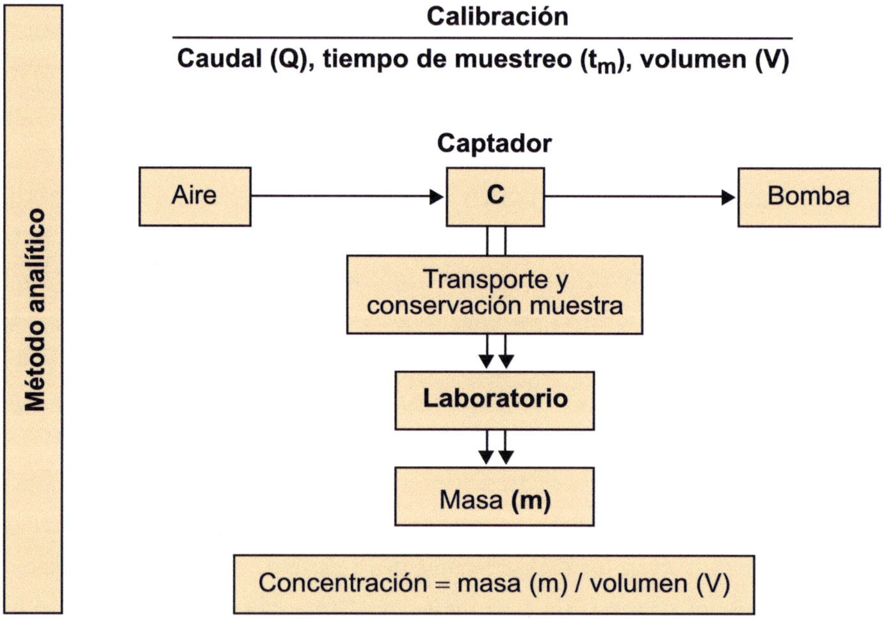


### 2.2.7. Procedimientos de cálculo de la concentración ambiental

En los métodos basados en **toma de muestras**, para el cálculo de la concentración ambiental, debemos conocer el resultado analítico proporcionado por el laboratorio que ha analizado la muestra, el volumen de muestreo o bien el tiempo de muestreo y el caudal de aspiración, si se trata de un muestreo activo, tal como hemos representado en la Figura 11.

### 1) Toma de muestras activa

Conociendo la masa de contaminante retenida en el captador y el volumen de aire que se ha hecho pasar por el mismo, la concentración se calcula simplemente dividiendo ambas cantidades. En caso de no conocer directamente el volumen de aire (V, litros), se calcula multiplicando el caudal (Q, litros/min) por el tiempo de muestreo $t_m$ (min):

$$V = Q \times t_m \tag{6}$$

El caudal se determina en el proceso de calibración en el laboratorio previo y posterior a la toma de muestras, realizado con material idéntico (captador, muestreador y conexiones) al que se va a emplear en el muestreo. El caudal medio al que ha estado trabajando el muestreador viene dado por:

$$Q = \frac{Q_i + Q_f}{2} \tag{7}$$

siendo Q el caudal de aspiración medio y $Q_i$ y $Q_f$ los caudales inicial y final respectivamente. Si la diferencia entre el caudal inicial y el final es superior al 5%, el muestreo no se considera válido.

El laboratorio determina la cantidad de contaminante presente en la muestra y, en los procedimientos de toma de muestra y análisis, da el valor en unidades de masa. Este valor se obtiene corrigiendo el resultado analítico mediante el coeficiente de recuperación (CR). El resultado analítico es el determinado en el proceso de análisis instrumental, mientras que el coeficiente de recuperación es una medida de la eficacia de la recuperación del analito del soporte de retención y se determina, experimentalmente, en el laboratorio para cada analito y lote de soportes de retención.

La concentración C de contaminante en aire se obtiene a partir de la cantidad determinada en el laboratorio m (normalmente mg) dividida por el volumen de aire muestreado (litros) y multiplicada por 1.000 para obtener el resultado C en $mg/m^3$:

$$C = \frac{m}{V} 1000 \tag{8}$$

En el punto 1.3.6 se han dado las formulas y de equivalencia entre $mg/m^3$ y ppm. Reproducimos aquí el ejemplo anterior de la acetona de una manera más completa.

**Ejemplo 3**

Se ha llevado a cabo una determinación de acetona en aire por captación activa a 20°C y 101,3 kPa y el laboratorio nos ha comunicado que el contenido en acetona (PM: 58 g/mol) en el captador es de 1,5 mg. Si el volumen de aire muestreado ha sido de 10 l, ¿cuál es la concentración de acetona en aire en ppm?

$1{,}5\ mg/10\ l = 0{,}15\ mg/l = 150\ mg/m^3$
$150/58 \times 24{,}04 = 62\ ppm$

El resultado de concentración obtenido tiene un significado muy concreto: es el valor promedio de la concentración durante el **tiempo de muestreo** y **en el lugar donde estuvo colocado el muestreador**.

Como ya hemos comentado anteriormente, para poder comparar una medida de la concentración ambiental con un VLA-ED, el lugar de medida debe ser la zona respiratoria del trabajador, y el tiempo de muestreo debería coincidir con la jornada laboral real. En la práctica, el muestreo de toda la jornada no suele ser practicable, pero siempre es necesario demostrar que el resultado de un muestreo parcial de la jornada es equivalente al que se obtendría si se realizara durante toda ella.

### 2) Toma de muestras con muestreadores pasivos

El fenómeno de difusión, antes de que se produzca la saturación del muestreador pasivo, sigue la relación:

$$C_i = \frac{m_i \times 10^6}{\mathrm{SR} \times \mathrm{CR} \times t} \qquad (9)$$

donde:

$C_i$ es la concentración ambiental del contaminante en $mg/m^3$.
$m_i$ es la masa de contaminante captada (mg).

SR es el caudal de muestreo específico para cada contaminante en ml/min.
CR es el coeficiente de recuperación específico para cada contaminante.
*t* es el tiempo de exposición en minutos.

SR (*sampling rate*) es el caudal teórico de captación del contaminante y depende de la geometría del captador y del coeficiente de difusión del contaminante en el aire. Este valor es suministrado por el fabricante, aunque utilizando un sistema de atmósferas controladas puede determinarse o calcularse en el laboratorio.

El valor de $C_i$ obtenido tiene el mismo significado que en el muestreo activo, es decir, es el valor promedio de la concentración ambiental, durante el tiempo que el muestreador pasivo ha estado expuesto al ambiente en el lugar en que ha estado colocado.

Aplicamos ahora el caso de la acetona en aire a su determinación mediante un muestreador pasivo.

**Ejemplo 4**

Se ha llevado a cabo una determinación de acetona en aire a 20°C y 101,3 kPa mediante un muestreador pasivo que ha llevado el trabajador durante 6 horas y 40 minutos de la jornada. El laboratorio nos ha comunicado que el contenido en acetona (PM: 58 g/mol) en el muestreador es de 1,5 mg, habiendo ya corregido el valor por el coeficiente de recuperación. En el folleto del fabricante del muestreador se da como valor del SR (*sampling rate*) de la acetona 25 ml/min. ¿Cuál es la concentración de acetona en aire en ppm?

Aplicando (9):

$1{,}5 \text{ mg x } 10^6 / 25 \times 400 = 150 \text{ mg/m}^3$
$150/58 \times 24{,}04 = 62 \text{ ppm}$

### 3) Cálculo de la concentración ambiental utilizando instrumentos de lectura directa

Los instrumentos de lectura directa indican directamente un valor de la concentración y, por tanto, no es necesario realizar ningún cálculo. Si se trata de un instrumento de lectura rápida, por ejemplo un tubo colorimétrico, puede ser necesario hacer varias lecturas a lo largo del periodo de interés y obtener el valor medio, o considerar el conjunto de lecturas como un conjunto de valores de una población estadística y aplicar técnicas de inferencia estadística para estimar los valores de la media de la población y su intervalo de confianza.

Mucho más fácil es cuando se trata de un monitor u otro instrumento de tiempo de funcionamiento largo, con sistemas de almacenamiento digital de datos que se pueden transferir a un ordenador y obtener los valores medios, los perfiles de concentración, los valores máximos y mínimos, etc.

### 4) Referencia de la concentración media a una jornada estándar de 8 h

El VLA-ED está referido a la jornada de 8 h/día y, en consecuencia, la concentración obtenida como promedio durante el tiempo de muestreo debe referirse a las 8 h; por ello, esta concentración debe “repartirse” para 8 h, según:

$$C_8 = C\frac{T_{exp}}{8} \qquad (10)$$

siendo:

$C_8$ la concentración referida a una jornada de 8 h/día

$T_{exp}$ la duración real de la exposición diaria (horas)

C la concentración promedio durante el muestreo

Continuamos con el ejemplo de la determinación de acetona en aire calculando la concentración referida a una jornada de 8 h:

**Ejemplo 5**

Se ha llevado a cabo una determinación de acetona en aire a 20°C y 101,3 kPa mediante un muestreador pasivo que ha llevado el trabajador durante 6 horas y 40 minutos (400 minutos) de la jornada. El resultado obtenido ha sido de 150 mg/m$^3$ o, lo que es lo mismo, 62 ppm. Si el resto de la jornada laboral el trabajador realiza otra tarea que no implica exposición a la acetona, ¿cuál sería la concentración referida a 8 horas (280 minutos)?

Aplicando (10)

$C_8$ = 62 ppm × (400/480) = 52 ppm

La hipótesis de proporcionalidad entre efecto perjudicial y dosis recibida no es válida para variaciones grandes en la forma de recibir la dosis, por lo que la expresión anterior solo es aplicable para duraciones de la exposición diaria no muy diferentes de 8 horas. Para exposiciones de corta duración, la fórmula es muy conservadora, mientras que para exposiciones superiores a 8 horas, pierde protección. En general, se considera que no se puede aplicar a exposiciones superiores a 10 horas sin efectuar las correcciones adecuadas.

### 5) Partición del tiempo total de muestreo en varias fases

Tal como hemos mostrado en la Figura 4, los períodos de muestreo pueden dividirse en varias fases; fases que se pueden adaptar a distintos periodos de la jornada de trabajo, teniendo en cuenta las interrupciones para los descansos o cambios de tareas. En este caso, el valor de la concentración promedio vendrá dado por:

$$C = \frac{\sum C_i T_i}{\sum T_i} \tag{11}$$

siendo:

$C$: concentración promedio durante la jornada.

$C_i$: concentración promedio en el periodo i.

$T_i$: duración del periodo $i$.

Veamos su aplicación nuevamente a una exposición a acetona:

**Ejemplo 6**

Se ha llevado a cabo una determinación de acetona en aire a 20°C y 101,3 kPa tomando distintas muestras a lo largo de la jornada. Los resultados han sido: 85 ppm (2 horas), 120 ppm (1 hora), 90 ppm (3 horas) y 25 ppm (2 horas). ¿Cuál es la concentración promedio durante la jornada?

Aplicando (11)

((85 ppm × 2 h) + (120 ppm × 1 h) + (90 ppm × 3 h) + (25 ppm × 2 h)) / 8h =
(170 + 120 + 270 + 50) / 8 = 610 / 8 = **76,25 ppm**

El valor de $T_i$ es la duración de la jornada laboral y, combinando esta ecuación con la definición de la concentración referida a 8 horas diarias, resulta:

$$C_8 = \frac{\sum C_i T_i}{8} \qquad (12)$$

que es equivalente a la ya presentada al exponer la definición de VLA-ED .

**6) Representatividad de las mediciones**

Lograr una buena representatividad en las mediciones efectuadas es quizás el aspecto más difícil del muestreo: medir lo que realmente queremos medir para poder obtener conclusiones sobre el riesgo higiénico al que están sometidos los trabajadores. Para que el procedimiento de medida en su conjunto sea **representativo**, ha de tener las condiciones que se exponen a continuación.

- Emplear sistemas de medición o muestreo personales, colocados en el área de respiración del individuo.
- Si un grupo de trabajadores está realizando tareas parecidas en un mismo sitio y están sometidos a una exposición similar, puede realizarse una medición o muestreo dentro del mismo grupo (llamado grupo homogéneo de exposición), representativa de la exposición conjunta.
- Los sistemas de medición fijos pueden ser usados siempre y cuando los resultados permitan evaluar la exposición del trabajador en su puesto de trabajo.
- En caso de duda, el punto de mayor riesgo se tomará como punto de medida.
- El procedimiento de medida debe ser apropiado al agente a medir, a su valor límite de exposición y a la atmósfera existente en el puesto de trabajo.
- El resultado debe mostrar la concentración del agente en los mismos términos en que esté expresado su valor límite de exposición (por ejemplo, el plomo tetraetilo se debe expresar como Pb).
- Las características de precisión y exactitud de los resultados del método deben ser conocidas, debiéndose informar de los límites de confianza de la determinación.

- Si el procedimiento de medida no es específico para el agente que debe ser medido, el resultado ha de ser atribuido en su totalidad al agente objeto de medición (por ejemplo: si un método para determinar formaldehído es sensible a otros aldehídos alifáticos, el resultado se computará como formaldehído).
- La concentración de los aerosoles debe ser medida asegurando un muestreo de la fracción respirable si el valor límite está definido para polvo respirable.

Los errores en la determinación de la concentración ambiental a la que un trabajador está expuesto son de dos tipos:

- El instrumental, ya que todos los procedimientos de medida tienen un error de origen técnico asociado al instrumental utilizado en la medición.
- El de la estrategia, ya que al realizar la medida se ha estimado la exposición un/os día/días determinado/s y en determinado/s momento/s y, aunque las tareas sean repetitivas a lo largo del tiempo, siempre existen variaciones de la concentración entre diferentes días y momentos, lo cual supone también una indeterminación en el resultado. Lo que realmente nos interesa es saber si la exposición se mantendrá dentro de los límites permitidos en cualquier otro día y en cualquier otro momento. Nos interesa la "película" de la exposición, no una "fotografía" en un momento o periodo dado.

La forma de cuantificar estas indeterminaciones es mediante la estimación de los llamados límites de confianza superior e inferior. Los límites de confianza de un resultado indican el intervalo de valores entre los que se encuentra el verdadero valor de una magnitud medida experimentalmente con una probabilidad elevada (se calculan los límites de confianza con un 95% de probabilidad).

## 3. La encuesta higiénica

La **encuesta higiénica** es un procedimiento que tiene como objeto obtener toda la información necesaria para poder emitir un juicio sobre algún aspecto relacionado con la exposición a agentes químicos.

El objetivo más común de la encuesta higiénica es la evaluación de los riesgos debidos a la exposición a agentes químicos, aunque pueden interesar otros, tales como:

- Identificación y cuantificación de los contaminantes presentes en el puesto de trabajo.
- Evaluación del cumplimiento de normas legales o internas de la empresa.
- Determinación de exposiciones para responder a quejas o denuncias de los trabajadores.
- Obtención de datos ambientales para usos epidemiológicos.
- Evaluación de la eficacia de métodos de control.

La encuesta higiénica requiere seguir un procedimiento sistemático que permita obtener toda la información relevante tanto para realizar la evaluación en sí misma como para proponer las medidas adecuadas para evitar o reducir los riesgos presentes. En grandes líneas, la sistemática a seguir será:

**1)** Conocer bien el proceso productivo.
**2)** Identificar los posibles riesgos en cada puesto de trabajo.
**3)** Aplicar el criterio de valoración.
**4)** Evaluar los riesgos cuantitativamente, o cualitativamente.
**5)** Elaborar el informe de evaluación, que debe incluir la propuesta de medidas de control proporcionadas a la magnitud de los riesgos.

### 3.1. Conocimiento del proceso productivo

Debemos iniciar la encuesta higiénica recopilando información sobre el proceso productivo, etapa a la cual solemos dedicar menos tiempo del que sería necesario. Conocer el proceso productivo implica recopilar y comprender la información relativa a todos los aspectos del proceso que pueden tener incidencia en la exposición de los trabajadores implicados en él. Esta información incluye los aspectos que comentamos a continuación.

### 3.1.1. Esquema funcional del proceso productivo

El esquema funcional de un proceso productivo podemos concretarlo en diagramas de proceso, planos de detalle o especificaciones de ingeniería; sin embargo, la información así presentada suele ser excesiva para las necesidades de una encuesta higiénica. En la mayoría de los casos es suficiente un diagrama de bloques del proceso, con indicación de los puestos de trabajo en cada uno de ellos, y las tareas de cada puesto. La información imprescindible para evaluar riesgos higiénicos consiste en conocer los materiales que se manipulan o generan en cada puesto y la transformación que se hace en ellos. En la Tabla 11, listamos una serie de informaciones en este sentido.

**Tabla 11.** Información a obtener antes de iniciar la encuesta higiénica

Aspectos sobre los que debe recabarse información al inicio del estudio higiénico:

- Qué se compra, se vende, se forma.
- Nivel de conocimiento/experiencia en el proceso.
- Listado de productos que realmente intervienen en el proceso: etiquetado, FDS.
- Determinación previa de materias primas (cualitativa, cuantitativa).
- Determinación de mayoritarios y/o minoritarios (contaminantes).
- Función química/reactividad.
- Gases-vapores.
- Aerosoles: polvo, humo, fibras, nieblas.
- Aerosoles: tamaño de partícula.
  - Mezclas
  - Condiciones del proceso: presión, temperatura
  - Tipo de proceso; posibilidades de emisión de productos

En ocasiones, esta información se puede obtener mediante entrevistas con los responsables del proceso, la revisión de los inventarios de materiales, los registros de compras de productos y una revisión de la bibliografía técnica. También es muy útil disponer de un plano con la distribución en planta de la maquinaria, zonas de almacenamiento de productos y ubicación de los puestos de trabajo fijos; en dicho plano, se podrán hacer anotaciones señalando los focos de emisión y zonas mal ventiladas o en las que se aprecia contaminación, por ejemplo.

### 3.1.2. Inventario de sustancias y productos presentes

Disponer de una información completa sobre las propiedades tóxicas de todos los productos manipulados, producidos o generados en el proceso, es fundamental. Obtenemos esta información, en primer lugar, de las fichas de seguridad de los productos manipulados, que estará disponible para todas las materias primas, suministrada por los proveedores, y para todos los productos acabados, preparada por la empresa para informar a sus clientes, pudiéndose disponer también de las fichas correspondientes a productos intermedios aislados, y siendo menos habitual que existan fichas para los subproductos y los residuos. Debemos prestar especial atención, también, a las sustancias o productos que se encuentran en las trazas, aunque no sean significativos para el proceso, ya que en no pocas ocasiones el riesgo es debido a estos componentes minoritarios.

**La importancia de los minoritarios**

En una empresa del sector químico, el departamento de compras encontró un suministrador de una materia prima importada que ofrecía el mismo producto a un nivel de pureza superior. Con solo una comunicación al departamento de producción, y después de haber comprobado que el grado de pureza era el indicado por el nuevo suministrador, se procedió a utilizar la nueva materia prima, con los correspondientes pequeños ajustes en el proceso. Al tercer día de utilizarla, empezaron las quejas del personal de la nave por fuertes irritaciones y molestias respiratorias. El análisis a fondo de la nueva materia prima llevó a la conclusión de que las impurezas eran efectivamente menores en porcentaje, pero eran volátiles y, concretamente, una de ellas era acroleína, un compuesto altamente irritante (además de muy tóxico) que puede provocar quemaduras en contacto con la piel.

Por otro lado, debe tenerse en cuenta que muchos de los contaminantes presentes en los puestos de trabajo se generan como consecuencia de la actividad en el propio puesto, y no forman parte de la lista de productos manipulados en la actividad. Son ejemplos característicos: los humos de soldadura, los productos de combustión, las emisiones de estufas o túneles de curado de pinturas o resinas, las emisiones de hornos de fusión de metales o los humos de taladrinas. Es obvio que estos contaminantes deben ser considerados, para lo cual el higienista debe conocer a fondo el proceso.

### 3.1.3. Etiquetas y fichas de datos de seguridad (FDS)

Aparte de lo que acabamos de comentar, la legislación europea sobre sustancias químicas (REACH-CLP) potencia enormemente el papel de la etiqueta y la FDS como herramientas de comunicación del riesgo en toda la cadena de usuarios de los productos químicos. El formato de ambas, así como sus contenidos, están claramente establecidos y las FDS llevan, en la mayoría de los casos, instrucciones específicas en relación con el uso que se le va a dar al producto en cuestión; por ello, su consulta y distribución son fundamentales. Cabe recordar, además, que las FDS deben estar siempre a disposición de los trabajadores. En la Figura 12 comparamos el contenido de una etiqueta (en cuanto a este tipo de información) entre el modelo anterior y el actual y en la Tabla 12 listamos los apartados de que debe constar una FDS.

**Figura 12.** Cambio en la información de seguridad en una etiqueta

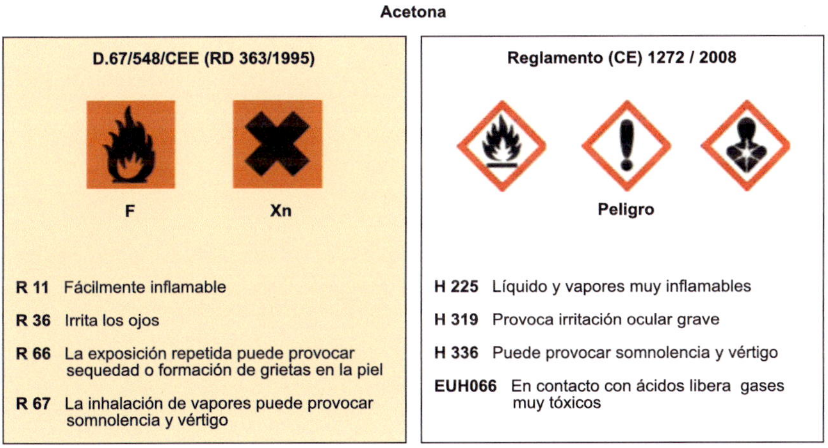


**Tabla 12.** Apartados de una FDS actual

| | |
|---|---|
| **1)** Identificación de la sustancia y de la sociedad o empresa | **9)** Propiedades físicas y químicas |
| **2)** Identificación de los peligros | **10)** Estabilidad y reactividad |
| **3)** Composición/información sobre los componentes | **11)** Información toxicológica |
| **4)** Primeros auxilios | **12)** Información ecológica |
| **5)** Medidas de lucha contra incendios | **13)** Consideraciones sobre la eliminación |
| **6)** Medidas en caso de liberación accidental | **14)** Informaciones sobre el transporte |
| **7)** Manipulación y almacenamiento | **15)** Información reglamentaria |
| **8)** Controles de exposición/protección individual | **16)** Otra información |
| | Anexos: escenarios de exposición (riesgos y medidas de seguridad según usos) |

También existen colecciones genéricas, algunas de ellas muy extensas, de Fichas de Datos de Seguridad, como son las Fichas Internacionales de Seguridad Química (FISQ; ver la Figura 13), preparadas bajo los auspicios de la ONU, OIT y OMS con la colaboración de la Comisión de la UE, en las que se recogen, entre otros datos relevantes en prevención de riesgos, los relativos a la toxicidad de la sustancia y a los límites de concentración tolerables.

La "construcción" de una FDS es responsabilidad exclusiva de quien pone el producto en el mercado (fabricante, importador, formulador); las FISQ solamente contienen información contrastada a disposición de quienes preparan las FDS. El resto de usuarios intermedios de productos químicos han de preocuparse de transmitir la información mediante las FDS a sus clientes hasta el trabajador o usuario profesional. Pero los usuarios también han de comunicar a sus suministradores los usos que dan al producto para que aquellos puedan asesorarlos respecto a los riesgos que representan dichos usos, y la manera de protegerse de ellos, información que quedará reflejada en la FDS.

**Figura 13.** Ejemplo de una ficha FISQ

## ÁCIDO TRIFLUOROACÉTICO

**ICSC: 1673**
**Abril 2007**

Ácido perfluoroacético    Ácido trifluoroetanoico

| | | |
|---|---|---|
| **CAS:** | **76-05-1** | **$C_2HF_3O_2$ / $CF_3COOH$** |
| **RTECS:** | **AJ9625000** | **Masa molecular: 114,0** |
| **NU:** | **2699** | |
| **CE Índice Anexo I:** | **607-091-00-1** | |
| **CE / EINECS:** | **200-929-3** | |

| TIPO DE PELIGRO / EXPOSICIÓN | PELIGROS AGUDOS / SÍNTOMAS | PREVENCIÓN | PRIMEROS AUXILIOS / LUCHA CONTRA INCENDIOS |
|---|---|---|---|
| **INCENDIO** | No combustible. En caso de incendio se desprenden humos (o gases) tóxicos e irritantes. | NO poner en contacto con bases, oxidantes y agentes reductores. | En caso de incendio en el entorno: están permitidos todos los agentes extintores. |
| **EXPLOSIÓN** | | | En caso de incendio: mantener fríos los bidones e instalaciones rociando con agua. |

| | | | |
|---|---|---|---|
| **EXPOSICIÓN** | | **¡EVITAR TODO CONTACTO!** | **¡CONSULTAR AL MÉDICO EN TODOS LOS CASOS!** |
| **Inhalación** | Tos. Dolor de garganta. Sensación de quemazón. Dificultad respiratoria. | Ventilación, extracción localizada o protección respiratoria. | Aire limpio, reposo. Posición de semiincorporado. Proporcionar asistencia médica. |
| **Piel** | Enrojecimiento. Dolor. Quemaduras cutáneas graves. | Guantes protectores. Traje de protección. | Quitar las ropas contaminadas. Aclarar con agua abundante o ducharse. Proporcionar asistencia médica. |
| **Ojos** | Enrojecimiento. Dolor. Quemaduras profundas graves. | Pantalla facial o protección ocular combinada con protección respiratoria. | Enjuagar con agua abundante durante varios minutos (quitar las lentes de contacto si puede hacerse con facilidad). Asistencia médica inmediatamente. |
| **Ingestión** | Sensación de quemazón en la garganta y el pecho. Dolor abdominal. Shock o colapso. | No comer, ni beber, ni fumar durante el trabajo. | Enjuagar la boca. NO provocar el vómito. Asistencia médica inmediatamente. |

### DERRAMES Y FUGAS

Protección personal complementaria: traje hermético de protección química, incluyendo aparato autónomo de respiración. NO permitir que este producto químico se incorpore al ambiente. Recoger el líquido procedente de la fuga en recipientes precintables de plástico. Absorber el líquido residual en arena o absorbente inerte y trasladarlo a un lugar seguro. Recoger cuidadosamente el residuo, trasladarlo a continuación a un lugar seguro.

### ENVASADO Y ETIQUETADO

Envase irrompible; colocar el envase frágil dentro de un recipiente irrompible cerrado. No transportar con alimentos y piensos.
**Clasificación UE**
Símbolo: C; Nota: B
R: 20-35-52/53; S: (1/2-)9-26-27-28-45-61
**Clasificación NU**
Clasificación de Peligros NU: 8; Grupo de Envasado NU: I
**Clasificación GHS**
Peligro
Provoca graves quemaduras en la piel y lesiones oculares. Provoca daños en el tracto respiratorio si se inhala. Nocivo para los organismos acuáticos.

### RESPUESTA DE EMERGENCIA

Ficha de Emergencia de Transporte (Transport Emergency Card): TEC (R)-80GC3-I

### ALMACENAMIENTO

Separado de bases fuertes, metales, oxidantes, alimentos y piensos. Mantener en lugar bien ventilado. Almacenar en un área sin acceso a desagües o alcantarillas.

**IPCS**
International Programme on Chemical Safety

WHO    ILO    UNEP

MINISTERIO DE TRABAJO E INMIGRACIÓN    INSTITUTO NACIONAL DE SEGURIDAD E HIGIENE EN EL TRABAJO



**VÉASE INFORMACIÓN IMPORTANTE AL DORSO**

| ÁCIDO TRIFLUOROACÉTICO | ICSC: 1673 |
|---|---|

## DATOS IMPORTANTES

**ESTADO FÍSICO; ASPECTO:**
Líquido incoloro, humeante, de olor acre.

**PELIGROS FÍSICOS:**
El vapor es más denso que el aire.

**PELIGROS QUÍMICOS:**
La sustancia se descompone en contacto con llamas o superficies calientes, produciendo humos tóxicos. La sustancia es moderadamente ácida. Reacciona violentamente con bases fuertes, agentes reductores y oxidantes, produciendo humos tóxicos y corrosivos, incluyendo fluoruro de hidrógeno. Ataca a muchos metales formando un gas combustible (hidrógeno - ver FISQ:0001). Ataca algunas formas de caucho.

**LÍMITES DE EXPOSICIÓN:**
TLV no establecido.
MAK no establecido.

**VÍAS DE EXPOSICIÓN:**
Efectos locales graves por todas las vías de exposición.

**RIESGO DE INHALACIÓN:**
Por evaporación de esta sustancia a 20°C se puede alcanzar muy rápidamente una concentración nociva en el aire.

**EFECTOS DE EXPOSICIÓN DE CORTA DURACIÓN:**
La sustancia es corrosiva para los ojos, la piel y el tracto respiratorio. Corrosivo por ingestión. La inhalación de los humos puede originar edema pulmonar (ver Notas).

## PROPIEDADES FÍSICAS

Punto de ebullición: 72°C
Punto de fusión: -15°C
Densidad relativa (agua = 1): 1,5
Solubilidad en agua, g/100 ml a 20°C: 100 muy elevada
Presión de vapor, kPa a 20°C: 11
Densidad relativa de vapor (aire = 1): 3,9
Densidad relativa de la mezcla vapor/aire a 20°C (aire = 1): 1,3
Coeficiente de reparto octanol/agua como log Pow: -2,1

## DATOS AMBIENTALES

La sustancia es nociva para los organismos acuáticos.

## NOTAS

Los síntomas del edema pulmonar no se ponen de manifiesto, a menudo, hasta pasadas algunas horas y se agravan por el esfuerzo físico. Reposo y vigilancia médica son, por ello, imprescindibles.

## INFORMACIÓN ADICIONAL

| | |
|---|---|
| **Nota legal** | Esta ficha contiene la opinión colectiva del Comité Internacional de Expertos del IPCS y es independiente de requisitos legales. Su posible uso no es responsabilidad de la CE, el IPCS, sus representantes o el INSHT, autor de la versión española. |



En el caso de las mezclas, además, se facilitará la relación de sustancias que forman parte de su composición y que son responsables de su peligrosidad. En la Figura 14 se aporta un ejemplo de la etiqueta de una mezcla.

**Figura 14.** Ejemplo de una etiqueta de una mezcla

**Reglamento (CE) 1272/2008**
**Etiqueta mezcla (ejemplo)**

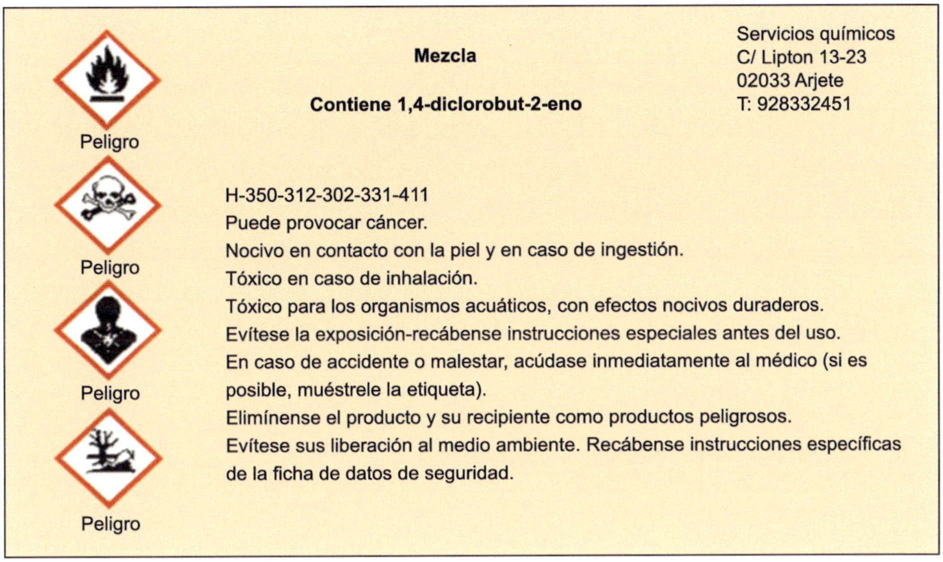


Cuando el producto es fabricado in situ, se debe preparar la documentación equivalente que nos permita toma las medidas de prevención y protección adecuadas. Es asimismo responsabilidad del empresario asegurarse que la información transmitida con estos documentos sea adecuadamente comunicada a los trabajadores para que actúen en consecuencia.

### 3.1.4. Entorno físico de los puestos de trabajo

En toda encuesta higiénica es imprescindible una visita a las instalaciones productivas para hacerse una idea lo más exacta posible de la situación, y, en particular, para identificar las posibles fuentes de contaminación. Aunque ya hemos comentado que, en muchas ocasiones, es imprescindible que el higienista tenga un buen conocimiento del proceso para poder abordar con garantías la encuesta higiénica, algunas de las fuentes potenciales pueden identificarse por observación visual. Mientras que la observación de una nube de polvo, un olor característico o un penacho de humo es síntoma evidente de la existencia de una contaminación, la no observación no significa que no exista contaminación, ya que muchas sustancias son incoloras e inodoras o con límites olfativos muy bajos.

Por ejemplo, el sulfuro de hidrógeno tiene un límite olfativo de 0,008 ppm, muy bajo en relación con el VLA (10 ppm), por lo que detectar su olor no tiene por qué significar una exposición importante. El monóxido de carbono es prácticamente inodoro, pues tiene un límite olfativo de 100.000 ppm (10%). Nadie puede llegar a olerlo, puesto que su concentración letal es del orden de 3.500 ppm en 10 minutos. Consecuencia: muchas veces, el olor no da información cuantitativa.

### 3.1.5. Inventario de riesgos higiénicos

Debemos recordar que **toxicidad** no es sinónimo de **riesgo**. La toxicidad es la capacidad de una sustancia de producir un efecto perjudicial a la salud, mientras que riesgo (en la presente acepción) es la posibilidad de que en un puesto de trabajo se materialice ese efecto. Una sustancia muy tóxica manipulada en un proceso cerrado, con sistemas redundantes de control de fugas, con procedimientos de trabajo bien establecidos, con supervisión eficaz de los trabajos y en unas instalaciones bien mantenidas, puede presentar un riesgo despreciable, mientras que una sustancia poco tóxica, pero manipulada en un proceso abierto y con escasa ventilación, puede dar lugar a un riesgo elevado.

Existen otros factores ajenos a la toxicidad de la sustancia pero que condicionarán el riesgo en el puesto de trabajo, como son: el tipo de proceso en el que se manipula o genera la sustancia, la posibilidad de reacción con otros agentes presentes en el puesto, el método de trabajo, la ventilación del local y la eficacia de las medidas de control existentes. La integración de los datos toxicológicos junto con los obtenidos en la visita a los puestos de trabajo da una idea de la magnitud de los riesgos y permite una clasificación, al menos provisional, de las prioridades de actuación y/o corrección.

### 3.1.6. Eficacia de las medidas de control

La familiarización con el proceso productivo que estamos describiendo también incluye observar las medidas de control implantadas en el proceso y su eficacia aparente. Es posible hacer comprobaciones simples sobre la eficacia de los sistemas de ventilación general o de extracción localizada, la hermeticidad de los elementos estancos, la limpieza de las instalaciones o el necesario control de los procedimientos de trabajo, comprobándose si las medidas ya implantadas están vigentes y se practican. Las correcciones que se ejecuten como consecuencia de estas observaciones preliminares deben formar parte de las conclusiones del informe de evaluación, sin necesidad de esperar la conclusión de la evaluación de riegos higiénicos.

Por ejemplo, si observamos que un trabajo de soldadura se realiza lejos de la campana de extracción, se debe corregir de inmediato esta mala práctica de trabajo, de forma que la evaluación posterior se haga en condiciones óptimas. Si no se hace así, y la posterior evaluación muestra un riesgo no tolerable, no será posible dilucidar si ello es debido a la mala práctica de trabajo, a la insuficiencia del sistema de aspiración o a ambas circunstancias a la vez. En el informe, deben quedar reflejadas las circunstancias concretas en que se realizó la evaluación para evitar malentendidos posteriores.

### 3.1.7. Estado de salud de los trabajadores

El conocimiento del estado global de salud del conjunto de los trabajadores de una fábrica, taller o proceso es una fuente de información que debe tenerse en cuenta. Cuando esta información está disponible, siempre de manera global, el higienista debe consultarla atentamente ya que la existencia de una sintomatología común, por ejemplo quejas de irritaciones generalizadas o la desviación, por ligera que sea, de un parámetro bioquímico reversible, puede indicar una exposición no conocida o más intensa de lo que parece a primera vista.

La actuación del higienista tiene una serie de puntos en común con el médico del trabajo. La información globalizada sobre el estado de salud o sintomatología no patológica es uno de ellos. Los otros son la protección de las personas especialmente sensibles y la detección de respuestas alérgicas que pueden escapar fácilmente a los ojos del higienista, puesto que no hay que olvidar que este trabaja siempre sobre el conjunto de trabajadores, mientras que el médico puede actuar de manera personalizada. Otro punto en común es el control biológico de la exposición, que puede llegar a ser fundamental para el higienista y que normalmente es efectuado por el médico del trabajo.

### 3.1.8. Información de anteriores evaluaciones

Como elemento final, debemos señalar que se deben estudiar todos los informes anteriores relativos a la evaluación de riesgos. La comparación entre el contenido de los informes anteriores y los posibles riesgos detectados en las fases preliminares servirá para planificar el trabajo posterior. No tiene sentido ocupar mucho tiempo en evaluar un puesto de trabajo, del que disponemos de información previa suficiente y bien documentada, a menos que haya nuevas informaciones o datos que lo aconsejen, mientras que deberemos dedicar toda la atención posible a nuevos puestos de trabajo, o a nuevas condiciones debidas a cambios en el proceso desde la última evaluación.

## 3.2. Identificación de los riesgos en cada puesto de trabajo

Una vez analizado el proceso productivo, prepararemos la lista en la que para cada puesto de trabajo se relacionen los riesgos que se deben evaluar, los trabajadores que los ocupan, el perfil temporal de la exposición y el grupo homogéneo de exposición, en el que se incluye a todos los trabajadores cuya exposición es similar y, por tanto, es suficiente, al menos en teoría, evaluar la exposición de un miembro del grupo y aplicar la conclusión a todo el colectivo. Hay que tener en cuenta que una buena definición de este grupo simplifica mucho la evaluación de riesgos.

Habitualmente, suele ser necesario consultar a los responsables del taller, a los mandos intermedios y a los propios trabajadores sus opiniones e información específica que pudieran suministrar, teniendo claro que en esta fase el único objetivo es elaborar una lista lo más exhaustiva posible, porque la experiencia muestra que la única forma de que no se olvide ningún riesgo importante es considerar de manera exhaustiva todos los riesgos. Debemos considerar, además, que existe la obligación legal de consultar con los representantes de los trabajadores acerca del procedimiento de evaluación.

### 3.3. Aplicación de criterios de valoración

La siguiente etapa del proceso de evaluación, una vez que ya se dispone de toda la información previa, es aplicar el criterio de valoración para cada riesgo a evaluar, que normalmente se tratará de un VLA, complementado a veces con un valor límite biológico (VLB). El problema se nos presenta en dos situaciones concretas: cuando no hay VLA para la sustancia en cuestión, o bien cuando el VLA no es un valor de obligado cumplimiento o recomendado.

Es normal no tener un VLA. Los números son muy sencillos. Se dispone de VLA para unas 600 sustancias y en la UE se considera que hay más de 30.000 que se importan o fabrican en más de 1 t/año. Por otro lado, la mayoría de sustancias clasificadas como cancerígenas y/o mutágenas no disponen de un VLA.

La ausencia de VLA impide la aplicación formal del procedimiento de evaluación que estamos planteando de cara a sacar conclusiones y plantear en su caso acciones de corrección. Sin embargo, podemos tener una opinión consistente basándonos en casos descritos en la bibliografía, en los VLA de compuestos análogos, o bien comparando los resultados obtenidos en mediciones sucesivas para comprobar la "mejora" en las condiciones de exposición, objetivo permanente del higienista, que no debe darse por satisfecho por el solo hecho de estar por debajo del VLA, sino que, siguiendo criterios de mejora continua, debe establecer objetivos permanentes de reducción del riesgo. Es el principio que se aplica de manera universal a las sustancias con efectos estocásticos, tanto si tienen VLA como si no.

Es relativamente corriente, y hace años era la práctica común, aplicar VLA (y también VLB) que eran solamente criterios de reconocida solvencia técnica, sin ningún apoyo legal, ni tampoco basados en una norma de referencia. En estos casos, es recomendable informarnos sobre en qué se ha basado su establecimiento (lo cual puede traernos más de una sorpresa) para razonar su aplicación y, sobre todo, no sacar conclusiones taxativas que impliquen acciones relevantes por su magnitud, coste o trascendencia, ya que pueden ser fácilmente discutidas.

## 3.4. Evaluación cuantitativa de riesgos

La evaluación de un riesgo por inhalación se basa en dos datos concretos: la concentración a la cual ha estado expuesta la persona objeto de la evaluación y el tiempo durante el cual ha tenido lugar esta exposición. En general, la medida de una exposición se expresa mediante el valor de las concentraciones promediadas de unos contaminantes concretos durante un período de tiempo determinado, por ejemplo 40 mg/m$^3$ de tolueno durante 8 horas, o 175 ppm de metanol durante 15 minutos, o 0,3 fibras/ml de crisotilo durante una jornada laboral de 6 horas.

### 3.4.1. Procedimiento de evaluación

La evaluación de la exposición consiste en comparar la exposición medida con un valor límite. Este proceso se realiza mediante la división de ambos valores, lo que lleva a un resultado que se denomina **índice de exposición** (**I**); también se puede expresar en forma de porcentaje, en cuyo caso se denomina porcentaje de la **exposición máxima permisible** (**% EMP**). La interpretación de este resultado es evidente: un valor de I = 1, o de % EMP = 100% significa que la exposición es igual al límite; cuanto más se acerca al valor nulo, más baja es la exposición, y cuanto mayor es, mayor es la exposición. En términos matemáticos, se define de la siguiente manera.

$$I = \frac{C_8}{VLA - ED} \tag{13}$$

o

$$\% EMP = \frac{C_8}{VLA - ED} 100 \tag{14}$$

donde: VLA-ED indica el valor límite ambiental para la exposición diaria y $C_8$ indica el valor de la concentración promedio referido a la jornada estándar de 8 horas. Hacemos este cálculo para la acetona.

**Ejemplo 7**

Se ha llevado a cabo una determinación de acetona en aire a 20°C y 101,3 kPa mediante un muestreador pasivo que ha llevado el trabajador durante 6 horas y 40 minutos (400 min.) de la jornada. El resultado obtenido ha sido de 62 ppm. Si el resto de la jornada laboral el trabajador realiza otra tarea que no implica exposición a la acetona, ¿cuál sería la exposición referida a 8 horas (480 min.)? El VLA-ED de la acetona es: 500 ppm.

Aplicando (10)
$C_8 = 62 \text{ ppm} \times (400/480) = 52 \text{ ppm}$

Aplicando (13)
$I = 52 / 500 = 0{,}1$

Aplicando (14)
$\% \text{EMP} = (52/500) \times 100 = 10\%$

Algunas fórmulas incluyen el cálculo de $C_8$ en la misma, colocando en el numerador la concentración (promedio) medida C, el tiempo de exposición $t_e$ y 8 (horas) y el VLA-ED en el denominador.

$$I = \frac{C \times t_e}{VLA - ED \times 8} \quad (15)$$

o

$$\%EMP = \frac{C \times t_e}{VLA - ED \times 8} 100 \quad (16)$$

Veamos su aplicación al caso de la acetona nuevamente.

**Ejemplo 8**

Se ha llevado a cabo una determinación de acetona en aire a 20°C y 101,3 kPa mediante un muestreador pasivo que ha llevado el trabajador durante 6 horas y 40 minutos (400 min.) de la jornada. El resultado obtenido ha sido de 62 ppm. Si el resto de la jornada laboral el trabajador realiza otra tarea que no implica exposición a la acetona, ¿cuál sería la exposición referida a 8 horas (480 min.)? El VLA-ED de la acetona es: 500 ppm.

Aplicando (15)
I = (62 ppm × 400 min.)/(500 ppm × 480) = 0,1

Aplicando (16)
% EMP = (62 ppm × 400 min.)/(500 ppm × 480) x 100 = 10%

En el supuesto de exposiciones de corta duración, o de exposiciones de intensidad elevada, las expresiones de cálculo son:

$$I = \frac{C_{15}}{VLA - EC} \qquad (17)$$

o

$$\%EMP = \frac{C_{15}}{VLA - EC} 100 \qquad (18)$$

donde: VLA-EC indica el valor límite ambiental para la exposición corta y $C_{15}$ indica el valor de la concentración determinada durante un periodo de 15 minutos.

Aplicamos ahora este cálculo a la acroleína, sustancia que tiene asignado un valor VLA-EC solamente.

**Ejemplo 9**

Se ha llevado a cabo una determinación de acroleína en aire. Dado que la acroleína solamente tiene valor VLA-EC, la medición se ha llevado a cabo con 3 muestreos de 15 minutos en los momentos en que se ha considerado que la exposición podía ser más elevada. Los resultados han sido, respectivamente, de 0,07 ppm, 0,13 ppm y 0,01 ppm. El VLA-EC de la acroleína es de 0,1 ppm. Calculad la exposición.

Aplicando (17)
$I_1$ = 0,07 ppm/0,1 ppm = 0,7; $I_2$ = 0,13 ppm/0,1 ppm = 1,3; $I_3$ = 0,01 ppm/0,1 ppm = 0,1

Aplicando (18)
% $EMP_1$ = 0,07 ppm/0,1 ppm × 100 = 70%; % $EMP_2$ = 0,13 ppm/0,1 ppm × 100 = 130%
% $EMP_3$ = 0,01 ppm/0,1 ppm × 100 = 10%

En la segunda medición se incumple el VLA-EC (I>1 y % EMP>100).

### 3.4.2. Evaluación de la exposición simultánea a varios agentes químicos

Como ya hemos expuesto en el apartado dedicado a los criterios de valoración, y dada la complejidad de la multiexposición desde el punto de vista toxicológico, se ha optado por admitir un procedimiento cuantitativo de evaluación: en el caso de una exposición a varias sustancias, si todas ellas tienen un VLA-ED definido para proteger frente al mismo tipo de efecto, el índice de exposición total será la suma de los índices de exposición individuales, pero si los VLA-ED están definidos para diferentes efectos, de deberá considerar cada uno de ellos por separado. Evidentemente se trata de una simplificación y si hay sospecha, o evidencia, de que los efectos de las sustancias obedecen a un modelo de sinergia (potenciación), este procedimiento no es aplicable y se debe recurrir a otros métodos que tengan en cuenta los mecanismos concretos de acción de las sustancias.

Matemáticamente se expresa:

$$I = \sum I_i$$

o bien

$$\%EMP = \sum \%EMP_i$$

donde el subíndice *i* significa el valor del índice de exposición para la sustancia *i*-ésima.

**Ejemplo 10**

En un estudio higiénico se han obtenido los índices de exposición siguientes: acetaldehído I = 0,3; acrilato de etilo I = 0,2; tolueno I = 0,4; metil amina I = 0,6. Valorad la exposición conjunta.

Acetaldehído, acrilato de etilo y metil amina tiene asignada la frase **H 335 Irrita las vías respiratorias**, no así el tolueno. En consecuencia, debe procederse a sumar los índices de exposición de los tres primeros:

$I_{total} = I_{acetaldehído} + I_{acrilato\ de\ etilo} + I_{metil\ amina} = 0{,}3 + 0{,}2 + 0{,}6 = 1{,}1$

La situación no es tolerable.

Si el valor del índice global es superior a la unidad, se considera que se supera el límite, aunque cada uno de los términos individuales sea inferior a la unidad. Si los efectos no son aditivos, la superación del límite solo ocurrirá si alguno de los índices individuales es superior a la unidad.

La evaluación del riesgo higiénico en el caso de la multiexposición es complicada, puesto que, aunque la norma establece la suma de los I o del % EMP, en el caso de que los contaminantes presenten el mismo efecto en el mismo órgano, su aplicación práctica genera dudas y es motivo de conflicto. Hay siempre algunas cuestiones que quedan sin resolver:

- ¿Todos los contaminantes presentan cuantitativamente el mismo efecto?
- ¿La expresión cualitativa del efecto es comparable?
- ¿Podremos tener en cuenta todos los efectos del contaminante?
- ¿Cómo actuamos en el caso de contaminantes que el laboratorio nos dé cómo resultado "no detectado, límite de detección X"?

Por ello, hay que ser extremadamente prudente al establecer conclusiones en los casos de multiexposición, ya que pueden ser fácilmente discutidas.

### 3.4.3. Estrategia de muestreo

En el momento de planificar las mediciones que deben realizarse para evaluar exposiciones por inhalación de agentes químicos, nos podemos encontrar dos situaciones:

**1) Que sospechemos que la exposición está muy por debajo o muy por encima del valor límite**

En este caso podemos utilizar, para confirmarlo, técnicas fáciles de aplicar, aunque como mediciones cerca de la fuente de emisión o en el caso más desfavorable, ya que si estas son muy inferiores al valor límite, está claro que la exposición de los trabajadores también lo será e, inversamente, podemos realizar mediciones en las condiciones de menor exposición, pues si estas resultan por encima del valor límite, la exposición global también será superior al límite.

**2) Que sospechemos que la exposición esté alrededor del valor límite, o no podamos hacer una estimación previa de la situación**

En este caso, hay que realizar una investigación más detallada abordando los dos aspectos que comentamos a continuación.

**a)** Selección de los trabajadores a estudiar

Una vez dividida la población expuesta en **grupos homogéneos de exposición**, debemos muestrear, al menos, a un trabajador por cada diez del grupo.

Hemos de tener en cuenta, sin embargo, que el número de trabajadores a muestrear y la frecuencia de las mediciones dependen de:

- la precisión que se necesite en la evaluación de la exposición
- lo alejada que esté la exposición del valor límite
- las propiedades del agente químico

Si sospechamos que la exposición está próxima al valor límite, es conveniente tomar, al menos, seis medidas dentro del grupo. Si el número de trabajadores en el grupo es inferior a seis, se puede muestrear más de una vez al mismo trabajador. Una vez obtenidas y analizadas las muestras de un grupo homogéneo, cuando la exposición de un miembro del grupo es **menor que la mitad** o **mayor del doble** que la media del grupo, hay que reconsiderar si se han confeccionado bien los grupos.

Si algún trabajador del grupo muestra una exposición superior al valor límite, y no hay razón para reconsiderar la composición del grupo, la conclusión será que la exposición de todos los trabajadores del grupo supera el valor límite, ya que en otra jornada será otro individuo del grupo el que supere el valor límite.

**b)** Selección de las condiciones de medida

La actuación formalmente correcta es evaluar la exposición del trabajador tomando muestras personales que cubran **toda** la jornada de trabajo. Si el trabajador realiza distintas tareas a lo largo de la jornada, lo ideal es tomar muestras representativas de las distintas tareas, es decir, intentar que cada una de las muestras obtenidas en el mismo trabajador se corresponda con cada una de las tareas que realiza. Esto entraña muchas dificultades, pero a veces es necesario para obtener información diferenciada por tareas para prever las medidas preventivas específicas asociadas a cada tarea.

Si la exposición se caracteriza por la presencia de picos de concentración, hay que medir la concentración durante los periodos en que puedan presentarse estos picos para evaluarlos de acuerdo con los VLA-EC.

Es importante tener en cuenta las variaciones que pueden deberse a diferentes turnos o épocas del año. Conviene recordar que, como norma general, la concentración promedio en una jornada referida a una duración de 8 horas no debe superar, en ninguna jornada laboral, el límite para exposición diaria (VLA-

ED). Si tenemos la certeza de que la concentración durante un determinado periodo de la jornada no varía significativamente, no es necesario muestrear todo el periodo; es suficiente muestrear una parte del mismo y considerar que es representativo de la totalidad del periodo.

Siguiendo con el ejemplo de la acetona, podemos extrapolar una concentración medida durante una parte de la jornada a toda la jornada.

**Ejemplo 11**

Se ha llevado a cabo una determinación de acetona en aire a 20°C y 101,3 kPa mediante un muestreador pasivo que ha llevado el trabajador durante 6 horas y 40 minutos de la jornada. Hechos los cálculos pertinentes, se ha obtenido una concentración en aire de 150 mg/m$^3$. Si el resto de la jornada laboral el trabajador realiza la misma tarea, ¿cuál sería la concentración referida a 8 horas?

150 mg/m$^3$, ya que suponemos que el resto de la jornada el trabajador ha "continuado estando expuesto" a la misma concentración; concretamente, a la concentración media durante el tiempo muestreado.

Resumiendo, la estrategia de muestreo se concreta en definir:

- las tareas a controlar
- las sustancias a medir
- el método de toma de muestra
- el método de análisis
- la localización de los puntos de muestreo
- la duración de cada muestreo
- el horario y el intervalo entre las muestras
- los cálculos que conducen a la concentración ambiental a partir de los resultados analíticos
- las instrucciones técnicas adicionales adecuadas a las mediciones

### 3.4.4. Conclusión de la evaluación de la exposición laboral

Al comparar la concentración ambiental con el valor límite adecuado, de larga (ED) o de corta (EC) duración, las situaciones a las que podemos llegar son tres:

**1) La exposición está por encima del valor límite**

Hay que identificar las causas por las que se excede la exposición, tomar medidas correctoras y repetir la evaluación de la exposición laboral.

**2) La exposición está muy por debajo del valor límite**

No son necesarias mediciones periódicas si, presumiblemente, la situación no va a variar porque las condiciones y el proceso de trabajo son estables.

**3) La exposición no entra en ninguna de las otras dos categorías**

Son necesarias mediciones periódicas.

Hay que tener en cuenta que el punto final de la evaluación es la recomendación de las medidas preventivas a implantar, una de las cuales es precisamente la implantación de un programa de mediciones periódicas de la concentración. Antes de decidir que una exposición es perfectamente aceptable y no requiere medidas preventivas, conviene tener presente que la exposición existe a partir del valor 0 de I o del % EMP y que, como ya hemos comentado, la filosofía de actuación requiere reducir la exposición al mínimo, evitando la simplificación de que un índice menor que 1 (o un % EMP menor que 100%) significa una exposición segura.

Ya hemos dicho que la política a aplicar es la de la mejora continua, siempre, evidentemente, que sea razonable. Sin embargo, existen razones técnicas que justifican la necesidad de repetir la evaluación al cabo de un periodo de tiempo, aun habiéndose obtenido un resultado inferior al valor límite. Ello es debido a que la concentración ambiental es siempre una magnitud muy variable, y a que el daño del cual se pretende proteger se manifiesta después de un periodo largo de exposición. En consecuencia, el hecho de que un día, o un conjunto de días próximos en el tiempo, haya dado un resultado de exposición inferior al límite admisible, no es una garantía de que a lo largo del tiempo la exposición será inferior al límite.

El procedimiento que describimos en la Tabla 13 se recomienda como un procedimiento de rutina para evaluar exposiciones laborales a agentes químicos, si se cumplen las condiciones siguientes:

- que la concentración referenciada a una jornada de 8 horas represente realmente la exposición laboral,
- que todos los índices de exposición sean inferiores a la unidad,
- que las condiciones en el lugar de trabajo se repitan regularmente,
- que las características de la exposición no cambien con el tiempo,
- que las diferentes condiciones de trabajo se hayan evaluado por separado.

**Tabla 13.** Toma de decisiones según la determinación del índice de exposición (I)

| Toma de decisiones | |
|---|---|
| Número de muestras inicial pequeño | |
| 1. Obtener la concentración media de una jornada ($C_8$) | |
| 2. $I_1 = C_8$/VLA-ED | |
| $I_1 \leq 0{,}1$ | **Riesgo aceptable**<br>Improbable que se supere el VL. |
| $I_1 > 1$ | **Riesgo inaceptable**<br>Corregir la exposición |
| $0{,}1 < I_1 \leq 1$ | Obtener dos $C_8$ más |
| 4. $I_1$ y $I_2$ y $I_3 \leq 0{,}25$ | **Riesgo aceptable** |
| 5. ($I_1$) o $I_2$ o $I_3 > 1$ | **Riesgo inaceptable**<br>Corregir la exposición |
| 6. ($I_1$) y $I_2$ y $I_3 \leq 1$ | Hallar la media geométrica<br>$MG = \sqrt[3]{I_1 \times I_2 \times I_3}$ |
| 7. MG $\leq 0{,}5$ | **Riesgo aceptable** |
| 8. MG $> 0{,}5$ | **Riesgo incierto**<br>Obtener un nuevo índice y seguir desde 4 |

La toma de decisiones que acabamos de exponer se puede resumir en que (siempre que se trate de unas condiciones de trabajo totalmente repetitivas):

- Es lo mismo: 1 día < 0,1 o 3 días < 0,25 o media geométrica de 3 días < 0,5.
- Solo que una medición dé por encima de 1 hay que corregir.
- En todos los casos que dé incertidumbre (mediciones entre 0,5 y 1), se puede controlar la situación a base efectuar mediciones a menudo para asegurarnos que no llegamos a 1. No tenemos una situación "segura", pero sí "controlada".

Todo el proceso de evaluación de la exposición por inhalación se basa habitualmente en la norma UNE-EN 689 Atmósferas en el lugar de trabajo. Directrices para la evaluación de la exposición por inhalación de agentes químicos para la comparación con los valores límites y estrategia de la medición, que también se trata en la Guía Técnica del INSHT.

# Capítulo V
# Agentes químicos: control de la exposición

Xavier Guardino Solà

## Introducción

En el planteamiento de la actuación en higiene industrial, el paso siguiente a la evaluación de riesgos, e íntimamente unido a ella, son las medidas de corrección destinadas a eliminar o reducir al máximo la exposición a los agentes químicos en el lugar de trabajo. Bien es cierto que, incluso antes de la propia evaluación, en el proceso previo de identificación ya se han podido tomar medidas sencillas destinadas a la eliminación de aquellos riesgos que lo sean de manera fácil.

En este capítulo, revisamos las técnicas y los procedimientos aplicables para evitar o disminuir la exposición de los trabajadores a agentes químicos, lo que habitualmente se conoce como control de la exposición, en el sentido de implantar o ejecutar acciones eficaces para prevenir riesgos y mantener esta situación a lo largo del tiempo y en cualquier circunstancia. También trataremos, al final del capítulo, la gestión del control biológico como herramienta complementaria del control de las exposiciones, entendida en este caso como adquisición de información sobre la posible exposición y la bondad de las medidas de control de la misma para, así, comprobar que garantizan que la exposición se ha eliminado o que se mantiene dentro de unos límites tolerables.

Las acciones de control se pueden agrupar según el elemento sobre el que actúan, es decir, el agente químico en sí mismo, el proceso o instalación, el local o zona de trabajo y el método de trabajo. En el método de trabajo se incluyen, además de los procedimientos operativos, que sería el método en sentido estricto, los equipos de protección individual y otros elementos de los que depende la magnitud del riesgo y que están muy ligados al método, como son el tiempo de exposición o la rotación de puestos.

El planteamiento anterior permite una clasificación de las técnicas y métodos de control en cuatro grandes grupos: acciones sobre el agente químico, cuyo objetivo es evitar su presencia; acciones en el proceso, cuyo objetivo es eliminar o reducir la emisión al ambiente; acciones en el local o ambiente, cuyo objetivo es mantener la concentración ambiental del contaminante en un valor seguro; y acciones en el método de trabajo, cuyo objetivo es evitar el contacto directo entre el contaminante y el trabajador.

Pretendemos dar una visión de todas las técnicas aplicadas al control de la exposición, incluyendo, como hemos mencionado antes, el control biológico de la exposición.

Como resumen final y a modo de simplificación, podemos decir que se trata de actuar sobre la fórmula del cálculo del índice (I) de exposición para que este sea lo más bajo posible:

$$I = \frac{C \times t_e}{VLA - ED \times 8} \quad (1)$$

Para ello, podemos disminuir la concentración a la que están expuestos los trabajadores ($<C$), o bien, disminuir el tiempo de exposición ($<t_e$) o, finalmente, cambiar el producto por otro menos peligroso (>VLA-ED, o >VLA-EC, según el caso).

**Una empresa con productos peligrosos**

En la empresa química REACTAL S.A., con una plantilla de 50 trabajadores, 36 en planta, a tres turnos, se trabaja en un proceso discontinuo preparando lotes de un producto precursor de un principio activo para uso farmacéutico.

La operación que se lleva a cabo consiste en una reacción que utiliza benceno como disolvente y fosgeno (cloruro de carbonilo) como reactivo, para obtener la fijación del grupo carbonilo (-CO) a la molécula de partida. El proceso dura alrededor de unas 6 horas y consiste en: llenado del reactor con benceno ultrapuro y calentamiento a 50°C; adición del producto de partida, sólido en lentejas importado de Corea del Sur y de un grado de pureza del 79%; adición del fosgeno (fase gas) mediante borboteo, hasta alcanzar un presión de 150 kPa a una temperatura de 65°C. Se controla el desarrollo de la reacción, manteniéndose la presión citada a base de calentar el medio, ya que el fosgeno va reaccionando con la materia prima de partida. Al cabo de 6 horas, se da la reacción por concluida. Se procede al filtrado del precipitado y se extrae el producto de interés por destilación por arrastre de vapor. Finalmente, se procede a la limpieza a fondo del reactor, antes de preparar un nuevo lote.

Para la evaluación higiénica se han tomado muestras ambientales, ya que en el estudio previo se ha comprobado que, dada la movilidad física de los trabajadores en el recinto donde se halla ubicado el reactor, este tipo de muestreo es suficiente para estimar la exposición del conjunto de los 6 trabajadores que, entre los 12 del turno, cumplen las condiciones para considerarse como un grupo homogéneo de exposición.

A modo de ayuda, hemos elaborado una lista de las posibles acciones de corrección a tener en cuenta:

**1)** Sustitución de productos
**2)** Actuación en fase de proyecto: elección de equipos (máquinas) adecuados. Diseño de instalaciones adecuado
**3)** Mantenimiento: preventivo, periódico, efectivo, rápido
**4)** Modificación del proceso: automatización, circuito cerrado, métodos húmedos
**5)** Encerramiento: encapsulamiento
**6)** Aislamiento: separación, aumento de la distancia
**7)** Extracción localizada
**8)** Ventilación general/por dilución
**9)** Limpieza
**10)** Alarmas
**11)** Formación e información
**12)** Rotación
**13)** Encerramiento del trabajador
**14)** Protección personal

### Ejemplo 1

Se han determinado los índices de exposición siguientes para una jornada de 8 horas:

| | |
|---|---|
| **Benceno** | I = 0,9 |
| **Fosgeno** | I = 1,0 para VLA-ED |
| | I = 1,3 para VLA-EC descarga del gas (15') |
| | I = 0,4 para VLA-EC destilación por arrastre de vapor (15') |
| | I = 0,6 para VLA-EC limpieza del reactor (15') |

Siendo los valores límites:

| | |
|---|---|
| **Benceno** | VLA-ED = 1 ppm (C1A, M1B) |
| **Fosgeno** | VLA-ED = 0,02 ppm |
| | VLA-EC = 0,1 ppm |

Al respecto, nos planteamos las siguientes preguntas que hemos de ser capaces de responder al terminar el capítulo:

**1.** ¿Deben aplicarse acciones correctivas?

**2.** En caso de respuesta afirmativa: ¿sobre qué agentes se debe actuar?, ¿cuáles podrían ser estas medidas?, ¿con qué prioridad entre ellas deberían aplicarse?, ¿deberían aplicarse medidas urgentes?

**Solución**

**Una empresa con productos peligrosos**

**1. ¿Deben aplicarse acciones correctivas?**

Sí, por descontado.

**2. En caso de respuesta afirmativa**

**¿Sobre qué agentes se debe actuar?**

Sobre el benceno, ya que aunque I sea <1, es una sustancia cancerígena y siempre se debe reducir al máximo la exposición, y sobre el fosgeno, ya que $I_{VLA\text{-}ED}$ es = 1 y en una operación (descarga del gas) se $I_{VLA\text{-}EC} > 1$.

**¿Cuáles podrían ser estas medidas?**

Planificar la sustitución del benceno como disolvente de la reacción.

Tomar medidas para reducir la exposición a benceno mediante encerramiento, aislamiento o extracción localizada encima del reactor.

Tomar medidas para reducir la exposición a fosgeno durante la descarga de gas, preferiblemente por extracción localizada durante la operación.

Aumentar o implantar la ventilación general para reducir en su conjunto la exposición a ambos contaminantes, especialmente para obtener un $I_{VLA\text{-}ED}$ para el fosgeno < 1.

**¿Con qué prioridad entre ellas deberían aplicarse?**

En primer lugar, sustitución del benceno, y en segundo lugar reducir la exposición a fosgeno durante la descarga del gas y en el conjunto de la operación.

**¿Deberían aplicarse medidas urgentes?**

Dado que las soluciones propuestas no son de aplicabilidad inmediata (especialmente la sustitución del benceno como medio de reacción, lo cual puede requerir estudios de una cierta complejidad y prolongados en el tiempo) debe suministrarse a los trabajadores EPI respiratorios de manera inmediata y con el máximo grado de protección (clase III A y B).

## 1. Visión global de las técnicas de control. Prioridades

Antes de abordar la descripción de las diferentes técnicas de control de la exposición a agentes químicos, conviene reflexionar sobre la prioridad con que debemos aplicarlas. En la Figura 1 se resumen los principios básicos de actuación. Esta priorización no se basa solamente en los principios generales de la acción preventiva aplicados a los agentes químicos, sino que la propia legislación así lo refleja. La legislación básica en higiene industrial es el RD 374/2001 y su correspondiente Guía Técnica del INSHT.

**Figura 1.** Principios de la acción correctora en higiene industrial

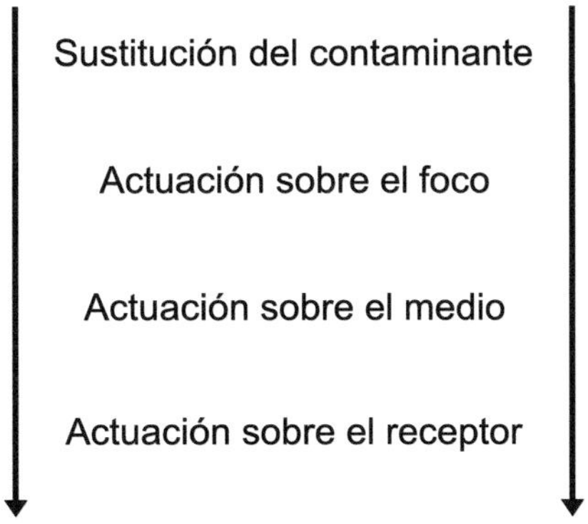

La aplicación del principio de sustitución está totalmente generalizada en la práctica preventiva, existiendo gran cantidad de ejemplos sobre su utilización que comentaremos más adelante. Sustituir significa cambiar el agente químico por otro no peligroso o menos peligroso, aunque también puede aplicarse al propio proceso, sustituyéndolo por otro que nos garantice la ausencia de generación del contaminante al ambiente.

Por lo que se refiere a la actuación sobre el foco de emisión, es la primera medida a considerar de cara a que, aunque se trabaje con un producto que no ha podido sustituirse, se evite que dicho producto pase al medio, actuando directamente sobre el foco empleando técnicas de cerramiento, aislamiento, trabajo en circuito cerrado, etc. que garanticen la no emisión del agente al medio. La extracción localizada en el foco, cuando se aplica correctamente, es también una medida que, aunque en realidad es sobre el medio, nos permite evitar también la presencia del agente.

La actuación sobre el medio reúne una serie de acciones que inciden de manera importante en la reducción de la exposición de los trabajadores. Estas medidas pueden ser de orden técnico, como la extracción localizada ya comentada o la ventilación general, pero también de tipo organizativo y administrativo, como la reorganización del trabajo o del área de trabajo, alejando, por ejemplo, los trabajadores del foco contaminante, la reducción del tiempo de exposición, la rotación de puestos de trabajo, etc.

Finalmente, cuando las anteriores medidas no se han podido aplicar o han resultado insuficientes, se recurre a la utilización de los equipos de protección individual (EPI). Su utilización implica que no hemos eliminado o reducido suficientemente el riesgo y colocamos una barrera entre un medio "hostil" y el trabajador. Aunque no todos los EPI presentan los mismos requerimientos, ya que no es lo mismo protegerse de un líquido irritante para la piel con un guante adecuado que utilizar una máscara con filtros para un tipo determinado de aerosol, o un equipo de protección respiratoria independiente del medio ambiente para trabajar en atmósferas altamente contaminadas, no hemos de olvidar nunca que un fallo en un EPI representa una exposición segura por parte de su usuario. Por otro lado, cabe remarcar que su gestión no es sencilla, ya que pesa mucho en ella el comportamiento del usuario del equipo, con posibilidades limitadas en muchos casos de su control.

## 2. Aplicación de las técnicas de control

Entrando ya más en detalle, en la Tabla 1 presentamos las técnicas de control en un orden de prioridad (de arriba hacia abajo) y, para cada prioridad, en orden de preferencia (de izquierda a derecha). Para esta priorización, hemos partido del hecho totalmente demostrado por la experiencia de que son preferibles los controles técnicos a los basados en la organización del trabajo debido a su mayor fiabilidad. En este capítulo, daremos una visión resumida de la mayoría de estas técnicas y profundizaremos en la ventilación (general y localizada) y en la gestión de los EPI.

**Tabla 1.** Técnicas de control

| | | Acción sobre | | |
|---|---|---|---|---|
| **Técnica de control** | **Agente contaminante** | **Proceso de Instalación** | **Local de trabajo** | **Método de trabajo** |
| Eliminación | Sustitución total | Sustitución del proceso | Redistribución en planta | • Automatización<br>• Robotización<br>• Control remoto |
| Reducción | • Sustitución parcial<br>• Cambio de presentación | • Modificación del proceso<br>• Mantenimiento preventivo | Orden y limpieza | • Buenas prácticas de trabajo<br>• Información<br>• Formación<br>• Motivación<br>• Supervisión |
| Aislamiento | | • Cerramiento o Separación<br>• Cabinas de seguridad | Segregación de departamentos sucios | |
| Ventilación | | • Extracción localizada<br>• Extracción tipo *push-pull*<br>(empuje-arrastre) | • Ventilación por dilución<br>• Duchas de aire<br>• Cortinas de aire | Herramientas con extracción local incorporada |
| Impedir la exposición | | | Cabinas para los trabajadores | Horarios reducidos |
| Protección individual | | | | • EPI de vías respiratorias<br>• Guantes<br>• Ropa de trabajo |

Los títulos de cada fila del cuadro indican el objetivo final que se alcanza con la aplicación de las acciones incluidas en la fila, de ahí el orden de prioridades por filas indicado antes, y que, por otra parte, es el que se deduce de lo establecido en la legislación vigente, como también se ha comentado en el apartado anterior. La idea que pretendemos transmitir es que, desde un punto de vista preventivo, no debemos contemplar la posibilidad de aplicación de una técnica hasta que todas las técnicas de las filas superiores se han puesto en práctica o se han descartado por ser inviables técnica o económicamente.

La inviabilidad técnica o económica de una acción correctora es, evidentemente, un concepto relativo que debe analizarse en cada caso concreto. Por ejemplo, la instalación de un equipo de extracción localizada para una operación que dura unas horas y se lleva a cabo una vez por semana, puede que no esté económicamente justificada para un taller del sector del metal, pero quizás sea asumible para una gran empresa del mismo sector, que puede utilizarla para otros cometidos con mayor frecuencia. Igual ocurre con las inversiones destinadas a mejoras tecnológicas, solamente asumibles por las grandes empresas. En consecuencia, no podemos dar normas generales sobre la inviabilidad; lo que sí es exigible es que se estudie la posibilidad y se llegue a una conclusión basada en datos objetivos, aplicándose el sentido común en cada caso.

### 1) Eliminación

La eliminación implica la desaparición física del agente químico de lo siguiente:

- El proceso o máquina que lo emite al ambiente.
- La organización del taller en el que ocurre.
- El procedimiento de trabajo.

Esta eliminación implica su sustitución por otro producto, proceso, distribución o método de trabajo. Lleva consigo la desaparición del riesgo, aunque el nuevo producto, proceso o método tendrá riesgos (menores) y habrá que prever otras medidas de un nivel más bajo de jerarquía para el nuevo producto, proceso o tarea. En el caso expuesto al principio, la opción más correcta sería la eliminación de la presencia de benceno en el proceso.

**2) Reducción**

Las acciones de reducción implican la disminución de:

- La velocidad de generación.
- La cantidad del agente químico emitido en el ambiente de trabajo.

Este tipo de acciones también pueden aplicarse en el:

- Agente
- Proceso
- Ambiente general del taller
- Diseño de las tareas

También son preferibles las que su eficacia no depende, o es poco dependiente, de la intervención humana. En el caso expuesto, podríamos aplicar esta acción reduciendo la velocidad de adición del fosgeno, siempre, evidentemente, que ello fuera posible según la cinética de la reacción.

**3) Aislamiento**

Aislamiento significa la interposición de una barrera física entre la zona de generación de la contaminación y la zona respiratoria de los trabajadores. Las cabinas de laboratorio son un ejemplo de técnicas de aislamiento. En el caso expuesto, se trataría de estudiar la posibilidad de aislar el reactor del resto de la nave.

**4) Ventilación**

Ventilación es la renovación del aire de un local o recinto, práctica muy habitual para disminuir la presencia de agentes químicos en un local, aunque debe considerarse siempre después de las anteriores. Sus principales limitaciones son que:

- El agente sigue presente.
- Se sigue emitiendo.
- Cualquier fallo o cambio no previsto puede dar lugar a exposiciones.

En consecuencia, la ventilación tiene limitaciones y no es un método de control muy seguro. En el caso expuesto, podríamos reducir las exposiciones medidas aumentando la ventilación de la nave, aunque no lograríamos eliminar la exposición a benceno.

**5) Impedir la exposición**

Impedir la exposición significa la aplicación de técnicas que evitan la exposición de los trabajadores a un ambiente contaminando, pero sin modificarlo. Solo son aplicables en el ambiente general de trabajo o en el método de trabajo. Las cabinas para trabajadores o la sectorización son métodos que impiden la exposición sin modificar la contaminación del ambiente. También se podría estudiar su aplicación en el caso expuesto.

**6) Protección individual**

Los equipos de protección individual (EPI) solo deben ser contemplados como técnica para el control de riesgos higiénicos cuando todas las demás posibilidades son inviables. Por ejemplo:

- Para realizar ciertas tareas de limpieza.
- Para algunas intervenciones en situación de emergencia.

Los EPI también pueden utilizarse como auxiliares o complementos a otras acciones de control, es decir, se utilizan como medida de protección suplementaria, no como técnica de control. Por ejemplo, en las empresas químicas suele ser habitual el uso indiscriminado y en todas las zonas de la fábrica de gafas de seguridad frente a posibles salpicaduras; obviamente se trata de una medida de protección suplementaria, puesto que las salpicaduras no estarán previstas como situaciones habituales, sino todo lo contrario. Para el control de los riesgos debidos a la exposición a agentes químicos, los EPI aplicables son:

- Los equipos de protección de las vías respiratorias.
- Los guantes de protección.
- La ropa de trabajo.

Con estos equipos se pretende evitar el contacto del agente con el trabajador por cualquier vía sin necesidad de modificar ni el ambiente ni el tiempo ni la forma de exposición.

El caso expuesto es un buen ejemplo para recomendar la utilización de EPI respiratorios hasta que no logremos la implantación de otras medidas de protección colectiva.

## 3. Acciones sobre el agente químico

En primer lugar, debemos considerar que hay una serie de normas reglamentarias que prohíben o restringen el uso de productos considerados peligrosos: amianto, cancerígenos y otros. En segundo lugar, la aplicación del principio de sustitución, de base legal y práctica, que "obliga" a la sustitución de cualquier producto peligroso por otro que no lo sea o que lo sea menos.

### 3.1. Sustitución

En la Tabla 2, relacionamos ejemplos históricos de sustituciones llevadas a cabo a lo largo del tiempo. Como ya hemos comentado, la sustitución no hace referencia exclusivamente a los productos, sino también a tecnologías y procedimientos de trabajo.

**Tabla 2.** Ejemplos históricos de sustitución

| |
|---|
| • Sustitución de PCB en los transformadores eléctricos. |
| • Eliminación del benceno en los disolventes. |
| • Sustitución del amianto por otros tipos de materiales aislantes. |
| • Eliminación de metales tóxicos en pinturas. |
| • Eliminación de disolventes orgánicos de los pegamentos. |
| • Limpieza de piezas por medios mecánicos*. |
| • Desengrase alcalino en lugar de con disolventes. |
| • Sustitución por sustancias menos volátiles (isocianatos). |
| • Empleo de prepolímeros en lugar de monómeros. |
| • Sustitución de CFC por agua ultrapura para limpieza de circuitos en la industria electrónica. |

* Cabe recordar que la sustitución puede aplicarse también al propio proceso.

En todo caso, en la sustitución se debe evitar que el nuevo producto implique un cambio de riesgos en vez de su eliminación. En la Tabla 3 indicamos los elementos a considerar cuando se plantea una sustitución de producto. Obviamente, siempre se debe partir de la premisa de que el sustituto sea adecuado desde el punto de vista técnico. La experiencia nos enseña que productos de uso tradicional son sustituidos por otros productos diferentes para cada aplicación del producto sustituido.

Debemos insistir en que un producto puede tener distintos sustitutos según sus usos. Un caso típico es del amianto, que ha sido sustituido por distintos tipos de fibras, según el uso. Las primeras fibras empleadas que reproducían hasta cierto punto las características tecnológicas del propio amianto resultaron ser igualmente peligrosas.

**Tabla 3.** Aspectos a considerar en la sustitución de un producto

| | |
|---|---|
| **Críticos** | • Disponibilidad de información toxicológica suficiente.<br>• Manifiesta menor toxicidad por cualquier vía.<br>• Sin efectos cancerígenos, mutagénicos o tóxicos para la reproducción conocidos.<br>• Sin efectos sensibilizantes conocidos.<br>• Sin efectos corrosivos o irritantes fuertes.<br>• No genera otros agentes de mayor toxicidad.<br>• No tiene efectos aditivos o sinérgicos con otros productos presentes en el proceso.<br>• No incrementa el peligro de incendio o explosión. |
| **Recomendables** | • Permite el cerramiento del proceso.<br>• Posee menor presión de vapor (líquidos y vapores).<br>• Permite manipularlo por vía húmeda (polvos y fibras).<br>• Permite manipularlo a menor presión o temperatura.<br>• Mayor facilidad de limpieza.<br>• Mayor facilidad en la medida de la concentración en aire.<br>• Permite el control biológico de las exposiciones. |
| **Otros** | • Modificaciones de las instalaciones de almacenamiento<br>• Modificaciones de las condiciones de transporte.<br>• Implicaciones en las emisiones atmosféricas.<br>• Implicaciones en la gestión de los residuos. |

Como paso intermedio hacia la sustitución total de un producto tóxico, es habitual pasar por una serie de fases en las que se disminuye progresivamente su proporción en los productos manipulados. Por ejemplo, antes de llegar a la desaparición total del amianto, aparecieron productos intermedios en los que la proporción de amianto fue disminuyendo progresivamente; algo similar ocurre actualmente con el contenido en metales pesados de las pinturas y también se observa una tendencia a reducir el uso de disolventes volátiles.

Desde un punto de vista preventivo, no es correcto rechazar una sustitución parcial alegando que hasta que no sea total no vale la pena. Si se obtiene una reducción de la exposición de los trabajadores, el efecto es inmediato en la mejora de las condiciones de trabajo y, por tanto, debe implantarse.

En el caso expuesto, la necesidad de la sustitución del benceno por otro medio de reacción se hace imprescindible, aunque requerirá estudios previos, puesto que el disolvente de una reacción orgánica interviene activamente en su cinética.

### 3.2. Cambio de presentación

Una alternativa al uso de agentes químicos pulverulentos para lograr una menor emisión de contaminación es manejarlos en forma de pastas, o gránulos compactados o por vía húmeda; con ello se reducen, de forma significativa, las emisiones de polvo y se simplifican las tareas de limpieza. También hay una importante tendencia al uso de prepolímeros, menos volátiles, en lugar de los monómeros en procesos de polimerización.

## 4. Acciones sobre el proceso o instalación

Modificar un proceso o una instalación para mejorarlo desde el punto de vista preventivo suele ser muy complicado. Además de vencer las lógicas resistencias sobre cambios de hábitos, nuevas necesidades formativas, etc., no hay que olvidar los costes que ello puede representar y que a veces son difíciles de justificar si las mejoras no son muy considerables. Lo ideal es que los requisitos de prevención se tengan en cuenta desde el principio en el proceso de diseño de una nueva instalación. Cualquier medida preventiva añadida cuando la instalación ya está en marcha suele ser menos efectiva y más cara que si se hubiera contemplado desde la fase de proyecto.

La experiencia más reciente en el campo de los laboratorios, por ejemplo, indica que es muy importante incorporar, desde el inicio del proyecto, a los que en el futuro serán los "usuarios" de la instalación, es decir, a quienes trabajarán en ella, a fin de que su experiencia permita poner de manifiesto y dar soluciones a los problemas que los proyectistas, desde sus despachos, suelen olvidar.

Las características fundamentales de un proceso que se pueden considerar favorables de manera general, para una buena prevención de riesgos, son las siguientes:

- Emplear procesos cerrados, preferiblemente en depresión.
- Trabajar a menor temperatura y/o presión.

- Evitar agitación o borboteos en depósitos abiertos.
- Manipular por vía húmeda los sólidos pulverulentos.

Aunque acabamos de comentar las dificultades inherentes a la modificación de un proceso en marcha y, en muchos casos, los cambios importantes de proceso pueden ser realmente inviables, no por ello debemos descartar que se puedan emprender modificaciones parciales o ajustes que pueden ser muy efectivos para la protección de los trabajadores. Son ejemplos de ello:

- Reducir la altura de la caída en las transferencias de materiales pulverulentos.
- Modificar la velocidad de agitación de los mezcladores.
- Minimizar la presión del aire en el pintado aerográfico o utilizar un sistema *air-less* (sin aire).
- Pulverizar agua en forma de niebla en zonas de generación de polvo como las transferencias en cintas transportadoras, las brocas de perforación de roca, los martillos picadores, etc.

Es difícil hacer una lista cerrada de modificaciones asequibles, pero hay que contar también con la imaginación y capacidad de iniciativa de los responsables de una instalación adecuadamente formados e incentivados para la aplicación de mejoras preventivas.

En el caso expuesto, deberíamos proceder a un estudio a fondo del conjunto del proceso para detectar las modificaciones que produjeran mejoras.

### 4.1. Mantenimiento

Cualquier instalación dejada a su evolución natural tiende siempre a empeorar, axioma que también se cumple en lo que se refiere a las emisiones de contaminantes al ambiente. De ahí la importancia del mantenimiento.

El mantenimiento, en la línea de actuación que estamos comentando, es fundamental en todas sus facetas. Un mantenimiento mal planeado aumenta la posibilidad de fugas y derrames en juntas, uniones, estopadas, bridas, etc. Dado que es una tarea "pasiva", solo se ve cuando falla algo y si se hace bien no se nota, debe insistirse permanentemente en su correcta aplicación, no solo a las instalaciones directamente productivas, sino también a las ligadas a la protección de la salud como son las de ventilación. Una instalación de extracción localizada, o de ventilación general de un taller, tiene que tener el mismo tratamiento que una instalación ligada directamente a la producción.

Por lo que se refiere al **mantenimiento correctivo**, debe tenerse en cuenta que las operaciones de mantenimiento mal ejecutadas son, en sí mismas, un foco de contaminación tanto para los trabajadores que las ejecutan como para los trabajadores del proceso. Los residuos que pueden quedar en el lugar, si no se ha planeado su recogida, también pueden convertirse en un foco de contaminación. Atención también a las reparaciones provisionales; muchas veces se transforman en definitivas con toda la perentoriedad que ello representa y son el origen de muchos problemas, no solo de contaminación, sino también de seguridad. Debemos concienciarnos de que pequeñas averías o ligeros defectos de funcionamiento, cuya incidencia en la capacidad de producción no es significativa, pueden ser muy importantes en lo que se refiere a la exposición de los trabajadores del proceso, y deben darle la importancia que se merecen.

Por lo que se refiere al **mantenimiento preventivo**, es, como se expone en todos los manuales de gestión de mantenimiento, la solución ideal: actuar antes de que haga falta. Su correcta aplicación está muy relacionada con la estructura de funcionamiento de la empresa y su, valga la redundancia, cultura "preventiva". Dentro de este tipo de mantenimiento, se incluye el llamado **mantenimiento predictivo**, basado en utilizar instrumentación o realizar ensayos y controles que permitan detectar un fallo antes de que suceda para dar tiempo a corregirlo sin perjuicios al servicio, ni detención de la producción, etc.

Actualmente, está muy en boga el concepto de **mantenimiento proactivo**, que tiene como fundamento los principios de colaboración, iniciativa propia, sensibilización y trabajo en equipo, de tal modo que todos los involucrados directa o indirectamente en la gestión del mantenimiento, técnicos, profesionales, ejecutivos y directivos y no solo el correspondiente departamento, conozcan y sean conscientes de las actividades que se llevan a cabo para desarrollar las labores de mantenimiento.

En el caso expuesto al principio, deberíamos proceder a una revisión a fondo de la instalación y de su estado de mantenimiento. La experiencia indica que la presencia en aire de agentes químicos es debida, a menudo, a pequeñas fugas provocadas por desajustes de la instalación por falta de mantenimiento adecuado.

## 4.2. Cerramiento del proceso

Trabajar en proceso cerrado significa que no hay contacto entre el agente químico y el ambiente. La implantación de procesos cerrados y estancos y, preferiblemente, a presión negativa es la herramienta más contundente a la hora de asegurar una ausencia de contaminación. En la Figura 2 se presentan cuatro ejemplos de procesos cerrados.

**Figura 2.** Ejemplos de procesos cerrados

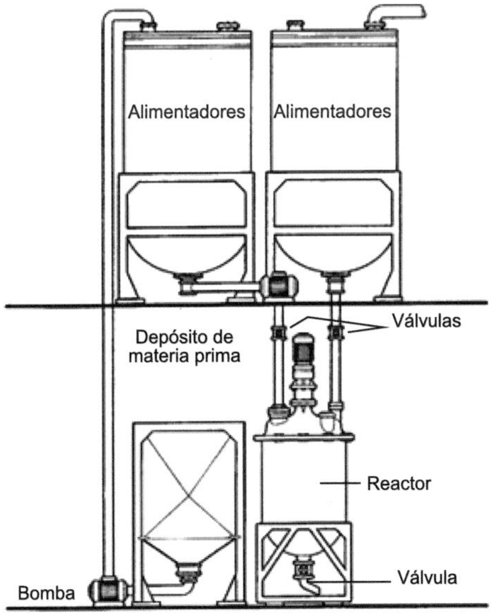


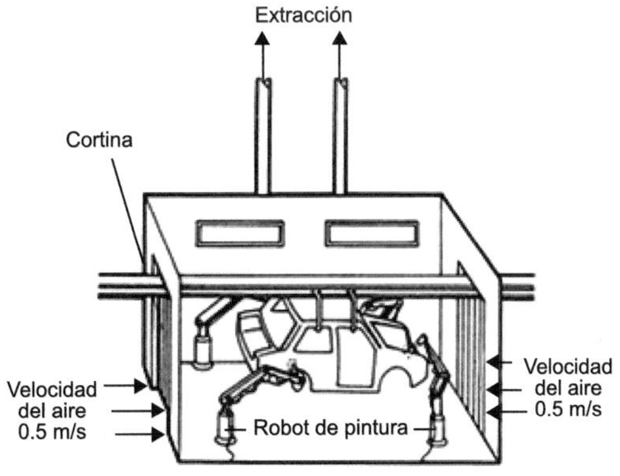

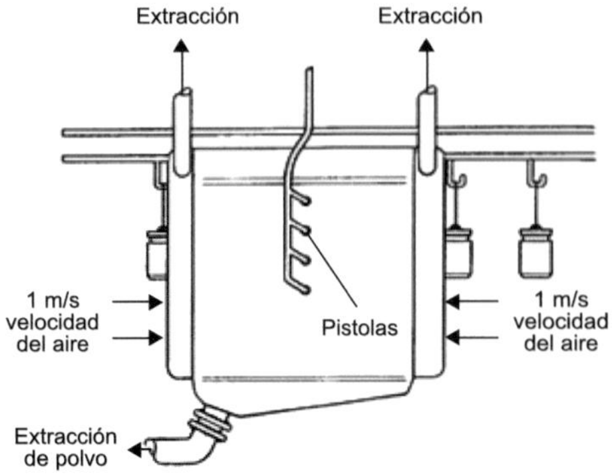


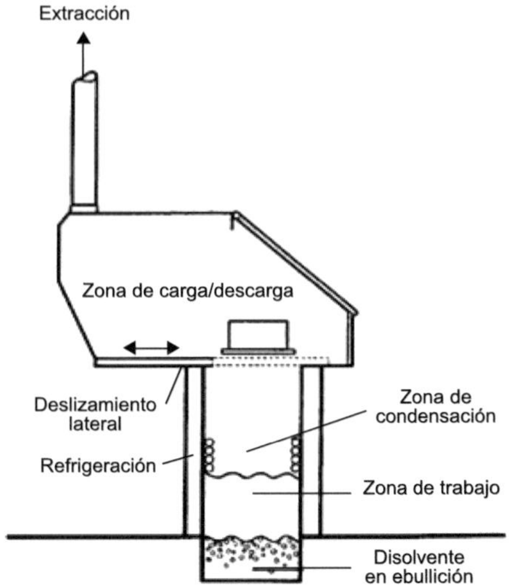


Tomado de: Comisión Europea: Directrices prácticas de carácter no obligatorio sobre la protección de la salud y la seguridad de los trabajadores contra los riesgos relacionados con los agentes químicos en el trabajo.

Cuando el proceso no es estanco en origen, se puede proceder a su cerramiento, que puede ser total o parcial, acompañado en ocasiones por una extracción localizada que cumple dos funciones: evitar el paso del contaminante al ambiente por aspiración y mantener la zona protegida en depresión. Son ejemplo de ello: las cabinas construidas para contener una máquina, las instalaciones de dosificación y mezcla, las cubiertas de cintas transportadoras y similares.

En el caso expuesto, habría que ver las posibilidades de cerrar la zona del reactor.

## 4.3. Cabinas de seguridad

Un caso particular de aislamiento del proceso muy utilizado en laboratorios es el trabajo en cabinas, llamadas también vitrinas de seguridad (ver la Figura 3). La instalación o el aparato que genera la contaminación se sitúa en el interior de un recinto dotado de aspiración. Para trabajos corrientes con materiales de baja o media toxicidad, el cerramiento es parcial y se puede manipular en el interior a través de la ventana de acceso, quedando la contención asegurada por la aspiración de aire. Para trabajos con materiales de elevada toxicidad, el cerramiento es completo y la manipulación en su interior se realiza mediante manipuladores telecomandados o con guantes acoplados a la propia cabina. En el léxico de laboratorios se denominan "aisladores".

**Figura 3.** Vitrina de seguridad de laboratorio

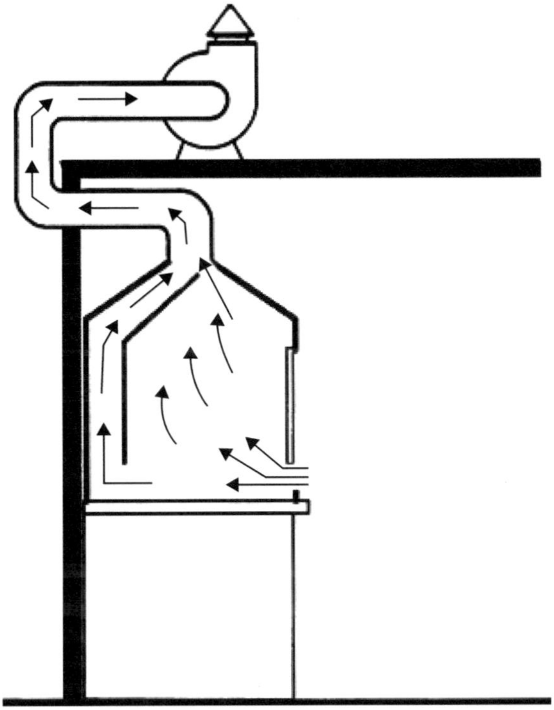

Tomado de INSHT (1997). *Seguridad y condiciones de trabajo en el laboratorio.*

### 4.4. Extracción localizada

En esencia consiste en situar, próxima al lugar donde se produce la emisión del contaminante, una campana de aspiración de aire con el objetivo de que la corriente de aire creada por la aspiración arrastre el contaminante hacia la campana, evitando su dispersión al ambiente. Es una técnica muy utilizada y por ello le dedicaremos un apartado completo en este capítulo.

En el caso expuesto, la aplicación de extracción localizada en los puntos (y momentos) en que se puede generar contaminación sería una buena solución.

### 4.5. Ventilación en *push-pull*

Es un caso particular de extracción localizada que consiste en combinar un chorro de aire con una aspiración; de ahí el anglicismo: empuje-arrastre (ver la Figura 4). El chorro de aire dirige el aire contaminado hacia la zona de extracción y aumenta la eficacia de esta que, como veremos al tratar la extracción localizada, es muy baja.

**Figura 4.** Ventilación en *push-pull*

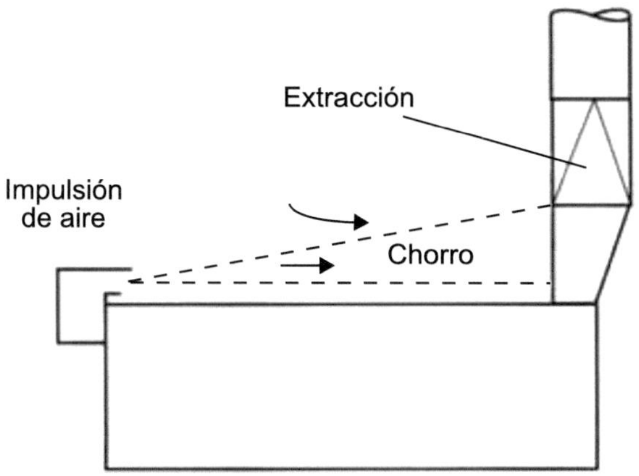


Tomado de INSHT (2002). *Higiene industrial.*

## 5. Acciones en el local de trabajo

Ya hemos comentado que cambiar un proceso es una operación que, aunque pueda reportar importantes mejoras en la reducción de la exposición, es una acción compleja y que implica normalmente una serie de estudios previos. Sin embargo, hay otras acciones más sencillas sobre el lugar de trabajo cuya elaboración y aplicación pueden ser mucho más fáciles.

### 5.1. Rediseño de la distribución en planta

La experiencia nos indica que, en muchas fábricas, la distribución en planta y las operaciones auxiliares de transporte interno y almacenamiento no son consecuencia de un análisis lógico del proceso de producción, sino el resultado histórico de las sucesivas ampliaciones y modificaciones. Una visita, por parte de personas externas a la fábrica, puede hacer caer en la cuenta de una enorme cantidad de actividades y distribuciones que se podrían mejorar y que los responsables de la misma no perciben porque siempre lo han visto así y han seguido una lógica determinada al ir ampliando las instalaciones.

Son principios fundamentales para evitar una manipulación excesiva de los productos, que degenerará previsiblemente en emisiones innecesarias de contaminantes al ambiente, los siguientes:

- Mantener en circulación la mínima cantidad posible de materiales.
- Simplificar al máximo las líneas de transporte interno.
- Evitar los almacenamientos de productos intermedios.

## 5.2. Limpieza de instalaciones y maquinaria

Junto con el orden, la limpieza es una medida preventiva importante siempre. Ahora bien, cuando se trabaja con contaminantes particulados es fundamental, ya que no solamente se inhalan las partículas pequeñas y de baja densidad que "flotan" en el aire, sino también las que se depositan en el suelo y demás superficies y, de allí, pasan de nuevo al ambiente por corrientes de aire o el desplazamiento de objetos móviles y personas. Mantener un perfecto estado de limpieza es aún más importante cuando se trabaja con sustancias pulverulentas de elevada toxicidad, como la sílice, el plomo o el amianto. En la normativa específica de este último, se menciona detalladamente la necesidad de las operaciones de limpieza.

La limpieza cuidadosa debe extenderse también a la ropa de trabajo, en la que los contaminantes sólidos o líquidos pueden acumularse y, desde allí, pasar al ambiente a causa de los roces que provoca el movimiento del propio trabajador o bien al entrar en contacto con su piel.

La limpieza de la materia particulada sólida debe hacerse con métodos húmedos, siempre con sistemas de aspiración con filtración adecuada (nunca barrer ni soplar con aire comprimido) o una combinación de ambos; en cualquier caso, el material debe ser recogido y tratado de acuerdo con su peligrosidad. El simple riego del suelo o el barrido cambian de sitio el polvo y no son eficaces desde el punto de vista preventivo.

En caso de derrames o vertidos accidentales, tanto de sólidos como de líquidos, las acciones de limpieza tienen una función decisiva. Los líquidos se evaporan y generan contaminación y, si se trata de disoluciones, al evaporarse el disolvente quedan en el lugar sus componentes. El mejor método es utilizar productos absorbentes que no solamente empapen el líquido, sino que también absorban la parte volátil del vertido, facilitando la recogida completa del líquido derramado.

## 5.3. Segregación de zonas

Aislar las zonas donde se llevan a cabo operaciones potencialmente contaminantes en un recinto específico separado del resto es otra herramienta de gestión importante. Los motivos son:

- En esta zona, es posible aplicar medidas preventivas particulares, más efectivas y económicas que si estas operaciones se realizaran junto a otras en una nave común.
- Permite minimizar el número de personas expuestas, que se limita a quienes permanecen o trabajan en el local en cuestión.
- Es más fácil gestionar la utilización de los EPI.

En el caso expuesto, habría que ver si fuera posible que segregáramos la zona del reactor del resto de la nave. Sería una buena solución para reducir (o eliminar) la exposición de los trabajadores no involucrados directamente en el trabajo con el reactor.

## 5.4. Ventilación general

Ya hemos comentado la ventilación general como herramienta de prevención frente a la exposición por inhalación de agentes químicos, y a ella dedicaremos también un apartado específico en este capítulo. Cabe comentar aquí que todo local debe disponer reglamentariamente de ventilación, estando fijados unos valores mínimos que hay que considerar como lo que son: mínimos de ventilación de aplicación general en todos los lugares de trabajo y no son valores que aseguren un ambiente sin contaminar en cualquier trabajo. Si en un caso particular se decide utilizar la ventilación general como técnica para evitar o reducir exposiciones a agentes químicos, el criterio de eficacia debe ser eliminar o reducir al máximo la exposición.

En el caso expuesto, como ya hemos dicho, mejorando la ventilación general podríamos reducir la exposición a benceno y fosgeno, pero no eliminarla.

## 5.5. Duchas y cortinas de aire

Las duchas de aire consisten en proyectar sobre la zona ocupada por el trabajador una corriente de aire fresco a baja velocidad para evitar molestias, pero suficiente para evitar que el aire contaminado pueda llegar a su zona respiratoria tal como mostramos en la Figura 5. Su aplicación práctica es muy limitada, ya que exige que los trabajadores ocupen un lugar fijo y un local en el que no haya corrientes de aire que puedan alterar el chorro de la ducha de aire. Para evitar estas dificultades, existe un sistema de impulsión de aire acoplado a un casco con pantalla, que comentaremos al tratar los EPI.

**Figura 5.** Ducha de aire

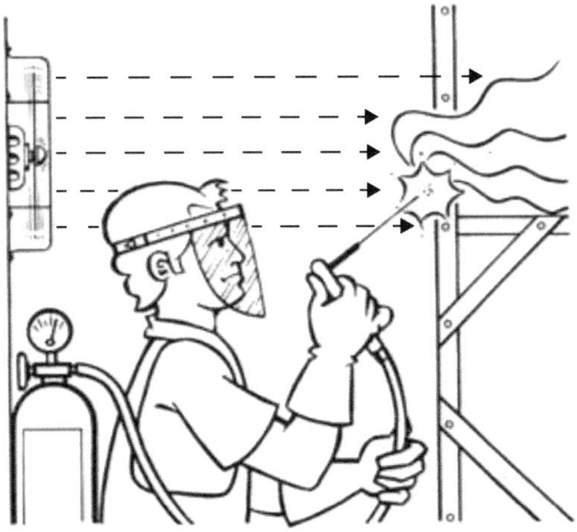

Tomado de INSHT (2002). *Higiene industrial.*

Las cortinas de aire son un sistema alternativo a las barreras físicas; consisten en crear chorros de aire verticales con impulsión y aspiración alrededor de una máquina o proceso con el objeto de evitar la dispersión de los contaminantes generados al resto del local; se trata de una barrera invisible, como las utilizadas en las entradas de los grandes almacenes, para evitar la fuga de aire acondicionado por la puerta e impedir la entrada de aire exterior no tratado. Hay que contemplarlas como lo que son: meras barreras.

### 5.6. Cabinas de control

Si no se puede actuar de manera eficaz en un recinto, puede acudirse a la ubicación de los trabajadores en un espacio debidamente protegido, aislado del resto del local, usando las llamadas cabinas de control. Cuando los trabajadores salen del recinto protegido, deben emplear EPI.

## 6. Acciones en los métodos de trabajo

La última columna de la Tabla 1 relaciona las acciones sobre los métodos de trabajo. Todas ellas tiene una carga importante de gestión que requiere una organización segura en la empresa, así como las acciones de información y formación que deben realizarse de manera permanente.

### 6.1. Automatización

Los procedimientos de trabajo que entrañan peligro pueden eliminarse mediante automatización, robotización o control remoto. Desde el punto de vista de la prevención de riesgos laborales, si no hay trabajadores, no hay riesgo. La robotización de las operaciones de soldadura y pintura en la industria del automóvil es el ejemplo típico, pero también lo son la automatización de los procesos de dosificación y mezcla de componentes o los brazos manipuladores para la carga y extracción de piezas en los procesos de moldeo o extrusión de plásticos y muchos otros.

La automatización, y sobre todo la robotización, no se pueden llevar a cabo sin la correspondiente nueva evaluación de riesgos, puesto que también tienen riesgos asociados, quizá no de exposición a agentes químicos, pero sí de seguridad o ergonomía.

## 6.2. Buenas prácticas de trabajo

Las buenas prácticas de trabajo, en este contexto, significan comportamientos tales como los que citamos, a título de ejemplo, a continuación:

- Mantener los recipientes cerrados.
- Utilizar los instrumentos adecuados para evitar derrames en los trasvases.
- Realizar las operaciones en las cabinas o en el radio de acción de las aspiraciones dispuestas a tal fin.
- Mantener cerradas las tapas de depósitos o baños cuando no es imprescindible que estén abiertas.

Estos comportamientos, y otros similares, que parecen de una lógica aplastante y llenos de sentido común, desgraciadamente no se observan con demasiada frecuencia en muchos lugares de trabajo.

Un procedimiento de trabajo debe ser intrínsecamente seguro y modificarse en este sentido siempre que sea necesario. Otro aspecto fundamental es su aplicabilidad; para ello, es necesario un proceso de información, formación y motivación. El trabajador debe ser consciente de los riesgos asociados a su trabajo, saber cómo puede evitarlos, someterse a un periodo de aprendizaje y conocer las consecuencias de no usar los medios preventivos puestos a su disposición. Los procedimientos que no se practican son, en el fondo, procedimientos mal diseñados.

En el caso expuesto, una revisión de los procedimientos de trabajo nos podría deparar algunas sorpresas, detectando, por ejemplo, acciones incorrectas o inseguras que aumentaran el paso de los contaminantes al ambiente.

## 6.3. Información y formación

Las acciones de formación e información son tan imprescindibles en este campo como en tantos otros. Debe tenerse en cuenta que las exposiciones a agentes químicos son en muchos casos indetectables y a menudo no tienen un efecto apreciable inmediato, por lo que solo el trabajador informado puede reconocer la importancia de las medidas preventivas. En el caso expuesto, habría que ver el nivel de información de los trabajadores sobre las características de peligrosidad del benceno y el fosgeno y su conocimiento de las acciones de prevención y protección a llevar a cabo para evitar o reducir al máximo su exposición.

### 6.3.1. Información

La información ha de concretarse, al menos, en dos medidas específicas. En primer lugar, los productos químicos han de recibirse etiquetados según la normativa vigente, es decir, indicando claramente los riesgos y las medidas preventivas a adoptar. En segundo lugar, han de estar a disposición de los trabajadores las Fichas de Datos de Seguridad (FDS), elaboradas por el fabricante o el comercializador del producto.

La reglamentación sobre la información del riesgo químico se basa en los reglamentos de la UE REACH y CLP.

### 6.3.2. Formación

La formación es tan necesaria como la información, y el empresario debe tener garantías de que toda la información necesaria para desarrollar un trabajo con seguridad está en poder del trabajador, este lo ha asimilado y lo practica en el lugar de trabajo de manera permanente; es decir, que está formado para aplicar correctamente la información que ha recibido. Es obvio que no es suficiente conocer cuáles son los riesgos; hay que saber cómo actuar frente a ellos. En la Tabla 4, presentamos un resumen de los requerimientos fundamentales de información y formación para una adecuada gestión del riesgo químico.

**Tabla 4.** Gestión del riesgo químico

| Información y formación imprescindibles | |
|---|---|
| 1) | Instrucciones para realizar correctamente la actividad |
| 2) | Información sobre los riesgos intrínsecos de los productos |
| 3) | Información sobre los riesgos de las operaciones |
| 4) | Información sobre los riesgos de las instalaciones |
| 5) | Instrucciones sobre cómo prevenir los riesgos |
| 6) | Instrucciones sobre cómo protegerse de los peligros |
| 7) | Instrucciones sobre cómo actuar en caso de emergencia |
| 8) | Instrucciones sobre cómo eliminar los residuos/evitar emisiones |

El objetivo de la formación como técnica preventiva no es impartir conocimientos, sino lograr un cambio de comportamiento. Ello requiere, además de las acciones de los expertos en formación, el compromiso de la cadena jerárquica de la empresa para vigilar y exigir el cumplimiento de las normas y procedimientos, y valorar si su incumplimiento no es consecuencia de una desidia inherente al trabajador sino que aquellas son difíciles de cumplir por su contenido o los condicionantes del entorno.

## 6.4. Reducción del tiempo de exposición

Puesto que reduciendo el tiempo de exposición, a igualdad de todo lo demás, se reduce el riesgo, teóricamente es posible recurrir a la rotación de puestos de trabajo. Si el control de las exposiciones se basa en una rotación de puestos o en una disminución de horario, paralelamente han de ponerse en marcha los sistemas de control administrativo que aseguren que el reparto del tiempo de exposición va a producirse realmente para que el control sea eficaz.

Esta política, llamada por algunos críticos con ella, de socialización del riesgo, debe estar justificada desde el punto de vista técnico, aplicándose mayoritariamente en casos de elevada contaminación en los que los EPI puedan resultar insuficientes, como en los grandes accidentes químicos, y, sobre todo en el campo de la contaminación radioactiva.

### 6.5. Consideración final

Las técnicas de control de riesgos higiénicos que hemos expuesto son solamente una visión general del conjunto de posibilidades y dan unos criterios de aplicabilidad muy generales. No obstante, hay tres técnicas que son de uso muy frecuente y que cualquier higienista deberá acometer para solucionar un problema de control de riesgos higiénicos. Estamos haciendo referencia a la ventilación general, a la extracción localizada y a la utilización de los equipos de protección individual, que desarrollamos ampliamente en los puntos siguientes.

## 7. Ventilación general

La ventilación es el proceso de suministrar y eliminar aire de un espacio por medio de medios naturales o mecánicos; sus objetivos pueden ser varios:

- Reemplazar el aire contaminado (viciado) con aire limpio.
- Evacuar los contaminantes del local.
- Evitar la dispersión de los contaminantes hacia zonas no deseadas.
- Diluir el contaminante existente en el aire del local.
- Regular las condiciones termohigrométricas del local.

Para lograrlos, podemos utilizar:

- Ventilación natural

- Chimeneas pasivas
- Extracción mecánica
- Impulsión mecánica
- Extracción y suministros mecánicos

El parámetro fundamental de la ventilación es el caudal de ventilación, es decir, la cantidad de aire de renovación (limpio, nuevo o exterior) por unidad de tiempo que entra en el local. El segundo parámetro es la eficacia: una medida de la capacidad del caudal de aire de ventilación para ocupar todo el local.

### 7.1. Aplicaciones de la ventilación general

El fundamento de la ventilación general consiste en mezclar el aire contaminado presente en las proximidades del foco de generación con aire limpio, con la finalidad de obtener concentraciones más bajas; por este motivo, también se identifica esta técnica con el nombre de **ventilación por dilución**. Es evidente que un sistema de estas características no permite controlar con exactitud la concentración de contaminante que habrá en los distintos puestos de trabajo y, por ello, no se recomienda su empleo cuando el contaminante en cuestión es muy tóxico, como el benceno y el fosgeno del caso planteado.

La ventilación general debe considerarse adecuada únicamente en aquellos casos en que los contaminantes son de baja toxicidad, su generación ocurre en muchos puntos del local y se encuentran en pequeñas concentraciones. Es, pues, el método a emplear en aquellos locales en los que se pretende eliminar el aire viciado, como en granjas cerradas, oficinas, talleres de confección, aulas y lugares públicos como cafeterías, restaurantes o recintos deportivos.

El Reglamento de Lugares de Trabajo establece que la renovación mínima del aire en los locales de trabajo será de 30 $m^3$ de aire limpio por hora y trabajador (8/l/s por trabajador), en el caso de trabajos sedentarios en ambientes no calurosos ni contaminados por humo de tabaco, y de 50 $m^3$/h y trabajador (14l/s por trabajador) en los demás casos a fin de evitar el aire viciado y los olores desagradables. Establece, además, unos valores máximos de velocidad del aire de 0,25 m/s para trabajos en ambientes no calurosos; 0,5 m/s para trabajos sedentarios en ambientes calurosos; y 0,75 m/s para trabajos no sedentarios en ambientes calurosos.

Indica, asimismo, que estas renovaciones mínimas se cumplirán sin perjuicio de lo establecido por el Reglamento de Instalaciones de Calefacción, Climatización y Agua Corriente Sanitaria (RD 1618/1980), sustituido posteriormente por el Reglamento de Instalaciones Térmicas en Edificios (RITE; RD 1751/1998, sustituido, a su vez por el **RD 1027/2007**). Este último, en sus Instrucciones Técnicas, concretamente en la **IT 1.1.4.2** referente a la calidad del aire interior, considera válido lo establecido en el procedimiento de la norma **UNE-EN-13779**.

## 7.2. Requerimientos mínimos de ventilación

Hay que tener presente que los valores impuestos por la legislación, aparte de ser de obligado cumplimiento, son valores mínimos y no valores que aseguren ausencia de contaminación en cualquier circunstancia. Es tarea del higienista decidir si la ventilación general es una técnica adecuada en un caso concreto y, en ese supuesto, indicar cuál es el valor correcto de la tasa de ventilación para lograr un objetivo predeterminado, que en nuestro caso es la ausencia de riesgo por exposición a agentes químicos.

La Norma UNE-EN-13779 (ver la Tabla 5) establece unos caudales de aire "limpio" en función de unos objetivos de calidad del aire, basados en la **concentración de $CO_2$** y los **decipoles**, pensados para ambientes en los cuales la contaminación procede exclusivamente de la ocupación humana.

**Tabla 5.** Caudales de aire exterior según UNE-EN-13779

| Categoría | Calidad | ppm $CO_2$ +[$CO_2$] aire exterior | Decipols | TAE por persona (no fumadores) | TAE por persona (fumadores) | TAE o transferido por m² |
|---|---|---|---|---|---|---|
| IDA 1 | Alta | < 400 | <1 | >15 | >30 | * |
| IDA 2 | Media | 400 – 600 | 1,0 – 1,4 | 10 – 15 | 20 – 30 | > 0,7 |
| IDA 3 | Moderada | 600 – 1000 | 1,4 – 2,5 | 6 – 10 [8] | 12 – 20 [14] | 0,35 – 0,7 |
| IDA 4 | Baja | >1000 | >2,5 | < 6 | <12 | < 0,35 |

Coincide con RD 486/97 (8 y 14)

**IDA**: aire interior
**TAE**: tasa de aire exterior en l/s
*: no aplicable

Un **olf** (del latín *olfactus*), unidad de confort odorífico, es la tasa de emisión de los contaminantes (bioefluentes) producidos por una persona estándar: un adulto de edad media que trabaja en una oficina o en un puesto de trabajo de tipo no industrial similar, sedentario y en un ambiente térmico neutro, con un nivel de higiene personal equivalente a 0,7 baños al día. Se escogió la contaminación producida por el ser humano porque los bioefluentes emitidos por una persona eran suficientemente conocidos y se disponía de abundantes datos sobre la insatisfacción causada por estos bioefluentes. Cualquier otra fuente de contaminación puede ser expresada por el número de personas estándar (olfs), necesario para causar la misma insatisfacción que la fuente de contaminación que se trata de evaluar.

Dado que la concentración de los contaminantes del aire depende de la fuente de contaminación y de la dilución ocasionada por la ventilación, a continuación se definió el **decipol** (del latín **pollutio**), que es la contaminación causada por una persona estándar (1 olf) con una tasa de ventilación de 10 l/s de aire no contaminado.

## 7.3. Control de exposiciones con ventilación general

A continuación, revisamos algunos principios básicos a tener en cuenta cuando nos planteemos controlar exposiciones a agentes químicos empleando ventilación general.

### 7.3.1. Entradas/salidas de aire

Cuando extraemos aire de un local, hemos de prever una entrada de aire que sustituya al que hemos extraído, y cuando impulsamos aire en un local, hemos de prever su salida. En caso contrario, la ventilación es absolutamente ineficaz. De ello tenemos ejemplos en todas partes.

En el ámbito doméstico, el extractor de la campana de la cocina no extraerá los humos si no hay posibilidad de entrada de aire, proveniente de la calle o del resto de la vivienda. Igual ocurre con una chimenea de leña: no "tirará" si en la sala no hay facilidades para la entrada de aire que sustituya al eliminado por convección por la chimenea. En el ámbito industrial ocurre lo mismo: no lograremos eliminar aire contaminado de un taller, por potentes que sean los ventiladores, si no hemos previsto una entrada de aire al mismo.

Estos movimientos (corrientes) de aire pueden tener, además, requerimientos de climatización, según la época del año y las condiciones climáticas del lugar que, obviamente, hay que prever. No se puede decidir, después del correspondiente cálculo, suministrar 10.000 $m^3/h$ de aire exterior para ventilar un taller ubicado en una zona en la que las temperaturas habituales en invierno están por debajo de 0°C, sin calentarlo.

Una regla aplicable para la disposición más habitual (ventiladores que extraen aire del local y entradas a través de superficies abiertas) es que el tamaño total de las aberturas en metros cuadrados debe ser superior al caudal de aire expresado en metros cúbicos por hora dividido por 4.000, y que estas aberturas deben permanecer abiertas continuamente para asegurar una correcta ventilación.

**Ejemplo 2**

En un taller de 300 $m^2$ en que se realiza el pegado con disolvente de telas asfálticas para aislamientos, se ha calculado que la renovación de aire requerida para mantener la concentración del disolvente por debajo del 10% de su valor límite ambiental es de 10.000 $m^3/h$. El taller dispone de 10 aberturas practicables de 0,4 m × 1 m. ¿Cuántas de estas aberturas practicables deben mantenerse abiertas para lograr un adecuado funcionamiento de la extracción de aire?

$10.000/4.000 = 2{,}5\ m^2$
$0{,}4\ m \times 1\ m = 0{,}4\ m^2$
$2{,}5\ m^2/0{,}4\ m^2 = 6{,}25$

Deben mantenerse permanentemente abiertas 7 aberturas de las 10 existentes.

### 7.3.2. Situación de los extractores

Los extractores han de distribuirse más o menos uniformemente por todo el local, al igual que las entradas de aire. Si no se hace así, unas zonas estarán mucho más ventiladas (provocando incluso corrientes de aire molestas) que otras, siendo la eficacia muy baja, a pesar de un consumo energético muy alto.

### 7.3.3. Caudal de ventilación

Cuando se pretenda reducir la concentración de un contaminante específico, debe tenerse en cuenta que el caudal de aire a extraer ha de ser en función de la cantidad de contaminante que se genera, es decir, la cantidad de contaminante que pasa al aire en forma de vapor o aerosol, aunque en general no se recomienda la ventilación general para la eliminación de materia particulada.

El cálculo del caudal necesario para controlar exposiciones a agentes químicos puede efectuarse empleando la siguiente expresión:

$$Q = K\frac{G}{C} \qquad (2)$$

siendo:

Q: Caudal de ventilación a emplear en metros cúbicos por hora.

G: Cantidad de contaminante que se genera en miligramos por hora.

C: Concentración admisible en el ambiente, en miligramos por metro cúbico.

K: Factor de seguridad, cuyo valor oscila entre 2 y 10 (ver la Tabla 6).

Cuando la concentración del contaminante en aire viene expresada en ppm, debe procederse al correspondiente paso a mg/m$^3$, y, al revés para el cálculo de K, utilizando las fórmulas:

$$ppm \,/\, \mathrm{VM} \times \mathrm{PM} = mg \,/\, m^3 \qquad (3)$$

$$ppm \,/\, m^3 \,/\, \mathrm{PM} \times \mathrm{VM} = ppm \qquad (4)$$

siendo VM el volumen molar (24,04 a 20°C) y PM el peso molecular de la sustancia.

**Tabla 6.** Tabla 6. Factor de seguridad en ventilación general

| Polvo* VLA ($mg/m^3$) | Gas - vapor VLA (ppm) | K según eficacia de la ventilación | | |
|---|---|---|---|---|
| | | Pobre | Mediana | Excelente |
| > 0,5 | > 500 | 6 | 4 | 2 |
| 0,1 - 0,5 | 100 - 500 | 7 | 5 | 3 |
| < 0,1 | < 100 | 10 | 8 | 6 |

*: como norma general, se desaconseja la utilización de ventilación general en exposiciones a polvo, nieblas y fibras.

**Ejercicio 3**

En un local de 40×5×4 m se ha comprobado que se consumen 100 g por hora de percloroetileno (PM: 166) empleado para el desengrase de piezas metálicas. Calculad el aporte de aire necesario para mantener la concentración del percloroetileno en aire por debajo del 10% de su valor límite ambiental para 8 horas (LEP-VLA-ED), que es de 172 $mg/m^3$ y teniendo en cuenta que el local no está compartimentado, por lo cual la eficacia de la ventilación puede considerarse excelente.

10% de 172 $mg/m^3$ = 17,2 $mg/m^3$
Aplicando (4)
172 $mg/m^3$ / 166 × 24,04 = 24,9 ppm
Cálculo de K [Tabla 6]
VLA: 24,9 y eficacia excelente, K = 6
Aplicando (2)
$Q = 6 \times (100 \times 10^3) / (172 \times 0,1) = 34.884\ m^3/h$

NOTA: El cálculo de la ventilación requerida mediante este procedimiento siempre nos dará valores muy altos, lo que está en consonancia con lo expuesto en el punto 7.1 sobre que la ventilación por dilución no es la adecuada para la eliminación de contaminantes peligrosos (con valores bajos de VLA).

En caso de existir más de un contaminante, la estimación del caudal requiere tener en cuenta este hecho. La regla a seguir es: estimar el caudal necesario para cada contaminante en función de sus velocidades de generación; si los contaminantes tienen efectos aditivos, el caudal necesario será la suma de los valores individuales; si los contaminantes tienen efectos independientes, se elegirá el mayor de todos ellos.

Observaremos que en la fórmula no aparece el volumen del local. Es así porque no influye en el caudal de aire a suministrar, pero sí influirá en el factor de dilución del contaminante en el aire. En locales pequeños (laboratorios compartimentados, salas limpias), la ventilación deberá ponerse en marcha casi en el mismo momento en que se inicie la generación del contaminante, mientras que en locales muy grandes (naves industriales, hangares), esta puesta en marcha se puede retardar e, incluso, podría no ser necesaria en operaciones cortas o con tasas de emisión de contaminante bajas.

### 7.3.4. Situación de las tomas de aire y descargas

No basta solamente prever entradas y salidas de aire, sino que también deberemos considerar de dónde viene el aire que entra en el local y a dónde va a parar el aire que extraemos. En el primer caso, puede ocurrir que el aire proviniera de un local más contaminado o de una calle con un gran nivel de tráfico y aire muy contaminado; este aire nos sería muy poco útil para reducir la contaminación del local. También el aire extraído puede tener requerimientos de tratamiento o la imposibilidad de que vaya a parar, por ejemplo, a áreas residenciales. Además, es necesario asegurar que el aire contaminado que se extrae no vuelve a introducirse en el local a través de las aberturas de admisión de aire fresco.

### 7.3.5. Distribución del aire

Los puntos de extracción y admisión de aire deben estar situados de tal forma que el aire pase a través de la zona contaminada. El trabajador ha de estar situado entre la entrada de aire y el foco contaminante. Ver unos ejemplos en la Figura 6.

**Figura 6.** Distribución del aire en un local

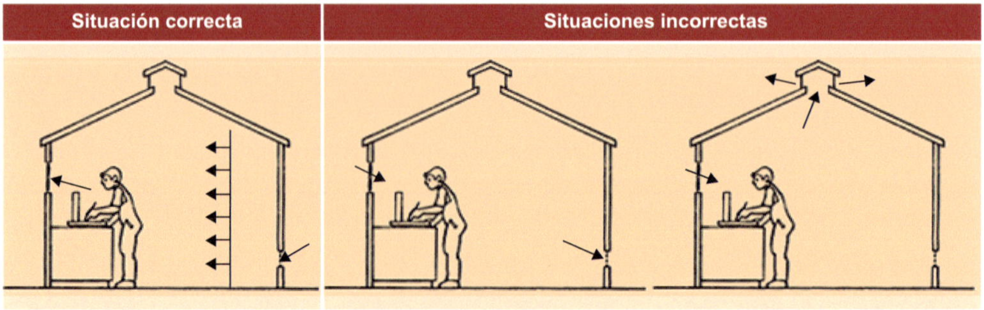


Una incorrección muy habitual, contenida en muchas normas vigentes, incluso en algunas de obligado cumplimiento, es especificar la ventilación de un local en términos de renovaciones por hora, que es el número de veces que se cambia todo el aire contenido en el local en una hora. Numéricamente, equivale al cociente de dividir el caudal de aire limpio ($m^3/h$) por el volumen del local ($m^3$). Es un procedimiento intrínsecamente incorrecto, ya que la cantidad de aire necesaria para eliminar de un local la contaminación presente en el ambiente depende de la cantidad de contaminación generada, no del volumen total de aire que pueda haber en el local; por ello, la forma correcta de indicar una tasa de ventilación en unidades de volumen de aire por unidad de tiempo y por unidad de generación de contaminante es: $m^3$/(h y persona) o $m^3$/(h y masa evaporada), nunca por unidad de volumen del local.

## 7.4. Resumen. Principios básicos de la ventilación general

A continuación, resumimos los principios básicos de la ventilación general.

**1)** Se puede ventilar mediante extracción, impulsión o una combinación de ambas.

**2)** La ventilación habitual es por dilución, aunque también se puede usar la ventilación por desplazamiento (ver la Figura 7).

**3)** El aire debe circular del lugar menos contaminado al lugar más contaminado.

**4)** Los lugares más contaminados deben permanecer en presión negativa (depresión) en relación con las áreas adyacentes.

**5)** El aire de entrada (limpio, del exterior) debe pasar primero por las zonas ocupadas y después por las zonas de emisión de contaminantes.

**6)** Si se trabaja por dilución, debe lograrse la máxima eficacia en la mezcla: ($C_{salida} = C_{media\ en\ el\ local}$).

**7)** Si se trabaja por desplazamiento, el punto 3 es imprescindible.

**8)** Cuando se ventila por extracción, debe conocerse el origen del aire de sustitución.

**9)** Cuando se ventila por impulsión debe conocerse el destino del aire saliente.

**10)** Para mantener lugares con aire limpio se debe ventilar por impulsión inyectando aire tratado.

**11)** La ventilación por desplazamiento permite mantener áreas totalmente limpias, no así la ventilación por dilución.

**12)** La ventilación general tiene una serie de inconvenientes que se resumen en el cuadro siguiente.

**Figura 7.** Tipos de ventilación general

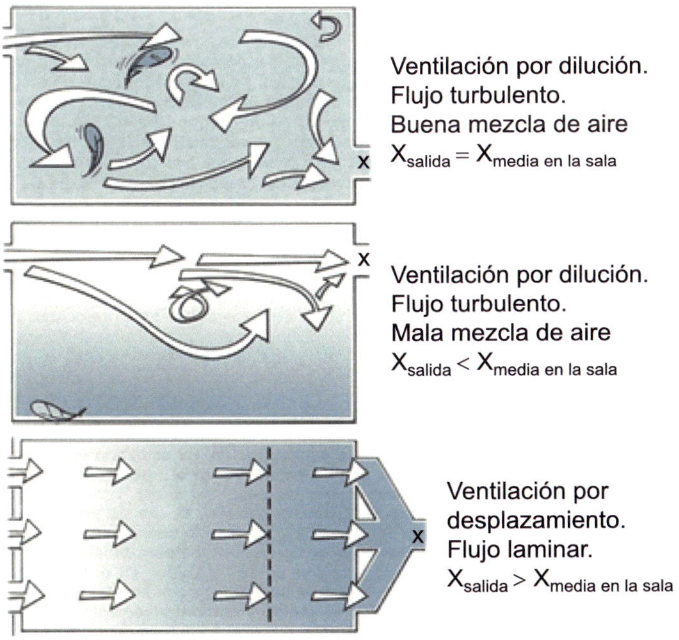

Los principales inconvenientes de la ventilación general son los siguientes:

- Valores muy elevados en ambientes "industriales".
- Puede requerir corrientes de aire elevadas (>0,75 m/s, RD 486/97).
- Consumo de energía elevado.
- Requerimientos de climatización.
- Se elimina aire ya diluido y/o tratado.
- Sirve de poco para agentes químicos peligrosos.
- Es inaplicable a aerosoles.

## 8. Extracción localizada

La ventilación localizada, llamada habitualmente extracción localizada, tiene como objetivo captar el contaminante en la proximidad inmediata del punto donde se ha generado (el foco contaminante), evitando así que se difunda al ambiente general del local. Es, con diferencia, el método más eficaz.

Los sistemas de extracción localizada constan de cuatro elementos principales, que esquematizamos en la Figura 8:

a) **Campana**: es la parte del sistema por medio de la cual son efectivamente captados los contaminantes. Aunque su forma puede ser muy diversa, a todas se les da el nombre genérico de "campanas".

b) **Conductos**: el aire extraído cargado de contaminante circula a través de una serie de conductos hasta llegar al depurador.

c) **Depurador**: aunque no siempre se instala, la protección del medio ambiente exige que todo sistema de extracción localizada disponga de un depurador que separe el contaminante del aire y expulse únicamente al exterior aire limpio.

d) **Ventilador**: para que el aire circule por la campana, los conductos y el depurador, es necesario que en el sistema exista un ventilador (extractor) que proporcione la energía necesaria para ello.

**Figura 8.** Componentes de un sistema de extracción localizada

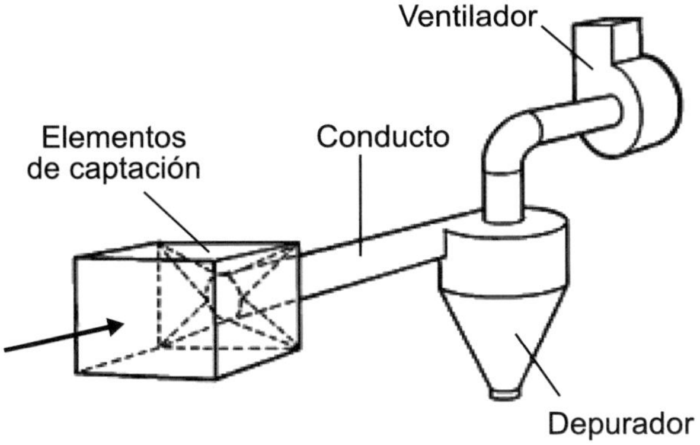


Un sistema de extracción localizada funciona correctamente cuando, en las inmediaciones del foco del cual se pretende captar el contaminante emitido, la concentración del contaminante se encuentra al nivel que había previsto el diseñador. Se dice entonces que el sistema de extracción es eficaz.

## 8.1. Campanas de extracción

En la ventilación por extracción localizada, se trata de producir una corriente de aire suficientemente elevada en los puntos donde se genera el contaminante para poderlo "arrastrar". Si esta velocidad es demasiado pequeña, parte del contaminante será arrastrado por las corrientes de aire que existen en todo local de trabajo y dispersada hacia el medio ambiente. Si, en cambio, la velocidad es demasiado elevada, la eficacia será grande, pero a costa de consumir mucha energía, generar mucho ruido y provocar corrientes de aire molestas.

Aspirar aire es una operación de rendimiento escaso, puesto que al punto de aspiración acude aire de todas partes, no solamente el que está "delante". Por ello, hay que ayudar a la aspiración aplicando medidas de "cerramiento" del lugar donde se está generando el contaminante mediante las campanas. Cuanto mayor nivel de cerramiento se logra, mayor es la eficacia en la captación del contaminante y menores los requerimientos de caudal de aspiración (ver la Figura 9).

**Figura 9.** Niveles de cerramiento de un campana

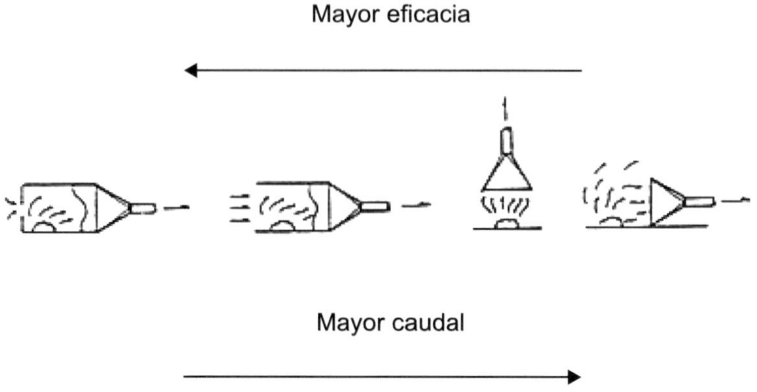


### 8.1.1. Dinámica de los contaminantes

La mayoría de gases y vapores son más pesados que el aire cuando se encuentran en estado puro. Una mezcla de aire y vapor en condiciones de saturación, como la que puede existir sobre la superficie de un tanque abierto, es más pesada que el aire y, en teoría, tendría tendencia a dirigirse hacia el suelo por la acción de la gravedad. Sin embargo, los fenómenos de mezcla y dilución con el aire hacen que, tan pronto como se aleja de la fuente de generación, la mezcla de aire y vapor tenga una densidad muy parecida a la del aire y, por tanto, los efectos de la gravedad sean despreciables.

Algo similar ocurre con las partículas sólidas y líquidas, aunque si nos referimos a partículas de pequeño tamaño (del orden de micras de diámetro), la fuerza de arrastre del aire es mucho mayor que la fuerza de la gravedad y, en consecuencia, las partículas se mueven siguiendo las corrientes de aire, y la acción de la gravedad también es despreciable.

En ambos casos, es mucho más determinante la temperatura del contaminante generado que su densidad. El humo de una chimenea o una hoguera siempre es ascendente debido al arrastre del flujo de aire caliente más ligero que el aire ambiente (convección). A modo de resumen, podemos decir que los contaminantes, tal como se presentan en el ambiente (partículas finas, gases o vapores), no tienen movimiento propio y siguen el movimiento de las corrientes de aire del local.

### 8.1.2. Velocidad de captura

Se llama velocidad de captura a la velocidad necesaria para conseguir el arrastre del aire contaminado hacia la campana de aspiración. Su valor depende de las condiciones en que se genera el contaminante y el estado de movimiento del aire en la zona. Cuanto mayor sea la agitación del aire (corrientes existentes en distintas direcciones), mayor deberá ser la velocidad de captura, ya que tiene que "dominar" al movimiento de aire existente para conseguir el efecto de arrastre. Las velocidades de captura recomendadas se resumen en la Tabla 7.

**Tabla 7.** Velocidades de captura recomendadas

| Condiciones de generación del contaminante | Velocidad de captura m/s |
|---|---|
| **Liberado sin velocidad en aire tranquilo** | 0,25 a 0,5 |
| **Liberado a baja velocidad en aire con movimiento moderado** | 0,5 a 1 |
| **Liberado con velocidad en aire en movimiento** | 1 a 2 |
| **Liberado a gran velocidad en aire muy agitado** | 2 a 10 (requiere análisis particulares) |

Tal como ya hemos dicho al hablar de la ventilación general, aquí también el aspecto fundamental es la eficacia obtenida en la captación del contaminante, que deberá ser mayor, cuanto más peligroso sea el contaminante. Ello puede llevar, cuando la situación lo requiera, a velocidades de captura muy elevadas, que se pueden conseguir empleando rendijas en la campana que, al disminuir la sección para un mismo caudal suministrado por el ventilador, permiten lograr velocidades mayores. Recordemos que:

$$Q = S \times v \qquad (5)$$

Donde:

Q = Caudal

S = Sección (área)

v = Velocidad

### 8.1.3. Diseño de la campana

La eficacia de todo el sistema de captación depende de la forma, el tamaño y la situación de la campana respecto al punto o zona en la que se genera la contaminación. En consecuencia, para diseñar una campana los criterios a tener en cuenta son:

**1)** La campana debe tener un tamaño comparable al del foco de generación y rodear al foco el máximo posible compatible con la tarea a realizar (ver la Figura 10).

**Figura 10.** Encerramiento de la descarga de una cinta transportadora

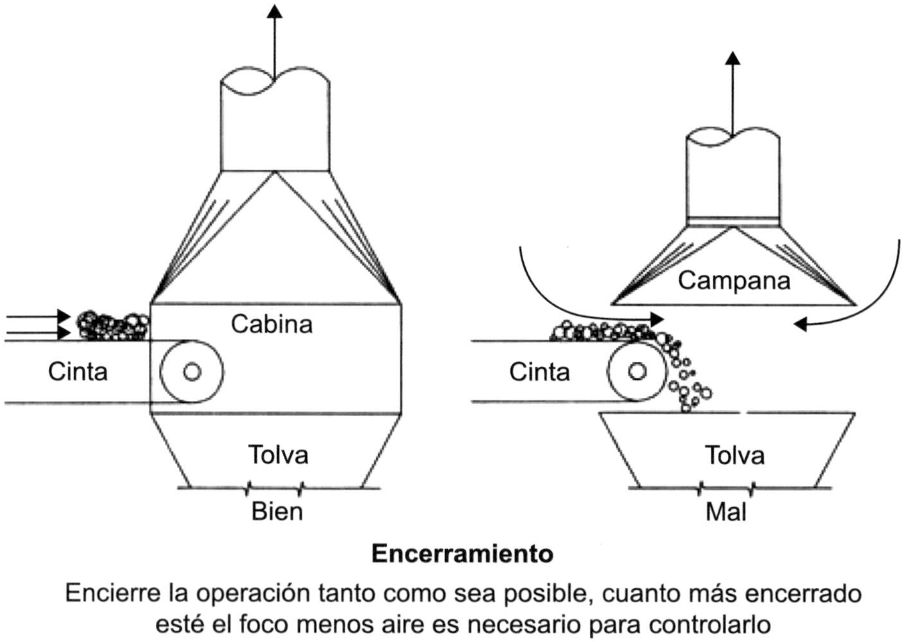


**2)** Si ello no es posible, la campana debe estar a la menor distancia posible del foco. Por lo general, es muy difícil conseguir campanas eficaces si la distancia al foco de generación es superior a la dimensión de la campana.

**3)** Si en el foco de generación existe una corriente de aire dominante, es conveniente situar la campana en esa dirección: por ejemplo, si el foco está a temperatura elevada, es conveniente situar la campana por encima del foco para aprovechar el flujo ascendente, o si el contaminante es proyectado, es conveniente situar la campana en la dirección de la proyección.

**4)** Para generar la velocidad de captura que necesitemos, el caudal de aspiración debe ser el suficiente. Para su cálculo, tiene que tenerse en cuenta el tamaño de la campana y la distancia al foco. La integración de todos estos factores lleva a la consecuencia de que el parámetro de diseño, y de control, más significativo de una campana es el caudal de aspiración. En la Tabla 8 se dan las fórmulas de cálculo de caudal recomendadas para campanas simples. Para estos cálculos, lo más práctico y eficaz es recurrir a los manuales de ventilación especializados y a los programas de cálculo que ofertan los propios fabricantes de campanas y ventiladores.

**Tabla 8.** Tipos de campanas y fórmulas de cálculo

| Tipo de campana | Descripción | Factor de forma W/L | Caudal |
|---|---|---|---|
| 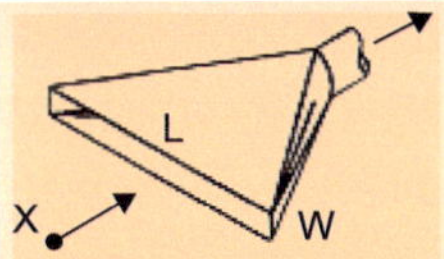 | Rendija | 0,2 o menos | Q = 3,7 LVX |
| 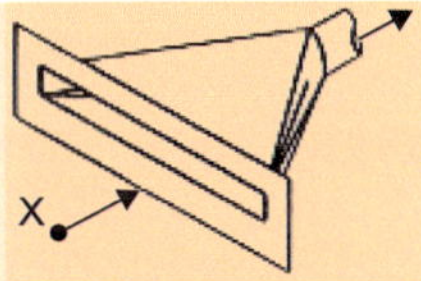 | Rendija con pestaña | 0,2 o menos | Q = 2,6 LVX |
| 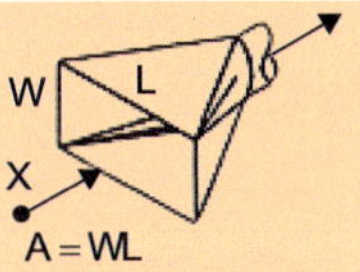 | Campana simple | 0,20 o superior y circular | $Q = V(10X^2 + A)$ |
| 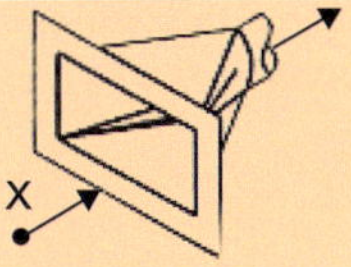 | Campana simple con pestaña | 0,2 o superior y circular | $Q = 0{,}75\ V(10X^2 + A)$ |
| 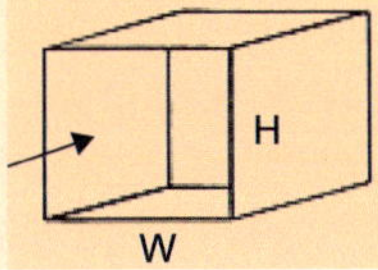 | Cabina | Adaptada a la operación | Q = VA = VWH |

| Tipo de campana | Descripción | Factor de forma W/L | Caudal |
|---|---|---|---|
| 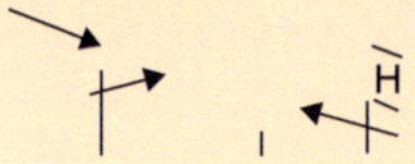  | Campana elevada | Adaptada a la operación | Q = 1,4 PVH<br>Ver VS – 903<br>P = Perímetro<br>H = Altura sobre la operación |
| 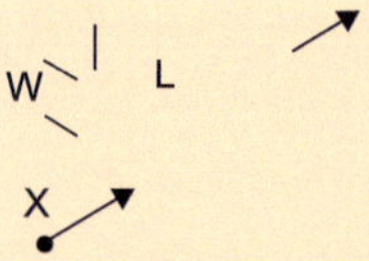  | Rendija múltiple. 2 o más rendijas | 0,2 o superior | $Q = V(10X^2 + A)$ |
| 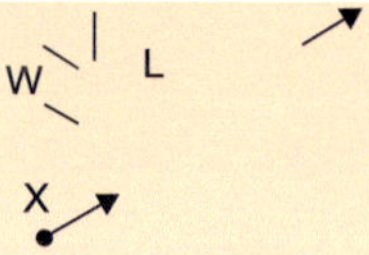  | Rendija múltiple con pestaña. 2 o más rendijas | 0,2 o superior | $Q = 0{,}75\ V(10X^2 + A)$ |

Tomado de INSHT (2002). *Higiene industrial.*

## Eficacia de las campanas

Una revisión de las fórmulas de la Tabla 8 nos da una serie de indicaciones:

**a)** Cuando en el cálculo interviene la distancia al foco (x), es decir, cuando el foco de generación es externo, dicha distancia es siempre elevada al cuadrado ($x^2$), lo que indica que la velocidad de aspiración disminuye muy deprisa al alejarse de la campana.

**b)** Como se verá más adelante, el uso de deflectores reduce el caudal necesario para una misma velocidad de captación.

**c)** Las campanas elevadas o suspendidas, para que sean eficaces, deben estar lo más cerca posible de la operación y tener el perímetro imprescindible, a no ser que el contaminante se genere a temperatura elevada y su rendimiento aumente por efecto de la convección.

### 8.1.4. Distribución de la aspiración

Para que una campana funcione correctamente, es necesario que el aire aspirado se distribuya de la forma más uniforme posible en toda la superficie de aspiración; lograr este resultado es complicado en campanas de gran tamaño (superiores a 1 m) a menos que se adopten precauciones especiales. La solución más habitual es disponer algún tipo de obstrucción al paso del aire en la entrada, generalmente en forma de rendijas, como se observa en la Figura 11. Como ya hemos indicado, estas, al disminuir la sección de aspiración, fuerzan una velocidad más elevada. Una vez el aire ha traspasado la rendija, la velocidad cae en la zona llamada pleno o *plenum*.

**Figura 11.** Campana con rendijas

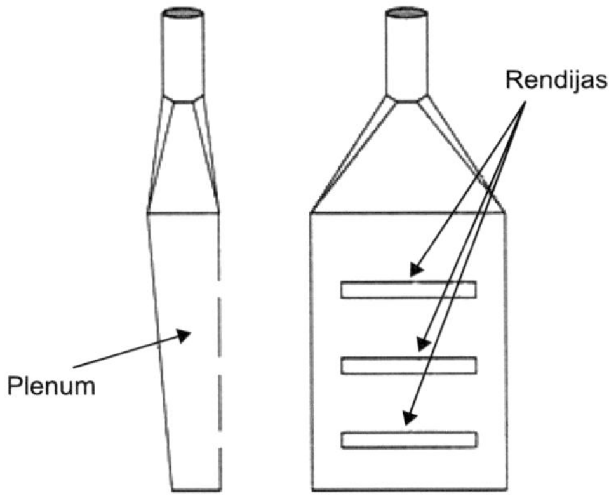


### 8.1.5. Uso de deflectores

**Figura 12.** Campana con deflectores

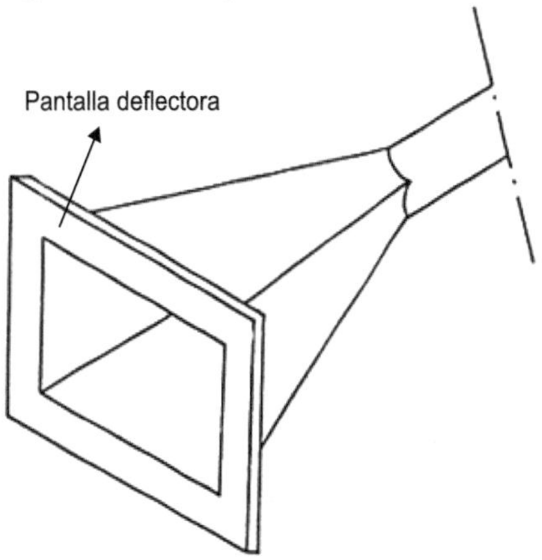


Ya hemos dicho que el rendimiento de la aspiración es bajo por captarse el aire de toda la zona alrededor del punto de aspiración. Una manera de reducir este efecto, aumentando el rendimiento de la aspiración, es utilizar deflectores o pestañas alrededor de la boca de aspiración. Un ejemplo del uso de deflectores se puede ver en la Figura 12, aunque ya aparecían en la Tabla 8 en la que presentábamos las diferentes fórmulas de cálculo del caudal y en las que se observa una disminución del orden de un 25-30% en el caudal requerido (para una misma velocidad de captura) al usar pestañas o deflectores.

## 8.2. Conductos

El aire aspirado por la campana (o campanas) se conduce a través de una red de conductos hasta el ventilador. Los conductos deben ser resistentes frente a los agentes químicos presentes y a la abrasión. Por lo que refiere a su sección, debe ajustarse a las posibilidades constructivas y tener en cuenta las velocidades de paso del aire en función del caudal establecido. Si la sección es pequeña, el coste constructivo es menor, así como la ocupación de espacio, la facilidad de montaje y mantenimiento, pero con el inconveniente de que, al circular el aire a mayor velocidad, generará más ruido y consumirá más energía debido a una pérdida de carga (ver más adelante) mayor. Dado que el aire puede vehicular contaminantes en forma sólida, la velocidad no puede ser inferior a aquellos valores que garanticen que no van a tener lugar deposiciones del contaminante extraído. En el caso de vapores, deben limitarse aspectos que pudieran generar condensaciones de los mismos.

Este conjunto de consideraciones ha llevado a una serie de recomendaciones aplicables a la velocidad del aire en los conductos que se presentamos en la Tabla 9.

**Tabla 9.** Tabla 9. Velocidades en conducto recomendadas

| Tipo de contaminación del aire | Velocidad en el conducto (m/s) |
|---|---|
| Gases y vapores | Cualquiera. La velocidad óptima económica suele ser entre 5 y 10 m/s |
| Humos | 10 - 12,5 m/s |
| Polvo muy fino y nieblas | 12,5 - 15 m/s |
| Polvo industrial ordinario | 15 - 18m/s |
| Polvo grueso y pesado | 18 - 22 m/s |

Con independencia de que se diseñen adecuadamente, los conductos se ensucian y sufren deterioros con el paso del tiempo. Ello lleva a la necesidad de una revisión y limpieza periódicas, lo que implica la existencia de accesos y accesorios necesarios para su limpieza. Todos ellos son fáciles de construir y montar cuando se hace la instalación, pero es casi imposible actuar cuando una instalación ya está construida.

La **pérdida de carga** es la pérdida de energía dinámica de un fluido, en nuestro caso del aire conteniendo contaminantes, debido a la fricción de las partículas del fluido entre sí y contra las paredes de la tubería que las contiene. La pérdida tiene lugar a lo largo de los conductos, debido a estrechamientos, a cambios de dirección, a la presencia de una válvula o un filtro, a conexiones, etc. En la Figura 4, en que esquematizábamos una vitrina de laboratorio, el ventilador soportaría una elevada pérdida de carga debido a los tres cambios de dirección de la tubería por los tres codos de 90° existentes.

## 8.3. Ventiladores

Un ventilador es una máquina destinada a mover el aire y que es capaz de proporcionar un caudal llamado "nominal" que viene especificado por el fabricante. Ahora bien, cuando se conecta a una conducción, el caudal es tanto menor cuanto mayor sea la resistencia que oponga la conducción al paso del aire. Seleccionar un ventilador requiere conocer dos cosas: el caudal que debe vehicular y la resistencia que debe vencer, que se conoce como la pérdida de carga de la conducción. La relación entre el caudal que es capaz de proporcionar el ventilador y la pérdida de carga que es capaz de vencer se conoce como la curva del ventilador (ver la Figura 13).

**Figura 13.** Curva del ventilador

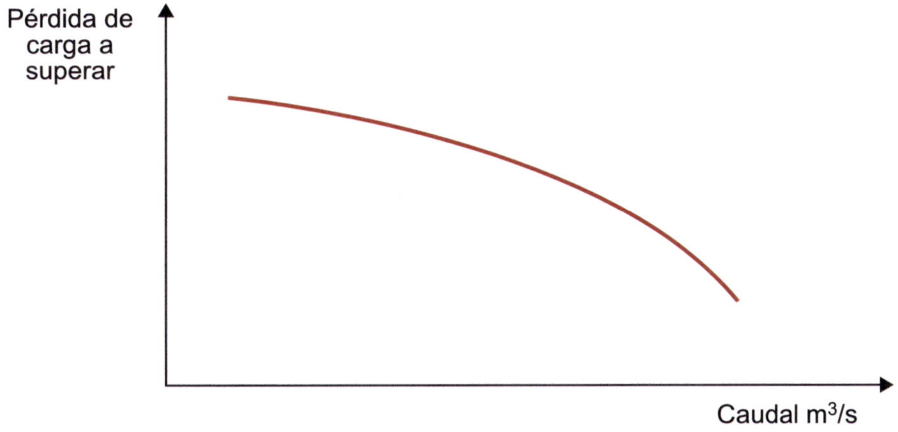

Para un mismo caudal, una pérdida de carga mayor se traduce en un mayor consumo de energía en el ventilador, de ahí el interés en diseñar la red de conductos de forma que presente la menor resistencia posible, es decir, con una longitud lo menor posible, a la velocidad menor compatible con el aire vehiculizado y con la reducción al máximo de la pérdida de carga. El esquema (procedimiento) de cálculo de una extracción localizada es el siguiente:

**1)** Velocidad de captación necesaria
**2)** Distancia al foco
**3)** Geometría de la campana
**4)** Caudal necesario
**5)** Velocidad en conducto
**6)** Pérdida de carga de la campana
**7)** Diseño del conducto
**8)** Pérdida de carga en conductos
**9)** Pérdida de carga total (campana + conductos + accesorios)
**10)** Elección del ventilador según caudal y pérdida de carga

## 8.4. Eficacia de un sistema de extracción localizada

Para conocer la eficacia de un sistema de extracción localizada deben efectuarse las medidas correspondientes empleando los instrumentos adecuados. El higienista, por su parte, ha de asegurar que el sistema permite conseguir concentraciones seguras en el puesto de trabajo.

A continuación, revisamos unas reglas sencillas que permiten, antes de enfrentarse a cálculos relativamente complicados, lograr un sistema eficaz.

**1)** Un sistema debe ser diseñado y construido por un técnico competente. Al encargar el proyecto, debe especificarse la concentración ambiental que se desea conseguir en cada puesto de trabajo.

**2)** Los codos y uniones de conductos tienen que ser suaves, sin brusquedades con radios grandes.

**3)** Empleando tubos generadores de humo se puede ver fácilmente si es aspirado claramente hacia la campana.

**4)** Debe verificarse periódicamente que el sistema sigue funcionando con la misma eficacia que cuando era nuevo.

**5)** Cuando a un sistema ya construido y que funciona correctamente se le añaden nuevas conducciones para eliminar la contaminación producida por una nueva máquina o proceso, lo probable es que no funcione correctamente ni la parte nueva ni la antigua. Una ampliación requiere un replanteo de todo el sistema de ventilación y no debe realizarse si no es bajo la supervisión de un experto en ventilación.

## 9. Equipos de protección individual

La legislación define los equipos de protección individual (EPI) como

> "cualquier equipo destinado a ser llevado o sujetado por el trabajador para que le proteja de uno o varios riesgos, que puedan amenazar su seguridad o su salud en el trabajo, así como cualquier complemento o accesorio destinado a tal fin".

Debemos añadir que la ropa de trabajo corriente no es un EPI a no ser que proteja de un riesgo determinado frente al cual esté certificada.

Por otro lado, la misma legislación establece que los EPI deberán utilizarse cuando los riesgos no se puedan evitar o no puedan limitarse suficientemente por medios técnicos de protección colectiva o mediante medidas, métodos o procedimientos de organización del trabajo. Este criterio universal de utilización de la protección individual es, si cabe, aun más importante cuando se trata de la protección frente a agentes químicos, especialmente por lo que a las protecciones respiratorias se refiere. En consecuencia, la convierte en una medida de carácter excepcional a la que tan solo se debe recurrir cuando se han agotado todas las vías alternativas que, preceptivamente, se deben intentar con carácter prioritario para eliminar el riesgo. También debe contemplarse el uso de EPI como complemento de otras actuaciones que, tras haber sido implantadas, no garantizan un control suficiente de la situación de riesgo. Todas estas decisiones están en manos del empresario. Los trabajadores, por su parte, están obligados a utilizar correctamente los medios y equipos de protección facilitados por el empresario, de acuerdo con las instrucciones recibidas de este.

Los EPI se clasifican en tres categorías. En la categoría 1 se incluyen los que protegen de riesgos "menores", por ejemplo, guantes frente a detergentes; en la categoría 3 se incluyen los que protegen frente a riesgos importantes frente a la salud, por ejemplo, los de protección respiratoria; en la categoría 2 se clasifican los que no se incluyen en las categorías 1 y 3, como los protectores auditivos o las gafas de seguridad contra proyección de partículas.

Los EPI que tienen un interés protector frente al riesgo químico se clasifican, según la parte del cuerpo que se protege, tal como se expone en la Tabla 10.

**Tabla 10.** Clasificación de los EPI frente al riesgo químico

| Parte del cuerpo a proteger | | Tipo de EPI |
|---|---|---|
| **Vía respiratoria** | Equipos dependientes del medio ambiente | |
| | Equipos independientes del medio ambiente | |
| **Vía dérmica** | Cabeza, cara y ojos | Gafas<br>Pantallas<br>Capuces |
| | Manos y brazos | Guantes contra agresiones químicas. Manguitos |
| | Tronco y abdomen | Mandiles de protección contra agresiones químicas |
| | Pies y piernas | Calzado<br>Polainas |
| | Protección total del cuerpo | Ropa de protección contra agresiones químicas |

## 9.1. Gestión de los EPI

Antes de la implantación de una prenda de protección personal como medida de protección frente a una determinada situación de exposición respiratoria o dérmica, se deben analizar una serie de aspectos con el fin de que la adecuación de la medida de protección sea lo más acertada posible.

### 9.1.1. Necesidad de uso

La necesidad de acudir a la protección personal como medida de protección frente a una situación de riesgo viene determinada por condicionantes de tipo técnico, como imposibilidad de instalar protección colectiva o existencia de un riesgo residual tras haberla instalado, pero también de tipo económico, como repercusión de la protección colectiva en el ritmo de la producción o elevado costo de instalación de la protección colectiva en situaciones de riesgo que se presentan muy ocasionalmente o en situaciones de riesgo de escasa entidad. Frente a este último tipo de condicionantes, tan solo es admisible acudir a la opción de usar EPI, si con su empleo puede alcanzarse un grado de protección óptimo.

### 9.1.2. Selección del equipo de protección individual

Una vez consideradas y agotadas todas las posibilidades de protección mediante medidas de seguridad colectivas, técnicas o de organización, si se ha optado por un EPI como única medida de protección o como complemento de otras medidas para proteger a los trabajadores contra ciertos riesgos residuales, el empresario, antes de seleccionar un determinado equipo, tiene la obligación de proceder a una minuciosa apreciación de sus características para evaluar en qué medida cumple con los requisitos exigibles. Entre ellas, cabe señalar las indicadas en la lista siguiente. Asimismo, deberemos consultar a los trabajadores, permitir su participación y oír y valorar sus propuestas en materia de selección de los EPI más adecuados frente a la situación de riesgo de la que protegerse.

Los requisitos a considerar para un EPI son:

- Grado necesario de protección que precisa una situación de riesgo.
- Grado de protección que ofrece el equipo frente a esa situación.
- Adecuación a los riesgos contra los que debe proteger.
- No constituir, por sí mismo, un riesgo adicional.
- Evitar que el equipo de protección personal interfiera en el proceso productivo.

- Tener en cuenta las exigencias ergonómicas y de salud del trabajador.
- Adecuación al usuario, tras los ajustes requeridos.
- Contemplar la posible existencia de riesgos simultáneos.

### 9.1.3. Adquisición de los EPI

Tras la selección del EPI con los criterios expuestos, han de examinarse las disponibilidades que el mercado ofrece a fin de que se ajusten a las condiciones y prestaciones exigidas. No deben surgir dudas sobre si servirá, resistirá o será suficiente. Para garantizar su idoneidad y su calidad (material, construcción y resistencia), un EPI solo puede comercializarse si garantiza la salud y la seguridad de los usuarios, sin poner en peligro la salud ni la seguridad de las demás personas. Para ello, el fabricante de un EPI debe identificarlo con la marca "CE" de manera visible y adjuntarle un folleto informativo con información útil sobre la correcta utilización y conservación del equipo.

### 9.1.4. Normalización interna de uso

Se deben normalizar por escrito todos aquellos aspectos tendentes a velar por el uso efectivo de los mismos y a optimizar su rendimiento. Para un correcto uso de un EPI, se deberá informar de manera clara y concreta sobre los aspectos indicados a continuación.

- En qué zonas de la empresa es preceptivo el uso de un determinado EPI.
- En qué tipo de operaciones es preceptivo el uso de un determinado EPI.
- Instrucciones para su correcto uso.
- Limitaciones de uso, caso de que las hubiera.
- Instrucciones de almacenamiento, limpieza, conservación y mantenimiento.
- Fecha o plazo de caducidad del EPI o sus componentes.
- Criterios de detección del final de vida útil.

### 9.1.5. Distribución

Los EPI están destinados a un uso personal y, por consiguiente, su distribución y normalización interna deben ser personalizadas, ya que, para ser eficaces, deben ajustarse a las características anatómicas de cada trabajador que debe ser instruido sobre las características de los equipos que se le entregan y ser responsable del mantenimiento y la conservación, siguiendo las indicaciones que al respecto se le han dado. Para tal fin, ha de establecerse un mecanismo de seguimiento y control.

Si las circunstancias exigiesen la utilización de un equipo por varias personas, se adoptarán las medidas necesarias para que ello no origine ningún problema de salud o de higiene a los diferentes usuarios. También existe la consideración de EPI asociados a puestos de trabajo que no tienen requerimientos especiales, como por ejemplo guantes antitérmicos para sacar material de una estufa, un horno o un congelador.

### 9.1.6. Supervisión

Es imprescindible la intervención del higienista en todo el proceso, desde la elección hasta la correcta utilización o conservación, estando al corriente de los problemas que se presenten en la utilización de protecciones personales, en la forma correcta de utilización y en que no se toleren excepciones en las zonas en que su utilización sea obligada.

## 9.2. EPI de vía respiratoria

Estos EPI están destinados a impedir que el contaminante penetre en el organismo a través de la vía respiratoria. Son los más importantes desde el punto de vista de la protección de la salud frente al riesgo químico, ya que pueden llegar a constituir la única barrera frente a una atmósfera irrespirable. Técnicamente, se pueden clasificar en equipos dependientes e independientes del medio ambiente.

### 9.2.1. Equipos dependientes del medio ambiente

Utilizan el aire ambiente y lo purifican, es decir, retienen o transforman los contaminantes para que el aire respirable sea inocuo. Un equipo de estas características tiene dos partes claramente diferenciadas: el adaptador facial y el filtro.

El **adaptador facial** tiene la misión de crear un espacio herméticamente cerrado alrededor de las vías respiratorias, de forma que el único acceso del aire a ellas sea a través del filtro. Los adaptadores faciales deben tener una máxima hermeticidad, ser de materiales adecuados, cómodos y con visibilidad máxima. Existen tres tipos de adaptadores faciales: máscara, mascarilla y boquilla. Esta última solo se usa en casos de emergencia.

La otra parte de una protección individual dependiente del medio ambiente es el **filtro** o filtros que tienen la misión de purificar el aire que pasa por él, eliminando o minimizando su contaminación. Se pueden clasificar en tres clases: mecánicos, químicos y mixtos.

Los filtros **mecánicos** retienen el contaminante, poniéndole trabas físicas para que no pase. Se emplean para polvo, humos o aerosoles.

Los filtros **químicos** realizan su misión filtrante disponiendo en su interior de alguna sustancia química cuya misión es retener el contaminante, absorbiéndolo, o reaccionando con él. Son específicos para una sustancia o grupo de sustancias de parecidas características químicas y solo deben utilizarse frente a gases y vapores cuando el contaminante pueda ser detectado por su olor o cuando el filtro vaya dotado de un indicador que, bien por cambio colorimétrico, bien por desprendimiento de olor o por cualquier otro tipo de señal, indiquen el fin de su vida útil.

Los filtros **mixtos** realizan consecutivamente la acción de los filtros mecánicos y de los químicos, aunque la mayoría de filtros químicos actúan también como mixtos.

Los filtros se clasifican en distintas categorías, P1, P2 y P3, en orden creciente, según dos propiedades fundamentales: la resistencia al paso del aire y su permeabilidad al contaminante. La resistencia al paso del aire se mide a través de la pérdida de carga y, cuando más pequeña es, más cómoda resulta la utilización del filtro. La segunda propiedad se denomina también penetración, que es la concentración del contaminante que atraviesa el filtro. Naturalmente, la clasificación de los filtros otorga la mejor categoría o clase a aquellos cuya penetración es menor.

Un tipo especial de protector respiratorio dependiente del medio ambiente es la **mascarilla autofiltrante**. Esta reúne, en un solo cuerpo inseparable, el adaptador facial y el filtro. La principal ventaja es su bajo peso y poca pérdida de carga, lo que la hace más cómoda que la máscara convencional compuesta de adaptador y filtro específico. La mascarilla autofiltrante, identificada con las siglas FFP y con las mismas categorías que los filtros (ver la Figura 14) no debe confundirse, en ningún caso, con las mascarillas higiénicas o quirúrgicas destinadas a proteger muestras, pacientes o instrumentación estéril del portador de la mascarilla.

**Figura 14.** Mascarilla autofiltrante

El fabricante debe informar, en el folleto informativo, de la fecha o plazo de caducidad de los filtros. Los filtros frente a partículas deberán cambiarse cuando el usuario denote una excesiva resistencia a la respiración, y los filtros frente a gases y vapores cuando el usuario detecte el contaminante con el equipo perfectamente ajustado.

Otro aspecto a comentar es el factor de protección, que es el parámetro definitorio de la eficiencia del equipo y que debe figurar en el folleto informativo del fabricante. Cuanto mayor es el factor de protección, mayor es la protección respiratoria conseguida. Como recomendación de uso, se suele asignar a mascarillas autofiltrantes y a máscaras y mascarillas portando filtros clasificados como P1, un límite de utilización para compuestos con valor límite ambiental de 1 $mg/m^3$, y de 0,5 $mg/m^3$ para los clasificados como P2, más protectores.

El punto más débil de los equipos de protección respiratoria dependientes del medio ambiente es su **vida útil**. Ya hemos dicho que, en los **filtros para partículas**, la estimación del fin de la vida útil se puede llevar a cabo por detección de un **aumento en la resistencia al paso del aire**, mientras que los **filtros químicos**, por **detección del olor** del producto.

Sin embargo, debemos remarcar que ello es factible para contaminantes **poco peligrosos; no siendo recomendable** su uso cuando se trata de **productos peligrosos, es decir, con VLA bajo.**

Por otro lado, no se debe confundir el fin de la vida útil con la fecha de caducidad, fecha hasta la cual el fabricante garantiza sus propiedades.

Otra modalidad de EPI peculiar en su concepción, pero que está siendo utilizado en algunos trabajos, como en la industria farmacéutica, donde existe riesgo de exposición a agentes muy potentes desde el punto de vista farmacológico, es el casco con aporte de aire filtrado a presión positiva. Este sistema, cuya principal ventaja reside en que el usuario no ha de vencer pérdida de carga alguna, consiste en un casco con pantalla facial transparente por cuyo interior desciende una cortina de aire filtrado a través de un mecanismo de pequeño tamaño, que el usuario transporta en su cintura o en el propio casco, como se muestra en la Figura 15.

**Figura 15.** Casco con aporte de aire

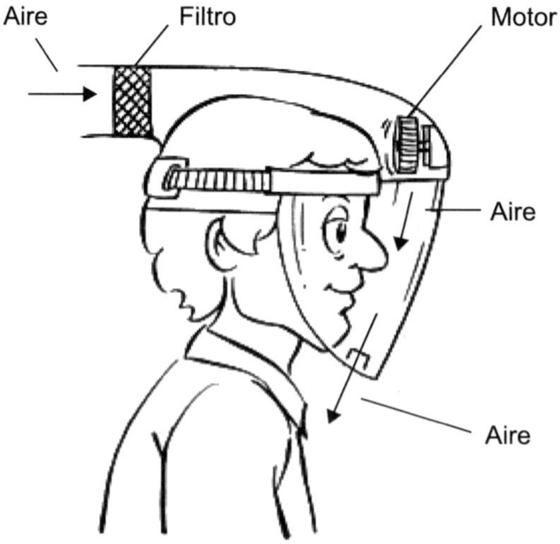


Tomado de INSHT (2007). *Riesgo químico* (4.ª ed.).

Los EPI dependientes del medio ambiente no deberán utilizarse en atmósfera con niveles de concentración inmediatamente peligrosas para la vida o la salud (IPVS), ni tampoco cuando la concentración de oxígeno en el ambiente sea inferior al 17% en volumen.

El IPVS es un parámetro definido originalmente por el NIOSH (National Institute for Occupational Safety and Health de Estados Unidos) en su **pocket guide** (guía de bolsillo) para la selección de EPI respiratorios y que representa el máximo nivel al que una persona puede estar expuesta durante 30 minutos sin sufrir síntomas graves y efectos irreversibles para su salud. Son algunos ejemplos de IPVS: fosgeno: 2 ppm; cloro gas: 25 ppm, amoníaco: 500 ppm; tricloroetileno: 1.000 ppm; tolueno: 2.000 ppm; acetona 20.000 ppm.

### 9.2.2. Equipos independientes del medio ambiente

**Figura 16.** Equipo semiautónomo

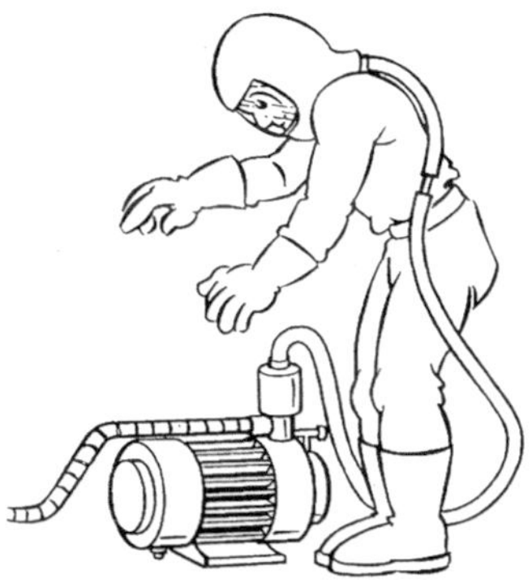

Tomado de INSHT (2007). *Riesgo químico* (4.ª ed.).

Si se dan las condiciones anteriormente indicadas, debe utilizarse un equipo independiente del medio ambiente que se caracteriza porque el aire que respira el usuario no es el del ambiente de trabajo. Estos equipos se clasifican en semiautónomos y autónomos.

Los equipos **semiautónomos** utilizan el aire de otro ambiente diferente del de trabajo, no contaminado y transportado mediante una canalización (manguera) o proveniente de recipientes a presión no portátiles. Disponen de un adaptador facial, generalmente de tipo máscara. El aire puede ser aspirado a voluntad por una manguera (manguera de aspiración) o suministrado a presión mediante un compresor o desde botellas de aire comprimido. Estos equipos se utilizan en ambientes con muy altas concentraciones de contaminantes o pobres en oxígeno, donde no es necesaria una gran autonomía de movimientos. Los trabajos en el interior de reactores, depósitos y en espacios confinados en general son ejemplos de situaciones donde se utilizan EPI semiautónomos (ver la Figura 16).

Los equipos **autónomos** son aquellos en los que el sistema suministrador de aire es transportado por el usuario, por lo que tiene gran libertad de movimientos. Su empleo está recomendado cuando el aire no es respirable y se requiere autonomía y libertad de movimientos. Constan del adaptador facial correspondiente y recipientes portátiles con aire a presión (ver la Figura 17).

**Figura 17.** Equipo autónomo

Tomado de INSHT (2007). *Riesgo químico* (4.ª ed.).

Todos los EPI de protección respiratoria tienen, como característica común, el hecho de producir incomodidad en el usuario e incrementar la fatiga en el trabajo, por lo que su utilización debe limitarse en el tiempo, recomendándose un uso máximo de **4 horas diarias**.

## 9.3. EPI de la vía dérmica

La incidencia de una sustancia química sobre la piel puede producir **absorción**: la sustancia química atraviesa la piel y se incorpora a la sangre, para así distribuirse por todo el cuerpo; o bien **contacto dérmico**, dando lugar a destrucción del tejido (corrosivos), inflamación (irritantes) y/o fenómenos de sensibilización (sensibilizantes).

Los efectos anteriores se evitan mediante el empleo de una vestimenta adecuada, con materiales poco absorbentes y resistentes al ataque de los compuestos de que se trata de preservar al usuario, estando bastante extendido también el empleo de diferentes cremas protectoras. Dependiendo de la parte del cuerpo protegida, las prendas de protección se clasifican en protectores de cabeza, cara y ojos; de manos y brazos; de pies y piernas; de tronco y abdomen; y de protección completa del cuerpo.

### 9.3.1. Protectores de cabeza, cara y ojos

La protección craneal, facial y ocular está destinada a impedir que el agresivo químico (sea polvo, líquido o gas, sea en forma de salpicaduras, proyecciones, chorros) pueda dañar al trabajador en aquellas operaciones en que se almacenen, manipulen o trasvasen productos cáusticos, corrosivos, tóxicos, etc. Las **gafas de protección**, por el diseño de su montura, se clasifican (ver la Figura 18) en:

**a) Gafas de tipo universal**, las cuales pueden, aunque no necesariamente, ir provistas de protección adicional en caso de que las proyecciones incidan en el ojo no solo frontalmente, sino también por la zona inferior, lateral o superior.

**b) Gafas de tipo integral**, en las que la misma montura forma la protección adicional.

**c) Gafas de cazoletas**, constituidas por dos piezas que, integrando el aro portaocular y la protección lateral, encierran cada ojo aisladamente.

**d) Gafas adaptables al rostro**, con monturas fabricadas en materiales blandos y flexibles.

Las gafas de protección, para ser eficaces, requieren combinar, junto con unos oculares de resistencia adecuada, un diseño de montura o unos elementos adicionales adaptables a ella, a fin de proteger el ojo en cualquier dirección.

**Figura 18.** Tipos de gafas

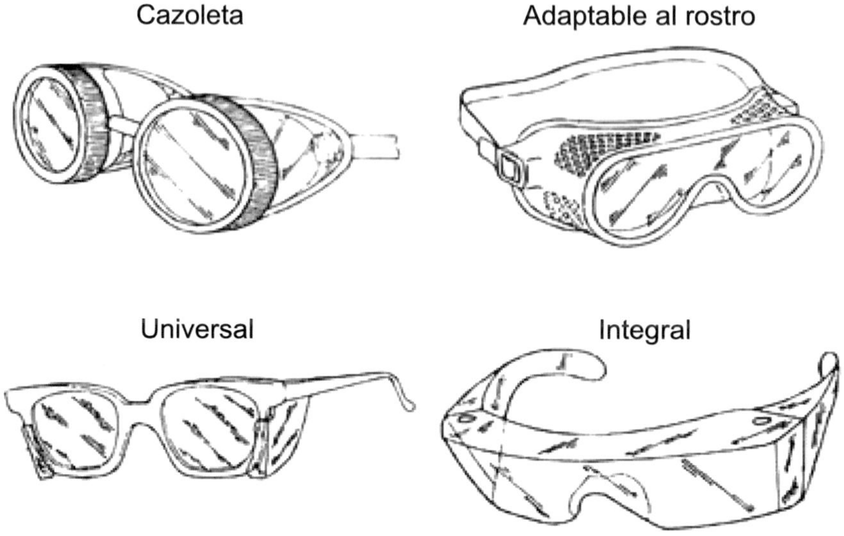


En aquellas situaciones de riesgo en que la protección ocular deba hacerse extensible a la cara, se deberán utilizar **pantallas faciales** y **capuces** si se debe proteger también la cabeza. Para aquellos supuestos en que el riesgo para ojos y/o cara coexista con riesgo para las vías respiratorias, el adaptador facial para la protección respiratoria deberá ser forzosamente del tipo "máscara", con lo que se protegen simultáneamente ambas situaciones de riesgo.

### 9.3.2. Protectores de manos y brazos

Las manos y los brazos son las partes del cuerpo que suelen entrar en contacto con mayor frecuencia con las sustancias químicas, por lo que la utilización de los EPI es, en muchas ocasiones, el sistema de prevención más utilizado. A diferencia de los protectores de las vías respiratorias, su uso no supone una gran incomodidad o fatiga. Esto, y el hecho de que a menudo sea la única solución razonable para prevenir el riesgo, origina una mayor tendencia a su utilización sin límite de tiempo. Los **guantes** y **manguitos** son las prendas idóneas para proteger manos y brazos.

Los guantes de protección frente a agresivos químicos se fabrican en diferentes materiales (neopreno, PVC, PVA, nitrilo, butilo, etc.). El material del que se componen los guantes es resistente frente a ciertos compuestos, pero no frente a otros. A la hora de elegir un guante, es **imprescindible** conocer las sustancias frente a las que debe proteger, información que deberá requerirse del fabricante.

La certificación de un guante de protección exige unos mínimos de resistencia a la tracción y a la perforación que garantice la integridad del guante en situaciones normales de trabajo y los clasifique según los productos o familias de compuestos frente a los que protege. Otras características que se deben tener en cuenta en la elección de los guantes son, por ejemplo, la longitud del manguito (zona que forma el guante desde el borde superior hasta la muñeca), así como el forro o revestimiento. Debe buscarse la comodidad a igualdad de características protectoras.

La merma en el sentido del tacto que ocasiona el uso de guantes es un impedimento para la realización de algunos trabajos. En estos casos, si el riesgo lo justifica, es necesario optar por la utilización de guantes de menor espesor con la precaución de aumentar la frecuencia del cambio de los mismos. En cualquier caso, el uso de guantes o de cualquier otro EPI debe ser precedido de una revisión visual para detectar cualquier defecto en su integridad y proceder, en su caso, al cambio.

### 9.3.3. Protectores de pies y piernas

La protección de las extremidades inferiores requiere la utilización de **calzado** adecuado acorde con la peligrosidad del producto, preferiblemente del tipo botas y, en su caso, complementado con el uso de **polainas** u otros accesorios que garanticen la total cobertura de las piernas.

### 9.3.4. Protectores de tronco, abdomen y completos del cuerpo

En función del riesgo, se pueden usar prendas que garanticen una protección parcial del cuerpo como **chaquetas**, **batas**, **mandiles** o **pantalones con** o

**sin peto** o, en su caso, las que proporcionen una protección completa del mismo, **trajes completos** y **estancos**. En uno y otro caso, las costuras deben estar adecuadamente protegidas o selladas e igualmente las cremalleras u otros elementos de cierre. En este sentido, habrá que distinguir siempre entre el EPI propiamente dicho y la ropa o uniforme de trabajo.

En la utilización y mantenimiento de EPI frente a agresivos químicos en general y, más concretamente, con referencia a la ropa de protección, deberá tenerse en cuenta que aparte de conocer perfectamente el tipo de uso, sus limitaciones y los sistemas de descontaminación y limpieza, estas prendas deben guardarse desplegadas en lugares secos y bien ventilados, se debe llevar un control que incluya el número de usos, inspecciones y reparaciones y, si se produce una exposición a altas concentraciones de alguna sustancia tóxica, es necesario limpiar externamente la prenda antes de quitársela.

## 10. Control biológico de la exposición

El control biológico es un medio de valoración y control de la exposición a las sustancias químicas que están presentes en el puesto de trabajo, a través de medidas del indicador biológico en los especímenes biológicos tomados al trabajador en un momento determinado. Los VLB (valores límite biológicos) son el valor de referencia.

El indicador puede ser la misma sustancia química a la que está expuesto el trabajador, sus metabolitos, o un cambio bioquímico reversible característico inducido por la sustancia. La medida puede realizarse en el aire exhalado, en la orina, en la sangre o en otros especímenes biológicos tomados del trabajador expuesto.

De acuerdo con el indicador, el espécimen elegido y el momento de tomar la muestra, la evaluación indica alguna de las situaciones siguientes:

- La intensidad de una exposición reciente.
- La exposición media diaria.
- Una exposición crónica acumulativa.

Hay dos tipos de indicador biológico (IB):

- **IB de dosis.** Es un parámetro que mide la concentración del agente químico o de alguno de sus metabolitos en un medio biológico del trabajador expuesto. Por ejemplo, fenol en orina, percloroetileno en aire exhalado o ácido tricloroacético en orina (metabolito del percloroetileno).
- **IB de efecto.** Es un parámetro que puede identificar alteraciones bioquímicas reversibles, inducidas de modo característico por el agente químico al que está expuesto el trabajador. Por ejemplo, reducción de la actividad del valor basal de la colinesterasa eritrocitaria por exposición a paratión.

Los VLB son valores de referencia para los indicadores biológicos asociados a la exposición global a los agentes químicos. Los VLB son aplicables para exposiciones profesionales de 8 horas diarias durante 5 días a la semana. La extensión de los VLB a periodos distintos al de referencia ha de hacerse considerando los datos farmacocinéticos y farmacodinámicos del agente en particular.

En general, los VLB representan los niveles más probables de los indicadores biológicos en trabajadores sanos sometidos a una exposición global a agentes químicos equivalente, en términos de dosis absorbida, a una exposición exclusivamente por inhalación, del orden del valor límite ambiental de exposición diaria (VLA-ED).

Debido a la variabilidad biológica, es posible que los resultados individuales para un determinado sujeto excedan los VLB, sin que haya un incremento de riesgo para su salud. Sin embargo, si los valores obtenidos en los especímenes de un trabajador en diferentes ocasiones exceden persistentemente los VLB, o si la mayoría de las medidas obtenidas de los especímenes de un grupo de trabajadores en el mismo puesto de trabajo exceden los VLB, debe investigarse la causa y tomar las medidas oportunas para reducir la exposición.

El control biológico es complementario del ambiental, y solo tiene sentido su implantación cuando aporta mejoras significativas al uso aislado del control ambiental. El control biológico puede usarse, por ejemplo, para comprobar la eficacia del equipo de protección personal, para determinar el grado de absorción por vía dérmica o digestiva, o para detectar la posible exposición no laboral. La existencia de un VLB para una sustancia no quiere decir que, necesariamente, haya que hacer un control biológico en los trabajadores expuestos a la misma. Se resume a continuación la utilidad del control biológico:

**Para qué no sirve:**

- Para contaminantes irritantes, sensibilizantes o neumoconióticos.
- Poco para carcinógenos, mutágenos y teratógenos.
- Para diagnosticar enfermedades profesionales.
- Para aplicarlo a trabajadores no expuestos a los contaminantes de los indicadores que se analizan.

**Para qué sirve:**

- Como complemento del control ambiental y, sobre todo, para controlar la exposición a contaminantes con vías de exposición distintas a la respiratoria (dérmica).

## 10.1. Bases de establecimiento

La base de datos para la recomendación de cada VLB se obtiene de la información disponible sobre la absorción, eliminación y metabolismo de las sustancias químicas y de la correlación entre la intensidad de la exposición y el efecto biológico en los trabajadores. Esta información está contenida en el documento sobre los LEP en España que comentamos a continuación.

Las bases científicas para establecer los VLB pueden derivarse de dos tipos de estudios: los que relacionan la intensidad de la exposición con el nivel de un parámetro biológico, y los que relacionan el nivel de un parámetro biológico con efectos sobre la salud.

Para encontrar estas relaciones, se utilizan los datos obtenidos sobre humanos en exposiciones controladas, o de los estudios realizados en los puestos de trabajo. Los estudios en animales generalmente no proporcionan datos adecuados para el establecimiento de un VLB dada la dificultad en reproducir en animales de laboratorio el patrón de exposición laboral.

En muchas ocasiones, el momento en que se practica la toma de muestra del espécimen es muy crítico y debe respetarse cuidadosamente. Este momento se especifica de acuerdo con las diferencias entre las velocidades de absorción y eliminación de los compuestos químicos y sus metabolitos, y de acuerdo con la persistencia de cambios bioquímicos inducidos. Atendiendo a esta circunstancia, se definen los momentos de muestreo siguientes:

- Los determinantes con momento de muestreo "al principio de la jornada" (significa después de 16 horas sin exposición), "al principio y al final de la jornada" o "al final de la jornada" (significa las dos últimas horas de exposición) hacen referencia a contaminantes o metabolitos que se eliminan rápidamente, con una vida media inferior a 5 horas. Estos determinantes no se acumulan en el organismo y, por lo tanto, el momento de muestreo es crítico con relación a los periodos de exposición y postexposición. Son ejemplos de ello la mayoría de disolventes orgánicos: benceno, tolueno, 1,1,1-tricloroetano, percloroetileno, etc., y también el cromo VI y el mercurio.
- Los determinantes con momento de muestreo "al comienzo de la semana laboral" o "al final de la semana laboral" (significa después de dos días sin exposición, o después de cuatro o cinco días consecutivos de trabajo con exposición, respectivamente) son los que se eliminan con vidas medias superiores a las 5 horas. Estos determinantes se acumulan en el organismo durante la semana de trabajo; por lo tanto, el momento de muestreo es crítico en relación con exposiciones de días anteriores. Son ejemplos de ello: cobalto, arsénico, vanadio y tricloroetileno.
- Los determinantes con momento de muestreo "no crítico" o "discrecional" tienen vidas medias de eliminación muy largas y se acumulan en el organismo durante años, en algunos casos durante toda la vida. Después de un par de semanas de exposición, los especímenes para medir estos determinantes se pueden tomar en cualquier momento. Son ejemplos de ello: plomo, paratión y cadmio.

Un resumen de este apartado relacionando el momento del muestreo con la vida media del contaminante en el organismo se presenta en la Tabla 11.

**Tabla 11.** Vida media y momento del muestreo

| Vida media | Exposición | Momento del muestreo |
|---|---|---|
| $t_{1/2} < 2$ h | Reciente | Muy crítico |
| $2 < t_{1/2} < 5$ h | Diaria | Crítico |
| $5 < t_{1/2} < 48$ h | Semanal | Final de semana |
| $t_{1/2} > 48$ h | Mensual o + | Discrecional* |

*: Tras meses de exposición.

## 10.2. Interpretación de los resultados

Cuando se interpretan los resultados del control biológico, hay que considerar las diferencias intraindividuales e interindividuales que tienen lugar en las concentraciones de los determinantes aun en las mismas condiciones de exposición.

Para reducir los efectos de todos los factores que pueden introducir variaciones, es necesario un muestreo múltiple. No se debe llegar a ninguna conclusión definitiva basada en un resultado inesperado procedente de una única medida aislada.

El control biológico puede confirmar los resultados del control ambiental, pero cuando haya una discrepancia entre ambos debe revisarse cuidadosamente la situación global de la exposición y encontrar una explicación. Las principales fuentes de inconsistencia entre las informaciones de la intensidad de la exposición suministrada por el control ambiental y el biológico es la variabilidad en los factores que se han comentado en los apartados anteriores. La importancia de estos efectos debe valorarse individualmente en cada situación. Los fármacos o la coexposición a otros productos químicos pueden alterar la relación entre la intensidad de la exposición laboral y el nivel del determinante en el espécimen, bien sea por adición de este al ya existente, bien por alteración del metabolismo, bien por eliminación de la sustancia química en estudio.

## 10.3. Valores límite biológicos en España

Entre las disposiciones legales vigentes relativas a la evaluación de riesgos específicos debidos a la exposición a agentes químicos, solo la relativa al plomo metálico y sus compuestos iónicos fija valores límite biológicos. El INSHT publica y revisa anualmente, junto con los valores límite ambientales, los valores límite biológicos para su utilización en la evaluación y control de los riesgos derivados de la exposición profesional a agentes químicos.

## 10.4. Aplicabilidad del control biológico

A continuación relacionamos, a la luz de la experiencia existente, las situaciones en las que es recomendable el uso del control biológico:

**1)** Cuando así esté establecido en alguna reglamentación.

**2)** Cuando sea imprescindible para evaluar el riesgo higiénico.

**3)** Cuando en la evaluación ambiental existan problemas de representatividad, analíticos o de cualquier otro tipo.

**4)** Cuando exista gran movilidad del trabajador entre áreas o concentraciones en distintos ambientes.

**5)** Cuando haya riesgo de intoxicación extralaboral.

**6)** Para constatar una vía de entrada distinta de la respiratoria, especialmente la dérmica.

**7)** Cuando existan diferencias fisiológicas o de respuesta entre un grupo de expuestos debidas a edad, raza, género o constitución.

**8)** Cuando existan cargas de trabajo muy distintas entre los trabajadores expuestos.

**9)** Para comprobar y valorar exposiciones accidentales.

**10)** Para comprobar la eficacia de un EPI.

Capítulo VI

# Ruido

Xavier Baraza Sánchez

## Introducción

El **ruido** es considerado por los habitantes de las grandes ciudades un factor ambiental muy importante y desfavorable que interviene en su calidad de vida. La causa principal de la contaminación acústica es la actividad humana; factores tales como el crecimiento de la población y de las ciudades, el tráfico, los aviones, la construcción de edificios y de obras públicas, la actividad industrial, entre otros, aumentan los niveles de ruido ambiental, deteriorando nuestra calidad de vida y, más importante aún, nuestra salud.

Las pérdidas de audición por la exposición a ruido constituyen el efecto más conocido de éste sobre nuestra salud; sin embargo, no debemos olvidar que provoca además otros trastornos, que con frecuencia subestimamos o ignoramos, tales como el aumento del ritmo cardiorrespiratorio, la vasoconstricción o la reducción de la actividad cerebral, entre otros. Más delante trataremos con detalle los diferentes efectos del ruido sobre nuestra salud.

Pese a ello, no es un problema actual, ya que desde hace casi 2000 años se sabe que la exposición a ruidos intensos da lugar a pérdida auditiva. Plinio el Viejo en su *Naturalis Historia* describió la sordera de los pobladores próximos a las cascadas del río Nilo en Egipto.

Asimismo, la primera normativa contra el ruido se remonta al año 600 a.C. en la ciudad griega de Síbaris en la que se prohibió la posesión de gallos por la posible perturbación del descanso nocturno, así como la residencia dentro de la ciudad de herreros y todo tipo de oficio que se considerase ruidoso, obligándoles a residir fuera de ella.

A nivel laboral, **el ruido es el riesgo que se manifiesta de forma más reiterada en el ambiente de trabajo** y eso hace que lo debamos considerar como un riesgo higiénico permanente para la salud de los trabajadores.

Según datos del año 2005, un tercio de los europeos están expuestos a un nivel de ruido peligroso en su entorno de trabajo hasta el punto de que, según estudios realizados, un 20% de los trabajadores europeos se ven obligados a alzar la voz o a gritar para que los compañeros consigan oírles, al menos durante un tiempo equivalente a la mitad de su jornada laboral. Y más preocupante aún, un 7% padece problemas auditivos relacionados con el trabajo, siendo la pérdida de audición provocada por el ruido la enfermedad profesional más común de la Unión Europea.

También debemos tener en consideración que un nivel sonoro ambiental elevado puede interferir en la comunicación y esto conlleva colateralmente riesgos de seguridad en el ejercicio de la actividad laboral.

Entre las actividades más afectadas encontramos la construcción, la agricultura y el transporte. Pero por ser las más convencionales, no son las únicas; por ejemplo, no pensamos nunca que la música pueda producir niveles de ruido comparables con el de cualquier otro ruido laboral, pero la exposición de los músicos de orquesta sinfónica a largos periodos de ensayo y actuaciones les coloca en situación de riesgo de pérdida de audición permanente que, si para nosotros tiene importantes consecuencias, tanto más para aquellos cuya buena audición representa su fundamental herramienta de trabajo.

Y llegados a este punto, **¿qué es el ruido?**

El **ruido** es un conjunto de sonidos ininteligibles y no coordinados, cuya sensación resulta desagradable y que además interfiere en la actividad humana.

No obstante, debemos tener claro desde el primer momento que el ruido se compone de una parte subjetiva, que es la molestia, y una parte objetiva, y por lo tanto cuantificable, que es el sonido. Así, por ejemplo, el sonido que se genera en una discoteca puede ser catalogado como ruido por los vecinos del edificio donde se ubica, pero no por las personas que van allí a bailar.

# 1. Ruido y sonido

Al analizar la definición de ruido, lo primero con lo que nos encontramos es la afirmación de que el ruido es un conjunto de sonidos, por lo que, si esto es así, podríamos aplicar al estudio del ruido aquellos conocimientos que la física ha puesto a nuestra disposición en relación con el sonido.

Por otro lado, la misma definición nos dice "cuya sensación resulta desagradable", que es una apreciación puramente subjetiva, puesto que un mismo sonido puede resultar desagradable para algunas personas al tiempo que agrada a otras; por tanto, es necesario que consideremos la capacidad que tiene el ruido de interferir con las distintas actividades que el hombre desarrolla, y de esta forma, un ruido será tanto más molesto cuanto más perturbe la realización de un trabajo o el descanso.

Así, entre las **definiciones subjetivas del ruido**, encontramos las siguientes:

- Conjunto de sonidos no agradables.
- Combinación de sonidos no coordinados que originan una sensación desagradable.
- Cualquier grupo de sonidos que interfieren en una actividad humana.

Puesto que acabamos de definir el ruido en base al concepto de sonido, debemos disponer, inmediatamente, de una definición de sonido que sea útil a nuestros propósitos, pero para poder acercarnos a esa definición, debemos empezar por plantearnos algunas cuestiones previas con relación a la forma como se generan los sonidos, su propagación y su recepción.

La **generación del sonido** es la consecuencia, generalmente, de una vibración mecánica pero no siempre ya que, por ejemplo, las explosiones hacen mucho ruido pero no son vibraciones mecánicas. Son muchos los ejemplos que podemos citar y que van desde la vibración de la cuerda de un violín hasta el golpe de un martillo, o desde la vibración de nuestras cuerdas vocales al hablar, hasta la de la membrana de un altavoz.

Una vez generado el sonido, las partículas de aire próximas al punto en que se generan las vibraciones experimentan ligeros desplazamientos desde su punto de reposo, dando lugar a unas pequeñísimas variaciones de presión sobre la presión atmosférica. De esta forma aparece, en un determinado momento, una ligera sobrepresión, seguida de una depresión inmediatamente después. Debido a la elasticidad del medio, estas variaciones de presión se transmiten a las siguientes capas de aire, y así sucesivamente dando lugar a la **propagación del sonido**.

Es importante destacar que en ausencia de un medio elástico el sonido no puede ni generarse ni propagarse. Así, por ejemplo, si colocamos un timbre eléctrico en el interior de una vitrina de vidrio, cuando pulsemos el interruptor comprobaremos cómo el martillo golpea una y otra vez la campana y se percibe el sonido del timbre, pero cuando hacemos el vacío (eliminamos el aire), al pulsar el timbre no distinguiremos ningún sonido pese a que el martillo golpee la campana.

El sonido se propaga a través del aire, alcanzando durante su desplazamiento a los distintos elementos de **recepción del sonido (receptores)**. De entre los posibles receptores, el que más nos interesa es el oído humano. La percepción de los sonidos por el oído es un proceso complicado que trataremos más adelante.

Atendiendo a las consideraciones que acabamos de comentar, se puede definir el **sonido** como:

> Las variaciones de presión sobre la presión atmosférica, que se producen como consecuencia de una vibración mecánica y se propagan en un medio elástico, pudiendo ser detectadas por un receptor, como el oído humano.

Por tanto, desde el punto de vista físico, los conceptos de sonido y ruido son equivalentes, es decir, se refieren al mismo fenómeno. Pero en higiene industrial sólo se consideran los fenómenos que pueden ser nocivos para el trabajador, por lo que se estudian los ruidos únicamente.

## 2. Nociones de acústica

Según hemos visto, el sonido se origina en un foco generador y precisa de un medio de transmisión para poder alcanzar al receptor. Las variaciones de presión a las que hemos hecho referencia se transmiten en forma de ondas acústicas (ver Figura 1).

**Figura 1.** Sonido: variaciones de presión

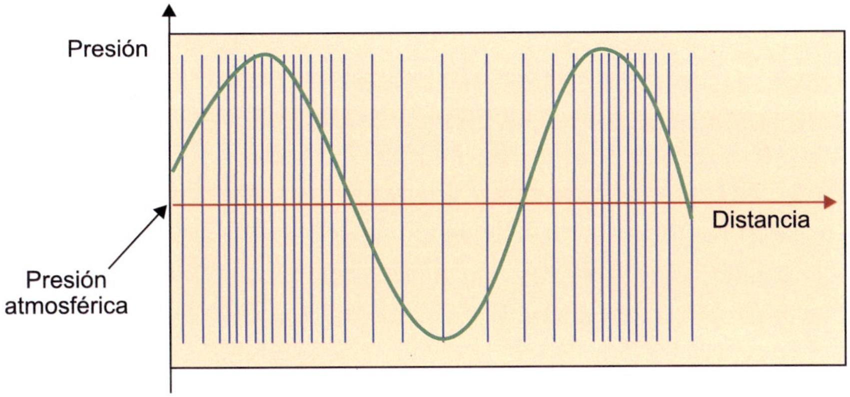


El ejemplo más sencillo para entender este fenómeno es la propagación de una onda en la superficie de un líquido: sabemos que al arrojar una piedra a las aguas tranquilas de un estanque se forman ondas concéntricas alrededor del punto donde ha caído la piedra, que se propagan por toda la superficie del agua hasta llegar a los bordes del estanque.

Por tanto, cuando hablamos de sonido nos referimos a los aspectos físicos del movimiento ondulatorio como frecuencia, periodo, longitud de onda, etc., magnitudes que se pueden medir todas ellas con precisión, al poder aplicar al estudio del sonido los conocimientos que la física, y más concretamente la acústica, nos ofrecen. A continuación trataremos brevemente estos parámetros que caracterizan al sonido y que tan útiles son desde el punto de vista de conocimiento de este fenómeno.

### 2.1. Frecuencia

La **frecuencia** (f) es el número de veces que se repite la variación de presión de la onda sonora en un segundo. Se expresa en hercios (Hz) o ciclos por segundo (c.p.s.). Es la inversa del periodo ($f = 1/T$).

El oído humano está preparado para reconocer sonidos cuya frecuencia esté comprendida entre 20 y 20.000 Hz que es lo que denominamos margen de audiofrecuencias, que determinan el espectro audible. Tradicionalmente, este margen se subdivide en tres zonas:

- **Tonos de bajas frecuencias**: Los bajos, graves o tonos graves son el intervalo de bajas frecuencias que el oído humano es capaz de interpretar. Este margen está comprendido entre los 20 y 500 Hz.
- **Tonos de frecuencias medias**: Tonos medios o frecuencias medias, son los que se corresponden con el intervalo de frecuencias intermedias dentro del espectro audible. Este intervalo se sitúa entre los 300 y los 2.000 Hz.
- **Tonos de alta frecuencia**: Los agudos son los que componen la gama de altas frecuencias del espectro audible. Este intervalo de altas frecuencias o tonos agudos está comprendido entre los 5.000 y los 20.000 Hz.

La frecuencia determina el tono de un sonido y permite diferenciar subjetivamente los sonidos de baja frecuencia o tono grave, como un trueno, de los sonidos de alta frecuencia o agudos, como un silbido (ver Figura 2).

**Figura 2.** Audición y frecuencia

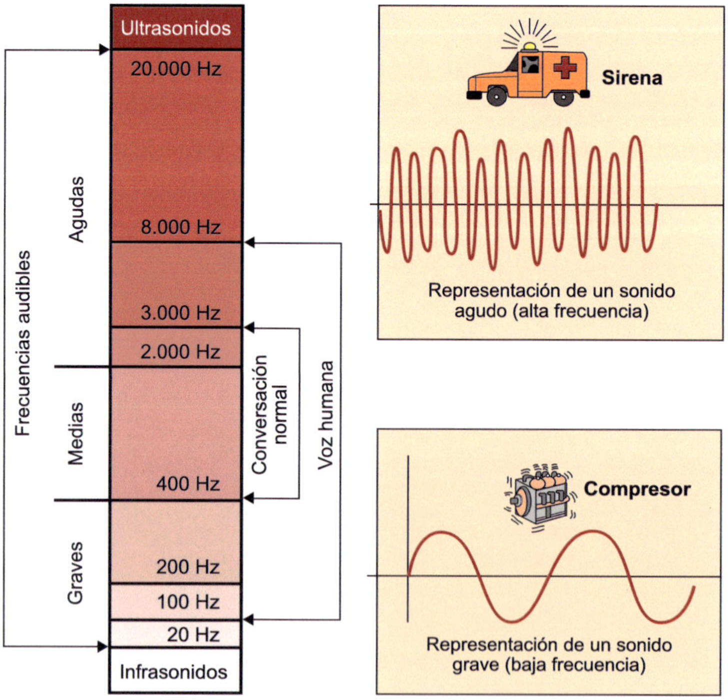

Cuando la frecuencia del sonido es inferior a 20 Hz, este no genera sensación auditiva en el hombre (**infrasonidos**), así como cuando el sonido es excesivamente agudo, superior a 20.000 Hz tampoco se percibe (**ultrasonidos**).

Cuando un sonido tiene una sola frecuencia hablamos de un **sonido puro** o simple y gráficamente se corresponde con la siguiente función sinusoidal:

$$P\ (t) = P_0 \cdot sen\ (\omega \cdot t) \qquad (1)$$

en la que:

$P\ (t)$ es la presión acústica instantánea

$P_0$ es el valor máximo que toma la $P(t)$

$t$ es el tiempo

$w = 2 \cdot \pi \cdot f$ siendo $f$ la frecuencia

### 2.1.1. Espectro de frecuencias

Lo más frecuente es que los sonidos que oímos en la práctica y sobre todo a nivel laboral, estén formados por una compleja combinación de sonidos puros. En este caso, hablamos de **sonidos complejos**, que son aquellos que están compuestos por tonos de diferentes frecuencias. De esta forma, los diferentes elementos que componen una máquina vibran a una frecuencia diferente aunque al oído le parece un único sonido.

Hay diferentes fases del análisis de la protección de los trabajadores ante el ruido en las que nos interesa no sólo conocer el nivel de presión acústica (NPA) producido por el ruido, sino, además, cómo se distribuye la energía acústica en cada una de las frecuencias que componen el ruido estudiado. Entre éstos, podemos destacar la adecuada selección de equipos de protección individual frente al ruido o el análisis y diseño de sistemas de protección colectiva ante el ruido (cerramientos acústicos, absorción acústica de locales, etc.).

Aunque en el apartado 2.7 se trata con detalle, creemos interesante incluir en este punto la definición de **nivel de presión acústica (NPA)**:

Valor que determina la intensidad del sonido que genera una presión acústica (es decir, del sonido que alcanza a una persona en un momento dado), se mide en decibelios (dB) y varía entre 0 dB umbral de audición y 140 dB umbral de dolor.

Si un ruido tiene componentes en la mayor parte de las frecuencias comprendidas en el espectro audible, sería muy difícil y poco práctico determinar una a una el NPA de cada una de las frecuencias. Lo que se hace en estos casos es dividir el espectro de frecuencias en bandas, utilizando sobre todo las bandas de ancho de octava proporcional, normalmente denominadas **bandas de octava**.

El nombre de **octava** tiene su origen en el hecho de que una de estas divisiones comprende las ocho notas de la escala diatónica musical.

Se denomina **banda de octava** al grupo de frecuencias comprendidas entre dos frecuencias $f_1$ y $f_2$ que cumplen la relación:

$$f_2 = 2 \cdot f_1 \qquad (2)$$

es decir, aquella en que la frecuencia más alta es el doble de la frecuencia más baja.

Complementariamente, se denomina **frecuencia central** de la banda de octava a la media geométrica de las frecuencias extremas:

$$f_c = \sqrt{f_1 \cdot f_2} \qquad (3)$$

La tabla siguiente recoge las frecuencias inferiores y superiores de las bandas de octava normalizadas que se utilizan de forma habitual, junto con su frecuencia central:

**Tabla 1.** Frecuencias y bandas de octava

| | | | | | | | | | | |
|---|---|---|---|---|---|---|---|---|---|---|
| $f_{inferior}$ (Hz) | 22 | 44 | 88 | 176 | 353 | 707 | 1414 | 2828 | 5656 | 11313 |
| $f_{central}$ (Hz) | 31,5 | 63 | 125 | 250 | 500 | 1000 | 2000 | 4000 | 8000 | 16000 |
| $f_{superior}$ (Hz) | 44 | 88 | 176 | 353 | 707 | 1414 | 2828 | 5656 | 11313 | 22627 |

Cuando queremos hacer un análisis más detallado de las frecuencias que forman un sonido, se utilizan las bandas de tercio de octava (1/3 de octava). Éstas se obtienen dividiendo una banda de octava en tres partes.

Si bien el oído joven y sano puede percibir sensaciones sonoras en todo el rango de frecuencias indicado, el hombre, para comunicarse, utiliza principalmente unas frecuencias determinadas que denominamos **frecuencias conversacionales**, que van de 500 a 3000 Hz. Como ya hemos comentado, los sonidos de frecuencias inferiores a 20 Hz (infrasonidos) y los de frecuencias superiores a 20.000 Hz (ultrasonidos) no son detectados por el oído humano, lo que no significa que no puedan ser perjudiciales para el mismo.

### 2.2. Período

El **período (T)** es el tiempo que corresponde a un ciclo completo de la onda sonora y se mide en segundos. El período y la frecuencia están relacionados entre sí por la siguiente expresión matemática:

$$T = \frac{1}{f}$$

De esta forma, una onda de 20 Hz tiene un período de 50 ms y una de 20.000 Hz, de 0,05 ms.

### 2.3. Velocidad del sonido

La **velocidad del sonido (c)** es la velocidad a la que se propaga la onda acústica en un medio elástico. Se mide en m/s.

La velocidad sólo depende de las características del medio (masa y elasticidad) a través del cual se propaga. En el caso del aire viene dada por la ecuación:

$$c = \sqrt{\frac{1,4 \cdot P_{atm}}{\rho}} \quad (4)$$

en la que:

$P_{atm}$ es la presión atmosférica (Pa)

$\rho$ es la densidad ($kg/m^3$)

En aire, para condiciones normales de presión ($1,013 \times 10^5$ Pa) y temperatura (20 °C), la velocidad del sonido es de 344 m/s. En agua es del orden de 1.500 m/s y en hierro, de 3.700 m/s.

## 2.4. Longitud de onda

Otra magnitud relacionada con las ondas sonoras es la longitud de onda, un parámetro importante para analizar la forma en que se propagan los sonidos que emite una fuente sonora.

Si la fuente es grande en comparación con la longitud de onda, las ondas se propagarán en forma plana en una sola dirección; si la fuente es pequeña en relación con la longitud de onda, las ondas tomaran forma esférica y se podrán propagar en todas direcciones en forma de esferas centradas en la fuente emisora. En la práctica, sólo se encuentran ondas planas en las proximidades de las fuentes sonoras muy grandes, Para la mayoría de fuentes, aunque sean grandes, si no se está muy cerca, se considera una propagación esférica.

Se entiende por medida de la onda la distancia entre el principio y el final de una onda completa, es lo que se denomina ciclo. Genéricamente, es la distancia entre dos puntos equivalentes en dos ondas sucesivas.

La **longitud de onda** ($\lambda$) es la distancia entre puntos análogos en dos ondas sucesivas o bien la distancia que recorre el frente de ondas en un período completo de oscilación. Se mide en metros.

La longitud de onda está relacionada con la velocidad del sonido, la frecuencia y el período, por la expresión:

$$\lambda = \frac{c}{f} = c \cdot T \qquad (5)$$

donde:

$\lambda$ = longitud de onda
$c$ = velocidad del sonido (340 m/s)
$f$ = frecuencia

Para un sonido definido por una frecuencia $f$ = 31,5 Hz y una velocidad c = 340 m/s, la longitud de onda es igual a $\lambda$ = 10,8 m. Para el rango de frecuencias audibles, los límites de la longitud son: 17 m para 20 Hz y 17 mm para 20.000 Hz (ver Figura 3); aunque el rango de longitudes de onda más habitual está entre 17 mm y 3,4 m.

**Figura 3.** Longitud de onda y frecuencia

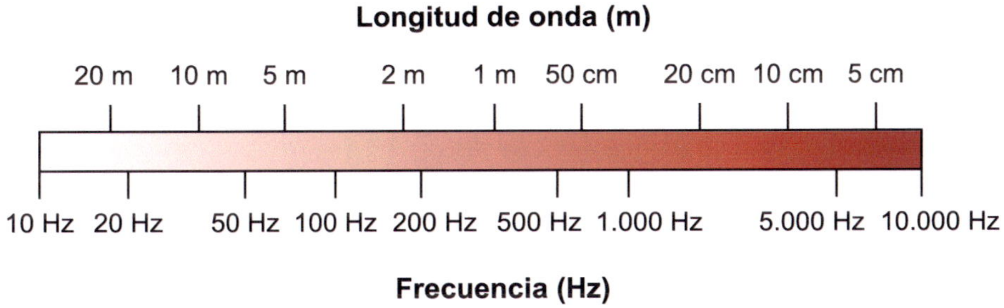


Los sonidos de baja frecuencia tienen longitudes de onda que les permiten bordear mejor los obstáculos, por lo que son más difíciles de aislar.

## 2.5. Intensidad acústica

Si, como hemos dicho antes, el sonido tiene su origen en vibraciones mecánicas que inducen un movimiento en las partículas del medio en el que se propaga, podemos afirmar que el sonido es una forma de energía mecánica. En este sentido:

La **intensidad acústica (I)** es la cantidad de energía que, por unidad de tiempo, atraviesa una unidad de superficie colocada perpendicularmente a la dirección de propagación de las ondas. Se expresa en $W/m^2$.

La intensidad acústica es la característica del sonido que hace que éste se oiga fuerte o débil. Cuanto más fuertes sean las compresiones y dilataciones de las capas de aire, más intenso será el sonido. En la escala de intensidades, el umbral auditivo es $10^{-12}$ $W/m^2$ y el umbral de dolor 25 $W/m^2$.

A medida que una onda sonora se va alejando de su fuente de origen ha de cubrir una mayor superficie, con lo que su intensidad disminuye hasta hacerse mínima, debilitándose de forma progresiva, por lo que tendrá un límite de detección en función de la distancia. La intensidad será distinta de un punto a otro.

Como el margen de variación de la potencia acústica es muy amplio, se utiliza normalmente el **nivel de intensidad acústica** ($L_I$), expresado en decibelios (dB), de acuerdo con la siguiente ecuación:

$$L_I = 10 \cdot \log \frac{I}{I_0} \tag{6}$$

siendo la intensidad de referencia ($I_0$) que se utiliza normalmente $10^{-12}$ $W/m^2$. Esta intensidad se corresponde con el nivel de 0 dB de la escala de decibelios.

El **decibelio** se define como una unidad adimensional relacionada con el logaritmo de una cantidad medida y otra de referencia. Se trata de una herramienta y no de una característica del fenómeno sonoro.

## 2.6. Potencia acústica

La **potencia acústica (W, vatio)** es la cantidad de energía que emite un foco sonoro por unidad de tiempo. Se expresa en W.

Esta energía se propaga inmediatamente y se reparte, teóricamente, según una superficie esférica envolvente cada vez mayor, lo que explica la disminución del sonido a medida que nos alejamos del foco sonoro.

La potencia acústica es una característica propia de cada fuente sonora con independencia de cómo y dónde esté situada. Es un buen criterio para comparar las características acústicas de diferentes fuentes sonoras.

La potencia acústica oscila en un campo muy amplio de valores que se mueve entre $10^{-12}$ W, como el tic-tac de un reloj de bolsillo, hasta 10.000 W (10 kW), como el estruendo de un volcán en erupción.

Al igual que con la intensidad acústica se utiliza en este caso el nivel de potencia acústica ($L_W$), expresado en dB, de acuerdo con la siguiente ecuación:

$$L_W = 10 \cdot \log \frac{W}{W_0} \qquad (7)$$

con un valor de referencia ($W_0$), normalmente, de $10^{-12}$ W/m$^2$.

## 2.7. Presión acústica

La **presión acústica (P)** se define como la variación instantánea de presión sobre la presión atmosférica que se produce como consecuencia de una perturbación acústica. Se expresa en Pa (Pascal) o N/m$^2$. Esta magnitud es la más utilizada en acústica por su facilidad de medida.

Las presiones acústicas audibles son aquellas que el oído humano es capaz de percibir; su rango para una persona joven y sana está comprendido entre $20 \cdot 10^{-6}$ Pa (20 μPa) y 200 Pa, que es el que denominamos umbral auditivo. Para valores por encima de 200 Pa (umbral de dolor) hay riesgo importante de lesiones irreversibles en el oído.

Como el oído humano es capaz de detectar variaciones de presión acústica comprendidas entre $20 \cdot 10^{-6}$ y 200 Pa, deberíamos utilizar una escala de 200.000.000 unidades, que es totalmente inoperativa.

Por este motivo y tal como hemos hecho con la intensidad y la potencia acústica, se utiliza en este caso el **nivel de presión acústica** ($L_P$, más conocido como *NPA*), expresado en dB, y definido por la ecuación:

$$NPA = 10 \cdot \log\left(\frac{P_{eficaz}}{P_0}\right)^2 = 20 \cdot \log\frac{P_{eficaz}}{P_0} \quad (8)$$

con un valor de referencia ($P_0$), normalmente, de $20 \cdot 10^{-6}$ Pa, que se corresponde con la menor presión acústica audible que puede detectar un oído joven y sano a una frecuencia de 1.000 Hz.

Asimismo, la presión eficaz ($P_{eficaz}$) es la que caracteriza la onda y se expresa matemáticamente como:

$$P_{eficaz} = \sqrt{\frac{1}{T}\int_0^T P^2(t) \cdot dt} \quad (9)$$

En términos de NPA, el rango de presión audible, expresado en dB, se encuentra entre 0 dB (20 μPa) para el límite audible y 140 dB (200 Pa) para el límite doloroso. La tabla siguiente muestra la relación entre presión acústica y NPA, junto con la sensación subjetiva que produce y el ejemplo de algunas actividades humanas:

**Tabla 2.** NPA vs. Sensación subjetiva y actividades

| Presión acústica (μPa) | NPA (dB) | Sensación subjetiva | Actividad humana |
|---|---|---|---|
| $2 \cdot 10^8$ | 140 | Intolerable | Despegue de avión |
| $2 - 10^7$ | 120 | Doloroso | Sala de máquinas de barco |
| $2 - 10^6$ | 100 | Muy ruidoso | Martillo neumático |
| $2 \cdot 10^5$ | 80 | Ruidoso | Tráfico intenso |
| $2 - 10^4$ | 60 | Ruido moderado | Oficina |
| $2 \cdot 10^3$ | 40 | Ruido bajo | Biblioteca |
| $2 \cdot 10^2$ | 20 | Silencio | Estudio de radio |
| 20 | 0 | Umbral de audición | ... ... ... |

En general, podemos decir que los ruidos comprendidos entre 40 y 65 dB resultan soportables, entre 65 y 80 dB fatigosos, entre 80 y 115 dB pueden producir sordera y los superiores a 115 dB resultan insoportables.

### 2.7.1. Suma de niveles de presión acústica

Supongamos un taller en que se encuentran dos máquinas $M_1$ y $M_2$, el ruido en el taller será el resultado de la suma del ruido que genera la máquina $M_1$ más el ruido que genera la máquina $M_2$. Estos ruidos están representados por sus niveles de presión acústica (NPA) que, como sabemos, están expresados en decibelios (dB) y no se pueden sumar de forma aritmética por estar expresados en escalas logarítmicas.

Por ejemplo, dos máquinas que produzcan 80 dB de NPA cada una producirán, en combinación, 83 dB y no 180 dB.

Esta dificultad la podemos solucionar recurriendo a sumar intensidades acústicas, ya que en este caso sí se puede realizar la suma aritmética. Para ello, llamaremos $I_1$ a la intensidad acústica total de la máquina $M_1$ e $I_2$ a la que corresponde a la máquina $M_2$, la intensidad total de ambas máquinas es:

$$I_T = I_1 + I_2 \tag{10}$$

Teniendo en consideración que las intensidades acústicas están relacionadas con los cuadrados de las presiones acústicas, podemos expresar la relación matemática anterior de la siguiente forma:

$$\frac{P_T^2}{\rho \cdot c} = \frac{P_1^2}{\rho \cdot c} + \frac{P_2^2}{\rho \cdot c} \tag{11}$$

Lo que nos permite llegar a la siguiente expresión para el cuadrado de la presión acústica total:

$$P_T^2 = P_1^2 + P_2^2 \tag{12}$$

Y a partir de esta expresión, podemos desarrollar a continuación el procedimiento matemático exacto para hacer sumas de NPA. Como este procedimiento puede resultar un poco farragoso, además de necesitar la ayuda de la calculadora, posteriormente expondremos otro más sencillo, que aunque no es exacto, da resultados suficientemente aproximados.

### Procedimiento matemático para la suma

Haciendo uso de la expresión que acabamos de deducir, se pueden sumar los NPA en dB existentes en un mismo punto cuyo origen son dos fuentes diferentes, mediante el procedimiento que se describe a continuación:

**1)** Convertir las expresiones en las que aparecen los NPA ($L_p$) en otras equivalentes en las que aparezcan despejados los cuadrados de las presiones:

$$L_{p_1} = 10 \cdot \log\left(\frac{P_1}{P_0}\right)^2 \Rightarrow P_1^2 = P_0^2 \cdot 10^{L_{p_1}/10}$$

$$L_{p_2} = 10 \cdot \log\left(\frac{P_2}{P_0}\right)^2 \Rightarrow P_2^2 = P_0^2 \cdot 10^{L_{p_2}/10}$$

**2)** Sumar los cuadrados de las presiones acústicas, aprovechando la expresión antes deducida:

$$P_T^2 = P_1^2 + P_2^2 = P_0^2 \cdot (10^{L_{p_1}/10} + 10^{L_{p_2}/10})$$

**3)** Convertir de nuevo a dB para obtener el NPA total ($L_{pT}$) de la suma.

$$L_{p_T} = 10 \cdot \log\left(\frac{P_T}{P_0}\right)^2 = 10 \cdot \log(10^{L_{p_1}/10} + 10^{L_{p_2}/10}) \qquad (13)$$

expresión matemática que permite realizar la suma de dos niveles de presión acústica expresados en dB.

**Ejemplo 1**

Supongamos dos instrumentos iguales cuyo nivel de presión acústica (NPA) es de 72 dB, ¿cuál será el NPA cuando los dos instrumentos suenan de forma simultánea?

**Solución**

Aplicando de forma directa la ecuación anterior:

$$L_{p_T} = 10 \cdot \log(10^{L_{p_1}/10} + 10^{L_{p_2}/10})$$

y sustituyendo el valor de 72 dB:

$$L_{p_T} = 10 \cdot \log(10^{7,2} + 10^{7,2}) = 75dB$$

La **suma de dos NPA iguales** comporta siempre un incremento de 3 dB sobre los valores de partida.

### Procedimiento práctico para la suma

Para evitar tener que manejar logaritmos al hacer la suma de distintos niveles de presión acústica (NPA) expresados en dB, explicamos a continuación un procedimiento práctico, que se basa en la utilización de una tabla que proporciona las cantidades a incrementar al nivel más alto, dependiendo de cuál sea la diferencia entre ambos. La Tabla 3 aporta los valores utilizados para sumar NPA expresados en dB.

**Tabla 3.** Suma de NPA

| Diferencia | 0 | 1 | 2 | 3 | 4 | 5 | 6 | 7 | 8 | 9 | 10 | >10 |
|---|---|---|---|---|---|---|---|---|---|---|---|---|

| | | | | | | | | | | | |
|---|---|---|---|---|---|---|---|---|---|---|---|
| **A sumar** | 3 | 2,6 | 2,2 | 1,8 | 1,5 | 1,2 | 1 | 0,8 | 0,6 | 0,5 | 0,4 | 0 |

Para utilizar este procedimiento, es suficiente con seguir los pasos que indicamos a continuación:

**1)** Ordenar los niveles de mayor a menor.

**2)** Restar el primero del segundo.

**3)** Llevar la diferencia obtenida a la tabla para obtener el incremento.

**4)** Sumar el incremento al mayor para poder obtener la suma de los dos primeros niveles.

**5)** Sustituir los dos primeros niveles por la suma obtenida.

**6)** Proceder de igual modo hasta terminar con el último nivel.

Por ejemplo, si tenemos una máquina M1 que produce 85 dB, y otra máquina M2 que produce 80 dB, la diferencia entre ambas es de 5 dB; debemos sumar al nivel mayor de 85 dB, 1,2 dB obtenido de la tabla anterior, dando como resultado final 86,2 dB.

**Ejemplo 2**

¿Cuál es el nivel de presión acústica (NPA) en un puesto de trabajo afectado por el ruido que generan 5 máquinas diferentes, cuyos valores son 88, 87, 90, 85 y 87 dB respectivamente?

**Solución**

En primer lugar debemos ordenar los NPA de las diferentes máquinas de mayor a menor valor (paso 1), de esta forma tenemos:

| | | | | |
|---|---|---|---|---|
| 90 | 88 | 87 | 87 | 85 |

A continuación restaremos al valor más alto, 90 dB, el segundo valor, 88 dB, siendo la diferencia de 2 dB (paso 2), y buscamos en la Tabla 3 la cantidad a sumar (paso 3) que en este caso es de 2,2 dB. Cantidad que sumamos al valor mayor para obtener así la suma de los dos primeros valores, 92,2 dB (paso 4) que sustituimos por los dos primeros valores (paso 5).

A partir de aquí procedemos de forma equivalente hasta terminar con el NPA más bajo (paso 6).

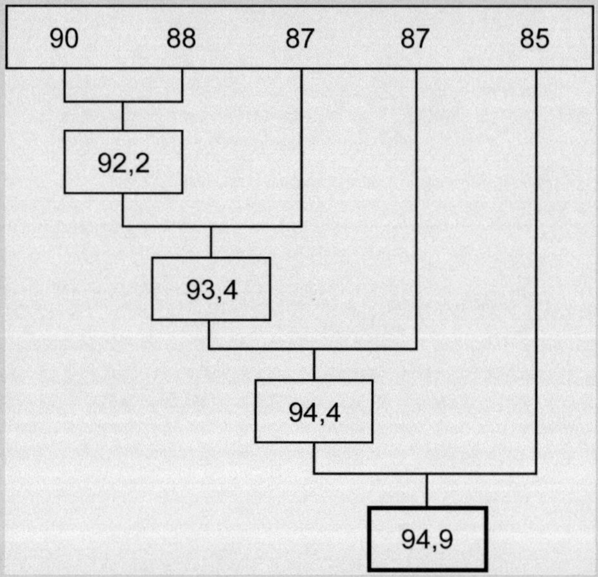


Por tanto, el nivel de presión acústica NPA en el puesto de trabajo que hemos estudiado es de 94,9 dB.

Asimismo, también podemos determinar los valores para sumar NPA de forma gráfica (ver Figura 4); así, por ejemplo, gráficamente para un valor de diferencia de NPA de 3,5 dB el valor a sumar sería de 1,6 dB.

**Figura 4.** Suma de NPA

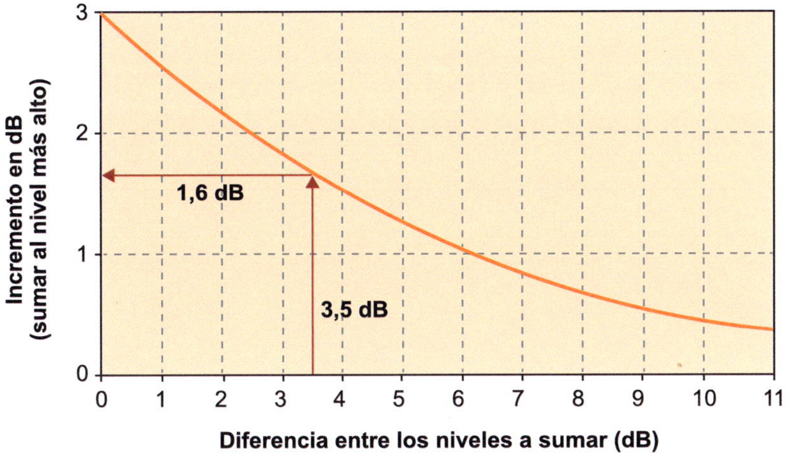


Aunque este procedimiento, ya sea en forma de tabla o de gráfico, no es exacto, su aproximación la podemos considerar suficientemente buena en la mayoría de los casos.

### 2.7.2. Aplicación al análisis de las bandas de octava

El procedimiento de suma de niveles de presión acústica (NPA) es igualmente aplicable para determinar el nivel total de presión acústica a partir del análisis realizado en bandas de los respectivos niveles, como podemos ver en el siguiente ejemplo.

**Ejemplo 3**

Supongamos un análisis en bandas de octava de cierto sonido en que se han obtenido los siguientes resultados:

| **Frecuencia (Hz)** | 63 | 125 | 250 | 500 | 1000 | 2000 | 4000 | 8000 |
|---|---|---|---|---|---|---|---|---|
| **NPA (dB)** | 90 | 95 | 100 | 93 | 82 | 75 | 70 | 70 |

¿Cuál es el valor de NPA de este sonido?

**Solución**

En este caso no se han ordenado los valores de mayor a menor, esto no afecta de forma sensible al resultado, pero permite avanzar de forma más rápida al ir sumando los valores de 2 en 2 según el procedimiento que hemos visto.

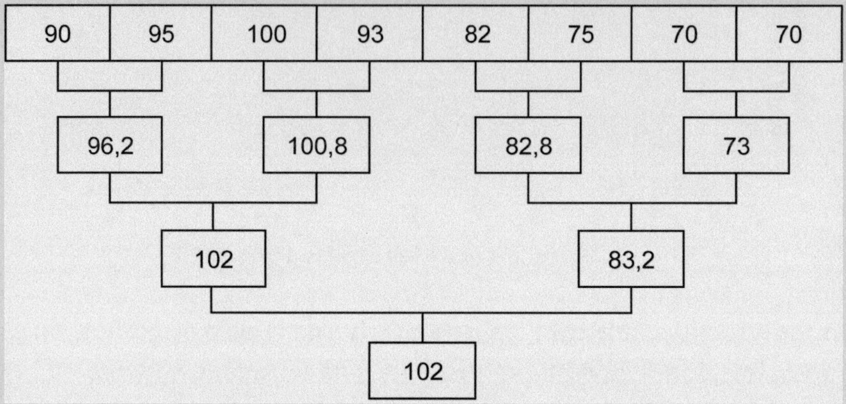


Por tanto, el NPA del sonido que hemos estudiado es de 102 dB.

### 2.7.3. Resta de niveles de presión acústica

Cuando medimos el nivel de presión acústica (NPA) de una máquina que está instalada dentro de un taller, verdaderamente lo que estamos midiendo es la suma del nivel de la propia máquina más el debido al resto de máquinas que están funcionando al mismo tiempo, es lo que llamamos **nivel de ruido de fondo**.

Si, como es previsible, se quiere conocer el nivel que corresponde sólo a esa máquina y, como es lógico, no es posible parar toda la instalación para realizar la medición, podemos proceder de la siguiente forma:

**1)** Medir el nivel total que corresponde a la máquina más el nivel de ruido de fondo que denominaremos $NPA_T$.

**2)** Parar la máquina para medir sólo el nivel de ruido de fondo, que denominaremos $NPA_F$.

**3)** Obtener el nivel de la máquina, que denominaremos $\mathrm{NPA_M}$, como diferencia entre ambos:

$$\mathrm{NPA_M} = \mathrm{NPA_T} - \mathrm{NPA_F} \tag{14}$$

Como estamos trabajando con NPA expresados en dB, no podremos restar aritméticamente. Igual que hicimos en el caso de la suma, vamos a solventar esta dificultad recurriendo a restar intensidades acústicas, para las que sí que podemos realizar la resta aritmética, y a transformar esa resta de intensidades en términos de cuadrados de la presión acústica, lo que nos da la siguiente expresión:

$$P_M^2 = P_T^2 - P_F^2$$

Y llegados a este punto, al igual que hicimos en el caso de la suma, vamos a desarrollar el procedimiento matemático para la resta y, posteriormente, otro práctico más sencillo, que aunque no es exacto, es bastante aproximado.

## Procedimiento matemático para la resta

Haciendo uso de la expresión anterior, se pueden restar dos NPA en dB mediante el procedimiento que se describe a continuación:

**1)** Convertir las expresiones en las que aparecen los NPA en otras equivalentes en las que aparezcan despejados los cuadrados de las presiones:

$$NPA_T = 10 \cdot \log\left(\frac{P_T}{P_0}\right)^2 \Rightarrow P_T^2 = P_0^2 \cdot 10^{NPA_T/10}$$

$$NPA_F = 10 \cdot \log\left(\frac{P_F}{P_0}\right)^2 \Rightarrow P_F^2 = P_0^2 \cdot 10^{L_{pF}/10}$$

2) Restar los cuadrados de las presiones acústicas, aprovechando la expresión antes deducida:

$$P_M^2 = P_T^2 + P_F^2 = P_0^2 \cdot (10^{L_{pT}/10} - 10^{L_{pF}/10})$$

3) Convertir de nuevo a dB para obtener el NPA de la resta:

$$NPA_M = 10 \cdot \log\left(\frac{P_M}{P_0}\right)^2 = 10 \cdot \log(10^{NPA_T/10} - 10^{NPA_F/10}) \quad (15)$$

expresión matemática que nos permite realizar la resta de dos niveles de presión acústica expresados en dB, mediante un procedimiento análogo al de la resta.

### Procedimiento práctico para la resta

Igual que ocurría en el caso de la suma, también para la resta existe un procedimiento aproximado que permite hacer este cálculo sin necesidad de utilizar logaritmos. En el caso de la resta utilizaremos la Tabla 4:

**Tabla 4.** Tabla 4. Resta de NPA

| Diferencia | <3 | 3 | 4 | 5 | 6 | 7 | 8 | 9 | 10 | >10 |
|---|---|---|---|---|---|---|---|---|---|---|
| A restar | (*) | 3 | 2,3 | 1,7 | 1,3 | 1 | 0,8 | 0,6 | 0,4 | 0 |

(*) En este caso el nivel de ruido de fondo es demasiado elevado y no permite realizar medidas precisas.

Para utilizar este procedimiento, es suficiente con seguir los pasos que indicamos a continuación:

1) Restar el nivel menor del mayor.
2) Llevar la diferencia obtenida a la tabla para obtener la cantidad a restar.
3) Restar al nivel mayor la cantidad que acabamos de obtener en la tabla.

Por ejemplo, si tenemos un ruido de fondo medido de 75 dB, y el ruido total es de 80 dB, la diferencia es de 5 dB, y según la tabla correspondiente, se le aplica una reducción de 1,7 dB y por lo tanto, el nivel de ruido atribuible a la máquina será de 80 - 1,7 = 78,3 dB. Si la diferencia es superior a 10 dB no es necesario realizar ninguna resta.

Al igual que ocurre en el caso de la suma, también podemos determinar los valores para restar NPA de forma gráfica (ver Figura 5); así, por ejemplo, gráficamente para un valor de diferencia de NPA de 7,5 dB el valor a restar sería de 0,9 dB.

**Figura 5.** Resta de NPA

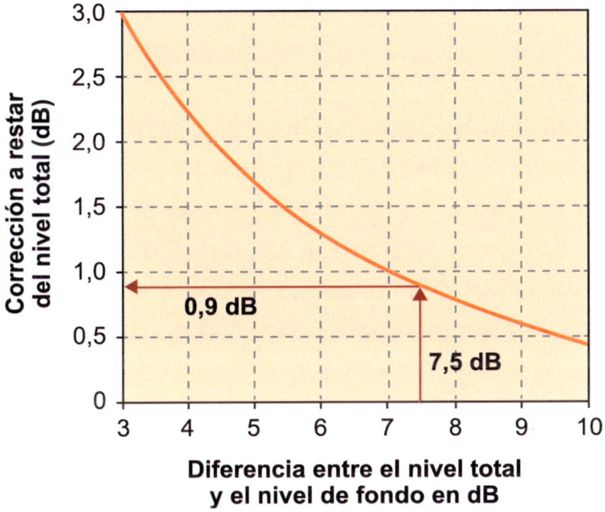


## 2.7.4. Atenuación del sonido con la distancia

En el aire, en campo libre sin obstáculos, el sonido va decreciendo al aumentar la distancia respecto a la fuente sonora, al repartirse en una superficie más amplia hasta hacerse imperceptible.

En el caso de que la fuente sonora sea de tipo puntual (ventilador, alarma, etc.), el nivel de presión acústica disminuye a razón de 6 dB(A) cada vez que se duplica la distancia y en 20 dB(A) cada vez que la distancia es diez veces mayor. Por otro lado, cuando la fuente sonora es lineal (tubería, carretera, etc.), el nivel de presión acústica disminuye en 3 dB(A) cada vez que duplicamos la distancia y en 10 dB(A) cada vez que la distancia es 10 veces mayor.

## 2.8. Tipos de ruido

Una posible clasificación de los ruidos es tomar como referencia su variación a lo largo del tiempo y, en este caso, se tienen los tipos de ruido siguientes:

- **Ruido estacionario o continuo**: Es un tipo de ruido el nivel sonoro del cual prácticamente se mantiene constante a lo largo del tiempo y que presenta como máximo fluctuaciones de 5 dB durante el tiempo de observación. Un ejemplo de ruido estacionario es un ventilador.
- **Ruido no estacionario o discontinuo**: Es un tipo de ruido que durante la observación varía continuamente sin apreciarse estabilidad. Se pueden clasificar en dos tipos:
  - **Ruido fluctuante periódico**: Es un ruido con cadencia cíclica, es decir, se aprecian niveles bien definidos de niveles sonoros a intervalos más o menos regulares. Un ejemplo puede ser el que produce una sierra de cinta en la que se diferencian las fases de ruido correspondientes al giro en vacio y al giro en corte.
  - **Ruido fluctuante aleatorio o variable**: Es un ruido en que no se aprecia ninguna periodicidad, varía de forma continua en el tiempo sin seguir un patrón definido. Un ejemplo de ruido variable es el que encontramos en un taller de reparaciones mecánicas.
- **Ruido de impulso o impacto**: Es un ruido que aumenta de forma brusca su nivel sonoro, con una duración total inferior a un segundo, y en que el tiempo entre máximos (picos) es igual o superior a un segundo; es decir, en un ruido de impacto hay picos de elevada intensidad sonora y muy corta duración. Un ejemplo es el ruido de las prensas de corte.

# 3. Fisiologia de la audición

La exposición a elevados niveles de ruido, que se repiten durante largos periodos de tiempo, puede ocasionar pérdida de audición. Un conocimiento previo de la fisiología de la audición nos permitirá comprender mejor los efectos del ruido sobre el aparato auditivo.

### 3.1. Estructura del sistema auditivo (oído)

El oído es un órgano sensorial alojado en el hueso temporal. Desde el punto de vista anatómico y funcional, podemos dividir el oído en tres partes (ver Figura 6):

- Oído externo.
- Oído medio.
- Oído interno.

**Figura 6.** Elementos del oído humano

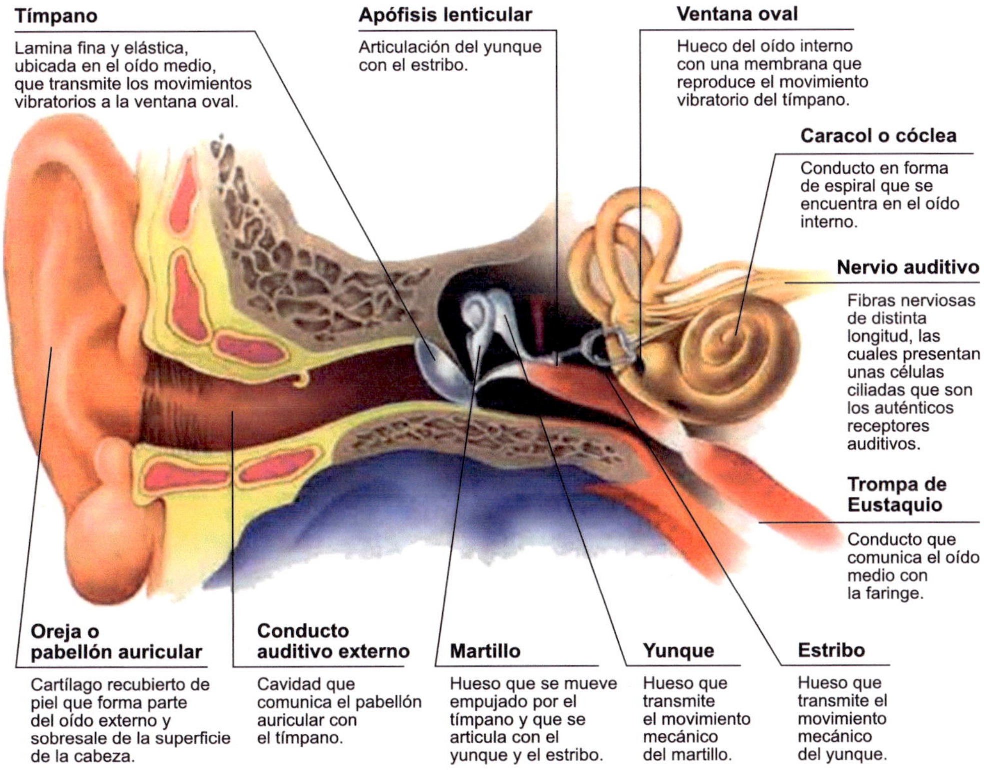

### 3.1.1. Oído externo

El **oído externo** está formado por la oreja y el conducto auditivo externo. La oreja es la parte visible del aparato auditivo, su función es captar las ondas sonoras y dirigirlas hacia el conducto auditivo. Las ondas sonoras pasan a través de este conducto y alcanzan la membrana del tímpano, que comienza a vibrar.

### 3.1.2. Oído medio

El **oído medio** está limitado en su parte exterior por el tímpano, a continuación se encuentra la cadena de huesecillos: martillo, yunque y estribo, llamados así por su parecido con estos objetos. Estos huesecillos están articulados entre sí, de forma que pueden moverse unos respecto de los otros. Al principio de la cadena se encuentra el martillo, que está fijado al tímpano; a continuación está situado el yunque, y por último, el estribo, unido a la membrana que cierra el orificio, llamada ventana oval.

Para que el tímpano pueda vibrar en consonancia con las ondas que le llegan a través del conducto auditivo, es necesario que las presiones estén equilibradas en ambas caras de esta membrana. Esto se consigue por medio de la trompa de Eustaquio, que es un canal de algunos centímetros de longitud que comunica el oído medio con la faringe.

El oído medio realiza dos funciones, la primera es transmitir el sonido hasta el oído interno, y la segunda modificarlo de forma que se amplifique o amortigüe dependiendo de cuál sea su frecuencia.

La cadena de huesecillos transmite el sonido desde el tímpano hasta la ventana oval, a partir de donde comienza el oído interno. La diferencia de superficies entre la membrana del tímpano y la base del estribo permite amplificar el sonido. Como respuesta a los sonidos intensos, los músculos que actúan sobre la cadena de huesecillos limitan su movilidad, de forma que se produce una amortiguación del sonido.

### 3.1.3. Oído interno

El **oído interno** está formado por la cóclea o caracol, que es la parte esencial del sistema auditivo, y el laberinto, constituido por tres canales semicirculares que no cumplen ninguna función auditiva, sino que es el órgano del equilibrio.

En el caracol se encuentra el órgano de Corti, constituido por varios miles de células ciliares situadas sobre la membrana basilar, que divide al caracol en tres conductos. Estas células están inmersas en un líquido, llamado endolinfa, que llena el caracol. Desde ellas parten los filamentos nerviosos que se juntan entre sí para formar el nervio auditivo.

Los movimientos del estribo, unido a la ventana oval, hacen vibrar la perilinfa del caracol para excitar los diferentes grupos de células ciliares, que responden a las distintas frecuencias, y se convierten en estímulos que las células nerviosas transmiten a través del nervio auditivo a la corteza cerebral. En esta se produce la discriminación psíquica de las sensaciones auditivas.

## 3.2. Campo auditivo y zona conversacional

Como ya hemos comentado, son los dos factores principales que determinan la percepción de los sonidos por el oído humano con el nivel de presión acústica y la frecuencia.

En este sentido, el **campo auditivo humano** está definido por los valores de la presión acústica y de la frecuencia para los que el oído humano es capaz de percibir los sonidos.

La totalidad del campo auditivo no es igualmente importante a los efectos de preservar la capacidad auditiva de las personas. Si se considera fundamental que una persona pueda comunicarse con sus semejantes, el área más importante del campo auditivo será indudablemente aquella en la que se desarrolla la conversación.

En este sentido, la **zona conversacional** viene definida por las frecuencias que se extienden básicamente desde los 500 hasta los 2.000 Hz, mientras que los niveles de presión acústica (u intensidad) de esta zona varían desde 40 hasta 70 dB (ver Figura 7).

**Figura 7.** Campo auditivo

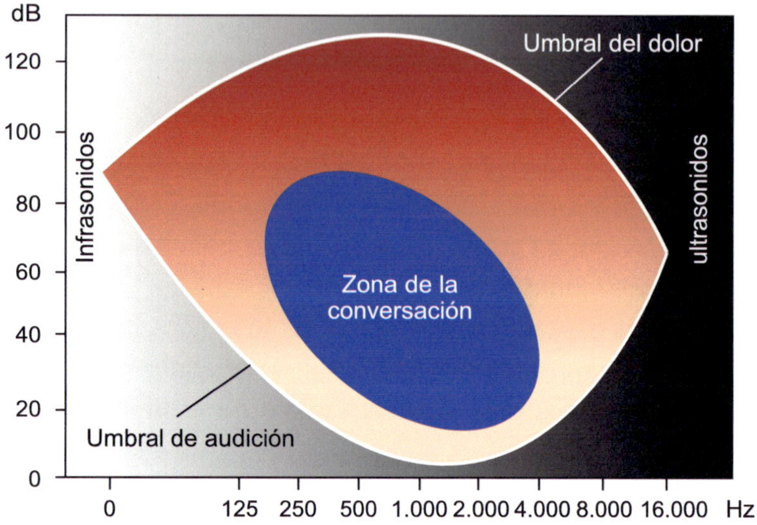


### 3.3. Escalas de ponderación

Sabemos que el oído humano puede apreciar sonidos o ruidos, dentro de un intervalo de frecuencias de 20 (graves) a 20.000 Hz (agudos), pero como hemos comentado, utiliza preferentemente las frecuencias de conversación (de 500 a 2.000 Hz). Por tal motivo, nuestro oído tiene un rendimiento bajo para los sonidos emitidos en bajas (31,5, 63, 125, 250 y 500 Hz) y muy altas frecuencias (8.000 y 16.000 Hz); a la vez que presenta un muy excelente rendimiento para los sonidos emitidos en frecuencias medias (1.000, 2.000 y 4.000 Hz).

De tal manera que cuando se genera un ruido del rango de frecuencias bajas (graves), lo oímos con menor intensidad de la que en realidad tiene. De igual forma ocurre si el ruido es de muy alta frecuencia (agudo), mientras que los ruidos de frecuencias medias y altas los oímos con mayor intensidad. Todo indica que nuestro oído actúa como si quisiera protegernos de la agresión acústica, aumentando la señal ruidosa como si se tratase de una alerta o un mecanismo de defensa.

Teniendo en cuenta que las mediciones que se realizan tienen como última finalidad la protección de la audición de los trabajadores, es preciso que los equipos de medición del ruido permitan que estas mediciones sean lo más parecidas posible a como lo percibe el oído humano.

La respuesta del oído no es lineal para las diferentes frecuencias, por tanto, es necesario introducir las correcciones necesarias para compensar este efecto. Esto se consigue haciendo uso de las **escalas de ponderación frecuencial** internacionalmente aceptadas (ver Figura 8).

**Figura 8.** Curvas de ponderación A, B y C

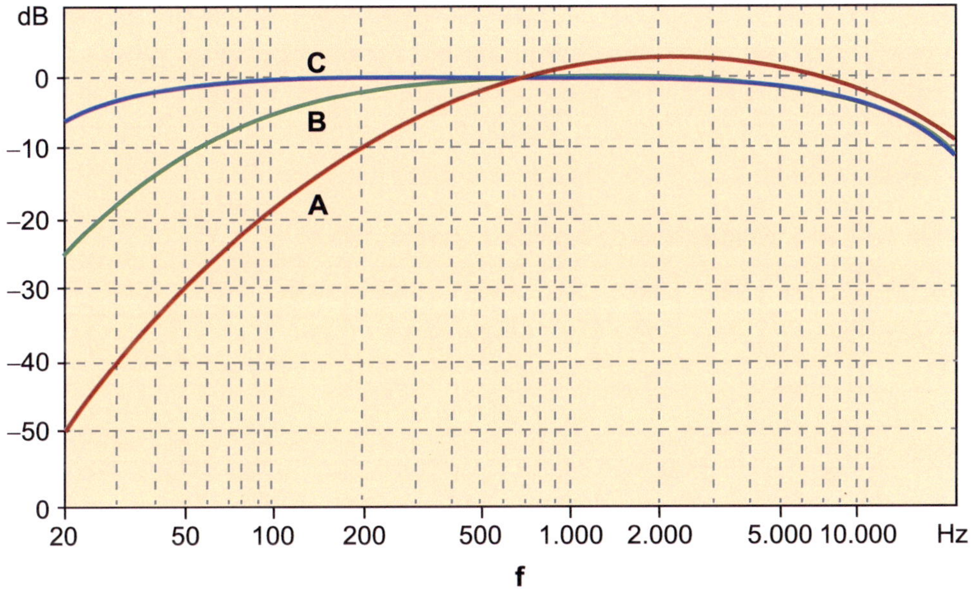


Las tres escalas de ponderación normalmente utilizadas, establecidas en la norma UNE 21.314/75 son las siguientes:

- La **escala de ponderación "A"**, que se pretendía que se usara para niveles de presión menores de 55 dB.
- La **escala de ponderación "B"**, que se manejaría en la atenuación de niveles de presión intermedios entre 55 y 85 dB.
- La **escala de ponderación "C"**, para la atenuación de niveles altos de presión sonora, superiores a 85 dB.

Hay una cuarta escala de ponderación, denominada "D", cuya utilización es prácticamente nula. Está pensada para niveles de presión muy elevados, por encima de 120 dB.

La escala de ponderación más universalmente aceptada es la denominada **escala de ponderación "A"**, con la que se mide el nivel global de ruido después de haber sido ponderado.

### 3.3.1. Escala de ponderación "A"

La **escala de ponderación "A"** está pensada como atenuación que trata de simular la respuesta del oído cuando soporta niveles de presión sonora bajos a las distintas frecuencias, o lo que es lo mismo, cuando se aproxima a las curvas de igual intensidad para bajos niveles de presión sonora. Sus atenuaciones se indican en la Tabla 5:

**Tabla 5.** Tabla 5. Atenuaciones de la escala de ponderación A

| Hz | 31,5 | 63 | 125 | 250 | 500 | 1.000 | 2.000 | 4.000 | 8.000 | 16.000 |
|---|---|---|---|---|---|---|---|---|---|---|
| dB(A) | -39 | -26 | -16 | -9 | -3 | 0 | +1 | +1 | -1 | -7 |

Por tanto, cuando se mide un sonido de varias frecuencias, para calcular su nivel sonoro se ha de ponderar según la curva de igual sonoridad que en nuestra legislación es la curva de ponderación "A", para ello se sumará o restará la cantidad indicada al valor de referencia en dB.

**Ejemplo 4**

En un taller de montaje se piensa colocar una nueva máquina y el fabricante de la misma advierte que el nivel de ruido, medido en el puesto de trabajo, presenta los siguientes valores:

| f(Hz) | 63 | 125 | 250 | 500 | 1.000 | 2.000 | 4.000 | 8.000 | 16.000 |
|---|---|---|---|---|---|---|---|---|---|
| $L_p$ (dB) | 85 | 82 | 76 | 80 | 80 | 76 | 75 | 80 | 75 |

Se piensa ubicar esta máquina en un punto de la cadena de montaje en el que actualmente existe un nivel de presión acústica NPA de 88 dBA, y se desea estimar cuál será el nivel sonoro en el puesto de trabajo una vez colocada.

**Solución**

El primer paso consiste en estimar el nivel sonoro en dBA en el puesto de trabajo del usuario a partir del espectro suministrado por el fabricante y aplicando las correcciones de la escala de ponderación "A". De esta forma, tenemos.

| f(Hz) | 63 | 125 | 250 | 500 | 1.000 | 2.000 | 4.000 | 8.000 | 16.000 |
|---|---|---|---|---|---|---|---|---|---|
| $L_P$ (dB) | 85 | 82 | 76 | 80 | 80 | 76 | 75 | 80 | 75 |
| Pond. A | -26 | -16 | -9 | -3 | 0 | +1 | +1 | -1 | -7 |
| $L_{PA}$ (dBA) | 59 | 66 | 67 | 77 | 80 | 77 | 76 | 79 | 68 |

La suma logarítimica de NPA corregidos según la escala de ponderación "A" será:

$$L_{pA} = 10 \cdot \log(\sum_{n}^{i=1} 10^{L_{pAi}/10}) =$$
$$L_{pA} = 10 \cdot \log(10^{59/10} + 10^{66/10} + 10^{67/10} + 10^{77/10} + 10^{80/10} + 10^{77/10} + 10^{76/10} + 10^{79/10} + 10^{68/10})$$
$$L_{pA} = 85,3\,dBA$$

Una vez conocido el NPA(A) generado por la nueva máquina, al emplazar la máquina en el taller el nivel sonoro será la suma del ruido aportado por esta, más el nivel sonoro ya existente en ese punto. La suma de niveles sonoros es:

$$L_{pT} = 10 \cdot \log(10^{85,3/10} + 10^{88/10}) = 89,9\,dB(A)$$

Por tanto, el nivel sonoro del taller una vez implantada la nueva máquina será de **89,9 dBA**.

Asimismo, podemos establecer que dos ruidos que tengan el mismo nivel de presión acústica en decibelios pueden tener distinto nivel global de presión sonora en decibelios A, si son diferentes sus espectros de frecuencias.

## Ejemplo 5

Calculad el nivel global de ruido en dB(A), de los siguientes espectros de frecuencia y razonad cuál será más perjudicial para el oído humano:

| f(Hz) | 31,5 | 63 | 125 | 250 | 500 | 1.000 | 2.000 | 4.000 | 8.000 | 16.000 | Global |
|---|---|---|---|---|---|---|---|---|---|---|---|
| $L_p$ (dB) | 60 | 65 | 70 | 75 | 80 | 85 | 90 | 95 | 100 | 105 | 106,6 |

| f(Hz) | 31,5 | 63 | 125 | 250 | 500 | 1.000 | 2.000 | 4.000 | 8.000 | 16.000 | Global |
|---|---|---|---|---|---|---|---|---|---|---|---|
| $L_p$ (dB) | 105 | 100 | 95 | 90 | 85 | 80 | 75 | 70 | 65 | 60 | 106,6 |

### Solución

| f(Hz) | 31,5 | 63 | 125 | 250 | 500 | 1.000 | 2.000 | 4.000 | 8.000 | 16.000 | Global |
|---|---|---|---|---|---|---|---|---|---|---|---|
| $L_p$ (dB) | 60 | 65 | 70 | 75 | 80 | 85 | 90 | 95 | 100 | 105 | 106,6 |
| Pond. A | -39 | -26 | -16 | -9 | -3 | 0 | +1 | +1 | -1 | -7 | — |
| $L_{pA}$ (dBA) | 21 | 39 | 53 | 66 | 77 | 85 | 91 | 96 | 99 | 98 | 103,1 |

| f(Hz) | 31,5 | 63 | 125 | 250 | 500 | 1.000 | 2.000 | 4.000 | 8.000 | 16.000 | Global |
|---|---|---|---|---|---|---|---|---|---|---|---|
| $L_p$ (dB) | 105 | 100 | 95 | 90 | 85 | 80 | 75 | 70 | 65 | 60 | 106,6 |
| Pond. A | -39 | -26 | -16 | -9 | -3 | 0 | +1 | +1 | -1 | -7 | — |
| $L_{pA}$ (dBA) | 66 | 74 | 79 | 81 | 82 | 80 | 76 | 71 | 64 | 53 | 87,3 |

Para el primer caso, con un ruido en el que destacan los sonidos agudos (altas frecuencias), la diferencia que hay entre el nivel global en dB y en dBA es pequeña, tan solo de 3,5 decibelios; por el contrario, en la segunda situación con un ruido donde predominan los graves (bajas frecuencias), la diferencia entre ambos niveles globales de ruido es claramente mayor, en concreto 19,3 decibelios.

La diferencia que hay entre el nivel global de ruido en dB y en dBA es un excelente referente de la inclinación que tiene el espectro de frecuencias de nuestro oído. Diferencias pequeñas están vinculadas a ruidos agudos y diferencias grandes están vinculadas a ruidos graves.

### 3.3.2. Curvas de igual sensación sonora

Además de las particularidades del sistema auditivo de cada persona que escucha y de factores subjetivos, hay dos variables físicas fundamentales que modulan la sensación sonora que percibimos al recibir un ruido: el nivel de presión acústica (NPA) y la frecuencia de la onda.

Sabemos que nuestro oído discrimina los sonidos de forma no lineal. Las curvas de igual sensación sonora son gráficos que indican los pares de valores de NPA y de frecuencia que corresponden a una misma sensación sonora. En la Figura 9 se pueden ver las curvas de igual sensación sonora que corresponden de 0 a 120 dB.

**Figura 9.** Curvas de igual sensación sonora

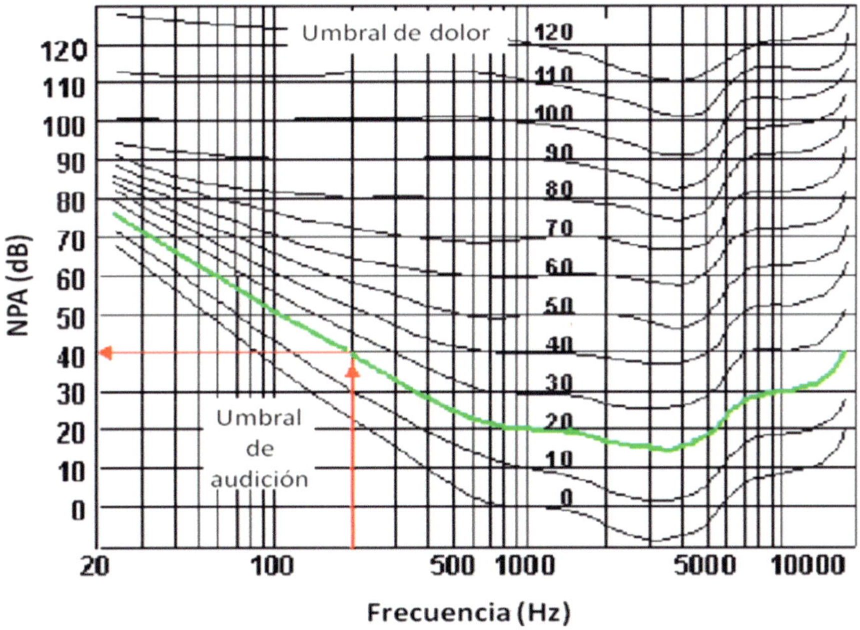


Cada curva corresponde a una misma sensación sonora según el par frecuencia de onda y NPA. En la Figura 9 se puede ver como, en función de la sensación sonora que se quiera, se necesitará más o menos presión acústica para una misma frecuencia.

Para entender las curvas de igual sensación sonora, imaginemos que queremos saber qué sensación sonora produce una onda de 50 Hz de frecuencia y que tiene un NPA de 80 dB, si cambiamos la frecuencia a 5.000 Hz ¿el NPA seguirá siendo de 80 dB? Si miramos el punto de cruce de 50 Hz y 80 dB vemos en el gráfico de la Figura 9 que se juntan cerca de la curva de 60 dB lo que significa que la sensación sonora que recibimos es de 60 dB. Ahora, si para una frecuencia de 5.000 Hz buscamos el NPA que proporciona la misma sensación sonora, vemos que el valor de NPA debe ser de 85 dB.

## 4. Efectos del ruido sobre el organismo

Puesto que el oído es el órgano encargado de la recepción del ruido, es lógico que este sea el más propenso a sufrir algún tipo de daño. Los efectos que afectan al oído se denominan **efectos auditivos** y tienen como consecuencia principal la pérdida de audición, que puede llegar a ser permanente. La exposición continuada a niveles de ruido elevados puede, por tanto, ocasionar sordera.

Además de los efectos auditivos, y como consecuencia de la complejidad del proceso inherente a la audición, pueden aparecer otros efectos no localizados en el oído, que se denominan **efectos no auditivos**.

### 4.1. Efectos auditivos: pérdida de audición

Frecuentemente, la exposición prolongada a niveles elevados de ruido causa lesiones auditivas progresivas que no se manifiestan hasta pasado un cierto tiempo y que pueden degenerar hasta la sordera.

El ruido desgasta las células ciliares, lo que puede producir un deterioro progresivo de la capacidad auditiva. Al principio, el daño afecta a unas pocas células y, por lo tanto, no es apreciable, pero cuantas más células resultan dañadas, más dificultades tiene el cerebro para recibir e interpretar la información. Unas palabras se confunden con otras, la conversación no se puede distinguir del ruido de fondo y la música resulta opaca y apagada. Cuando el sujeto se da cuenta de que sufre una pérdida auditiva, el daño ya es, habitualmente, irreparable. La pérdida de audición debida a la exposición al ruido es más acusada en las frecuencias en las que el oído es más sensible (alrededor de los 4.000 Hz).

Una sordera provocada por la exposición al ruido se desarrolla generalmente de la siguiente manera:

Después de una carga sonora, el oído ensordece momentáneamente (desplazamiento temporal del umbral auditivo). La persona tiene la impresión de que sus oídos están taponados.

El ejemplo más común de este fenómeno lo notamos cuando se ha estado toda una noche en la discoteca.

También los ruidos de impacto o de impulso, ruidos de corta duración pero de elevado nivel, golpes, detonaciones, explosiones, con un nivel de presión acústica superior a 140 dB o 130 dBA pueden causar, en un instante, lesiones auditivas graves, como por ejemplo la rotura del tímpano.

Este desplazamiento temporal del umbral auditivo normalmente desaparece pasado un cierto tiempo, que puede abarcar desde horas hasta semanas, si el afectado vuelve a un ambiente con un nivel de ruido "normal". La recuperación del umbral auditivo normal dependerá de la magnitud del desplazamiento, del tipo de exposición y de la sensibilidad del individuo.

Si la exposición a niveles de ruido elevados es frecuente, es decir, si el oído no tiene tiempo para recuperarse, se produce el daño irreversible de las células ciliares, con una pérdida permanente de la capacidad auditiva (desplazamiento permanente del umbral auditivo).

Esta lesión es particularmente insidiosa, ya que no presenta síntomas de alarma previos. La sordera se lleva a cabo sin dolor y en principio aparece en las altas frecuencias (hacia los 4.000 Hz). La lesión no refleja todavía todos los daños sufridos por el oído, a pesar de que ya no se entienden bien las consonantes sibilantes ni se oye con claridad el timbre del teléfono o el despertador.

En el siguiente estadio, si la exposición al ruido continúa, la pérdida auditiva se extiende al campo de la palabra. El afectado tiene problemas para seguir una conversación cuando el ruido de fondo sobrepasa un cierto nivel. Más adelante no comprenderá bien ni siquiera las palabras que se le dirijan expresamente, a pesar de que el ambiente sea acústicamente "tranquilo".

Finalmente, y si continúa la exposición, la persona oirá ruidos desagradables y continuos (silbidos, zumbidos, etc.), que en muchos casos no se podrán eliminar. Esta alteración se denomina "tinnitus" y se da en el 54% de las personas expuestas de forma continuada a elevados niveles de ruido durante una década.

Por otro lado, hay que tener en cuenta que no todas las sorderas se deben exclusivamente al ruido. También influyen otras causas, como el endurecimiento del oído interno (otosclerosis), los procesos degenerativos, el envejecimiento prematuro del oído, la disposición hereditaria, las infecciones, los efectos adversos de determinados medicamentos e, incluso, los traumatismos craneales.

### 4.1.1. Factores que influyen en las lesiones auditivas

Los factores que más influyen en el en el desarrollo de la sordera profesional son:

- Intensidad del sonido.
- Frecuencia del sonido.
- Duración de la exposición.
- Susceptibilidad individual.
- Edad.
- Sexo.
- Enfermedades del oído medio.
- Naturaleza del ruido.

Se considera que el límite para evitar la hipoacusia es de 80 dB(A) para una exposición diaria de 8 horas a un ruido constante. Aunque no es un punto de total seguridad, por encima de este valor, la lesión aparece y aumenta en relación con el aumento del nivel sonoro.

Las células ciliares más susceptibles se corresponden con las de frecuencias entre 3.000 y 6.000 Hz, y la lesión en la banda de los 4.000 Hz el primer síntoma en la mayor parte de los casos.

La lesión auditiva por ruido sigue una función exponencial respecto al tiempo de exposición. Si el deterioro de las células ciliares es importante, puede continuar una vez cesada la exposición.

Aunque es difícil de demostrarlo, por la cantidad de variables que intervienen en el desgaste fisiológico de la cóclea, se acepta que un factor de riesgo es la susceptibilidad individual.

Respecto de la edad, aunque no hay un acuerdo explícito, hay estudios que indican que a partir de mediana edad hay una pérdida de capacidad auditiva. De la misma forma que hay otros estudios que indican que la mujer presenta una pérdida auditiva menor que el hombre.

Si hay hipoacusia de conducción, se necesita más presión acústica para estimular el odio interno, pero cuando la energía es suficiente penetra directamente y provoca un daño superior al esperado.

Es evidente que la exposición al ruido de forma intermitente es menos lesiva. Uno de los dos mecanismos organizativos para disminuir la probabilidad de lesión es disminuir el tiempo de exposición. Los ruidos permanentes lesionan menos que los impulsos, para las mismas intensidades, gracias al sistema muscular de amortiguamiento del oído medio.

### 4.1.2. Actividades laborales en que puede darse sordera profesional

El Real Decreto 1995/1798, sobre enfermedades profesionales (que fue derogado por el Real Decreto 1299/2006) establecía las siguientes actividades con riesgo de sufrir la enfermedad profesional de la hipoacusia:

- Calderero.
- Estampación, remachado y martilleo de metales.
- Control y puesta a punto de motores de aviación, reactores, pistones.
- Martillos perforadores neumáticos.
- Salas de máquinas de barcos.
- Tránsito aéreo, personal de tierra, como los mecánicos.
- Tala de árboles con sierras portátiles.
- Salas recreativas.

- Uso de maquinaria pesada, excavadoras, palas, ...
- Trabajos con motores diesel, vehículos de ruta, ferroviarios, marineros, ...

Posteriormente, se publicó el Real Decreto 1299/2006, en vigor actualmente, que añade a las enfermedades profesionales establecidas en el Real Decreto 1995/1978 las actividades siguientes:

- Recogida de basuras domésticas.
- Instalación y pruebas de equipos de amplificación del sonido.
- Uso de vibradores para la construcción.
- Trabajos con imprentas rotativas en la industria gráfica.
- Molienda de caucho, plástico e inyección para el moldeado.
- Uso de maquinaría de transformación de madera, como sierras circulares, cintas, cepillos, tupis, fresadoras, ...
- Trabajos de molienda de piedras y minerales.
- Destrucción de municiones y explosiones.

Y además se han de tener en consideración, aunque no estén previstos la ley, otros grupos de riesgo emergentes, como:

- Los educadores.
- El personal sanitario.
- Los trabajadores de bares y restaurantes.

## 4.2. Efectos no auditivos

Las lesiones auditivas y su consiguiente pérdida de audición no son los únicos efectos del ruido sobre el organismo. Como sistema de alerta que es, el oído está relacionado con numerosos órganos, por lo que puede desencadenar efectos adversos sobre estos órganos.

De esta manera, la exposición al ruido puede afectar al sistema circulatorio (taquicardia, aumento de la presión sanguínea), disminuir la actividad de los órganos digestivos, acelerar el metabolismo y el ritmo respiratorio, provocar trastornos del sueño, aumento de la tensión muscular, irritabilidad, fatiga psíquica, etc.

De manera sintetizada, una relación de **efectos no auditivos del ruido** es la siguiente:

- **Efectos sobre el sistema respiratorio.** La exposición al ruido intenso puede generar un aumento del ritmo respiratorio, que vuelve a su normalidad una vez terminada la exposición.
- **Efectos sobre el sistema cardiovascular.** La exposición al ruido intenso puede originar un aumento de la tensión arterial, o del ritmo cardiaco, lo que ha incrementado la incidencia de trastornos como hipertensión arterial, arterioesclerosis o vasoconstricción periférica, por ejemplo.
- **Efectos sobre el aparato digestivo.** La exposición al ruido intenso puede generar un aumento de la incidencia de úlceras gastroduodenales, cólicos, aumento de la acidez, etc., así como la inhibición de dichos órganos, disminución de la movilidad gástrica y secreción digestiva.
- **Efectos sobre el aparato muscular.** La exposición a niveles altos de ruido puede provocar un aumento de la tensión.
- **Efectos sobre el metabolismo.** La exposición a niveles altos de ruido puede dar lugar a una aceleración sobre el mismo.
- **Efectos sobre la visión.** La exposición a niveles altos de ruido puede originar cambios en la agudeza visual, del campo visual y de la visión cromática.
- **Efectos sobre los sistemas endocrinos.** La exposición a niveles intensos de ruido puede generar alteraciones en el normal funcionamiento de diferentes glándulas como la hipófisis, tiroides, suprarrenales, etc., originando alteraciones en la concentración en sangre de las hormonas que segregan las mismas.
- **Efectos sobre el sistema nervioso, central y periférico.** La exposición a niveles altos de ruido puede producir variaciones en el electroencefalograma, trastornos del sueño, cansancio, irritabilidad, inquietud e inapetencia sexual.

Es importante resaltar la importancia del efecto que genera el ruido al disminuir el grado de atención, e incrementar el tiempo de reacción, lo que implica el aumento de los errores y por consiguiente de los accidentes de trabajo.

### 4.2.1. Ruido y estrés

El estrés relacionado con el trabajo aparece cuando las exigencias del entorno laboral superan la capacidad del trabajador para afrontarlas.

Hay muchos factores que contribuyen al estrés laboral y es poco usual que sea el resultado de un solo factor. En este sentido, el entorno físico del trabajo puede ser una fuente de estrés para los trabajadores.

El ruido en el lugar de trabajo, incluso cuando no llega a un nivel que exija tomar medidas para evitar la pérdida de audición, puede ser un factor de estrés que se una a otros factores.

El grado con que el ruido afecta al nivel de estrés de los trabajadores depende de una compleja combinación de factores, entre los que podemos destacar:

- La naturaleza del ruido, como el volumen, el tono y la previsibilidad. Ejemplos de focos de ruido que pueden ser un factor de estrés son un teléfono que suena a menudo o el zumbido constante de un equipo de aire acondicionado.
- La complejidad de la tarea que realiza el trabajador. Si una tarea exige concentración, la conversación de los compañeros puede ser un factor de estrés.

La profesión del trabajador y la importancia que tiene el oído para su desarrollo. Un músico puede estresarse por la preocupación de perder el oído.

Las características propias del trabajador, como la sensibilidad auditiva y los estados de cansancio, que hacen que un mismo ruido en determinadas circunstancias pueda contribuir al estrés y en otros casos ser del todo inocuo.

## 4.3. El ruido fuera del trabajo

La pérdida de audición por exposición al ruido se viene a sumar a la disminución de la capacidad auditiva que se experimenta normalmente con la edad, aumentando sensiblemente la posibilidad de padecer sordera durante los últimos años de vida.

Los efectos del ruido sobre el aparato auditivo son igualmente nocivos tanto si la exposición se produce en el trabajo como si se da fuera de este. Las actividades extralaborales pueden ocasionar tanto daño como las laborales, dependiendo directamente del nivel de ruido y del tiempo de exposición.

Si bien es cierto que durante el trabajo se puede recibir una dosis de ruido lo suficientemente importante como para comprometer la continuidad de una buena audición, no es menos cierto que fuera del trabajo también se puede seguir acumulando dosis de ruido.

Algunas de las actividades extralaborales, como la práctica del motorismo o el manejo de armas de fuego durante la caza, son significativamente agresivas para el sentido de la audición.

Otras actividades más relajadas, como escuchar música, también puede afectar al oído si su nivel es excesivamente alto. El uso de *walkman*, cuyos altavoces se colocan directamente en el conducto auditivo, no deberían presentar problemas si el volumen del equipo se mantuviese siempre en niveles razonables; pero esto no siempre es así, más bien al contrario, existe una gran tendencia a escuchar la música en estos equipos a niveles muy altos, a menudo por encima de los 90 dB(A).

## 5. Evaluación del riesgo de exposición a ruido

La **evaluación del riesgo** al que se encuentra expuesto un trabajador, como consecuencia del desarrollo de su actividad en un puesto de trabajo con un alto nivel de ruido, consiste en valorar este nivel mediante mediciones necesarias, y comparar los resultados obtenidos con los criterios de evaluación fijados por la normativa vigente, para determinar las diferentes actuaciones, dependiendo de los valores obtenidos.

La evaluación del ruido se lleva a cabo en base a su medición. Para desarrollar estas mediciones es necesario conocer cuáles son los parámetros a medir, los instrumentos que se han de utilizar para realizar las mediciones, los procedimientos de medida más adecuados para cada tipo de valoración, el tratamiento estadístico de la información obtenida, etc.

Esta evaluación se llevará a cabo realizando las mediciones que permitan valorar los dos parámetros siguientes:

- Nivel diario equivalente.
- Nivel de pico.

### 5.1. Nivel de presión acústica continuo equivalente

La gran mayoría de ruidos que se producen en el lugar de trabajo tienen niveles de presión acústica variables. Así, ya que un ruido varía su nivel a lo largo del tiempo, el **nivel de presión continuo equivalente** refleja el nivel de un ruido constante que tiene la misma energía que el ruido variable en el periodo de tiempo estudiado.

Matemáticamente se expresa como:

$$L_{eq,T} = 10 \cdot \log \frac{1}{T} \int_{t_1}^{t_2} \left( \frac{P(t)}{P_0} \right)^2 dt \qquad (16)$$

en la que $L_{eq,T}$ es el nivel de presión acústica continuo equivalente en dB, $T$ es el tiempo de exposición ($t_2 - t_1$), $P(t)$ la presión acústica instantánea en Pa y $P_0$ es la presión de referencia (20 mPa).

## 5.2. Nivel diario equivalente, $L_{Aeq,d}$

El **nivel diario equivalente**, al que denominamos $L_{Aeq,d}$, es el nivel de presión acústica continuo equivalente ponderado A, particularizado para un tiempo de 8 horas, que se estima como duración de la jornada diaria de un trabajador.

Matemáticamente viene dado por la ecuación:

$$L_{Aeq,d} = L_{Aeq,T} + 10 \cdot \log \frac{T}{8} \qquad (17)$$

donde:

$L_{Aeq,d}$: nivel de exposición diaria, en dB(A).

$L_{Aeq,T}$: nivel de presión acústica continuo equivalente ponderado en A para un tiempo $T$, en dB(A).

$T$: tiempo de exposición del trabajador al ruido, en horas.

**Ejemplo 6**

En un puesto de trabajo se mide durante 1 hora 98 dB(A) de nivel sonoro. La tarea dura 2,5 h diarias y el ruido durante este tiempo es estable. Calcular el nivel diario equivalente de ruido.

**Solución**

Como el ruido es estable, el nivel durante las 2,5 horas de exposición va a ser el mismo que el medido durante 1 hora, es decir, 98 dB(A).

$$L_{Aeq,d} = L_{Aeq,T} + 10 \cdot \log \frac{T}{8} = 98 + 10 \cdot \log \frac{2,5}{8} = 93\, dB(A)$$

Por tanto, el nivel diario equivalente será **93 dB(A).**

## Nivel diario equivalente de "m" ruidos distintos

Si un trabajador está expuesto a "m" distintos tipos de ruido y, a efectos de la evaluación higiénica, se han analizado cada uno de ellos por separado; el nivel diario equivalente se calcula según las siguientes ecuaciones:

$$L_{Aeq,d} = 10 \cdot \log \frac{1}{8} \sum_{m}^{i=1} T_i \cdot 10^{(L_{Aeq,T})_i /10} \quad (18)$$

donde:

$L_{Aeq,d}$: nivel de exposición diaria, en dB(A).
*I*: cada uno de los diferentes tipos de ruido en una misma jornada laboral.
$(L_{Aeq,T})_i$: nivel de presión acústica continuo ponderado en A para un tiempo $T_i$, en dB(A) para cada uno de los tipos de ruido.
*Ti*: tiempo de exposición del trabajador a cada tipo de ruido, en horas.

**Ejemplo 7**

En un puesto de trabajo se realizan cuatro operaciones:

- La primera operación dura 1,5 horas al día y el nivel de ruido medido es de 85 dB(A).
- La segunda operación dura 3 horas al día y el nivel de ruido medido es de 81 dB(A).

- La tercera operación dura 2 horas al día y el nivel de ruido medido es de 90 dB(A).
- La cuarta operación dura 2,5 horas al día y el nivel de ruido medido es de 83 dB(A).

Calcular el nivel diario equivalente de ruido.

**Solución**

Teniendo en consideración la exposición combinada a estos cuatro ruidos, tenemos:

$$L_{Aeq,d} = 10 \cdot \log[\frac{1}{8}(1{,}5 \cdot 10^{85/10} + 3 \cdot 10^{81/10} + 2 \cdot 10^{90/10} + 2{,}5 \cdot 10^{83/10})] = 86\,dB(A)$$

Por tanto, el nivel diario equivalente será **86 dBA**.

## 5.3. Incertidumbre de la medida en la evaluación de la exposición

Para valorar de forma más exacta los resultados y poder compararlos con los valores límite ($L_{ref}$), se debe añadir al resultado de $L_{Aeq,d}$ la incertidumbre global debida a la medida y al instrumento (U).

El valor de $L_{Aeq,d}$ más correcto para expresar cuál es el nivel diario equivalente es $L^{*}_{Aeq,d}$, que se obtiene a través de la siguiente expresión:

$$L^{*}_{Aeq,d} = L_{Aeq,d} \pm U \tag{19}$$

Y la valoración de los resultados se realizará en base a lo establecido en la Tabla 6, en que la comparación de los valores de referencia: valor inferior que da lugar a una acción, valor superior que da lugar a una acción y valor límite, con el valor calculado de $L_{Aeq,d}$ no es un valor absoluto sino un intervalo.

**Tabla 6.** Valoración de los resultados considerando la incertidumbre global U

| Intervalo de valores | Conclusiones |
|---|---|
| Si $L_{Aeq,d} - U \leq L_{ref} \leq L_{Aeq,d} + U$ | No concluyente.<br>Suponer que se supera $L_{ref}$.<br>Aumentar el número de medidas y/o el tiempo de medida. |
| Si $L_{Aeq,d} + U \leq L_{ref}$ | No se supera el $L_{ref}$. |
| Si $L_{Aeq,d} - U > L_{ref}$ | Se supera el $L_{ref}$. |

## 5.4. Nivel de pico máximo, $L_{MAX}$

Se define el nivel de pico, al que denominamos $L_{MAX}$, como el nivel en decibelios dado por la ecuación:

$$L_{MAX} = 10 \cdot \log\left(\frac{P_{\max}}{P_0}\right)^2 \quad (20)$$

donde $P_{max}$ es el valor máximo de la presión acústica instantánea a que está expuesto el trabajador (en Pascales) y $P_0$ es la presión de referencia (20 mPa).

El nivel de pico es el máximo nivel de presión acústica al que el trabajador se encuentra sometido a lo largo de su jornada. Es muy importante destacar que no se trata de un valor ponderado "A", sino que hay que realizar la medición en ponderación frecuencial "C".

Los instrumentos de medida facilitan de forma directa este valor, por lo que no es necesario realizar ningún cálculo para obtenerlo.

## 5.5. Informe de la evaluación de la exposición a ruido

Una vez llevada a cabo la identificación y evaluación del riesgo de exposición laboral al ruido, los resultados se deben plasmar en un informe que, como mínimo, deberá contener:

- Datos iniciales:
  - Empresa y centro de trabajo.
  - Fecha y referencia identificativa del lugar de trabajo.
  - Objeto de la evaluación y peticionario.
- Cuerpo del informe:
  - Descripción de la estrategia de medida.
  - Indicadores de producción.
  - Instrumentos de medida utilizados.
  - Cuadro de resultados.
  - Conclusiones.
  - Medidas preventivas.
  - Anexos.

El informe también puede incluir el programa de medidas técnicas que se han de adoptar en caso que se supere el valor superior que da lugar a la necesidad de una acción.

# 6. Instrumentos de medida del ruido

La evaluación de los niveles sonoros existentes es una operación necesaria e imprescindible para determinar la gravedad del problema y realizar un diagnóstico de la situación de partida, como paso previo a cualquier acción encaminada a la reducción del ruido.

Para la medición del nivel diario equivalente así como para determinar el nivel pico de un determinado ruido, se puede hacer uso de los siguientes instrumentos:

- Sonómetros.
- Sonómetros integradores-promediadores.
- Dosímetros.

### 6.1. Sonómetro

Si se quiere medir el nivel de presión acústica que hay en un punto, lo más habitual es utilizar un instrumento de lectura directa como es el sonómetro. El sonómetro es un instrumento electrónico capaz de medir el nivel de presión acústica, expresada en decibelios, sin considerar su efecto fisiológico. Registra un nivel de energía sobre el espectro de 0 a 20.000 Hz.

El **sonómetro** es un instrumento diseñado y construido para medir el nivel de presión acústica de los ruidos ambientales. Casi todos son portátiles y de fácil utilización, por lo que permite hacer cómodamente las medidas necesarias para valorar las diferentes situaciones. Además, la mayoría disponen de filtros de ponderación A y C.

**Figura 10.** Sonómetro y registrador de datos PCE-322 A

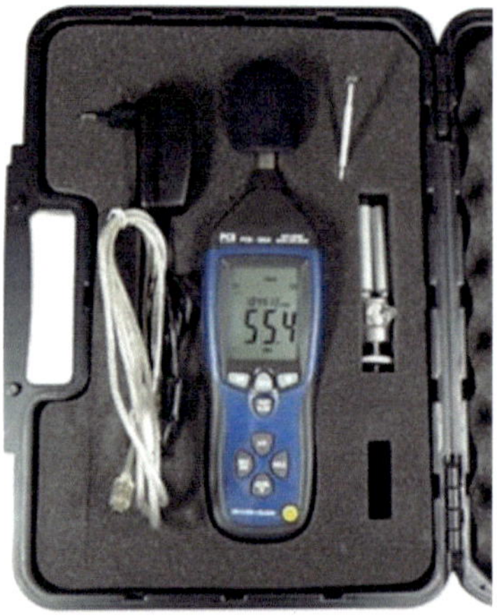

PCE Instruments: www.pce-iberica.es

Un sonómetro básico, como el mostrado en la Figura 10, consta de micrófono, preamplificador, una red de ponderación de frecuencias, filtros de frecuencia, amplificador, rectificador de señal e indicador.

El **micrófono** es un transductor que convierte la presión acústica en una señal eléctrica. Sin duda es el elemento más importante del equipo de medición. Dentro de los diferentes tipos de micrófonos existentes, los únicos que cumplen los altos grados de precisión exigidos por las normas acústicas de medición son los de tipo condensador, motivo por el cual son los únicos usados actualmente. Sobre todo se utilizan los micrófonos de condensador prepolarizados.

Con este tipo de micrófonos se evita la tensión de prepolarización, cosa que comporta importantes ventajas para el usuario, como el ahorro de consumo eléctrico en las baterías y el espacio, parámetros que son muy valiosos en aparatos portátiles.

El **preamplificador** es un dispositivo que sirve para adaptar la impedancia del micrófono a la del sonómetro. El preamplificador tiene una gran impedancia de entrada, con la finalidad de presentar una carga muy baja en el micrófono, y una muy baja impedancia de salida.

Las características ideales de un preamplificador son:

- Bajo nivel de ruido eléctrico.
- Amplia respuesta en frecuencia, o sea, que la respuesta sea lineal para una amplia gama y para las frecuencias.
- Gran rango dinámico.

La **red de ponderación de frecuencias** es básicamente un filtro colocado en la salida del preamplificador, y su función es atenuar (o amplificar) los niveles de presión acústica según la frecuencia.

Con el fin de considerar las diferentes sensibilidades del oído humano según su frecuencia, los sonómetros cuentan con filtros cuyas curvas de respuesta están tomadas a razón de las curvas de ponderación, siendo la curva de ponderación A la aceptada internacionalmente y que da una respuesta más cercana a los ruidos que realmente percibe el oído.

El **amplificador** es un dispositivo encargado de amplificar las señales eléctricas hasta llegar a valores que puedan ser adecuadamente tratados. Un buen amplificador tiene que:

- Ser preciso.
- Producir una distorsión mínima en la señal.
- Disponer de un amplio margen de frecuencias.
- Disponer de un amplio margen dinámico.

En un sonómetro, la señal, una vez ponderada en frecuencia y amplificada, se eleva al cuadrado para obtener el valor eficaz. En teoría, después de obtener el valor eficaz, podríamos alimentar un indicador que nos daría el valor de la señal.

En la práctica este proceso es inviable, ya que, dadas las rápidas variaciones del ruido, las oscilaciones del indicador serían tan fuertes que imposibilitarían su lectura. Este problema se presenta siempre que se quieren medir en un indicador magnitudes que cambian rápidamente en el tiempo y se soluciona utilizando un **rectificador de señal**.

Las dos constantes de tiempo más usadas tradicionalmente para la rectificación de la señal son las siguientes:

- $\tau$ = 1 s (*slow*)
- $\tau$ = 125 ms (*fast*)

a pesar de que existe una amplia variedad de artículos que pretenden relacionar las constantes **slow** y **fast** con los modelos fisiológicos y psicológicos del proceso de la audición, no se sabe exactamente por qué se utilizan precisamente estas constantes y no otras.

La opción ***slow*** es la que permite el seguimiento y la lectura correcta del nivel de presión acústica (NPA) cuando se mide un ruido continuo y constante. La normativa referente a la evaluación de la exposición laboral al ruido obliga a que las medidas del nivel acústico se hagan en la posición *slow*.

La característica ***fast*** permite seguir fluctuaciones rápidas del nivel de presión acústica, pero es una opción inestable y con constantes cambios numéricos. Su tiempo de integración (125 ms) es parecido al del oído humano.

Asimismo, permiten evaluar el ruido **impulsivo** (***impulse***) que tiene una duración de microsegundos y se da cuando el nivel de presión acústica decrece exponencialmente con el tiempo y los sucesivos impactos están separados entre sí más de un segundo. Se ha de tener constancia de este tipo de ruido en el entorno de trabajo mediante la medida del impulso máximo de ruido o nivel de **pico** (***peak***). Para que el valor pico sea normalizado, el aparato ha de poder dar una respuesta muy rápida a la lectura, normalmente inferior a 0,1 segundos.

La Figura 11 recoge el tiempo de respuesta de los sonómetros en los modos *slow*, *fast* y *peak*.

**Figura 11.** Tiempo de respuesta de los sonómetros

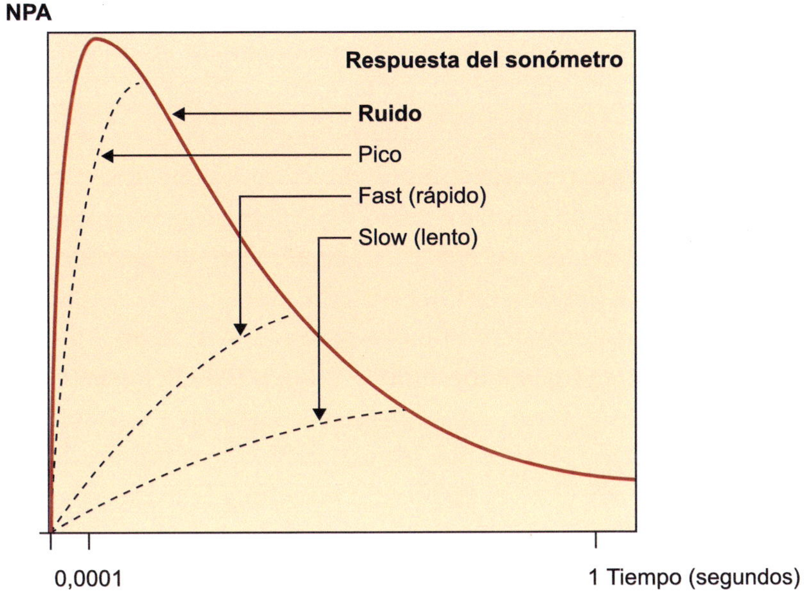


El **indicador** es la parte del instrumento de la que obtenemos el valor numérico de la medición efectuada en dB, según las ponderaciones de tiempo y frecuencia usadas.

En general, los indicadores actualizan el valor cada segundo y permiten de esta manera una lectura cómoda. Los indicadores pueden estar dotados de circuitos de retención del valor máximo, del valor mínimo, etc.

## 6.2. Sonómetro integrador

El **sonómetro integrador** es un aparato destinado a la medición del nivel de presión acústica continuo equivalente, ponderado A.

A diferencia del sonómetro convencional (no integrador), este puede medir cualquier tipo de ruido.

### 6.3. Dosímetro

El uso de sonómetros para medir la exposición laboral al ruido de trabajadores que se mueven por lugares de trabajo de ambientes acústicos diferentes durante su jornada laboral plantea dificultades para los técnicos en cuanto a la medición del ruido. Para resolver esta dificultad, en higiene industrial, es habitual utilizar el concepto de **dosis de ruido** que es una forma de medir la cantidad de energía acústica que recibe un trabajador en un periodo de tiempo relativamente largo de tiempo, normalmente horas.

Un **dosímetro** es un aparato de medida que está destinado a medir la dosis de ruido recibida por un trabajador durante parte o toda la jornada laboral.

Básicamente funciona como un sonómetro integrador y se trata de un equipo que integra de forma automática los dos parámetros importantes desde el punto de vista higiénico: el nivel de presión acústica y el tiempo de exposición, logrando lecturas de riesgo expresadas en porcentaje de la dosis máxima permitida legalmente para 8 horas de exposición al riesgo.

La dosis máxima 100% corresponde a un nivel diario equivalente de 87 dB(A) según la normativa vigente (Real Decreto 286/2006, de 10 de marzo). El dosímetro puede utilizarse con cualquier tipo de ruido y su lectura en % de dosis (%D), se convertirá a $L_{Aeq,d}$ mediante las expresiones siguientes:

$$L_{Aeq,d} = 87 + 10 \log \frac{\%D}{100} \qquad (21)$$

Otras expresiones relacionadas con el dosímetro y de indudable interés son:

$$\%\text{ Dosis en 8 horas} = D\% \cdot \frac{8}{T} \qquad (22)$$

y

$$L_{Aeq,d} = 87 + 10 \log \frac{\%\text{ Dosis en 8 horas}}{100} \qquad (23)$$

El cálculo de la dosis (%D) se obtiene de la expresión:

$$\%D_i = 100 \cdot \frac{T_i}{8} \cdot 10^{L_i - 87/10} \tag{24}$$

Es importante indicar que la **dosis total** de un puesto de trabajo es la suma de las dosis de cada una de las tareas que, representando niveles diferentes de ruido, se realizan en el mismo.

$$\%D_T = \sum_{i=1}^{n} \%D_i \qquad (25)$$

**Ejemplo 8**

En una jornada laboral de 8 h, un trabajador realiza dos operaciones con los siguientes niveles de ruido:

- Fresadora: 87 dB(A) durante 6,5 horas.
- Plegadora: 95 dB(A) durante 1 hora.

Calcular:

**a)** La dosis expresada en %.
**b)** El nivel diario equivalente de ruido.

**Solución**

**a)**

$$\%D_{fresadora} = 100 \cdot ^{T_{fresadora}/8} \cdot 10^{L_{fresadora}-87/10} \Rightarrow \%D_{fresadora} = 81,3\%$$

$$\%D_{plegadora} = 100 \cdot ^{T_{plegadora}/8} \cdot 10^{L_{plegadora}-87/10} \Rightarrow \%D_{plegadora} = 78,9\%$$

$$\%D_{total} = \%D_{fresadora} + \%D_{plegadora} = 81,3\% + 78,9\% = 160,2\%$$

**b)**

$$L_{Aeq,d} = 87 + 10 \cdot \log \frac{\%D}{100} \Rightarrow L_{Aeq,d} = 89\, dB(A)$$

Si un trabajador está expuesto a ruidos diferentes durante $T_i$ tiempos distintos, el nivel diario equivalente se calcularía por:

$$L_{Aeq,d} = 87 + 10 \log \sum_{i=1}^{i=n} \frac{Dosis}{100}$$

### 6.3.1. Cálculo de la exposición máxima permitida (EMP) o dosis diaria

Otra forma de valorar la exposición a ruido es a través del cálculo de la **exposición máxima permitida** (0/1 **EMP**), que se calcula según la siguiente expresión en tanto por uno:

$$\%_1 \text{ EMP} = 10^{\frac{L_{Aeq,T}-87}{10}} \tag{26}$$

en la que:

$\%_1$ EMP: dosis diaria en tanto por 1.
$L_{Aeq,d}$: nivel diario equivalente en dB(A).

Asimismo, se puede calcular el tiempo máximo de exposición como:

$$T_{\text{EMP}} = 8 \cdot 10^{87-L_{Aeq,T}/10} \tag{27}$$

en la que:

**$T_{EMP}$**: tiempo máximo de exposición permitido en horas.
**$L_{Aeq,T}$**: nivel equivalente durante un tiempo T en dB(A).

De la combinación de ambas expresiones se deduce que:

$$\%_1 \text{ EMP} = \frac{T_{\text{expo}}}{T_{\text{EMP}}} \tag{28}$$

donde $T_{\text{expo}}$ es el tiempo de exposición a un nivel de ruido que debe expresarse en las mismas unidades que el $T_{\text{EMP}}$.

La **exposición máxima permitida (EMP)** de un puesto de trabajo es la correspondiente a la suma de cada una de las tareas que, representando niveles diferentes de ruido, se realizan en el mismo.

$$\%_1 \text{ EMP}_T = \sum_{i=1}^{n} \%_1 \text{ EMP}_i \qquad (29)$$

### 6.4. Medición del nivel pico

El medidor del nivel pico puede estar incorporado en un sonómetro integrador e incluso en un dosímetro, aunque es habitual que en estos últimos equipos no den la medida del valor pico sino simplemente una indicación cuando se ha sobrepasado un valor previamente preestablecido.

## 7. Control y reducción del ruido

Las medidas de control del ruido que se deben de adoptar dependen de cada situación. A veces, la solución es tan sencilla como cerrar una puerta u oberturas innecesarias o llevar a cabo el mantenimiento adecuado de las máquinas. Otras, hay que diseñar cerramientos complejos e incluso volver a diseñar partes de las máquinas para que sean menos ruidosas.

A nivel de prevención, la prioridad ha de ser que el trabajador esté expuesto al menor nivel acústico posible, o como mínimo que esté dentro de los límites legales.

El uso de protección individual se ha de utilizar como último recurso, una vez agotadas todas las posibilidades de eliminar o reducir el ruido en su origen, o durante el tiempo en que se implementen las medidas previstas en el programa de reducción del ruido, o en casos especiales, como el acceso esporádico a recintos con un nivel de ruido elevado.

Generalmente, la **solución óptima** de los problemas de reducción y control del ruido es una combinación de medidas; cada una de estas medidas, por separado, no solucionan el problema, pero aplicadas simultáneamente son realmente eficaces.

En principio, se pueden clasificar las acciones de control y reducción del ruido en dos grupos:

- acciones técnicas y
- acciones organizativas.

Las **acciones técnicas** tienen como finalidad disminuir el nivel sonoro que se produce en un lugar de trabajo.

Las **acciones organizativas** son las que tienen como objetivo la disminución del riesgo de exposición al ruido, pero no modifican el nivel sonoro que se produce. Ejemplos de este tipo de acciones son la disminución de los tiempos de exposición mediante rotaciones del personal, la disminución del número de operarios afectados, que se alcanza al aislar las máquinas más ruidosas, y los planes de control audiométrico.

Las acciones técnicas en sí mismas afectan a un problema que se debe tratar en conjunto con soluciones parciales sobre diferentes elementos, cuya acción conjunta disminuye el nivel sonoro que se produce.

El conjunto de elementos que constituyen el objeto de las acciones técnicas se pueden clasificar en los tres grupos siguientes (ver Figura 12):

- El origen del ruido (la fuente).
- La transmisión.
- El receptor.

El **origen o fuente sonora** es aquella parte del sistema en la que se genera la vibración mecánica; por ejemplo, un motor desequilibrado, los golpes de los dientes de los engranajes o una descarga de aire comprimido.

**Figura 12.** Control del ruido

En un problema particular puede existir una o varias fuentes sonoras, que pueden estar incluidas o no en la misma máquina, y pueden actuar simultánea o sucesivamente. Es importante conocer estas características cuando se planifican las acciones, para intentar corregir precisamente aquellas fuentes cuya contribución al nivel sonoro global es poco importante.

La **energía sonora generada se transmite hacia el receptor**, de manera que sigue diferentes mecanismos, por medio del aire y de estructuras sólidas. Cada uno de los posibles mecanismos tiene unas características propias de atenuación de la energía y facilidad para transportarla. Al igual que en el caso de las fuentes sonoras, es importante determinar cuáles son los mecanismos sobre los que se puede actuar para disminuir significativamente el nivel sonoro.

Finalmente, la onda sonora llega al **receptor**, que en nuestro caso es el operario que desempeña su labor en un ambiente ruidoso, pero en otras aplicaciones puede tratarse de un instrumento o una estructura que puede verse afectada por las vibraciones.

## 7.1. Reducción del ruido en la fuente de emisión

La **reducción del ruido en el origen** es a menudo la manera más efectiva de prevenir los riesgos derivados de la exposición al ruido. Desgraciadamente, esto no siempre es posible y, en los casos en los que sí lo es, a veces la falta de conciencia sobre la problemática del ruido impide que se adopten las medidas oportunas para este nivel; así pues, este hecho comporta la necesidad de aplicar medidas posteriores menos eficaces y más costosas. La reducción del ruido en la fuente de emisión se puede alcanzar por medio de los siguientes tres tipos de acciones:

- Diseño y proyecto de la instalación de manera adecuada.
- Sustitución de la maquinaria o proceso.
- Modificación de la maquinaria o proceso.

### 7.1.1. Diseño y proyecto adecuado de las instalaciones

Durante la fase de proyecto de la nueva planta, o de ampliación de una que ya existe, es cuando se dispone de las mejores oportunidades para evitar niveles sonoros elevados. Durante el proyecto se deberían recopilar los datos necesarios sobre los niveles sonoros que ya tengan lugar en la zona, y sobre los niveles máximos admisibles, con el fin de fijar los requerimientos sonoros que deben cumplir las instalaciones que se montarán, y, sobre su base, establecer criterios para la selección de maquinaria o tipos de construcción. Finalmente, se deben prever los posibles emplazamientos o los aislamientos necesarios para la maquinaria que no pueda cumplir los requerimientos preestablecidos.

A lo largo de todo este proceso se debe actuar de cara al objetivo final, que es evitar un riesgo profesional y no el de obtener una máquina silenciosa, a pesar de que este sea un medio para conseguir el objetivo. Por ejemplo, es incoherente exigir, para un tipo determinado de máquina, unos niveles sonoros muy por debajo de los que cualquier fabricante puede ofrecer, o especificar un nivel de 70 dB(A) para una máquina que trabajará en un local donde ya hay 95 dB(A).

### 7.1.2. Sustitución de la maquinaria o proceso

En muchos casos es posible la **sustitución de una máquina o proceso** por otra con unos resultados similares, pero menos ruidosa.

Es muy probable que, al montar una instalación, se escoja un determinado equipo porque es el más eficiente y económico para obtener el producto, pero sin tener en cuenta el ruido que produce. La sustitución total o parcial puede ser la solución del problema. Por ejemplo, los ventiladores centrífugos son más silenciosos que los helicoidales y, en general, las herramientas portátiles eléctricas son más silenciosas que las neumáticas, sobre todo si estas no disponen de silenciadores para descargar en la atmósfera el aire comprimido.

El uso de procesos diferentes puede disminuir el nivel sonoro; por ejemplo, soldadura en lugar de remache, y conformación con prensa hidráulica en lugar de prensa de excéntrica.

### 7.1.3. Modificación de la fuente de ruido

Si tenemos en cuenta que el ruido se genera como consecuencia de una vibración mecánica de cuerpos sólidos y/o por turbulencias en el chorro de aire, las modificaciones que se introducen en las máquinas, en las que se disminuye la fuerza de accionamiento sobre las partes móviles o la velocidad de las corrientes de aire, tendrán como consecuencia la disminución del ruido emitido.

El uso de anclajes y uniones elásticas es necesario para evitar la vibración de superficies y el ruido emitido por estas superficies.

En el caso de las máquinas neumáticas, el ruido producido por los chorros del aire comprimido o los escapes de aire se puede disminuir si reducimos la presión del aire hasta el mínimo compatible con el trabajo, si disponemos de un diseño correcto de los aparatos de descarga o mediante el uso de silenciadores.

## 7.2. Reducción del ruido durante su transmisión

En la **transmisión de las ondas sonoras**, desde el punto de su generación hasta la llegada al receptor, se nos presenta un conjunto de fenómenos que podemos usar para reducir la intensidad de estas hasta niveles adecuados para el receptor.

Considerando que los ruidos industriales se producen en locales cerrados y que afectan a las personas que trabajan en estos locales, el estudio de la transmisión deberá tener en cuenta los fenómenos que se producen en esta clase de locales, que en síntesis son los siguientes:

- **Transmisión de las ondas aéreas**, directamente desde la fuente hasta el receptor. Estas ondas se pueden amortiguar si se interpone un obstáculo sólido en su trayecto, técnica conocida con el nombre de aislamiento del sonido aerotransportado.
- **Transmisión de ondas mediante las estructuras del edificio**, desde las que se irradiarán nuevas ondas. Se pueden amortiguar con estructuras que sean poco transmisoras, o evitando que las vibraciones lleguen a la estructura.
- **Transmisión aérea de las ondas de forma indirecta**, es decir, después de rebotar en las superficies sólidas del local (paredes, suelo, máquinas, etc.). Este tipo de transmisión se puede evitar mediante la absorción del sonido en los choques, es decir, con la colocación de materiales absorbentes en las paredes y el techo.

### 7.2.1. Aislamiento aéreo

El **aislamiento aéreo** es la disminución de la intensidad de una onda que se propaga a través del aire. La forma más habitual de hacerlo es interponer en el camino de la onda un obstáculo sólido no poroso, como por ejemplo una pared simple; este es el caso más sencillo.

Cuando una onda sonora actúa sobre una pared, las variaciones de presión se transforman en una fuerza que la pone en vibración y, por lo tanto, aparece un foco de generación de ondas al otro lado. La base del aislamiento consiste en el hecho de que vibre fácilmente.

### 7.2.2. Aislamiento del sonido transportado por la estructura

Cuando el sonido generado por una fuente se transmite sólo por medio del aire se denomina sonido aéreo transportado, pero cuando la energía se comunica directamente con una estructura y el sonido se transmite por medio de esta estructura, se le denomina **sonido transportado por la estructura**.

Para que un sonido de este tipo se oiga, es necesario que la energía transmitida por la estructura sea radiada en el aire por una pared, el suelo o cualquier otro elemento. Un ruido transportado por la estructura se puede amortiguar:

- Evitando que la energía llegue a la estructura.
- Dificultando la transmisión de la onda mientras se produce.

La experiencia demuestra que la primera solución acostumbra a ser más eficaz y económica que la segunda.

La práctica de esta clase de soluciones consiste en evitar las uniones rígidas entre máquinas y entre estructuras de los edificios con movimientos oscilantes, así como en el recubrimiento del suelo con materiales adecuados para absorber golpes.

### 7.2.3. Absorción del sonido

Al plantear los mecanismos a través de los cuales las ondas se propagan, nos encontramos con la trayectoria indirecta, es decir, que la onda aérea llega al receptor después de reflejarse una o varias veces en diferentes superficies.

En el problema que nos ocupa, el receptor es un hombre que trabaja en el interior de un local y, por lo tanto, siempre son posibles las reflexiones de las ondas en las paredes, techo y suelo del local, y en los objetos que están en su interior. En este caso, estos mismos elementos absorben el sonido.

### 7.3. Equipos de protección individual: actuación sobre el receptor

Antes de establecer la necesidad de uso de equipos de protección individual hemos de tener en cuenta los criterios para el empleo de estos equipos:

> "Los equipos de protección individual deberán utilizarse cuando existan riesgos para la seguridad y salud de los trabajadores que no hayan podido evitarse o limitarse suficientemente por medios técnicos de protección colectiva o mediante medios, métodos o procedimientos de organización del trabajo". (Real Decreto 773/1197, de 30 de mayo).

Por tanto, en las acciones que hay que llevar a cabo para proteger a los trabajadores contra los efectos nocivos del ruido, la protección personal mediante protectores auditivos debe ser la última acción que se tenga en cuenta, siempre con carácter complementario y temporal.

> Un **protector auditivo** es un elemento de protección personal utilizado para disminuir el nivel de ruido que puede percibir un trabajador situado en un ambiente ruidoso.

Para poder realizar una adecuada selección de la protección auditiva, es necesario conocer cuáles son los tipos de protectores que existen en el mercado, sus características y su capacidad de atenuación. Los protectores auditivos se pueden agrupar en cuatro clases:

- Orejeras.
- Tapones.
- Tapones con banda.
- Otros protectores auditivos.

Para conseguir a los trabajadores del uso de la protección auditiva habrá que convencerles de la conveniencia de utilizarla, evitando el posible rechazo a utilizar este tipo de equipos, que surge, sobre todo al principio, como consecuencia de la sensación de aislamiento que se experimenta.

### 1) Orejeras

Las **orejeras** (ver Figura 13) son aquellos protectores auditivos que están formados por dos auriculares o casquetes que envuelven completamente la oreja y permanecen unidos por una banda de cabeza elástica o arnés.

**Figura 13.** Orejeras

Los auriculares son piezas de plástico duro de forma parecida a una semiesfera y del tamaño necesario para cubrir las orejas. En su interior llevan un material absorbente del ruido. Los anillos de sellado están formados por unas almohadillas rellenas de espuma para facilitar un ajuste hermético a la cara, al tiempo que hacen este contacto más cómodo.

La banda de cabeza es una pieza elástica que sujeta los auriculares en su posición y ejerce una presión sobre los mismos para garantizar el correcto ajuste alrededor de las orejas. Según los modelos, la banda se puede colocar sobre la cabeza o sobre la nuca.

## 2) Tapones

Los **tapones** (ver Figura 14) son aquellos protectores auditivos que se introducen en el conducto auditivo, obturando su entrada. Por este motivo se denominan también tapones insertos.

**Figura 14.** Tapones

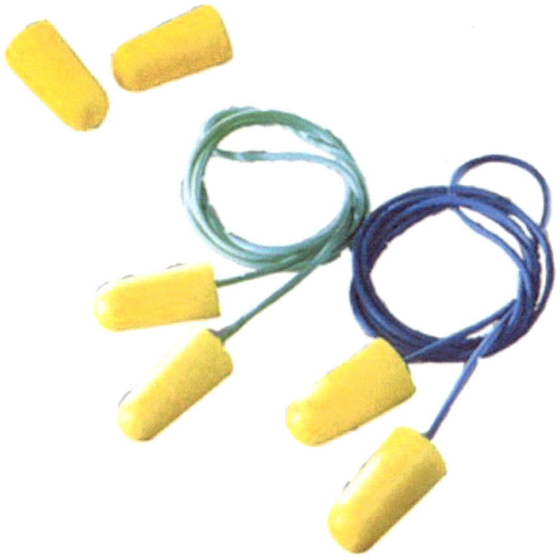

Los tapones pueden ser de material moldeable, como la espuma de poliuretano, que se comprimen antes de introducirlos en el conducto auditivo y al expandirse se acoplan a este obturándolo completamente. También existen tapones de lana mineral recubierta por una fina película de plástico.

Estos tapones de material moldeable son generalmente desechables. Aunque sus características permitirían utilizarlos más de una vez, cuando se ensucian no se pueden lavar bien, por lo que, si no es posible garantizar unas correctas condiciones higiénicas, hay que cambiarlos por otros nuevos.

Existen tapones premoldeados fabricados en silicona o goma cuya forma permite una fácil adaptación al conducto auditivo. Estos tapones se pueden utilizar repetidamente, ya que su limpieza es fácil. Deben cambiarse por otros nuevos cuando, por su utilización, se deformen y no permitan un correcto ajuste al conducto auditivo.

Comparando las orejeras con los tapones encontramos que las primeras tienen la ventaja de su fácil colocación, mientras que presentan el inconveniente de presionar la cara, lo que puede llegar a ser molesto tras varias horas de utilización. Además, provocan una mayor transpiración, en especial en los meses de verano o en los puestos de trabajo cálidos y húmedos.

Los tapones se fabrican en colores brillantes para permitir una buena visibilidad de los mismos y facilitar la comprobación de su uso. Algunas veces los tapones están unidos por un cordel que evita su pérdida en caso de que uno de ellos se salga del conducto auditivo.

### 3) Tapones con bandas

Los **tapones con banda** (ver Figura 15) son tapones premoldeados, que presentan formas redondeadas o cónicas, unidos por un arnés o banda elástica para favorecer su colocación sobre los conductos auditivos.

**Figura 15.** Tapones con banda

La banda ejerce una presión sobre los tapones asegurando así el adecuado cierre del conducto auditivo, y puede colocarse sobre la cabeza o bajo la barbilla indistintamente.

### 4) Otros protectores auditivos

Además de los equipos de protección individual contra el ruido mostrados hasta aquí, que son los más utilizados, hay otros de menor aplicación, como por ejemplo:

- Los **cascos antirruido** que cubren la cabeza. Estos equipos tienen la misión no sólo de reducir la transmisión aérea del ruido, sino también de evitar que este alcance el oído interno por transmisión ósea. Su uso está recomendado en zonas de ruido extremo.
- Los **protectores de reducción de ruido activos** se basan en la actuación de un sistema electroacústico, especialmente diseñado para detectar el ruido que incide sobre el mismo y generar una respuesta capaz de anularlo a nivel del oído del trabajador, mejorando así la protección.
- Los **equipos protectores dependientes del nivel de ruido** disponen de una atenuación variable que se incrementa cuando el nivel de ruido en el ambiente aumenta.

### 5) Atenuación del nivel de ruido mediante protectores auditivos

Se entiende como atenuación de un equipo de protección individual auditiva la reducción del nivel de presión sonora que proporciona. Por eso, la selección de los protectores auditivos se deberá efectuar, principalmente, de acuerdo con las necesidades de atenuación requeridas en cada caso. En el mercado se encuentran muchos modelos, que presentan diferentes capacidades de atenuación del ruido a diferentes frecuencias. Su función consiste básicamente en atenuar las ondas sonoras que llegan al tímpano, por lo que es necesario que sean capaces de obtener un buen cierre del canal auditivo.

## 7.4. Medidas organizativas

Como sabemos, el nivel diario equivalente de ruido que recibe un trabajador depende tanto del nivel de ruido como del tiempo de exposición. Las medidas técnicas que se acaban de exponer tienen como objetivo reducir el nivel de ruido, mientras que las medidas organizativas están orientadas a la reducción del tiempo de exposición.

Las medidas organizativas no son menos importantes que las de tipo técnico, sus soluciones pueden ser igual de eficaces e incluso presentan ventajas en algunos aspectos, como son la implementación más rápida y el coste más reducido.

Cualquier acción dirigida a reducir el tiempo de exposición de los trabajadores frente al ruido es una medida de control organizativa, entre las que cabe destacar:

- **Limitación del número de trabajadores expuestos.** Esta medida organizativa consiste en limitar el acceso a las zonas ruidosas al menor número posible de trabajadores, de forma que aquellos que no sean imprescindibles para realizar la tarea no se expongan innecesariamente.
- **Rotación de los trabajadores.** No todos los puestos de trabajo tienen la misma exposición a ruido, incluso no todas las tareas que se desarrollan en un mismo puesto son igualmente ruidosas. Podemos conseguir una reducción del nivel de exposición rotando convenientemente a los trabajadores por los puestos y tareas más ruidosos, de forma que, si ello es posible, todos se sitúen por debajo de los límites permitidos o, por lo menos, al nivel más bajo.
- **Descanso en ambientes silenciosos.** Durante la jornada de trabajo se realizan pausas establecidas para descansar. Es interesante que estas pausas se realicen en lugares silenciosos, con lo cual no sólo se disminuye la exposición diaria al ruido, sino que estos descansos permiten una pequeña recuperación del oído, pues los periodos de ruido separados por pausas son menos nocivos que si el ruido es continuado durante toda la jornada laboral.

## 8. Marco legal: aplicación del Real Decreto 286/2006 sobre ruido[1]

La aprobación del Real Decreto 286/2006, de 10 de marzo, sobre la protección de la salud y la seguridad de los trabajadores contra los riesgos relacionados con la exposición a ruido, que deroga el anterior Real Decreto 1316/1989, ha su-

1. Información extraída de: 'Aplicación del RD 286/2003 sobre ruido' del Instituto Nacional de Seguridad e Higiene en el Trabajo (Barcelona, 2010).

puesto un cambio significativo en el enfoque de la evaluación de los riesgos derivados de la exposición al ruido.

Como complemento a la información que aquí se aporta, se recomienda la lectura y consulta de la **Guía técnica para la evaluación y prevención de los riesgos relacionados con la exposición de los trabajadores al ruido según el Real Decreto 286/06**, elaborada por el INSHT, documento de referencia obligada.

## 8.1. Preguntas previas sobre el Real Decreto 286/2006

### ¿Qué pretende el Real Decreto 286/2006?

Proteger a los trabajadores frente a los riesgos derivados o que puedan derivarse de la **exposición al ruido** y, particularmente, frente a los riesgos para la audición.

### ¿Cuándo se aplica el Real Decreto 286/2006?

Se aplica a las **actividades en las que los trabajadores estén o puedan estar expuestos a riesgos derivados del ruido como consecuencia de su trabajo.**

Se incluye cualquier exposición que tenga lugar durante la prestación laboral, sea debida o no a la actividad laboral, es decir, cualquier situación en la que sea aplicable la Ley de Prevención de Riesgos Laborales.

Se incluyen también los trabajadores de los medios de transporte aéreo y marítimo, aunque el personal a bordo de buques de navegación marítima. También está incluido el sector de la música y el ocio, para cuyos trabajadores y empresarios se ha elaborado un código de conducta con orientaciones prácticas.

### ¿Cuál es la finalidad del Real Decreto 286/2006?

**Eliminar el ruido en origen o, si ello no es posible, reducirlo al nivel más bajo posible** atendiendo a los avances técnicos disponibles y a la disponibilidad de medidas y no limitarse a cumplir con los valores de referencia establecidos.

Para ello, el RD 286/2006 parte, claro está, de los principios generales de prevención establecidos en el artículo 15 de la Ley de Prevención de Riesgos Laborales, pero añade y propone también las siguientes disposiciones:

- Aplicar otros métodos de trabajo que reduzcan la necesidad de exponerse al ruido.
- Elegir y utilizar equipos de trabajo menos ruidosos.
- Estudiar la concepción y disposición de los lugares y puestos de trabajo de cara a una menor exposición al ruido.
- Impartir la información y formación adecuadas para un correcto manejo del equipo de trabajo con el fin de minimizar la exposición al ruido.
- Estudiar la reducción técnica del ruido:
- Reducción del ruido aéreo (pantallas, cerramientos, recubrimientos con material acústicamente absorbente, etc.).
- Reducción del ruido transmitido por cuerpos sólidos (por ejemplo el amortiguamiento de las vibraciones que dan lugar a emisión de ruido).
- Limitar la duración e intensidad de la exposición.
- Llevar a cabo un mantenimiento apropiado de los equipos de trabajo.
- Diseñar una ordenación adecuada del tiempo de trabajo (realizar operaciones ruidosas con menos personas presentes).

Todos estos aspectos han de desarrollarse con independencia del resultado de la evaluación ya que el objetivo del RD 286/2006 es reducir el ruido al nivel más bajo posible.

## 8.2. Evaluación de riesgos

La evaluación de los riesgos derivados de la exposición al ruido se basará, como norma general, en una medición de los niveles de ruido existentes.

Al realizar la evaluación de los riesgos derivados de la exposición al ruido se debe tener en cuenta, entre otros aspectos, posibles interacciones entre el ruido y las sustancias ototóxicas o el ruido y las vibraciones, según se establece en el artículo 6 del RD 286/2006.

Asimismo, la evaluación de riesgos debe actualizarse cuando cambien las condiciones de trabajo y, en todo caso, con ocasión de los daños para la salud que se produzcan, según el artículo 16 de la Ley de Prevención de Riesgos Laborales.

**Mediciones no necesarias**

Hay casos en los que la evaluación puede no requerir una medición. Sólo "la directa apreciación profesional acreditada" puede determinar si en un puesto de trabajo no se superan los valores inferiores de exposición que dan lugar a una acción haciendo que, entonces, no sea necesario realizar una medición.

### 8.2.1. Consideraciones previas a la medición

En referencia al muestreo, este debe ser representativo y, por tanto:

- En función de las características del puesto de trabajo y la información aportada sobre actividades y tareas, se elegirá la estrategia de muestreo más adecuada, bien basada en la tarea, bien basada en el puesto de trabajo o bien basada en la jornada completa.
- Hay que medir en las jornadas de trabajo más representativas de la exposición al ruido.
- Es preferible medir en ausencia del trabajador con el micrófono a la altura donde se encontraría su oído. Si esto no es posible, habrá que colocar el micrófono a una distancia de entre 10 y 40 cm frente a su oído más expuesto.
- Hay que tener en cuenta la incertidumbre asociada a la medición, que raramente será inferior a 1 dB y que muy frecuentemente rondará los 2 dB.

Respecto de los instrumentos de medida, deberemos tener en consideración:

- Los equipos a emplear deben permitir determinar el nivel de exposición diario equivalente, el nivel de pico y el nivel de exposición semanal equivalente, para su posterior comparación con los valores de referencia.
- Se pueden utilizar tanto sonómetros integradores-promediadores, como dosímetros personales.

- Aunque se recomienda emplear instrumentos de clase 1, como mínimo deberán ser de clase 2.
- Los sonómetros deben ser comprobados con un calibrador acústico antes y después de cada medición o serie de mediciones. Si la diferencia es superior a 0,5 dB, el sonómetro debe ser reparado y verificado.
- Los dosímetros deben ser también comprobados y, a diferencia de los sonómetros, pueden ser ajustados en caso necesario.
- Los equipos deben cumplir con sus especificaciones correspondientes (Normas UNE-EN 61672 en el caso de los sonómetros y UNE-EN 61252 en el caso de los dosímetros) y ser verificados anualmente por una entidad acreditada, según se establece en la Orden ITC/2845/2007.

### 8.2.2. Valores de referencia

El artículo 5 del RD 286/06 establece unos valores límite de exposición al ruido y unos valores de exposición que dan lugar a una acción.

| Inferior | Superior | Valores límite |
|---|---|---|
| $L_{Aeq,d}$ = 80 dB(A) | $L_{Aeq,d}$ = 85 dB(A) | $L'_{Aeq,d}$ = 87 dB(A) |
| $L_{pico}$ = 135 dB(C) | $L_{pico}$ = 137 dB(C) | $L'_{pico}$ = 140 dB(C) |
| | | siendo L' = L – atenuación protector auditivo |

En función del intervalo en el que nos encontremos, el RD 286/06 establece una serie de actuaciones preventivas recogidas en el cuadro siguiente (ver Figura 16).

**Figura 16.** Actuaciones preventivas (RD 286/2006)

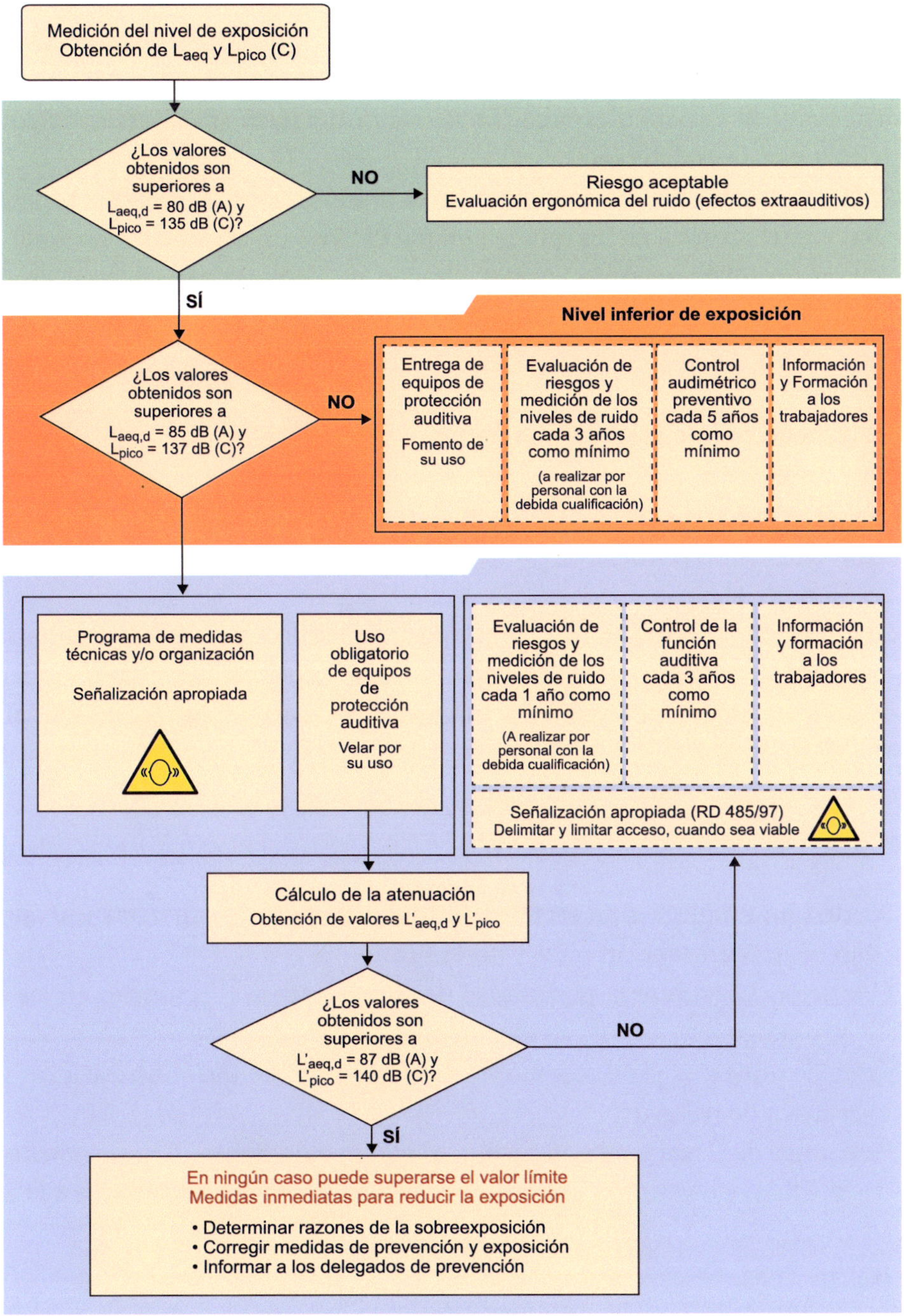

Consideraciones

**1)** El concepto de valor límite de exposición al ruido representa un nivel de exposición que no debe ser excedido en ninguna jornada laboral. Al aplicarlo, se debe tener en cuenta la atenuación de los protectores auditivos individuales utilizados por los trabajadores.

**2)** El valor límite de nivel de exposición diario equivalente podría superarse para las circunstancias en las que se aplique el nivel de exposición semanal.

**3)** El valor límite referido al nivel de pico no debe ser excedido en ningún momento.

## 8.3. Aplicación de los valores límite

Para el cálculo de la exposición real al ruido, hay que tener en cuenta la atenuación de la protección auditiva utilizada por los trabajadores, obteniéndose así un valor de $L'_{Aeq,d}$.

Sin embargo, aunque el $L'_{Aeq,d}$ obtenido (teniendo en cuenta la atenuación) no supere el VL, el $L_{Aeq,d}$ (sin atenuación) sí que supera el valor superior de exposición y se deberán adoptar las actuaciones preventivas que correspondan.

### 8.3.1. Excepciones

Pueden no emplearse protectores auditivos a pesar de superarse los valores que dan lugar a una acción o los valores límite.

El artículo 12 admite la posibilidad de situaciones excepcionales en las que exista otro riesgo para la seguridad o la salud que pueda verse incrementado por el hecho de utilizar el protector auditivo, como por ejemplo el no escuchar una señal acústica de peligro.

Pero antes de llegar a esta situación, el empresario deberá haber agotado todas las medidas preventivas posibles para reducir los riesgos asociados a la actividad en cuestión. Y además estas excepciones tienen que ser consultadas con los trabajadores, razonadas y justificadas por el empresario en la evaluación de riesgos y comunicadas a la autoridad laboral.

### 8.3.2. Nivel de exposición semanal

Es un nivel de exposición promediado a 5 días de trabajo a la semana y puede emplearse para trabajos en los que la exposición diaria al ruido varíe considerablemente de una jornada laboral a otra, pero deben darse dos condiciones:

1) que el nivel de exposición semanal al ruido no sea superior al valor límite de exposición de 87 dB(A),

2) que se adopten medidas adecuadas para reducir al mínimo el riesgo asociado a los trabajos que se realicen.

**Ejemplos**

- **No** se aplica a tareas que se realizan sólo durante una semana o un mes al año.
- **Sí** es recomendable cuando se llevan a cabo tareas ruidosas sólo durante 3 o menos días a la semana.
- **No** es recomendable cuando el mayor de los $L_{Aeq,d}$ de los distintos días de la semana supera en más de 10 dB al valor obtenido de $L_{Aeq,s}$.
- **Sí** es apropiado cuando el $L_{Aeq,d}$ de una o dos jornadas de la semana supera en, como mínimo, 5 dB al resto de los días.

Se tomarán como base de comparación tanto los valores límite como los valores de exposición que dan lugar a una acción de cara a las actuaciones preventivas a llevar a cabo.

### 8.4. La protección auditiva en el Real Decreto 286/2006

Se empleará cuando **no haya otros medios** para prevenir los riesgos derivados de la exposición al ruido, en virtud de los principios de la acción preventiva recogidos en la Ley de Prevención de Riesgos Laborales.

Y concretamente el RD 286/2006 establece en el artículo 7:

"... de no haber otros medios de prevenir los riesgos derivados de la exposición a ruido.... mientras se ejecuta el programa de medidas técnicas y/o de organización".

Pero también es importante tener en cuenta el aspecto de la sobreprotección:

- El hecho de seleccionar los protectores auditivos individuales para que supriman o reduzcan al mínimo el riesgo no quiere decir que haya que reducir el nivel de presión sonora al mínimo.
- Una atenuación excesiva produce sensación de aislamiento e incomodidad que va a conducir a un mal uso o incluso a la no utilización de la protección.
- La Norma UNE 458:2005 recomienda seleccionar el protector de forma que el nivel de presión sonora percibido por el trabajador esté entre 80 dB(A) y 65 dB(A).

Para una adecuada selección del protector auditivo hay que tener en cuenta, asimismo lo establecido tanto en el Real Decreto 1407/1992, sobre comercialización de equipos de protección individual, como en el Real Decreto 773/1997 sobre disposiciones relativas a la utilización de equipos de protección individual.

Es conveniente, además, transmitirle al trabajador que para que el protector auditivo sea eficaz debe llevarse durante todo el tiempo en los lugares de trabajo en los que existan niveles de ruido perjudiciales.

Si el trabajador se quita el protector auditivo, incluso durante un breve lapso de tiempo, la atenuación y la protección efectiva se verán muy reducidas.

# Capítulo VII
# Vibraciones

Emilio Castejón Vilella

## Introducción

La exposición laboral a las vibraciones es un fenómeno relativamente reciente, asociado a dos tipos de situaciones: la utilización de herramientas manuales accionadas mecánicamente y la conducción de vehículos particularmente pesados o que circulan por pavimentos no específicamente diseñados para el tránsito de vehículos.

En el primer grupo se encuentran las herramientas accionadas por motores eléctricos, neumáticos o de combustión interna (como las motosierras o los cortacéspedes), que dan lugar a vibraciones que se transmiten a la mano y al brazo de las personas que las utilizan: son las llamadas vibraciones mano-brazo, y sus efectos sobre las personas excesivamente expuestas (especialmente el síndrome de Raynaud) son bien conocidos desde principios del siglo XX.

En el segundo grupo se encuentran todos los vehículos pesados (camiones, autobuses, etc.) especialmente aquellos que circulan fuera de las vías de circulación convencionales (máquinas de construcción, tractores agrícolas, etc.) o que lo hacen por pavimentos que presentan irregularidades (carretillas elevadoras, etc.). En este caso las consecuencias de la exposición son menos específicas y se concretan en dolores lumbares y otros problemas vertebrales, pero se sospecha que la exposición a vibraciones de cuerpo completo podría estar relacionada con alteraciones del sistema nervioso, circular, digestivo y reproductor.

Puesto que la reducción de la vibración producida por un equipo es una tarea si no imposible, al menos muy difícil, la principal línea de actuación preventiva frente al riesgo de vibraciones es la selección adecuada de herramientas y vehículos, a fin de eliminar el problema en su origen.

# 1. Vibraciones: aspectos físicos

Se dice que un objeto oscila o **vibra** cuando se mueve periódicamente con respecto a su posición de equilibrio, que es la que adopta cuando cesa la oscilación. Matemáticamente, una vibración viene definida por una expresión del tipo:

$$x = f(t)$$

con la condición de que $f(t) = f(t + T)$ y donde $x$ es la posición del objeto en el instante $t$, y $T$ se denomina el **período** de la vibración. La expresión anterior implica que el objeto está en la misma posición cada vez que transcurre un tiempo $T$ y, por tanto, carece de desplazamiento neto. En la Figura 1 se representa un ejemplo de vibración con un período de 10 milisegundos.

**Figura 1.** Oscilación de período 10 milisegundos

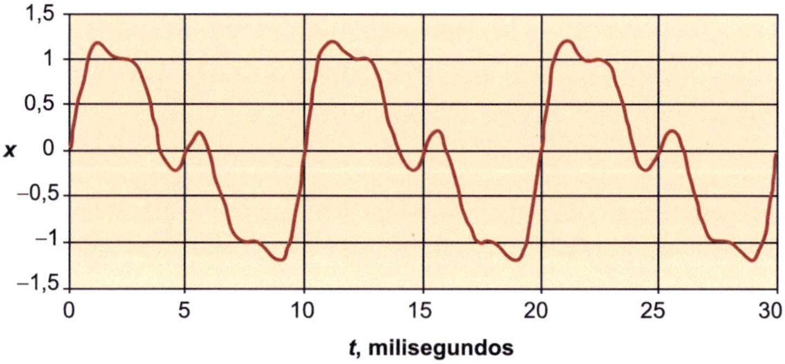


Ejemplos de vibraciones son el movimiento de una cuerda de guitarra cuando se pulsa, o el de un peso colgado de un muelle cuando se le desplaza y luego se le suelta.

El ejemplo más sencillo de movimiento vibratorio son las oscilaciones armónicas simples. Por definición se dice que un objeto tiene un movimiento armónico simple (supuesto a lo largo del eje de las X) cuando dicho movimiento está dado en función del tiempo por la relación:

$$x = A\ \text{sen}(\omega t + \alpha) \qquad (1)$$

La cantidad $\omega t + \alpha$ (expresada en radianes) se denomina **fase** y, por ello, $\alpha$ es la fase inicial, esto es, su valor cuando $t = 0$. Como la función seno puede variar entre –1 y +1, el valor de x oscila entre –A y +A. Al máximo valor absoluto de $x$ (desplazamiento máximo), que vale A, se le denomina **amplitud** de la vibración, y es una medida de la "intensidad" de la misma.

Puesto que la función seno se repite cada vez que el ángulo aumenta en $2\pi$ radianes, el desplazamiento de la partícula se repite después de un intervalo de tiempo $2\pi /\omega$. Luego el movimiento armónico simple es periódico y su período vale $P = 2\pi /\omega$.

La **frecuencia** de un movimiento armónico simple se define como el número de oscilaciones completadas en un segundo y, por tanto, vale $f = 1/T$. La frecuencia se mide en hercios (Hz). 1 Hz equivale a un ciclo por segundo. Teniendo en cuenta los efectos causados en el organismo humano, en higiene industrial tienen interés las vibraciones cuya frecuencia está comprendida entre 1 y 1.500 Hz.

La cantidad $\omega$, denominada **frecuencia angular** de la oscilación, está relacionada con la frecuencia por la expresión $\omega = 2\pi \cdot f$, como se deduce fácilmente de las definiciones de período y frecuencia.

Las vibraciones que se encuentran en la práctica no son tan sencillas como una oscilación armónica simple, pero se puede demostrar (teorema de Fourier) que cualquier oscilación puede describirse como la suma de un cierto número de oscilaciones armónicas simples.

En la Figura 2 se muestran las componentes armónicas simples de la oscilación de la Figura 1, así como la suma de las mismas, que coincide con lo representado en la Figura 1.

**Figura 2.** Componentes armónicas de la vibración (no armónica) de la Figura 1

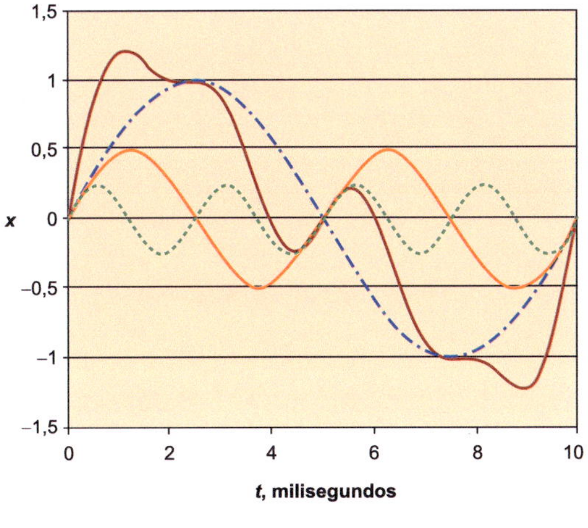

Ello permite estudiar cualquier vibración a partir de sus componentes armónicas, que pueden conocerse mediante su medición con equipos **analizadores de frecuencia**, que proporcionan el **espectro de frecuencias** de la vibración; el espectro de frecuencias es una representación gráfica de las componentes armónicas de una vibración. En la Figura 3 se representa el espectro de frecuencias de la vibración de la Figura 1. Como el conocimiento individual de la importancia de cada una de las componentes armónicas de una vibración compleja no es normalmente necesario, los analizadores de frecuencia suelen proporcionar información sobre el conjunto de las componentes armónicas cuyas frecuencias están comprendidas dentro de una cierta **banda de frecuencias.** Para este fin se suelen emplear bandas de frecuencia normalizadas, que se identifican por su frecuencia central (ver Tabla 1).

**Figura 3.** Espectro de frecuencias de la vibración de la Figura 1

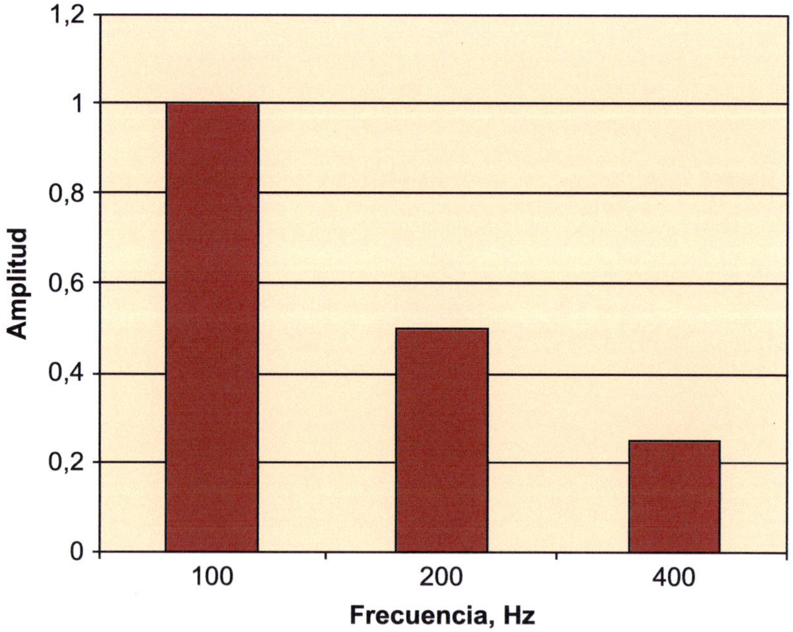

**Tabla 1.** Bandas de frecuencia normalizadas para el análisis de vibraciones

| **Frecuencias centrales y límites aproximados de las bandas de frecuencia utilizadas para el análisis de vibraciones** | | | | | |
|---|---|---|---|---|---|
| **Frecuencia inferior** | **Frecuencia central** | **Frecuencia superior** | **Frecuencia inferior** | **Frecuencia central** | **Frecuencia superior** |
| 0,9 | 1 | 1,1 | 44 | 50 | 56 |
| 1,1 | 1,25 | 1,4 | 56 | 63 | 71 |
| 1,4 | 1,6 | 1,8 | 71 | 80 | 88 |
| 1,8 | 2 | 2,3 | 88 | 100 | 112 |
| 2,3 | 2,5 | 2,8 | 112 | 125 | 142 |
| 2,8 | 3,15 | 3,5 | 142 | 160 | 176 |
| 3,5 | 4 | 4,5 | 176 | 200 | 224 |
| 4,5 | 5 | 5,7 | 224 | 250 | 284 |
| 5,7 | 6,3 | 7 | 284 | 315 | 355 |
| 7 | 8 | 9 | 355 | 400 | 448 |
| 9 | 10 | 11 | 448 | 500 | 568 |
| 11 | 12,5 | 14 | 568 | 630 | 710 |
| 14 | 16 | 18 | 710 | 800 | 895 |
| 18 | 20 | 22 | 895 | 1.000 | 1.135 |
| 22 | 25 | 28 | 1.136 | 1.250 | 1.420 |
| 28 | 31,5 | 35,5 | 1.420 | 1.600 | 1.760 |
| 35,5 | 40 | 44 | | | |

Los cambios de posición de un objeto que oscila llevan aparejados cambios en su velocidad y en su aceleración. En el caso de las oscilaciones armónicas, las tres variables están relacionadas por expresiones matemáticas que se deducen de la aplicación de las leyes físicas elementales a la expresión (1). Así, por ejemplo, la aceleración de una partícula que oscila armónicamente está relacionada con su posición por la expresión:

$$a=-\omega^2 x \tag{2}$$

que indica que la aceleración es máxima cuando la partícula se encuentra a la máxima distancia de su punto de equilibrio.

Existe un consenso universal entre los expertos acerca de que, de las tres variables principales asociadas a una vibración (posición, velocidad y aceleración), la más significativa en relación con sus efectos sobre el cuerpo humano es la aceleración: a mayor aceleración, mayor potencial de daño. La aceleración será, pues, la variable que mediremos a efectos de la evaluación higiénica.

En general se mide el **valor cuadrático medio** de la aceleración, que suele llamarse su **valor eficaz.** El valor eficaz se define como

$$a = \left[ \frac{1}{T} \int_0^T a(t)^2 \, dt \right]^{1/2} \qquad (3)$$

donde a es el valor eficaz de la aceleración, $a(t)$ su valor instantáneo, expresados ambos en $m/s^2$, y $T$ el tiempo de medida en segundos.

El valor eficaz de la aceleración siempre está definido, tanto si la oscilación es armónica como si no lo es. Físicamente, el valor eficaz es una medida de la energía mecánica asociada a la vibración.

Cuando se aplica a un objeto una fuerza en forma de un "impacto" (por ejemplo, se pulsa la cuerda de una guitarra), el objeto empieza a vibrar a una frecuencia **propia o natural** del objeto y se habla de **oscilaciones libres**; el valor de la frecuencia propia depende de las características (forma, material, dimensiones...) del objeto. Por eso las distintas cuerdas de una guitarra emiten frecuencias distintas cuando se pulsan, pues son de distinto grosor y/o material.

Cuando se aplica permanentemente una fuerza oscilatoria externa a un objeto, este entra en vibración; en este caso se habla de **vibraciones forzadas.** Es lo que ocurre, por ejemplo, cuando manejamos una lijadora portátil: la vibración de la lijadora se transmite a nuestro brazo, que empieza a vibrar siguiendo, de alguna manera, las vibraciones de la lijadora. De igual manera, cuando conducimos un vehículo, sus vibraciones se transmiten a través del asiento a nuestro cuerpo, y este vibra.

En el caso de las vibraciones forzadas, la vibración producida en el objeto que se pone en vibración depende no sólo de las características de la fuerza oscilatoria externa, sino también de las características del objeto. Cuando la fuerza externa oscila a frecuencias próximas a las frecuencias propias o naturales del objeto, la vibración inducida en este puede ser de gran amplitud (y por tanto, más potencialmente dañina), dando lugar a los fenómenos conocidos como **resonancia.**

En la tabla 2 se dan los valores de las frecuencias propias de algunos órganos del cuerpo humano. El hecho de que estas frecuencias sean distintas hace que, cuando el cuerpo humano es sometido a vibraciones forzadas de una determinada frecuencia (frecuencia de excitación), los efectos se manifiesten con mayor intensidad en los órganos cuyas frecuencias propias son próximas a la frecuencia de excitación.

**Tabla 2.** Frecuencias propias de algunos órganos del cuerpo humano

| Órgano | Frecuencia propia, Hz |
|---|---|
| Vértebras cervicales | 3-4 |
| Estómago | 3-6 |
| Vértebras lumbares | 4 |
| Corazón | 4-6 |
| Cabeza | 5-30 |

Fuente: Adaptado deK.H. E. Kroemer; E. Grandjean (1997). *Fitting the task to the human: a textbook ofoccupational ergonomics* (S.ª ed.). Londres: Taylor & Francis.

Cuando el objeto que es sometido a vibraciones forzadas es el cuerpo humano, el fenómeno es particularmente complejo, no solo por las diferentes frecuencias propias de los distintos órganos, sino porque la afectación de estos depende, además, de la orientación espacial de la vibración, lo que requiere que el estudio de la misma se realice independientemente para cada uno de los tres ejes del espacio.

## 2. Efectos de las vibraciones sobre el cuerpo humano

Existen dos tipos principales de situaciones laborales en las que el cuerpo humano puede verse sometido a vibraciones forzadas, susceptibles de producir efectos dañinos.

La primera se produce cuando se está a bordo de un vehículo que vibra: por ejemplo, cuando se conduce un tractor, un buldócer o cualquier otro tipo de vehículo que circula habitualmente por terrenos que no son vías de circulación convencionales.

En esos casos la vibración se transmite a la totalidad del cuerpo de la persona y se habla de **vibraciones de cuerpo entero**.

Menos frecuentes son los casos en los que se permanece junto a una máquina o equipo que hace vibrar el pavimento y es a través de este como las vibraciones se transmiten a las personas que están sobre él.

La segunda situación se produce cuando se manejan herramientas portátiles que producen vibraciones, tales como motosierras, amoladoras, martillos neumáticos, etc.

En este caso la vibración se transmite sobre todo a las extremidades superiores y se habla de **vibraciones mano-brazo**.

Desde comienzos del siglo XX se conoce que la vibración del sistema mano-brazo ocasionada por la utilización de herramientas manuales vibratorias da lugar a un conjunto de signos y síntomas que se conoce como **síndrome de Raynaud** o del dedo blanco.

El síndrome de Raynaud no es exclusivo de las personas expuestas a vibraciones mano-brazo: se da también en la población no expuesta a ellas y está asociado a problemas de salud de diversos tipos: neurológicos, traumatismos, vasculares, factores hereditarios, etc.

El síndrome de Raynaud es consecuencia de la afectación del flujo sanguíneo local. Los efectos inducidos por la exposición a vibraciones mano-brazo progresan lentamente e, inicialmente, se manifiestan en forma de dolor en el dedo afectado. Si la situación no se corrige, progresivamente, en un período de varios meses o incluso años van apareciendo otros síntomas:

- Uno o varios dedos se vuelven temporalmente blancos cuando se exponen al frío.
- Hormigueo y entumecimiento de los dedos de forma intermitente.
- Reducción de la percepción táctil.

El desarrollo de estos síntomas es gradual y su intensidad aumenta con el tiempo. Los factores que influyen en la gravedad de la afectación son de tres tipos.

**1) En primer lugar, los asociados a la fuente de vibración**: aceleración, frecuencia, duración diaria de la exposición, años de exposición.

**2) En segundo lugar, los asociados a la forma en la que se realiza la tarea**: intensidad de la fuerza de sujeción de la herramienta; puntos concretos de la mano en contacto con la herramienta, tipo de material sobre el que se aplica la herramienta (cemento, plástico, madera, metal, etc.); posición de la mano y el brazo respecto al cuerpo; características de la parte de la herramienta empleada para sujetarla (dura, blanda, etc.); utilización de protecciones individuales y estado de mantenimiento de la herramienta.

Los efectos de la exposición a vibraciones se pueden ver potenciados por la presencia de otros agentes, tales como ambientes fríos y húmedos, ruido, etc. Por ello, la evaluación de riesgos y las medidas preventivas que se derivan de ella tendrán en cuenta la exposición combinada a vibraciones y a cualquiera de los agentes citados, conduciendo, en general, a una aplicación más exigente de las respectivas normativas de prevención y a una intensificación de la vigilancia de la salud de los trabajadores expuestos.

**3) Finalmente, existen factores de carácter individual**: destreza en el trabajo, ritmo de trabajo, susceptibilidad individual a las vibraciones, uso de tabaco, drogas recreativas o medicamentos, exposición a otros agentes físicos y químicos y patología previa en manos o dedos.

La exposición a **vibraciones de cuerpo entero** puede tener efectos a corto plazo sobre la seguridad de las personas, como por ejemplo, la pérdida de control del vehículo, y a largo plazo puede tener efectos sobre la salud; estos últimos están mucho menos documentados que los producidos por las vibraciones mano-brazo.

**Estudios epidemiológicos**

Diversos estudios epidemiológicos han puesto de manifiesto que la exposición a vibraciones de cuerpo entero está asociada a problemas musculoesqueléticos, en particular dolor de espalda y enfermedades degenerativas de los discos intervertebrales. Las bajas frecuencias (4 a 12 Hz) serían las más agresivas, pues la frecuencia propia de la zona lumbar se encuentra en ese intervalo de frecuencias (ver tabla 2).

Otros efectos, tales como alteraciones digestivas, vasculares periféricas (hemorroides, varices), podrían estar relacionadas con las vibraciones de cuerpo entero, si bien a ellos contribuirían también otros factores de riesgo, tales como la postura de trabajo, los hábitos alimenticios y otros.

## 3. Exposición a las vibraciones

Tras la aprobación de la Directiva 2002/44/CE, del Parlamento Europeo y del Consejo, de 25 de junio del 2002, sobre las disposiciones mínimas de seguridad y salud relativas a la exposición de los trabajadores a los riesgos derivados de los agentes físicos (vibraciones) y del Real Decreto 1311/2005 de 4 de noviembre, que transpone al ordenamiento jurídico español la citada directiva, se han llevado a cabo algunos estudios con el objetivo de evaluar cuáles eran los niveles de exposición de los trabajadores europeos a las vibraciones y en qué sectores se producía dicha exposición. El más amplio de estos estudios es el realizado por la Agencia Europea de Seguridad y Salud en el Trabajo (2008), que se ha basado en los datos procedentes de las sucesivas encuestas europeas de condiciones de trabajo, realizadas por la Fundación Europea para la Mejora de las Condiciones de Vida y Trabajo, y en opiniones de expertos seleccionados.

En el conjunto de los 27 países de la Unión Europea, alrededor de un 25% de los trabajadores están expuestos a vibraciones, al menos durante un 25% de su jornada laboral, siendo el máximo el 35% en Hungría y el mínimo el 15% en Dinamarca, Holanda, Suecia y Reino Unido.

La distribución de dichos trabajadores entre las distintas duraciones de exposición se da en la tabla 3. El número de hombres expuestos es mucho más alto que el de mujeres, unas tres veces y media superior; se trata pues de un riesgo básicamente "masculino".

**Tabla 3.** Exposición de los trabajadores de la UE-27 a las vibraciones

| Duración de la exposición | % de trabajadores |
|---|---|
| Toda la jornada | 5,5 |
| Casi toda al jornada | 5,0 |
| Alrededor de 3/4 de la jornada | 2,8 |
| Alrededor de la mitad de la jornada | 4,0 |
| Alrededor de 1/4 de la jornada | 7,0 |
| Casi nunca | 11,1 |
| Nunca | 64,7 |

Fuente: Agencia Europea de Seguridad y Salud en el Trabajo.

Por sectores de actividad, más de la mitad de los expuestos se concentran en la construcción, la industria, la minería, la agricultura y la pesca. Dentro de esos sectores, el porcentaje de expuestos oscila entre el 63% en la construcción, hasta el 38% en la agricultura y la pesca. También es destacable el porcentaje de expuestos en el suministro de electricidad, agua y gas (34%) y en transportes y comunicaciones (23%).

En España, el Instituto Nacional de Seguridad e Higiene en el Trabajo publicó a finales del 2010 los resultados de un estudio experimental sobre los niveles de exposición a las vibraciones en los siguientes sectores de actividad, en principio los de mayor prevalencia de exposición: construcción naval, siderurgia, obras públicas, limpieza urbana, transporte ferroviario, transporte terrestre (autobús), agricultura y silvicultura.

En total se estudiaron 3.535 puestos de trabajadores expuestos a vibraciones de cuerpo entero y 4.923 de trabajadores expuestos a vibraciones mano-brazo. Con respecto a las vibraciones de cuerpo entero, el 92% de las exposiciones no implicaban riesgo según la normativa vigente, que analizaremos más adelante; el 7% se encontraban en una situación que requería mejora, y sólo el 1% estaba expuesto a niveles claramente peligrosos.

Muy distintos fueron los resultados con respecto a las vibraciones mano-brazo. Sólo el 27% de los trabajadores se encontraban exentos de riesgo, mientras que el 29% requerían mejora y el 44% estaba expuesto a niveles peligrosos.

Los resultados del estudio se han recogido en una base de datos consultable en línea en: http://vibraciones.insht.es:86/.

## 4. Medición y evaluación de las vibraciones: el Real Decreto 1311/2005

En higiene industrial la medición y evaluación de los contaminantes están indisolublemente ligadas; en efecto, las mediciones deben realizarse de manera que sus resultados sean útiles para su empleo en la subsiguiente evaluación. Así pues, las técnicas de medición vienen condicionadas por los criterios de evaluación, por lo que es preciso comenzar por exponer estos últimos.

A este respecto, el Real Decreto 1311/2005 presenta una particularidad específica en relación con otras normativas *a priori* semejantes, como el Real

Decreto 286/2006 sobre la exposición al ruido. En efecto, su artículo 4.2 establece que

> "Para evaluar el nivel de exposición a la vibración mecánica, podrá recurrirse a la observación de los métodos de trabajo concretos y remitirse a la información apropiada sobre la magnitud probable de la vibración del equipo o del tipo de equipo utilizado, en las condiciones concretas de utilización, incluida la información facilitada por el fabricante".

Es decir, la medición de las vibraciones no será obligatoria en todos los casos en los que los trabajadores estén o puedan estar expuestos a los riesgos de vibraciones mecánicas, siendo admisible el cálculo de la "magnitud probable" de la vibración del equipo, siempre y cuando, naturalmente, este procedimiento cumpla con lo dispuesto en el artículo 5.2 del Reglamento de los Servicios de Prevención, en el sentido de "proporcionar confianza sobre su resultado".

La razón de esta "anomalía" es clara: la medición de las vibraciones es complicada y requiere de equipos costosos y conocimientos especializados. Si bien esto era muy cierto en el momento en el que se redactó la Directiva 2002/44/CE, que el Real Decreto traspone, su propia publicación propició el diseño y comercialización de equipos de medida mucho más simples, hoy ya disponibles en el mercado.

En plena coherencia con este hecho, el apartado 3 del mismo artículo establece que

> "La evaluación y la medición... serán realizadas por personal que cuente con la titulación superior en prevención de riesgos laborales, con la especialidad de higiene industrial".

La medición y evaluación de las vibraciones es pues una tarea especializada y reservada a los higienistas industriales, a los que, paradójicamente, se autoriza a que se limiten a estimar la "magnitud probable de la vibración del equipo" dado lo complejo de su medición.

Esta paradoja es sólo aparente, pues en este caso, si se dispone de información fiable sobre las características del equipo, la magnitud de la exposición a las vibraciones de las personas que manejan aquel puede efectuarse con cierta exactitud, como veremos más adelante. La situación es completamente distinta de lo que ocurre con el ruido, por ejemplo. La exposición de una persona al ruido depende tanto de las características del equipo ruidoso como de las del local en las que este se utiliza; por eso la estimación de la exposición al ruido es imposible a partir sólo de las características del equipo: es necesario conocer las características del local. Para las vibraciones, en cambio, la exposición depende sólo de las características del equipo y, obviamente, del tiempo de exposición.

El Real Decreto sigue el modelo ya establecido para el ruido y establece dos niveles de actuación: los valores de exposición que dan lugar a una acción y los valores límite de exposición. Cuando se rebasen los valores de exposición que dan lugar a una acción, el empresario (artículo 5.2) "establecerá un programa de medidas técnicas y/o de organización destinando a reducir al mínimo la exposición a las vibraciones mecánicas y a los riesgos que se derivan de ésta". Por otra parte (artículo 5.3) "Los trabajadores no deberán estar expuestos en ningún caso a valores superiores al valor límite de exposición" y, en caso de superarse, "el empresario tomará de inmediato medidas para reducir la exposición a niveles inferiores a dicho valor límite".

Tanto los valores límite como los valores de exposición que dan lugar a una acción se definen con relación a la aceleración eficaz de la vibración mediante un parámetro llamado "Valor de exposición diaria normalizada", que se representa como A(8) y cuya definición y límites son distintos para la exposición a las vibraciones mano-brazo y a las vibraciones de cuerpo entero. Los valores numéricos se muestran en la tabla 4 y, como es lógico, los valores límite son notablemente superiores a los valores de exposición que dan lugar a una acción.

**Tabla 4.** Valores límite y valores de exposición que dan lugar a una acción

| | Vibraciones mano-brazo | Vibraciones de cuerpo entero |
|---|---|---|
| Valor de exposición que da lugar a una acción ($m/s^2$) | 2,5 | 0,5 |
| Valor límite ($m/s^2$) | 5 | 1,15 |

## 4.1. Vibraciones de cuerpo entero

Para las vibraciones de cuerpo entero el valor de A(8) es el resultado de una **triple ponderación de** los resultados de las mediciones: en función de la dirección en el espacio, en función de la frecuencia y en función del tiempo. El cálculo debe realizarse según lo prescrito en la norma UNE-ISO 2631-1, tal como establece el Real Decreto (anexo, apartado B)[1].

La definición de los ejes de referencia es la que se muestra en la Figura 4. La ponderación en frecuencia es distinta para el eje Z y coincidente para los ejes X e Y; los valores de los factores de ponderación se muestran en la Figura 5 y en la Tabla 6, donde se aprecia que para valores de la frecuencia inferiores a 3,15 herzios la ponderación de los ejes X e Y es superior a la del eje Z, pero para frecuencias superiores sucede lo contrario.

**Figura 4.** Ejes de referencia para las vibraciones de cuerpo entero

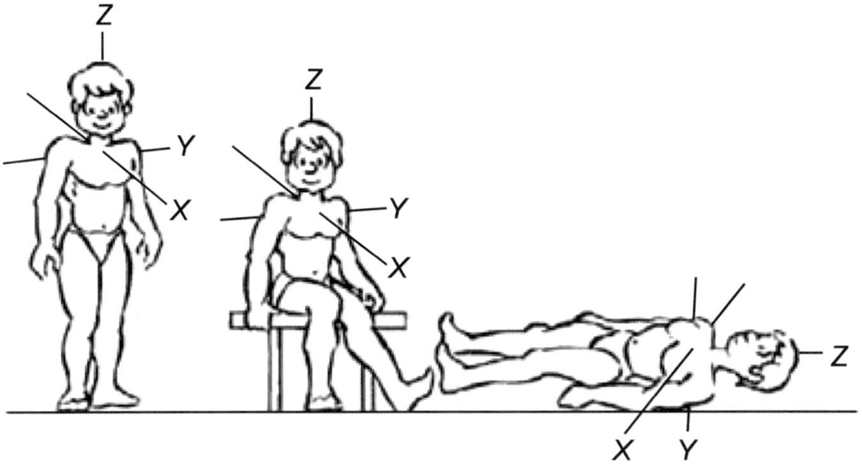


Fuente: Tomado de INSHT NTP 839.

1. Norma UNE-ISO 2631-1. Evaluación de la exposición humana a las vibraciones de cuerpo entero.

**Tabla 5.** Factores de ponderación para las vibraciones mano-brazo

| Frecuencia, Hz | Factor de ponderación | Frecuencia, Hz | Factor de ponderación |
|---|---|---|---|
| 6,3 | 0,727 | 100 | 0,16 |
| 8 | 0,873 | 125 | 0,127 |
| 10 | 0,951 | 160 | 0,101 |
| 12,5 | 0,958 | 200 | 0,0799 |
| 16 | 0,896 | 250 | 0,0634 |
| 20 | 0,782 | 315 | 0,0503 |
| 25 | 0,647 | 400 | 0,0398 |
| 31,5 | 0,519 | 500 | 0,0314 |
| 40 | 0,411 | 630 | 0,0245 |
| 50 | 0,324 | 800 | 0,0186 |
| 63 | 0,256 | 1.000 | 0,0135 |
| 80 | 0,202 | 1.250 | 0,00894 |

Una vez medida la **aceleración eficaz** a cada frecuencia y para cada eje, el primer paso es calcular **para cada eje** el valor de la **aceleración eficaz ponderada en frecuencia**, mediante la fórmula:

$$a_w = [\Sigma(w_i \cdot a_i)^2]^{1/2} \tag{4}$$

donde $a_i$ es la aceleración eficaz medida en la dirección del eje de que se trate a la frecuencia i, y $w_i$ el factor de ponderación de la Figura 5 a esa frecuencia y para ese eje. El subíndice w indica que el resultado se ha ponderado (*weighted*) en función de la frecuencia. El cálculo se repite para cada eje, y los valores respectivos se indican como $a_{wx}$, $a_{wy}$ y $a_{wz}$.

**Figura 5.** Vibraciones de cuerpo entero: factores de ponderación de la frecuencia para cada eje según ISO 2631

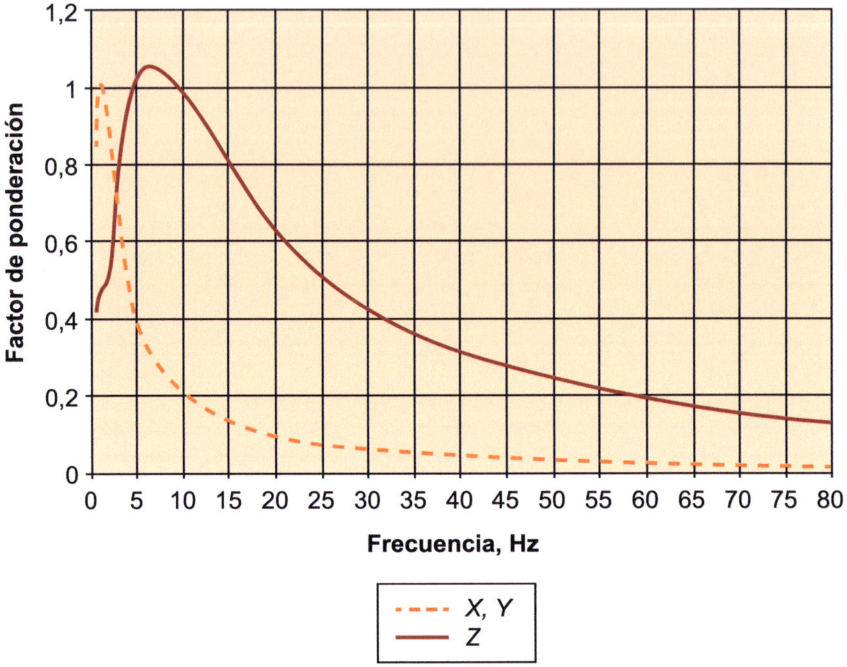


Si suponemos que la exposición dura T horas, el paso siguiente es ponderar los valores obtenidos de $a_{wx}$, $a_{wy}$ y $a_{wz}$ con respecto al tiempo, teniendo en cuenta que los límites de la tabla 4 están referidos a una jornada de 8 horas y ponderar también en función del eje de que se trate, pues no todos ostentan la misma peligrosidad. El resultado se obtiene con la siguiente fórmula (referida al eje X):

$$A_x(8)=k_x a_{wx}(T/8)^{1/2} \quad (5)$$

Y con fórmulas equivalentes referidas a los ejes Y y Z.

Los factores de ponderación para cada eje, valen:

$$k_x = k_y = 1{,}4 \qquad k_z = 1$$

Finalmente, el **mayor de los tres valores** $A_x(8)$, $A_y(8)$ y $A_z(8)$ es el que se compara con los límites dados en la tabla 4.

En el caso de que la exposición global fuera el resultado de diversas exposiciones (a distintas máquinas, por ejemplo) el valor de $A_x(8)$ se calcularía como:

$$A_x(8) = [A_{x1}(8)^2 + A_{x2}(8)^2 + A_{x3}(8)^2 + \ldots]^{1/2} \quad (6)$$

donde $A_{x1}(8)$ sería la aceleración global respecto al eje X en el período 1, etc. Para los ejes Y y Z se emplearían fórmulas equivalentes.

Veamos un ejemplo.

En el asiento del conductor de una carretilla de las que se emplean en los puertos para trasladar contenedores se han obtenido los siguientes valores de la aceleración eficaz ponderada en frecuencia:

$$a_{wx} = 0{,}381 \text{ m/s}^2;\ a_{wy} = 0{,}448 \text{ m/s}^2;\ a_{wz} = 0{,}482 \text{ m/s}^2$$

Evaluar la exposición según lo dispuesto en el Real Decreto1311/2005 teniendo en cuenta que el tiempo de exposición es de 7 horas/día.

Deberemos proceder a calcular el valor de A(8) para cada eje según la expresión (5), teniendo en cuenta los factores de ponderación respectivos, que son $k_x = k_y = 1{,}4$ y $k_z = 1$.

Los respectivos valores de A(8) serán:

$$A_x(8) = 1{,}4 \cdot 0{,}381 \cdot (7/8)^{1/2} = 0{,}5 \text{ m/s}^2$$
$$A_y(8) = 1{,}4 \cdot 0{,}448 \cdot (7/8)^{1/2} = 0{,}59 \text{ m/s}^2$$
$$A_z(8) = 1{,}0 \cdot 0{,}482 \cdot (7/8)^{1/2} = 0{,}45 \text{ m/s}^2$$

El mayor valor de A(8) corresponde al eje Y y su valor es $0{,}59 \text{ m/s}^2$, que es el valor que compararemos con los dados en la tabla 4. Como el valor de A(8) obtenido supera ligeramente el valor de exposición que da lugar a una acción ($0{,}5 \text{ m/s}^2$), pero queda por debajo del valor límite ($1{,}15 \text{ m/s}^2$), concluiremos que es necesario adoptar medidas preventivas (artículo 5 del Real Decreto).

## 4.2. Vibraciones mano-brazo

Para la medición de las vibraciones transmitidas al sistema mano-brazo, la norma de referencia es la UNE-EN ISO 5349-1, tal como establece el anexo A del Real

Decreto, siendo también recomendable la lectura de la UNE-EN ISO 5349-2, que contiene indicaciones prácticas para realizar las mediciones.[1]

Se han definido dos sistemas de ejes de coordenadas (Figura 6): el biodinámico y el basicéntrico.

**Figura 6.** Ejes de referencia para las vibraciones mano-brazo

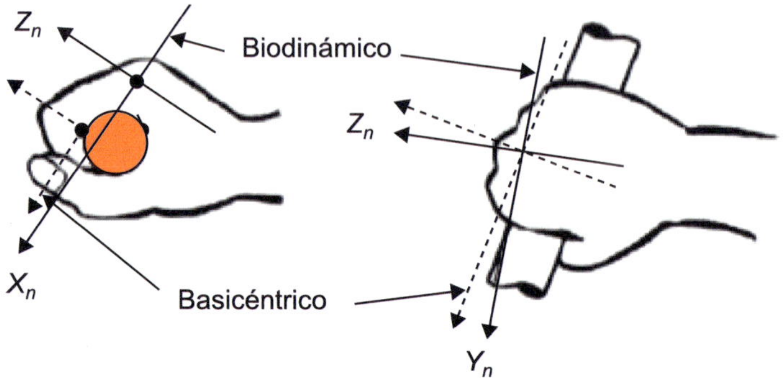


Fuente: Tomado de la NTP 839 (INSHT).

El sistema biodinámico tiene su origen en la cabeza del tercer hueso metacarpiano, con el eje Z orientado según el eje de dicho hueso. Los otros dos ejes se orientan perpendicularmente al Z: el eje X en el sentido dorso-palma de la mano, y el eje Y en sentido transversal con sentido positivo hacia el pulgar. A efectos prácticos suele utilizarse el sistema basicéntrico, que se obtiene girando el anterior en el plano Y-Z, de manera que el eje Y quede paralelo al eje de la mano. De esta forma el eje Y coincide con la dirección de la empuñadura de la herramienta, tal como se indica en la Figura 5.

Para el cálculo de A(8) se comienza, igual que antes, calculando la aceleración eficaz ponderada en frecuencia para cada eje, empleando para ello los factores de ponderación indicados en la Figura 7 y la Tabla 6:

$$a_{hw} = [\Sigma(w_{hi} \cdot a_{hi})^2]^{1/2} \quad (7)$$

1. **Norma UNE-EN ISO 5349-1**. Vibraciones mecánicas. Medición y evaluación de la exposición humana a las vibraciones transmitidas por la mano. Parte 1: Requisitos generales.

**Norma UNE-EN ISO 5349-2**. Vibraciones mecánicas. Medición y evaluación de la exposición humana a las vibraciones transmitidas por la mano. Parte 2: Guía práctica para la medición en el lugar de trabajo.

**Figura 7.** Vibraciones mano-brazo

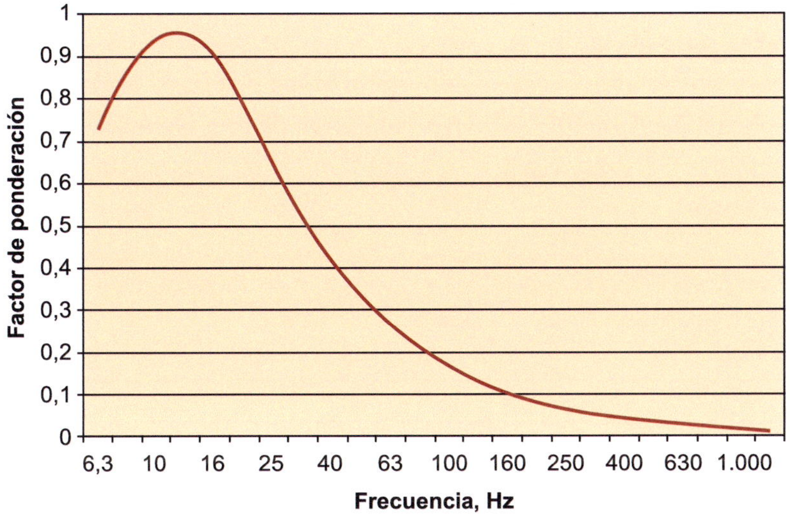


Factor de ponderación de la frecuencia según la norma ISO 5349.

**Tabla 6.** Factores de ponderación para las vibraciones de cuerpo entero

| Frecuencia, Hz | Ejes X,Y | Eje Z | Frecuencia, Hz | Ejes X,Y | Eje Z |
|---|---|---|---|---|---|
| 0,5 | 0,853 | 0,418 | 8 | 0,253 | 1,036 |
| 0,63 | 0,944 | 0,459 | 10 | 0,212 | 0,988 |
| 0,8 | 0,992 | 0,477 | 12,5 | 0,161 | 0,902 |
| 1 | 1,011 | 0,482 | 16 | 0,125 | 0,768 |
| 1,25 | 1,008 | 0,484 | 20 | 0,1 | 0,636 |
| 1,6 | 0,968 | 0,494 | 25 | 0,08 | 0,513 |
| 2 | 0,89 | 0,531 | 31,5 | 0,0632 | 0,405 |
| 2,5 | 0,776 | 0,631 | 40 | 0,0494 | 0,314 |
| 3,15 | 0,642 | 0,804 | 50 | 0,0388 | 0,246 |
| 4 | 0,512 | 0,967 | 63 | 0,0295 | 0,186 |
| 5 | 0,409 | 1,039 | 80 | 0,0211 | 0,132 |
| 6,3 | 0,323 | 1,054 | | | |

El subíndice *h* se introduce para indicar que los resultados se refieren al sistema mano-brazo (*hand*). Se obtendrá así la aceleración eficaz ponderada en frecuencia para cada eje: $a_{hwx}$, $a_{hwy}$ y $a_{hwz}$.

En este caso no se consideran ponderaciones distintas según los ejes, sino que se procede al cálculo de la intensidad global de la aceleración eficaz, sumando (vectorialmente) las aceleraciones ponderadas en frecuencia correspondientes a cada uno de los ejes:

$$a_{hw} = [(a_{hwx})^2 + (a_{hwy})^2 + (a_{hwz})^2]^{1/2} \qquad (8)$$

Finalmente, el valor de A(8) se obtiene tras ponderar en el tiempo el valor de $a_{hw}$ obtenido:

$$A(8)=a_{hw}(T / 8)^{1/2} \qquad (9)$$

donde T es, igual que antes, el tiempo de exposición expresado en horas.

En el caso de estar expuesto a más de una fuente de vibración, por utilizar por ejemplo varias herramientas, se determina el valor de A(8) para cada una de ellas y luego se obtiene el valor global mediante la expresión:

$$A(8)= [A_1(8)^2 + A_2(8)^2 + A_3(8)^2 + \ldots]^{1/2} \qquad (10)$$

Finalmente, el valor de A(8) obtenido es el que se compara con los valores de la tabla 4 para la exposición mano-brazo.

**Ejemplo 1**

En una motosierra se procede a sustituir los tacos de goma antivibratorios que aparentan haber perdido elasticidad por otros nuevos. Para verificar la eficacia de la medida, se procede a medir las vibraciones en la empuñadura empleando un acelerómetro acoplado a un analizador de frecuencias. El equipo de medida utilizado proporciona el valor de la aceleración eficaz global (sumando la de los tres ejes), pero no efectúa su ponderación en frecuencia y ha proporcionado los resultados que se indican en la tabla siguiente. Evaluar la eficacia de la modificación realizada.

| | Frecuencia central de la banda Hz | | | | | | | |
|---|---|---|---|---|---|---|---|---|
| | 8 | 16 | 31,5 | 63 | 125 | 250 | 500 | 1.000 |
| $a_h$ antes de la modificación | 0,8 | 1 | 1,3 | 11 | 72,4 | 24,9 | 26,2 | 16,3 |
| $a_h$ después de la modificación | 1,2 | 1,6 | 2,1 | 9,3 | 34,1 | 14,1 | 14,1 | 4,4 |

Del enunciado se deduce que el equipo proporciona el valor de $a_h$ calculado como:

$$a_h = [(a_{hx})^2 + (a_{hy})^2 + (a_{hz})^2]^{1/2}$$

Para el cálculo de la mejora lograda deberemos obtener el valor de $a_{hw}$ antes y después de la modificación, que valdrá (ecuación 7):

$$a_{hw} = [\Sigma(w_i \cdot a_{hi})^2]^{1/2}$$

donde el subíndice *i* se refiere a cada una de las frecuencias consideradas. Téngase en cuenta que para las vibraciones mano-brazo los coeficientes de ponderación $w_i$ son idénticos para los tres ejes y sus valores son los indicados en la Figura 7 y, para las frecuencias analizadas se dan en la tabla siguiente:

| | Frecuencia central de la banda Hz | | | | | | | |
|---|---|---|---|---|---|---|---|---|
| | 8 | 16 | 31,5 | 63 | 125 | 250 | 500 | 1.000 |
| $w_i$ | 0,873 | 0,896 | 0,S19 | 0,2S6 | 0,127 | 0,0634 | 0,0314 | 0,013S |

Por tanto, antes de la modificación tendremos:

$a_{hw} = [(0{,}8 \cdot 0{,}873)^2 + (1 \cdot 0{,}896)^2 + (1{,}3 \cdot 0{,}519)^2 + (11 \cdot 0{,}256)^2 + (72{,}4 \cdot 0{,}127)^2 + (24{,}9 \cdot 0{,}0634)^2 + (26{,}2 \cdot 0{,}0314)^2 + (0{,}0135 \cdot 0{,}0135)^2]^{1/2} = 9{,}87$ m/s$^2$

De igual modo, el resultado después de la modificación vale: $a_{hw} = 5{,}46$ m/s$^2$

Se deduce pues que la aceleración se ha reducido casi en un 50%, con un coste casi nulo, pues un juego de topes cuesta alrededor de 10 euros y la sustitución se realizó en menos de una hora.

## 4.3. Equipos de medida

Puesto que la variable que utilizamos para medir las vibraciones es la aceleración a la que dan lugar, los instrumentos que se utilizan para la medición son los **acelerómetros**. Conceptualmente un acelerómetro consiste esencialmente en una masa unida a un muelle; cuando el acelerómetro sufre una aceleración, la masa se desplaza en una medida que depende de la aceleración sufrida y de las características del muelle. La medición de ese desplazamiento permite calcular la magnitud de la aceleración sufrida.

Los acelerómetros comerciales utilizan diferentes principios físicos para llevar a la práctica el principio masa-muelle. En el mercado existen acelerómetros basados en el efecto piezoeléctrico, en componentes capacitivos (condensadores) y en otros fenómenos físicos, cada uno de ellos apropiado para distintas aplicaciones. La miniaturización que ha provocado la introducción de la microelectrónica en este ámbito hace de los acelerómetros modernos pequeños sistemas microelectromecánicos, gracias a los cuales ha sido posible la creación de pequeños **acelerómetros triaxiales**, es decir, que miden simultáneamente la aceleración en los tres ejes (ver Figura 8). Su combinación con equipos de tratamiento de datos pequeños y potentes ha permitido simplificar en gran medida los cálculos necesarios para la evaluación de riesgos.

**Figura 8.** Acelerómetro triaxial

El lado del cubo puede medir menos de 1 cm.
Fuente: Bajada de Internet.

Para la medición de las vibraciones mano-brazo es necesario sujetar firmemente el acelerómetro a la herramienta en un punto próximo al de sujeción, a fin de que las vibraciones que capte sean lo más parecidas posible a las percibidas por la mano (ver Figura 9).

**Figura 9.** Medición de vibraciones mano-brazo al utilizar un taladro

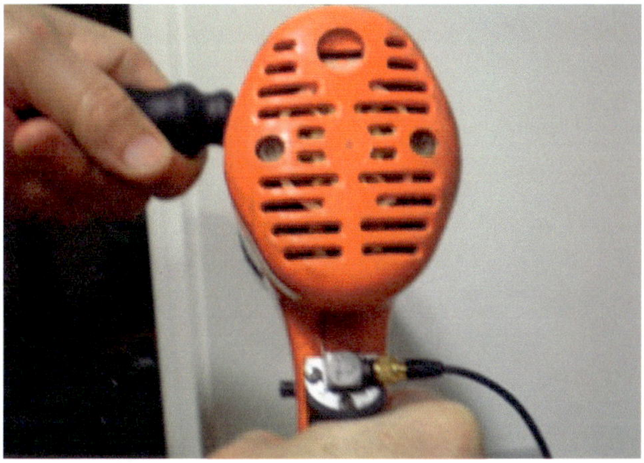

Fuente: Original del autor.

Para la medición de las vibraciones de cuerpo entero se emplean acelerómetros de asiento, similares a un cojín, en cuyo interior se encuentra el acelerómetro y sobre el cual se sienta el operario (ver Figuras 10 y 11).

**Figura 10.** Acelerómetro para la medición de vibraciones de cuerpo entero

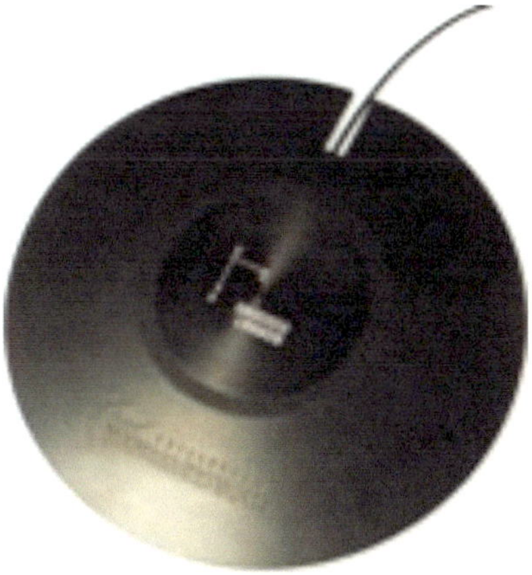

**Figura 11.** Disposición de acelerómetros para la medición de las vibraciones transmitidas por el asiento y por el respaldo

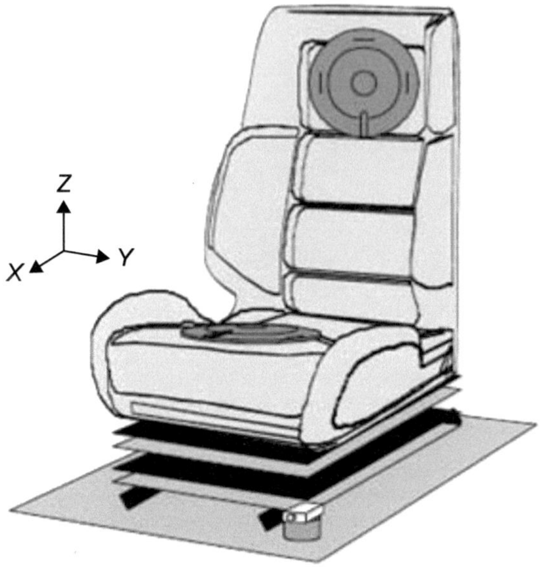


Fuente: HSE RR 636, pág. 14.

# 5. Evaluación por estimación

Como ya hemos comentado en la introducción del apartado 4, el Real Decreto 1311/2005 (artículo 4.2) autoriza que los valores de la aceleración a los que están sometidos los trabajadores se estimen a partir de "la magnitud probable de la vibración del equipo o del tipo de equipo utilizado en las condiciones concretas de utilización, incluida la información facilitada por el fabricante", sin recurrir forzosamente a la medición. Para que ello sea posible es necesario que se cumplan al menos dos requisitos:

**1) Debe disponerse de los valores de emisión del equipo o herramienta.** Estos datos son de suministro obligatorio por parte del fabricante, en virtud de lo dispuesto en las disposiciones vigentes sobre máquinas (Real Decreto 1644/2008), si bien en el caso de las vibraciones mano-brazo, se recomienda corregirlos con un factor entre 1,5 y 2 para tener en cuenta las diferencias entre las condiciones de ensayo en el laboratorio y las condiciones reales de uso (informe CEN/TR 15350:2006). Para las vibraciones de cuerpo entero la situación es más compleja, pues la vibración realmente transmitida depende mucho de las condiciones locales de utilización (velocidad, estado del pavimento, etc.), por lo que los datos de laboratorio pueden ser muy distintos de los reales en una aplicación concreta.

**Bases de datos**

Existen diversas bases de datos de acceso libre, donde se recogen datos de vibraciones emitidas. Algunas de ellas están accesibles en las siguientes direcciones:

https://vibraciones.insht.es:86/

http://www.vibration.db.umu.se/HavSok.aspx?lang=EN

http://www.las-bb.de/karla/

**2) Que el equipo esté en buenas condiciones, adecuadamente mantenido y se utilice con las herramientas y los accesorios originales.** De no ser así, los datos del fabricante pueden ser extremadamente distintos de los valores de vibración encontrados en la situación real.

## 6. Control de las vibraciones

En aplicación del primero de los principios preventivos recogidos en el artículo 15 de la Ley de Prevención: "Evitar los riegos", la estrategia preventiva a adoptar frente a la exposición a vibraciones queda claramente definida en el artículo 5 del Real Decreto 1311/2005, que establece que

> "los riesgos derivados de la exposición a vibraciones mecánicas deberán eliminarse en su origen o reducirse al nivel más bajo posible" [...] "teniendo en cuenta los avances técnicos y la disponibilidad de medidas de control del riesgo en su origen".

Sobre la base de la evaluación de los riesgos que no hayan podido evitarse, cuando se rebasen los valores de exposición que dan lugar a una acción (Tabla 4), "el empresario establecerá y ejecutará un programa de medidas técnicas y/o de organización destinado a reducir al mínimo la exposición a las vibraciones mecánicas".

Para ello, deberá tomarse en consideración:

**a)** Otros métodos de trabajo que reduzcan la necesidad de exponerse a vibraciones.

**b)** La elección del equipo de trabajo generador del menor nivel de vibraciones posible, habida cuenta del trabajo al que está destinado. A este respecto debe recordarse lo señalado más arriba acerca de la obligatoriedad de que los suministradores de máquinas informen en el manual de instrucciones acerca de los niveles de vibración producidas por aquéllas.

**c)** El suministro de equipo auxiliar que reduzca los riesgos de lesión por vibraciones, por ejemplo, asientos, amortiguadores u otros sistemas que atenúen eficazmente las vibraciones transmitidas al cuerpo entero y asas, mangos o cubiertas que reduzcan las vibraciones transmitidas al sistema mano-brazo.

**d)** Programas apropiados de mantenimiento de los equipos de trabajo, del lugar de trabajo y de los puestos de trabajo.

**e)** La concepción y disposición de los lugares y puestos de trabajo.

**f)** La información y formación adecuadas a los trabajadores sobre el manejo correcto y en forma segura del equipo de trabajo, para así reducir al mínimo la exposición a vibraciones.

**g)** La limitación de la duración e intensidad de la exposición.

**h)** Una ordenación adecuada del tiempo de trabajo.

**i)** La aplicación de las medidas necesarias para proteger del frío y de la humedad a los trabajadores expuestos, incluyendo el suministro de ropa adecuada.

A estas recomendaciones genéricas añadiremos algunas referidas específicamente a los dos tipos de vibraciones que hemos estudiado.

## 6.1. Control de las vibraciones de cuerpo entero

La primera medida preventiva a tener en cuenta es una selección adecuada de la capacidad de los equipos de transporte; si éstos no son suficientes, será necesario utilizarlos durante más tiempo del imprescindible, aumentando el tiempo de exposición de los trabajadores a las vibraciones.

También es recomendable elegir los equipos con cabinas y mandos dispuestos de modo que el operario pueda mantener una postura vertical cómoda y sin necesidad de girarse.

También puede ser importante la selección de los neumáticos, pues si se eligen adecuadamente, pueden amortiguar pequeñas irregularidades del terreno, pero si son demasiado blandos y el terreno es ondulado, pueden amplificar las oscilaciones.

Es importante que la suspensión de los asientos esté adaptada al vehículo. Una mala elección del sistema de suspensión del asiento puede originar una exposición a vibraciones más elevada que si el asiento careciera de suspensión. Por otra parte, es necesario que la suspensión del asiento pueda ser regulada por el propio usuario en función de su estatura y peso, al igual que su posición longitudinal y del respaldo.

### 6.2. Control de las vibraciones mano-brazo

Para reducir la exposición a las vibraciones mano-brazo, una de las medidas más eficaces es reducir las fuerzas de agarre o empuje ejercidas por la mano, lo cual puede lograrse eligiendo herramientas de menor peso, manteniendo adecuadamente las herramientas o modificando el diseño del puesto de trabajo. Disminuir las fuerzas de agarre y empuje reduce siempre las vibraciones transmitidas a la mano y el brazo del trabajador.

También pueden ser útiles las guías y empuñaduras antivibración, pero deben emplearse solamente las recomendadas por el fabricante, pues una elección inadecuada podría aumentar la exposición a vibraciones.

En general, los recubrimientos de materiales flexibles, como el caucho, no producen una reducción significativa de la exposición a vibraciones y, como las empuñaduras, si no se eligen adecuadamente pueden amplificar la exposición.

Finalmente, es necesario alcanzar un equilibrio adecuado entre la productividad de la herramienta y la exposición a vibraciones. Herramientas muy productivas pueden tener un nivel de vibración muy alto, pero hacer el trabajo en poco tiempo e implicar una exposición reducida; en cambio, herramientas poco productivas con un nivel de vibración bajo pueden implicar un tiempo de exposición largo y comportar una exposición excesiva.

En las herramientas accionadas con aire comprimido, debe emplearse la presión indicada por el fabricante. Una disminución de 1 bar puede llegar reducir la productividad en un 40%, con el consiguiente aumento del tiempo de exposición.

Aunque el mantenimiento siempre es importante para limitar las vibraciones producidas por un equipo, resulta particularmente significativo en las herramientas manuales.

A este respecto, es importante respetar las siguientes recomendaciones:

- Mantener las herramientas de corte bien afiladas.
- Colocar adecuadamente las muelas abrasivas, siguiendo las recomendaciones del fabricante.
- Lubricar cualquier parte móvil de conformidad con las recomendaciones del fabricante.
- Sustituir las piezas desgastadas.
- Controlar el equilibrado, efectuando las correcciones que sean necesarias.
- Sustituir los elementos antivibratorios del equipo (empuñaduras, guías) antes de que su desgaste reduzca su efectividad, poniendo atención a degradaciones tales como hinchamientos, fisuras, reblandecimiento o endurecimiento de los elementos de goma.
- Revisar y reemplazar los engranajes, rodamientos y antivibradores defectuosos.
- Mantener las cadenas de las motosierras a la tensión adecuada y afilar sus dientes con la frecuencia necesaria.

Uno de los medios que a veces se emplean para reducir la exposición a vibraciones es el empleo de guantes "antivibratorios", que pueden adquirirse en el comercio. Supuestamente su utilización reduce la exposición del usuario a las vibraciones mano-brazo, pues la especial constitución de dichos guantes tendría un efecto reductor sobre las vibraciones transmitidas.

Si bien el uso de guantes, antivibratorios o no, puede tener un efecto beneficioso cuando la exposición a las vibraciones se realiza en un ambiente frío, la capacidad de los guantes antivibratorios para reducir la transmisión de vibraciones está lejos de estar demostrada.

Muchos de estos guantes parecen tener una cierta capacidad de reducir la transmisión de las frecuencias altas (superiores a 150 Hz), pero es dudoso que el mismo efecto se produzca sobre las frecuencias bajas y medias, que son las más peligrosas, como indican sus factores de ponderación recogidos en la Figura 7. En general, las instituciones más prestigiosas recomiendan no tener en cuenta el posible efecto reductor de los guantes sobre la vibración transmitida, al menos hasta que se disponga de datos concluyentes sobre su eficacia en las condiciones reales de utilización.

# Capítulo VIII

# Estrés térmico

Emilio Castejón Vilella

## Introducción

"El día 28 de julio de 1993, el soldado S. A. estaba participando en una marcha de montaña en los Pirineos de Huesca. Hacía mucho calor y no se sentía bien, motivo por el cual un par de veces le había pedido al sargento J. L. D. que le permitiese descansar, a lo cual aquel se negó, llegando incluso a vaciarle la cantimplora para impedir que bebiese. De repente, S. A. cayó al suelo semiinconsciente. Trasladado al hospital, donde se le diagnosticó un golpe de calor, permaneció en coma 45 días. Como consecuencia, sufrió graves alteraciones neurológicas permanentes que le impiden llevar una vida normal, pues padece dificultades en el habla y en la coordinación de movimientos.

Demandado por los padres del soldado, el sargento fue juzgado en 1998 por un tribunal militar, que le condenó a ocho meses de cárcel y a pagar al soldado una indemnización de 400.000 euros. Uno de los superiores del sargento declaró en el juicio que era exigible a todos los militares con graduación el conocimiento de un manual que regula las marchas de montaña y en el que se advierte de los accidentes que puede producir el calor".

*El País* (16 y 19/06/1998) y *ABC* (2/7/1998).

Para los animales homeotermos (de sangre caliente), la estabilidad de la temperatura de los órganos vitales, especialmente del cerebro, es esencial para el mantenimiento de la vida. Por tal motivo disponen de potentes mecanismos naturales de regulación cuyo objetivo es mantener la temperatura del cuerpo dentro de márgenes muy estrechos. Esos mecanismos naturales de regulación son, en personas sanas, suficientes para garantizar la supervivencia frente a los cambios térmicos ambientales de carácter natural; sin embargo, en ciertas situaciones laborales, la agresividad térmica ejercida sobre la persona puede superar la capacidad de dichos mecanismos y dar lugar a daños a la salud, como los sufridos por el soldado S. A.

Dichas situaciones pueden ser de dos tipos: aquellas en las que el organismo humano está sometido a un calor muy elevado (en las cuales se suele hablar de **estrés térmico**) y aquellas en las que se padece un frío muy intenso (**estrés por frío**).

En personas sanas, las situaciones de estrés térmico que pueden ser peligrosas están casi invariablemente unidas no solo a unas condiciones ambientales agresivas, sino también, al mismo tiempo, a una actividad física intensa o muy intensa. Es lo que le sucedió al soldado S. A. cuando marchó (actividad física intensa) bajo el sol de julio en los Pirineos.

Situaciones parecidas se producían antaño cuando las actividades agrícolas físicamente exigentes y que se realizaban en verano, como la siega, no estaban mecanizadas, y pueden darse aún hoy, principalmente en la construcción (en verano) y en ciertas actividades industriales en las que pueden existir focos de calor intensos, como hornos, materiales a alta temperatura, etc. Afortunadamente, estas situaciones son hoy día poco frecuentes, si bien la gravedad de sus posibles consecuencias y lo repentino de su aparición exigen una actividad preventiva eficaz y un conocimiento del problema del que manifiestamente carecía el sargento condenado en el juicio al que hemos hecho referencia antes.

En climas templados como el de España, es difícil que las exposiciones al frío, al aire libre, lleguen a ser peligrosas. Y ello no solo porque las condiciones climáticas raramente son extremas, sino porque frente al frío existen dos medios de protección bien conocidos y, en general, accesibles: abrigarse y hacer ejercicio. No debe olvidarse, sin embargo, que cada vez son más frecuentes las exposiciones a frío artificial intenso, como ocurre en toda la cadena del frío asociada a la industria de la alimentación. En tales situaciones, puede ser necesaria la adopción de medidas preventivas específicas.

La mayor parte de las situaciones laborales están alejadas del calor extremo y del frío intenso y, desde la perspectiva de la prevención de riesgos laborales, no presentan peligro alguno para la salud de las personas; ello no impide, sin embargo, que muchas de esas situaciones puedan dar lugar a que las personas que trabajan se sientan térmicamente inconfortables, aspecto este que también puede ser objeto de evaluación pero que pertenece al terreno de la ergonomía.

# 1. El organismo humano y el ambiente térmico

Si se compara la relación entre las personas y los distintos contaminantes de interés en higiene industrial, se observa rápidamente que respecto a la **contaminación térmica** dicha relación presenta, al menos, cuatro aspectos claramente excepcionales:

**1)** En general, los **contaminantes** se encuentran fuera del cuerpo humano y es justamente al acceder a él cuando pueden dar lugar a efectos dañinos sobre la salud. En cambio, en el caso del calor, la actividad física del propio cuerpo humano genera calor; en este sentido, pues, la misma persona expuesta al calor es un generador de "contaminación térmica". El calor así producido se acumula en el cuerpo y para el organismo es indistinguible del que puede recibirse desde el medio ambiente exterior. La evaluación del riesgo deberá por tanto tener en cuenta no solo sus componentes ambientales, sino también el calor generado por la actividad física del organismo.

**2)** La relación entre el organismo humano y el ambiente térmico es mucho más compleja que la que se establece entre el organismo y los otros tipos de contaminación. Si tomamos como ejemplo los contaminantes químicos, la evaluación de su exposición se basa, fundamentalmente, en la comparación entre la concentración media a la que está expuesto el sujeto y un valor de referencia; evaluar exige, pues, solamente conocer una variable ambiental: la concentración media. En cambio, como veremos a continuación, la evaluación del ambiente térmico exige el conocimiento de **seis variables independientes**, lo que, obviamente, conduce a procesos de evaluación mucho más complejos. El adjetivo **independientes** se refiere a que el valor de todas y cada una de dichas seis variables no depende del valor de ninguna de las otras. En otras palabras, el valor de todas y cada una de dichas variables puede modificarse dentro de límites bastante amplios sin afectar al valor de ninguna de las demás.

**3)** Como ya hemos dicho, el organismo humano es muy resistente a las agresiones térmicas, a diferencia de lo que ocurre con la mayoría de los restantes contaminantes que, biológicamente, **no están previstos** o lo están en muy pequeña medida. Así, por ejemplo, el oído humano tiene mecanismos de defensa frente al ruido intenso de corta duración, pero estos mecanismos pierden su eficacia si la agresión se prolonga: los ruidos intensos y duraderos no están biológicamente previstos; por eso son tan dañinos.

**4)** Las agresiones térmicas no dan lugar a **enfermedades profesionales** en el sentido de patologías que se instauran lentamente y que solo al cabo de meses o años empiezan a dar manifestaciones clínicas; basta consultar el vigente Cuadro de Enfermedades Profesionales aprobado por el Real decreto 1299/2006, de 10 de noviembre, para verificar que no se recoge ninguna enfermedad asociada al ambiente térmico. Las consecuencias patológicas de las exposiciones muy agresivas al ambiente térmico, especialmente al calor, se manifiestan de forma casi repentina, como si fueran accidentes, como le sucedió al soldado S. A.

### 1.1. Los mecanismos de la termorregulación del cuerpo humano

Para sobrevivir, los seres humanos necesitan que la temperatura de su cuerpo se mantenga dentro de ciertos límites bastante estrechos, pero no todos los órganos del cuerpo tienen las mismas exigencias de estabilidad térmica. Por eso se suele distinguir entre la **temperatura interna** (*core temperature*), que es la de los órganos vitales, especialmente el cerebro, que requieren una temperatura "constante", y la **temperatura periférica** (*shell temperature*), que es la de las partes "externas" del cuerpo, como la piel y los músculos, que son mucho menos exigentes térmicamente.

En condiciones "normales", la temperatura interna es de 36,8°C; por encima de 39°C (hipertermia) y por debajo de 35°C (hipotermia), la situación se vuelve claramente peligrosa, pues los mecanismos de regulación empiezan a perder su capacidad de control. La temperatura rectal es la mejor aproximación disponible de la temperatura interna.

En contraste con estos valores, la temperatura de la piel suele ser notablemente inferior a la temperatura interna. En condiciones de confort puede variar entre 28 y 33°C; entre 33 y 39°C la situación sería de disconfort por calor, y entre 25 y 28°C, de disconfort por frío. Más allá de dichos límites, se empezarían a experimentar molestias relativamente severas.

La termorregulación del cuerpo humano, cuyo objetivo es mantener constante o casi constante la temperatura interna, se logra mediante dos tipos de mecanismos: los comportamentales y los fisiológicos. Son mecanismos comportamentales el ponerse o quitarse ropa, aumentar o reducir el nivel de actividad física, ponerse a resguardo del calor o del frío, tomar bebidas calientes o frías, etc.

En referencia a los mecanismos fisiológicos, el cuerpo dispone además de un "**control central**" de termorregulación que es el encargado de dar las órdenes cuyo seguimiento conduce a la estabilidad térmica. El "control central" se encuentra en el **hipotálamo**, a donde llegan las señales procedentes de los sensores de temperatura situados en los órganos internos (el propio hipotálamo, la médula espinal) y en la piel. En función de la información recibida, el hipotálamo activa mecanismos de eliminación de calor o de conservación del mismo.

Los principales mecanismos de conservación de calor son dos: la vasoconstricción periférica y el tiriteo. La primera reduce el flujo sanguíneo hacia las zonas periféricas del organismo, con lo que se reduce la pérdida de calor hacia el exterior; el tiriteo aumenta la actividad muscular y por tanto la producción de calor, contribuyendo así a elevar la temperatura del cuerpo.

Para eliminar el calor, el hipotálamo pone en marcha dos mecanismos principales: primero ordena la vasodilatación periférica y, si es necesario, activa el mecanismo de sudoración. La vasodilatación periférica aumenta el flujo de sangre hacia la periferia del organismo, facilitando así el intercambio de calor hacia el exterior; este aumento del flujo sanguíneo hacia la periferia se logra a costa de aumentar la frecuencia cardiaca y representa por tanto un coste fisiológico adicional. La sudoración es, potencialmente, el más potente mecanismo de refrigeración del que disponen los humanos, pero su eficacia enfriadora está condicionada a que sea posible **evaporar el sudor**, lo que depende de las condiciones ambientales, por lo que en situaciones ambientalmente adversas la sudoración puede perder gran parte de su capacidad refrigerante.

### 1.2. Posibles consecuencias patológicas del estrés térmico

Cuando la exposición al calor es muy intensa puede aparecer patología debida al calor. Como ya hemos dicho, en ningún caso se trata de **enfermeda-**

**des**, sino de situaciones agudas que aparecen de manera relativamente brusca y requieren una actuación inmediata. Por tal motivo se declaran como accidentes de trabajo, si bien su número es muy escaso; en el año 2009 se registraron por calor o insolación cuarenta y siete accidentes leves, cinco graves y uno mortal.

La más grave de estas patologías es el llamado **golpe de calor** (*heat stroke*), que representa una rendición en toda regla de los mecanismos corporales de regulación frente a un enemigo al que no pueden superar.

En tales circunstancias, el principal mecanismo de defensa, la sudoración, suele paralizarse y la temperatura interna del cuerpo aumenta rápidamente; superado el nivel de "seguridad" generalmente admitido de 38°C de **temperatura interna**, es muy probable que se produzca daño cerebral (como le ocurrió al soldado S. A.) y, si no se actúa rápidamente, puede ocurrir la muerte; cada verano los medios de comunicación dan noticia de algunos casos de muerte de trabajadores por golpe de calor.

El **agotamiento por calor** (*heat exhaustion*) puede producirse a consecuencia de la importante pérdida de líquido que, a través del sudor, sufren las personas expuestas a calor intenso. Los síntomas son fatiga, náuseas, dolor de cabeza pero el organismo mantiene en funcionamiento el centro regulador de la temperatura. Se da frecuentemente en ancianos en épocas muy calurosas si no se hidratan convenientemente; en el ámbito laboral es poco frecuente, aunque puede producirse si no se bebe suficientemente y/o la persona no está aclimatada, aspecto este último que trataremos con detalle más adelante.

El **síncope térmico** es el típico desmayo que se produce cuando la sangre se acumula en las extremidades inferiores (por ejemplo, un soldado haciendo guardia en posición estática) y el corazón no puede bombear suficiente sangre al cerebro.

Más típicos de las situaciones laborales son los **calambres por calor** que se producen durante o después de la jornada laboral en los músculos más empleados para el trabajo. Se deben a que, al sudar, el organismo pierde mucha sal (el sudor es salado) y ello altera los equilibrios salinos del cuerpo dando lugar a dolorosos calambres. La solución pasa por beber abundantemente líquidos isotónicos como los habitualmente empleados por los deportistas.

### 1.3. Posibles consecuencias patológicas del estrés por frío

Las situaciones de exposición al frío producen un disconfort severo mucho antes de que pueda producirse cualquier consecuencia negativa sobre la salud. Por ello, existen múltiples medios comportamentales de luchar contra el frío: ponerse ropa, hacer ejercicio, buscar abrigo, etc. Por otra parte, en un ambiente supuestamente frío a, por ejemplo, 4°C, una persona que realice una actividad física intensa y lleve ropa de abrigo puede estar sudando abundantemente porque, para ella, la situación es de "calor". Cuando esa misma persona cese en su actividad, con las mismas condiciones ambientales, la situación se volverá de "frío". En el año 2009, en España, se declararon diecinueve accidentes de trabajo por efectos de las bajas temperaturas, todos ellos leves.

El primer síntoma de la exposición excesiva al frío es el dolor, seguido de entumecimiento, especialmente de los dedos de las manos y los pies. Ello es debido a la reducción del flujo sanguíneo, consecuencia de la vasoconstricción periférica ordenada por el centro de control hipotalámico para evitar el descenso de la temperatura interna.

Si la exposición se mantiene puede producirse congelación de los dedos y, finalmente, hipotermia, es decir, el descenso de la temperatura interna. En una situación de hipotermia ligera (temperatura interna entre 32 y 35°C) se presenta temblor intenso, falta de coordinación en los movimientos, habla dificultosa y pérdida de memoria. Si la hipotermia es moderada (30 a 32°C), se detiene el temblor y el sujeto es incapaz de andar e incluso de mantenerse en pie y está confuso o irracional. La hipotermia severa, por debajo de 30°C, es normalmente fatal.

### 1.4. Factores individuales

Los factores individuales juegan un papel relevante en la respuesta del organismo a una determinada agresión térmica. El más importante de todos ellos es la **condición física general**, especialmente en relación con las situaciones de calor intenso. Aunque el organismo humano es muy resistente a dichas situaciones, también es cierto que hacerles frente exige que la condición física del individuo sea excelente; ello implica que los individuos que van a estar expuesto a situaciones de estrés térmico intenso han de ser sometidos a un control médico exhaustivo que garantice que sus condiciones físicas generales son óptimas. En dicho control deben tenerse en cuenta factores tales como la edad, el nivel de obesidad, la historia clínica, la presencia de ciertas enfermedades, los tratamientos médicos que sigue la persona en cuestión, etc. El sexo no parece ser relevante con relación al calor, si bien las mujeres parecen mostrar una mayor tolerancia al frío en situaciones de baja actividad física (tareas de inspección, por ejemplo).

El segundo factor individual es la **aclimatación**. La aclimatación es un fenómeno mal conocido que se manifiesta como un periodo de adaptación fisiológica a las exposiciones a calor intenso durante el cual el organismo modifica su comportamiento para resistir la agresión con mucho menor desgaste. Un individuo aclimatado, con respecto a sí mismo antes de aclimatarse y en una situación determinada, presenta menor temperatura interna (menor riesgo), tiene un ritmo cardíaco mucho más lento (menor estrés cardiovascular), suda mucho más (más protección por sudoración) y, además, el sudor es mucho menos salado. En definitiva, la aclimatación representa una adaptación del cuerpo, que aprende a sobrellevar la situación con menor coste fisiológico.

La aclimatación se logra normalmente en una semana, aumentando de forma progresiva la intensidad y duración de la exposición, pero se pierde también rápidamente, lo que es necesario tener en cuenta después de ausencias del trabajo debidas a vacaciones, enfermedad u otras causas.

No está claro si la exposición al frío también da lugar a aclimatación, pero en cualquier caso sus efectos serían mucho menos apreciables.

## 2. Carga térmica metabólica

Muy a menudo, la principal aportación de calor que recibe una persona que trabaja es consecuencia de su propia actividad física. Desde un punto de vista mecánico, el cuerpo humano es una máquina muy poco eficiente, por lo cual la práctica totalidad de la energía que consume para realizar trabajo físico se transforma en calor, que se acumula en el propio organismo. A dicho calor se le suele llamar "**calor metabólico**" o "**carga térmica metabólica**", ya que es consecuencia del calor generado por el propio metabolismo del cuerpo.

La carga térmica metabólica de una actividad determinada puede medirse experimentalmente en el laboratorio, pero en la práctica se suele recurrir a estimaciones basadas en la observación de la tarea realizada y su comparación con tablas estandarizadas, como las que pueden encontrarse en la Norma UNE-EN ISO 8996.[1]

En general, estas tablas expresan la carga térmica metabólica correspondiente a una tarea determinada, en vatios por metro cuadrado de superficie corporal ($W/m^2$). La Tabla 1 muestra algunos ejemplos.

**Tabla 1.** Carga térmica metabólica en distintas actividades

| Profesiones/actividades | Carga térmica metabólica, $W/m^2$ |
|---|---|
| Albañil | 110-160 |
| Pintor | 90-125 |
| Relojero | 55-70 |
| Soldador | 75-125 |
| Jardinero | 110-190 |
| Conducir un coche | 70-90 |
| Trabajos de laboratorio | 85-100 |
| Secretaria | 70-85 |

Como no es fácil que la actividad concreta que se desea estudiar se encuentre tabulada, para estimar la carga térmica metabólica es frecuente recurrir a un "desglose" como el que se indica en la Tabla 2. En ese caso, la carga térmica metabólica se calcula como la suma de la carga térmica metabólica imputable a la postura y movimiento del cuerpo, y al tipo de trabajo realizado; a estos dos valores se añade un tercer sumando correspondiente al llamado metabolismo basal, que es la carga térmica metabólica correspondiente al cuerpo en reposo total, sin realizar tarea alguna. Se admite que el metabolismo basal vale 44 $W/m^2$ para

1. UNE-EN ISO 8996 Ergonomía del ambiente térmico. Determinación de la tasa metabólica.

hombres y 41 W/m$^2$ para mujeres. Para mayor detalle, puede consultarse la Norma UNE-EN ISO 8996.

**Tabla 2.** Contribución de la postura y movimiento del cuerpo y de la actividad a la carga térmica metabólica (W/m$^2$)

| Postura y movimiento del cuerpo | | | |
|---|---|---|---|
| Sentado | 10 | | |
| Arrodillado | 20 | | |
| En cuclillas | 20 | | |
| De pie | 25 | | |
| De pie inclinado | 30 | | |
| Andando en llano a 2 km/h | 62 | | |
| Andando en llano a 5 km/h | 154 | | |
| **Actividad** | | | |
| | **Ligero** | **Medio** | **Pesado** |
| Trabajo con las manos | 15 | 30 | 40 |
| Trabajo con un brazo | 35 | 55 | 75 |
| Trabajo con ambos brazos | 65 | 85 | 105 |
| Trabajo con el cuerpo | 125 | 190 | 280 |

Para mayor detalle, consultad la Norma UNE-EN ISO 8996.

Veamos algunos ejemplos.

Supongamos un albañil (hombre) que realiza de pie una tarea media con ambos brazos; la caga térmica metabólica sería (tabla 2) la suma de: 25 (de pie) + 85 (trabajo medio con ambos brazos) + 44 (metabolismo basal) = 154 W/m$^2$. Si comparamos este valor con el dado en la tabla 1, veremos que se sitúa en la banda alta de la carga térmica metabólica "Standard" para un albañil. Si suponemos que su trabajo es ligero con ambos brazos tendremos: 25 (de pie) + 65 (trabajo ligero con ambos brazos) + 44 (metabolismo basal) = 134 W/m$^2$ que se sitúa en el centro de la banda de la Tabla 1 para un albañil.

Supongamos ahora un relojero que trabaja sentado y su trabajo es ligero con las manos; tendremos: 10 (sentado) + 15 (trabajo ligero con las manos) + 44 (metabolismo basal) = 69 W/m$^2$.

Para el soldado S. A. tendríamos: 154 (caminar en terreno llano a 5 km/h) + 44 (metabolismo basal) = 198 W/m$^2$. Esta estimación es conservadora, pues una marcha de montaña debía incluir pendientes importantes, que no tendremos en cuenta.

Debido a que en la práctica la carga térmica metabólica se suele estimar, su valor es el dato más impreciso de los que se manejan en la evaluación del ambiente térmico. Por esa razón, es preciso extremar la atención al observar las operaciones que se realizan, a fin de calificarlas con la mayor exactitud posible.

Cuando un trabajo determinado se compone de varias operaciones claramente distintas en cuanto a su carga térmica metabólica se refiere, debe calcularse el valor promedio ponderado en el tiempo, de acuerdo con la siguiente expresión:

$$M = \frac{\Sigma M_i t_i}{\Sigma t_i} \qquad (1)$$

donde $M_i$ son los valores de la carga térmica metabólica correspondiente a la operación "$i$" y $t_i$ el tiempo correspondiente durante el cual se realizó dicha operación.

Respecto al valor numérico de la carga térmica metabólica, y a fin de evitar errores de estimación, es conveniente recordar que, en nuestra sociedad actual, es poco probable encontrar puestos de trabajo en los que la carga térmica metabólica media durante toda la jornada de trabajo sea superior a 200 W/m$^2$, si bien este valor puede superarse ampliamente en cortos períodos durante los que se realiza un gran esfuerzo.

**Ejemplo 1**

En el taller de reparaciones de un concesionario de automóviles existe un almacén para los recambios. El operario que está a cargo de dicho almacén se ocupa de atender las solicitudes de los mecánicos del taller y del público en un mostrador, localizar el material en el almacén y entregarlo al peticionario; asimismo, se ocupa de colocar el género nuevo recibido en las estanterías. En general, se trata de piezas de poco peso (inferior a un kilo), que se recogen de una en una pero al colocarlas vienen en cajas conteniendo varias piezas; por ello requiere más esfuerzo la colocación que la retirada de las piezas. Evaluad la carga térmica metabólica.

**Solución**

La repartición de tareas, tiempos dedicados a cada una de ellas y su descripción en términos de intensidad de actividad se resume en la siguiente tabla:

| Tarea | Tiempo dedicado, horas/día | Descripción |
|---|---|---|
| Atender al mostrador | 4 | De pie, ligero con las manos |
| Recoger el material en las estanterías | 2 | Andando en llano a 2 km/h, ligero con un brazo |
| Colocar el material recibido | 2 | Andando en llano a 2 km/h, ligero con ambos brazos |

Para cada una de las tareas, y según los datos de la Tabla 2, podemos calcular la carga térmica metabólica:

| Tarea | Componentes de la tarea | | | Carga térmica metabólica, $W/m^2$ |
|---|---|---|---|---|
| | Postura y movimiento del cuerpo $W/m^2$ | Actividad $W/m^2$ | Metabolismo basal $W/m^2$ | |
| **Atender al mostrador** | 25 | 15 | 44 | 84 |
| **Recoger el material en las estanterías** | 62 | 35 | 44 | 141 |
| **Colocar el material recibido** | 62 | 65 | 44 | 171 |

La distribución de tareas, tiempo dedicado a cada una de ellas y su carga térmica metabólica respectiva será:

| Tarea | Tiempo dedicado, horas/día | Carga térmica metabólica, $W/m^2$ |
|---|---|---|
| **Atender al mostrador** | 4 | De pie, ligero con las manos |
| **Recoger el material en las estanterías** | 2 | Andando en llano a 2 km/h, ligero con un brazo |
| **Colocar el material recibido** | 2 | Andando en llano a 2 km/h, ligero con ambos brazos |

Para calcular la carga térmica metabólica media, aplicaremos la expresión y tendremos:

$$M = (84 \cdot 4 + 141 \cdot 2 + 171 \cdot 2)/8 = 120\ W/m^2$$

Si comparamos el resultado con los datos recogidos en la tabla 1 vemos que resulta lógico, pues 120 $W/m^2$ se sitúan en la banda baja del trabajo de un albañil o un jardinero, y es un 20% superior a la de un trabajo de laboratorio.

# 3. Intercambio térmico entre el cuerpo humano y el medio ambiente

El medio ambiente y el cuerpo humano pueden intercambiar calor mediante diferentes mecanismos, de los cuales nosotros solo consideraremos los tres más relevantes en el caso de las exposiciones intensas: la evaporación del sudor, la convección y la radiación. Otros mecanismos menores que no consideraremos aquí, pero que en algunos casos podrían ser relevantes, son la pérdida de calor por el aire expirado (que normalmente está más caliente y más húmedo que el inspirado), la evaporación por difusión del sudor a través de la piel y el intercambio por conducción si el cuerpo está en contacto directo con algún sólido a temperatura distinta (por ejemplo, una persona sentada sobre un banco muy frío o caliente).

### 3.1. Evaporación del sudor

En la introducción a este capítulo hemos dicho que la sudoración es un mecanismo fisiológico que nos protege del calentamiento del organismo frente a un calor excesivo, pero ello solo es parcialmente cierto. La sudoración es un mecanismo que se pone en marcha cuando el organismo detecta que necesita eliminar calor, pero la sudoración **en sí misma** no elimina calor. Lo que elimina calor es la **evaporación del sudor** o, mejor dicho, del agua del sudor.

Para que un líquido se evapore es preciso aportarle calor, un calor que el agua del sudor toma de la piel. Por ello, cuando el agua del sudor se evapora, la piel se refrigera; pero si no se evapora, el efecto refrigerante de la sudoración es prácticamente nulo. Que el sudor se evapore en mayor o menor medida depende del valor de dos **variables ambientales**: la humedad del aire y su velocidad.

Si el ambiente es muy húmedo, el sudor no puede apenas evaporarse: ocurre como con la ropa puesta a secar un día de mucha humedad, que seca muy lentamente porque el agua no puede evaporarse. En cambio, si el ambiente es seco, el sudor se evapora a una velocidad mucho mayor, de la misma forma que la ropa se seca más deprisa.

Con la velocidad del aire ocurre algo parecido: si es alta, el sudor se evapora más rápidamente, al igual que la ropa puesta a secar (a igualdad de todo lo demás) lo hace más aprisa en un día ventoso que en otro con el viento en calma. Si, en cambio, la velocidad del aire es baja, el sudor se evapora lentamente (y la ropa tarda más en secar).

A igualdad de humedad y temperatura, la cantidad de sudor que se evapora depende también de las características del vestido: un vestido grueso dificultará en mayor medida que otro fino que la evaporación se produzca. Aunque en la noticia no constan estos detalles, es posible que si el soldado S. A. hubiera llevado una indumentaria más ligera, el desenlace no hubiera sido tan trágico.

En resumen, pues, la sudoración es un mecanismo fisiológico cuya función es aportar el sudor, que es la **materia prima** para refrigerar el organismo cuando este lo necesita; pero su eficacia refrigerante solo se manifiesta si el sudor se evapora, y dicha evaporación está condicionada por las características del vestido y por dos **variables ambientales**: la humedad y la velocidad del aire. Si sus valores son desfavorables, el sudor producido no se evaporará, sino que empapará la ropa o caerá al suelo y será, por tanto, térmicamente ineficaz.

Las personas sometidas a un estrés térmico intenso pueden llegar a sudar más de un litro por hora; en tales condiciones la necesidad fisiológica de reponer el líquido perdido se manifiesta en forma de una sed intensa, motivo por el cual es necesario poner a su disposición agua abundante. Es probable que si al soldado S. A. el sargento le hubiese permitido beber en lugar de vaciarle la cantimplora, no hubiera sufrido un golpe de calor.

### 3.2. Convección

Cuando un sólido está rodeado por un fluido (líquido o gas) a distinta temperatura, el calor se transmite del más caliente al más frío mediante un mecanismo físico denominado convección. Los radiadores de calefacción, por ejemplo, calientan el aire que les rodea por convección.

En el caso de personas, el mecanismo de intercambio se establece entre la piel y/o el vestido (sólido) y el aire (fluido) que la rodea. Como la temperatura de la piel puede ser mayor o menor que la del aire, el cuerpo puede ganar o perder calor por convección, según que la temperatura de la piel sea respectivamente inferior o superior a la del aire que la rodea. Por ello, suele decirse que la convección es un mecanismo bidireccional de intercambio de calor. Dicha pérdida (o ganancia) es tanto mayor cuanto más alta es la velocidad del aire.

La cantidad de calor intercambiada por convección depende pues de cuatro variables: la temperatura del aire, la temperatura de la piel, la velocidad del aire y las características del vestido (aislamiento térmico y superficie de piel cubierta). Como la temperatura de la piel varía relativamente poco, en primera aproximación suele admitirse que es constante (35-36°C) y por tanto la cantidad de calor intercambiada por convección depende de dos **variables ambientales** (la temperatura del aire y la velocidad del mismo) y de las características del vestido.

### 3.3. Radiación

Todos los objetos sólidos (incluidas las personas) emiten rayos infrarrojos, también llamados **radiación térmica** porque su efecto principal es el de calentar los objetos sobre los que inciden, que absorben una parte de la radiación que reciben.

La cantidad de radiación térmica emitida depende de una propiedad del material denominada **emisividad** y es proporcional a la cuarta potencia de la temperatura absoluta del objeto, lo cual hace que dicha cantidad crezca mucho con la temperatura; el emisor de radiación térmica por antonomasia es el sol, que nos calienta mediante los rayos infrarrojos que emite en grandes cantidades gracias a su elevada temperatura.

Cuando un objeto recibe la radiación térmica emitida por los otros objetos que le rodean, absorbe una cierta proporción de la misma, calentándose, y refleja el resto. Dicha proporción recibe el nombre de **coeficiente de absorción** y su valor depende de las características del material.

La radiación térmica se transmite en línea recta, como la luz, y se trasmite también en el vacío; si no fuera así, el sol no nos calentaría. En cambio, el aire no interactúa con la radiación térmica (ni la absorbe ni la emite), respecto a la cual es, pues, transparente (igual que respecto a la luz visible, con la que la radiación térmica tiene mucho en común).

Si nos centramos en las personas, en todo instante emiten radiación térmica y, al mismo tiempo, están rodeadas de objetos que también las emiten. Una parte de estas últimas inciden sobre la persona, que en parte las absorbe y en parte las refleja. Como resultado final de estos procesos de emisión y recepción de radiación térmica, la persona puede tener una ganancia neta de radiación térmica (es decir, gana calor) o una pérdida neta, es decir, pierde calor. El valor de dicha ganancia o pérdida depende de la diferencia entre la temperatura de la piel (y el vestido en la parte del cuerpo cubierta por el mismo) y la temperatura media de los objetos que "rodean" al individuo (techo, paredes, mobiliario, equipos, instalaciones, otras personas, etc.); dicha temperatura media recibe el nombre de **temperatura radiante media**, y su cálculo es relativamente complicado, pues en su valor intervienen no solo las temperatura de cada uno de los objetos que rodean a la persona, sino también su superficie, su distancia respecto a la persona, etc.

Puesto que, como ya hemos dicho, la temperatura de la piel se puede considerar, en primera aproximación, relativamente constante, la cantidad de calor que una persona intercambia por radiación depende exclusivamente del valor de la **temperatura radiante media de su entorno.**

La radiación, al igual que la convección, es un mecanismo de intercambio **bidireccional**. Si la temperatura radiante media es superior a la de la piel, el cuerpo gana calor por radiación; en cambio, si la temperatura radiante media es inferior a la de la piel (como en el interior de un almacén frigorífico, por ejemplo), el cuerpo pierde calor por radiación.

### 3.4. Variables ambientales relevantes

Del análisis anterior se deduce que las variables ambientales cuyos valores influyen en el intercambio térmico entre las personas y el medio ambiente son cuatro:

- La temperatura del aire
- La humedad del aire
- La velocidad del aire
- La temperatura radiante media

Para analizar el posible riesgo de estrés térmico o estrés por frío de una persona será necesario conocer no solo dichas cuatro variables ambientales, sino también la carga térmica metabólica y las características del vestido. Los valores de la carga térmica metabólica se obtienen de tablas a partir de la observación de la tarea, tal como ya hemos visto. Las características térmicas del vestido son relevantes cuando se realiza un análisis detallado, en cuyo caso se recurre a los valores de su capacidad aislante dadas, por ejemplo, en la Norma UNE-EN ISO 9920;[1] las cuatro variables ambientales deben ser medidas; se trata de mediciones relativamente sencillas, pero que requieren la adopción de algunas precauciones.

1. UNE-EN ISO 9920 Ergonomía del ambiente térmico. Estimación del aislamiento térmico y de la resistencia a la evaporación de un conjunto de ropa.

### 3.5. Balance térmico

Para que el organismo pueda vivir permanentemente es condición necesaria (pero no suficiente) que su temperatura interna sea estable. Puesto que el organismo recibe constantemente calor (al menos la carga térmica metabólica) y también lo elimina (si es necesario), para que su temperatura sea estable es necesario que el calor recibido sea igual al eliminado. Según los mecanismos de intercambio que hemos estudiado, dicha condición puede expresarse del siguiente modo:

$$M \pm C \pm R - E = 0$$

donde M es la carga térmica metabólica y C, R y E el calor intercambiado, respectivamente, por convección, radiación y evaporación del sudor, expresadas todas ellas en $W/m^2$. Los términos C y R viene afectados por el signo ± porque, tal como hemos visto, pueden ser positivos (aportan calor al organismo) o negativos (eliminan calor), según las circunstancias.

La expresión anterior recibe el nombre de balance térmico, y cuando el primer miembro es igual a cero se dice que el balance está **equilibrado**. A largo plazo, el equilibrio del balance térmico es condición indispensable para la vida, pero en cortos períodos de tiempo es posible que el balance térmico no esté equilibrado y que el cuerpo acumule (o pierda) calor durante un cierto tiempo. En tales circunstancias, el balance térmico se escribiría:

$$M \pm C \pm R - E = A$$

donde A sería el calor acumulado ($A>0$) o perdido ($A<0$), expresado también en $W/m^2$.

Los valores numéricos de los términos del balance térmico pueden calcularse con las fórmulas disponibles, por ejemplo, en la Norma UNE-EN ISO 7933.[1]

1. UNE-EN ISO 7933 Determinación analítica e interpretación del estrés térmico mediante el cálculo de la sobrecarga térmica estimada y en la NTP 350.

## 4. Medición de las variables ambientales

Para realizar las mediciones de las variables ambientales que determinan la calidad térmica del ambiente, deben respetarse las prescripciones de la Norma UNE-EN ISO 7726,[1] que describe con todo detalle las características de los instrumentos a emplear y la metodología de medida.

En los siguientes apartados nos limitaremos a dar las indicaciones básicas que, en todo caso, deberían completarse con lo indicado por la citada norma.

En todo caso, deben tenerse en cuenta las posibles variaciones temporales de los valores de las magnitudes físicas que se van a medir. Si estas variaciones son significativas, deberán tenerse en cuenta en el proceso de evaluación.

### 4.1. Temperatura del aire

Es bien conocido el hecho de que un termómetro expuesto al sol marca una temperatura muy superior al valor que indican los servicios meteorológicos. La explicación es simple: al sol, un termómetro recibe una fuerte radiación térmica que lo calienta y, por tanto, su indicación es más alta que la temperatura del aire, que es la que recogen los meteorólogos.

Si en la situación que ocasionó el problema del soldado S. A. hubiésemos colocado un termómetro al sol, su indicación hubiera podido fácilmente (era el mes de julio) situarse en 40-45°C o incluso más. En cambio, los datos meteorológicos de ese día, en esa zona, difícilmente hubieran superado los 30-35°C. Es lo mismo que ocurre con la arena de la playa en verano, que manifiestamente está mucho más caliente que el aire.

De ello se deduce que, para medir correctamente la temperatura del aire, es imprescindible que el bulbo del termómetro esté apantallado de cualquier fuente significativa de radiación térmica.

1. UNE-EN ISO 7726 Ergonomía de los ambientes térmicos. Instrumentos de medida de las magnitudes físicas.

Los instrumentos comerciales previstos para ser empleados para la evaluación higiénica del ambiente térmico suelen incorporar algún tipo de pantalla que impide que la radiación procedente de los objetos circundantes afecte a su indicación.

Para que la indicación del termómetro sea correcta, es decir, coincida con la verdadera temperatura del aire, es necesario que el aire pueda circular libremente alrededor del bulbo del termómetro. Por esta razón, hay equipos comerciales que disponen de un pequeño ventilador que hace circular el aire por la zona del bulbo.

### 4.2. Humedad

La forma clásica de medir la humedad consistía en utilizar simultáneamente un termómetro ordinario (también llamado **termómetro seco**) y un **termómetro húmedo**. Este último consiste en un termómetro ordinario cuyo bulbo se recubre con una muselina empapada con agua y a su alrededor se hace circular el aire de manera forzada; la zona del bulbo debe estar apantallada de la radiación circundante, tal como hemos indicado al hablar de la medición de la temperatura del aire; el resultado obtenido recibe el nombre de **temperatura húmeda** al cual se añade, a veces, el adjetivo de **psicrométrica** por razones que veremos más adelante. Llevando los dos valores obtenidos (la temperatura seca y la temperatura húmeda) a un **diagrama psicrométrico** (ver Figura 1), se obtiene la **humedad relativa** del aire (porcentaje de humedad). Actualmente, están disponibles equipos electrónicos que permiten medir la humedad del aire.

**Figura 1.** Diagrama psicrométrico

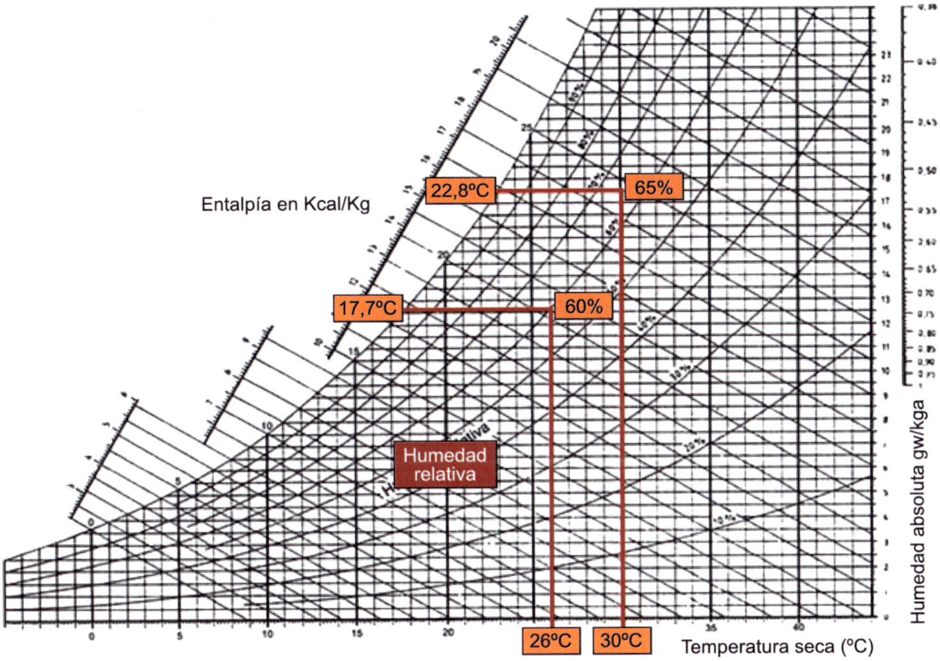


## 4.3. Velocidad del aire

La velocidad del aire se mide con un **anemómetro**; en el mercado existe una gran variedad de estos equipos, algunos de gran sofisticación y precio, pero para evaluar el riesgo de estrés térmico o por frío es suficiente uno sencillo, si bien es necesario que sea razonablemente preciso a velocidades entre 0,2 y 20 m/s, que son los límites de los valores que podemos encontrar en los puestos de trabajo. Los métodos sencillos de evaluación, como veremos más adelante, eluden la medición directa de la velocidad de aire, que evalúan de manera indirecta.

## 4.4. Temperatura radiante media

La medición directa de la temperatura radiante media es posible, pero requiere de equipos sofisticados (radiómetros), por lo que se suele recurrir a calcularla a partir de las indicaciones del **termómetro de globo** y de los valores medidos de la temperatura y la velocidad del aire.

Un termómetro de globo es un termómetro ordinario alrededor de cuyo bulbo se ha colocado una esfera metálica hueca pintada de negro mate, de manera que el bulbo del termómetro ocupe el centro de la esfera. En tales condiciones, la indicación del termómetro se llama **temperatura de globo** y puede demostrarse que es función de la temperatura radiante media, de la temperatura del aire y de la velocidad del mismo. La expresión que relaciona dichas variables es la siguiente:

$$TRM = [(TG+273)^4 + 2{,}5 \cdot 10^8 \cdot VA^{0{,}6}(TG - TA)]^{1/4} - 273 \qquad (2)$$

donde TRM es la temperatura radiante media, TG la temperatura de globo, TA la temperatura ambiente, todas ellas expresadas en grados centígrados, y VA es la velocidad del aire en m/s. La expresión anterior es válida para una esfera (globo) normalizada de 15 centímetros de diámetro pintada de negro mate.

- En **ambientes neutros** (es decir, próximos al confort), la temperatura de globo suele ser parecida a la temperatura del aire, pues en tales ambientes la radiación térmica suele ser pequeña.

- En **ambientes calurosos** con una radiación térmica considerable, la temperatura de globo puede superar ampliamente a la temperatura del aire.

- En cambio, en **cámaras frigoríficas** y otras situaciones similares, la temperatura de globo puede ser bastante inferior a la del aire.

Puesto que la radiación térmica es un fenómeno muy direccional, es importante que el termómetro de globo sea colocado en el mismo lugar o lo más cerca posible de donde trabaja la persona cuyo puesto de trabajo se pretende evaluar y a la altura del abdomen de aquella. Si se observara que la intensidad de la radiación varía mucho con la altura, la Norma UNE-EN ISO 7726 recomienda efectuar tres mediciones, una a la altura de la cabeza ($TRM_1$), otra a la altura del abdomen ($TRM_2$) y otra a la altura de los tobillos ($TRM_3$), y utilizar como valor de la temperatura radiante media en el puesto de trabajo el valor medio ponderado de acuerdo con la siguiente expresión:

$$TRM = \frac{(TRM_1 + 2 \cdot TRM_2 + TRM_3)}{4} \quad (3)$$

**Ejemplo 2**

En un puesto de trabajo se han medido las siguientes condiciones ambientales:

Temperatura del aire: TA = 28°C

Velocidad del aire: VA = 1,0m/s

Temperatura de globo a la altura de la cabeza: $TG_1$ = 35°C

Temperatura de globo a la altura del abdomen: $TG_2$ = 39°C

Temperatura de globo a la altura de los tobillos: $TG_3$ = 30°C

Calculad el valor de la temperatura radiante media a utilizar en la valoración higiénica del ambiente térmico.

**Solución**

Si aplicamos la expresión a cada una de las tres situaciones tendremos:

$TRM_1 = [(35 + 273)^4 + 2{,}5 \cdot 10^8 \cdot 1{,}0^{0{,}6} (35\text{-}28)]^{1/4} - 273 = 49{,}0\ °C$

$TRM_2 = [(39 + 273)^4 + 2{,}5 \cdot 10^8 \cdot 1{,}0^{0{,}6} (39\text{-}28)]^{1/4} - 273 = 59{,}5°C$

$TRM_3 = [(30 + 273)^4 + 2{,}5 \cdot 10^8 \cdot 1{,}0^{0{,}6} (30\text{-}28)]^{1/4} - 273 = 34{,}4°C$

Y aplicando la expresión obtendremos:

$$TRM = (48{,}9 + 2 \cdot 59{,}5 + 34{,}4)/4 = 50{,}6°C$$

que será el valor a utilizar para la evaluación del riesgo.

### 4.5. Equipos de medida

La forma tradicional de realizar las mediciones consistía en el empleo de dos termómetros convencionales de mercurio, uno de globo y otro húmedo, complementados cuando ello era necesario con un termómetro seco.

Modernamente, existen en el mercado equipos comerciales que realizan la medición mediante termopares, sondas PT-100 u otros sensores similares que proporcionan una señal eléctrica, lo que permite que el propio equipo calcule el valor del índice WBGT, del que hablaremos en el punto siguiente. Estos equipos suelen emplear globos de diámetro inferior al normalizado de 15 cm, para lo cual efectúan electrónicamente la oportuna corrección del valor de la temperatura de globo. En la Figura 2 se muestra uno de estos equipos.

**Figura 2.** Equipo de medición del índice WBGT

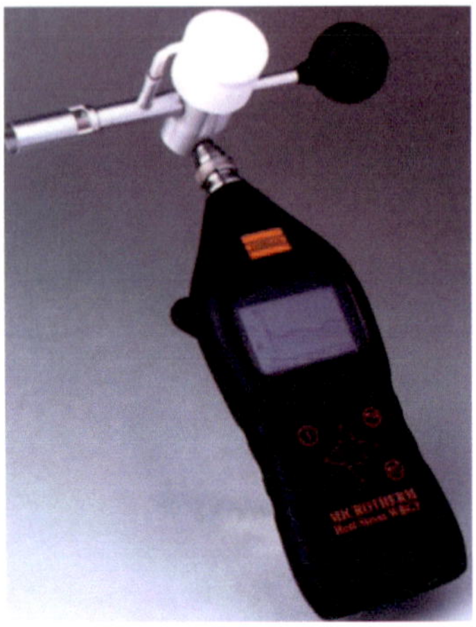

## 5. Evaluación del riesgo de estrés térmico

Evaluar el riesgo de estrés térmico consiste en diagnosticar si la situación de trabajo en estudio puede hacer que un sujeto "normal" supere una temperatura interna de 38°C, que como ya hemos dicho es el límite de seguridad generalmente aceptado. Dadas las graves y rápidas consecuencias de la superación de dicho límite, los métodos de evaluación deberán contar con factores de seguridad más amplios de lo que es habitual en higiene industrial, pues para el resto de los contaminantes de interés en este campo, como también hemos dicho, los efectos pueden ser graves, pero nunca son inmediatos.

En la literatura existen básicamente dos tipos de métodos de evaluación: los que utilizan la evaluación mediante **índices ambientales** y los llamados **racionales**, que se basan en el análisis de los intercambios térmicos entre el hombre y el medio ambiente, es decir, del balance térmico.

### 5.1. Evaluación mediante índices ambientales

Como es obvio y ya hemos señalado, la evaluación de un fenómeno en el que intervienen seis variables independientes (que en nuestro caso son la actividad física, las características del vestido, la temperatura del aire, la humedad del aire, la velocidad del aire y la temperatura radiante media) ha de revestir una complejidad considerable. Por ello, en el siglo pasado, en el que los equipos de medida eran mucho menos asequibles que en la actualidad y, además, no se disponía de ordenadores que facilitaran los cálculos, los expertos procuraron simplificar el problema de la evaluación del estrés térmico intentando minimizar el número de variables ambientales a tener en cuenta. Para ello, se sustituía la medición de las cuatro variables ambientales básicas por la de un número inferior de parámetros derivados de dichas variables básicas: dichos parámetros reciben el nombre de **índices ambientales**.

Se ensayaron multitud de índices ambientales, de los que el que más ha "sobrevivido" es el llamado índice WBGT (*wet bulb globe temperature*), ideado por los médicos de la Marina norteamericana Minard y Yaglou, hacia 1956, con el objetivo de reducir los casos de estrés térmico durante los entrenamientos de los soldados a su cargo. Dicho índice es el que la Norma UNE-EN 27243[1] propone utilizar para una evaluación sencilla del estrés térmico.

El índice WBGT combina la medida de dos parámetros derivados: la **temperatura húmeda natural (THN)** y la **temperatura de globo (TG)** y, en algunas ocasiones, la **temperatura del aire (TA)**.

El valor del índice WBGT en una determinada situación se calcula con las siguientes expresiones:

- En el interior de edificios y exteriores sin carga solar:

$$WBGT = 0{,}7THN + 0{,}3TG \qquad (4)$$

1. UNE-EN 27243 Ambientes calurosos. Estimación del estrés térmico del hombre en el trabajo basado en el índice WBGT.

- En el exterior de edificios con carga solar:

$$WBGT = 0{,}7\,THN + 0{,}2\,TG + 0{,}1\,TA \qquad (5)$$

La temperatura húmeda natural THN es la indicada por un termómetro húmedo **expuesto a la radiación térmica** (es decir, sin apantallar) y alrededor de cuyo bulbo la circulación del aire es **natural** (no forzada). Obsérvese que estas condiciones son distintas de las necesarias para medir la temperatura húmeda cuando se pretende calcular el valor de la humedad del aire; debido a estas diferencias, al resultado obtenido se le denomina **temperatura húmeda natural** para diferenciarlo de la temperatura húmeda ordinaria o psicrométrica.

Un análisis físico elemental pone de manifiesto que la temperatura húmeda natural es una magnitud física cuyo valor depende de la humedad del aire, de la temperatura del aire, de la velocidad del aire y de la temperatura radiante media. Se trata, pues, de un **parámetro derivado**, pues su valor depende de las cuatro variables ambientales básicas.

Por otra parte, si analizamos la expresión (2) dada más arriba para calcular el valor de la temperatura radiante media e imaginamos que en ella pudiéramos despejar el valor de la temperatura de globo, es evidente que el resultado dependería de la temperatura del aire, TA, de la temperatura radiante media, TRM, y de la velocidad del aire, VA. La temperatura de globo es también un **parámetro derivado**, pues su valor depende de tres de las variables básicas.

De ello se deduce que el valor del índice WBGT (que se expresa en grados centígrados, puesto que en esa unidad se miden THN, TG y TA) es también un parámetro derivado que depende de los valores de los cuatro parámetros ambiéntales básicos. A cada punto del espacio le podemos asociar en cada instante un valor del índice WBGT, que representa una medida de la agresividad o **carga térmica ambiental**.

Experimentos realizados por distintos investigadores han puesto de manifiesto que, en muchas de las situaciones reales de trabajo, los valores del índice WBGT se correlacionan aceptablemente bien con la temperatura interna del organismo, por lo que ha sido posible establecer qué valores del índice WBGT corresponden, para cada nivel de actividad física, a situaciones en las que es poco probable que la mayoría de las personas superen una temperatura interna de 38°C. Los valores recomendados en la Norma UNE-EN 27243 se indican en las Figuras 3 y 4, aplicables, respectivamente, a trabajadores aclimatados y no aclimatados.

**Figura 3.** Valores de referencia para personas aclimatadas

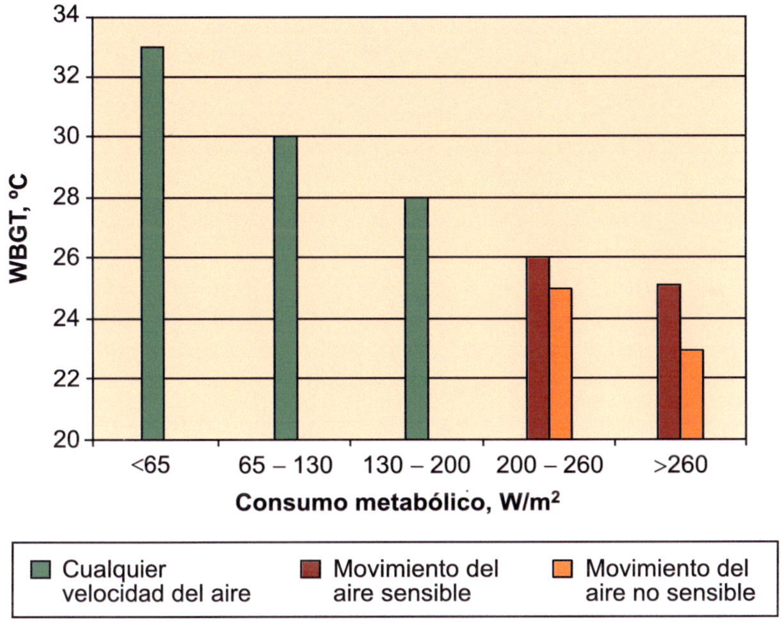


Valores de referencia para personas aclimatadas según la Norma UNE-EN 27243 1993.

**Figura 4.** Valores de referencia para personas no aclimatadas

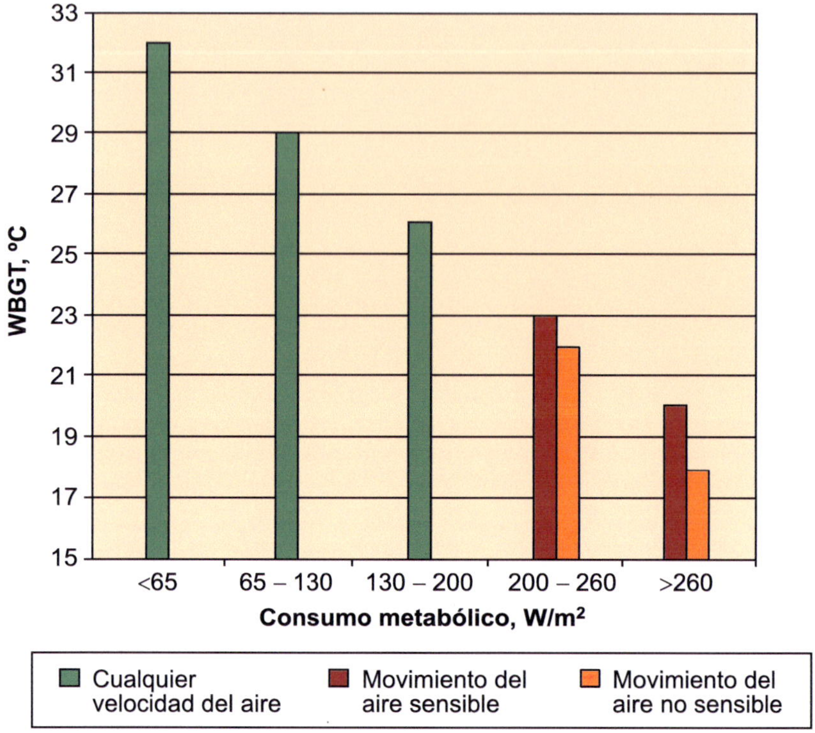


Valores de referencia para personas no aclimatadas según la Norma UNE-EN 27243 1993.

Dichos valores incluyen dos hipótesis importantes:

1) El vestido de las personas es ligero. Se trata del tipo de vestido que **normalmente** usan las personas en situaciones laborales de calor intenso (ropa interior de verano, una camisa de algodón sin mangas y pantalón de algodón o similar). Si por cualquier razón se emplearan vestidos más aislantes, los valores anteriores no serían aplicables.

2) La tarea se desarrolla de manera relativamente continua durante toda o buena parte de la jornada laboral. Si la tarea incluyera descansos durante una fracción apreciable del tiempo de trabajo, los valores admisibles del índice WBGT podrían ser más altos. En el texto de la norma se dan recomendaciones concretas al respecto.

Cuando las condiciones ambientales o la tarea varían a lo largo del tiempo, los valores a emplear para el índice WBGT y el consumo metabólico serían el promedio ponderado en el tiempo de los valores correspondientes a cada período; para la carga térmica metabólica se emplea la fórmula y para el índice WBGT una expresión equivalente:

$$WBGT = \frac{\Sigma\, WBGT_i\, t_i}{\Sigma\, t_i} \tag{6}$$

donde WBGT es el valor promedio ponderado y $WBGT_i$ es el valor del índice WBGT durante el período de duración $t_i$.

Dada la posibilidad de efectos agudos, el valor de $\Sigma\ t_i$ no debe superar una hora. En otras palabras, los valores límite deben respetarse en todas y cada una de las horas de trabajo. Un promedio extendido a un tiempo más largo podría conducir a consecuencias graves si durante alguno de los períodos parciales se produjera una exposición particularmente intensa.

Aunque el método WBGT se considera aceptablemente válido en muchas situaciones, no deben ignorarse algunas limitaciones importantes:

**1)** La estimación de la carga térmica metabólica está sujeta a una imprecisión importante, lo que conduce a una imprecisión paralela en los valores límite para el índice WBGT.

**2)** En algunas situaciones, por ejemplo en condiciones de trabajo ligero en ambientes muy húmedos, los valores del índice WBGT no se correlacionan bien con la temperatura interna o el ritmo cardiaco.

**3)** Los valores límite establecidos en la norma no son apropiados para su empleo en exposiciones intensas de corta duración.

En resumen, el método de evaluación del estrés térmico propuesto en la Norma UNE-EN 27243 es un método sencillo cuya utilidad fundamental es la de discriminar entre situaciones "comprometidas" y aquellas en las que puede descartarse la existencia de riesgo de estrés térmico.

Si el índice WBGT es inferior a 25°C puede prácticamente asegurarse que el riesgo de que los trabajadores vean afectada su salud a causa del estrés térmico es muy pequeño. Si, en cambio, el índice WBGT supera 25°C, es aconsejable recurrir a un método de evaluación de mayor fiabilidad, como, por ejemplo, el índice de estrés térmico, que se explica más adelante.

Si aplicamos el método WBGT para evaluar la situación del soldado S. A., unas condiciones realistas en el momento y lugar de la marcha podrían ser: temperatura del aire, 32°C; temperatura de globo, 40°C; temperatura húmeda natural, 25°C. Puesto que la exposición era al exterior con sol, la fórmula a aplicar era:

$$WBGT = 0{,}7\ THN + 0{,}2\ TG + 0{,}1\ TA = 0{,}7 \cdot 25 + 0{,}2 \cdot 40 + 0{,}1 \cdot 32 = 28{,}7°C$$

El gráfico de la Figura 3 nos muestra que, para la carga térmica metabólica de 198 W/m$^2$ que hemos estimado, el valor límite para trabajadores aclimatados es de 28°C, inferior al medido. No tiene, pues, nada de extraño que el soldado S. A. sufriera un golpe de calor, especialmente porque es posible que no estuviera aclimatado, en cuyo caso el valor límite (ver Figura 4) sería de 26°C, notablemente inferior a los 28,7°C de índice WBGT que hemos calculado.

No debe olvidarse que, aunque el valor numérico del índice WBGT se mida en grados centígrados, **no representa** una temperatura. Se trata de un índice de agresividad térmica. En el caso del soldado S. A., 28,7°C puede no parecer una temperatura muy alta, pero un índice WBGT de 28,7°C representa una agresividad térmica muy alta. Si esta situación se combina con una actividad física intensa, las consecuencias graves son muy probables.

**Ejemplo 3**

En un aeropuerto se controla el equipaje facturado mediante su inspección con escáneres que verifican la presencia de explosivos y otros productos potencialmente peligrosos. Para ello, el equipaje facturado es conducido mediante cintas transportadoras desde los mostradores de facturación hasta la zona de control, donde es cambiado manualmente desde la cinta citada a otra que lo pasa a través del escáner; el trabajo se realiza de pie y puede considerarse moderado con ambos brazos. En el área donde se realizan estas tareas, que llevan a cabo trabajadores experimentados, no existe aire acondicionado, pues está parcialmente abierta al exterior.

Las personas que realizan el cambio de cinta del equipaje, que llevan ropa ligera de verano, se quejan de exceso de calor, por lo que se han realizado en un día particularmente caluroso mediciones ambientales que han arrojado el siguiente resultado:

Temperatura húmeda natural: THN = 26°C

Temperatura de globo: TG = 34°C

Para mitigar la exposición al calor, los trabajadores han acordado con la empresa que cada hora descansarán 10 minutos en una zona con aire acondicionado en la que las condiciones ambientales son:

Temperatura húmeda natural: THN = 23°C

Temperatura de globo: TG = 25°C

Evaluad la exposición empleando el método WBGT y efectuad las recomendaciones oportunas.

**Solución**

Comenzaremos evaluando el consumo metabólico, incluyendo no solo el tiempo de trabajo, sino también el de descanso, durante el cual los trabajadores están sentados. Si consideramos que el trabajo se realiza de pie y es moderado con ambos brazos, tendremos:

| Tarea | Tiempo de dedicación, minutos / hora | Componentes de la tarea | | | Carga térmica metabólica, W/m$^2$ |
|---|---|---|---|---|---|
| | | Postura y movimiento del cuerpo W/m$^2$ | Actividad W/m$^2$ | Metabolism o basal W/m$^2$ | |
| Cambio de cinta del equipaje | 50 | 25 | 85 | 44 | 154 |
| Descanso | 10 | 10 | 0 | 44 | 54 |

La carga térmica metabólica media será, pues:

$M = (50 \cdot 154 + 10 \cdot 54)/60 = 137\ W/m^2$

Por otra parte, de los datos de exposición debemos calcular el valor del índice WBGT en cada una de las dos situaciones. Durante el trabajo tendremos que aplicar la expresión , pues se trata de un local sin carga solar directa:

$$WBGT_1 = 0{,}7 \cdot 26 + 0{,}3 \cdot 34 = 28{,}4°C$$

Y durante el descanso tendremos:

$$WBGT_2 = 0{,}7 \cdot 23 + 0{,}3 \cdot 26 = 23{,}6°C$$

Con lo cual ya podemos calcular el valor promedio ponderado del índice WBGT:

$$WBGT = (50 \cdot 28{,}4 + 10 \cdot 23{,}6)/60 = 27{,}6°C$$

Puesto que el valor obtenido es superior a 25°C, no puede descartarse la posible existencia de riesgo por estrés térmico.

Así pues, se trata de evaluar el riesgo de estrés térmico en el que el índice WBGT medio vale 27,6°C y cuya carga térmica metabólica es de 137 $W/m^2$, siendo ambos valores válidos cada hora de la jornada.

Dado que se trata de trabajadores experimentados, podemos suponer que están aclimatados, en cuyo caso la Figura 3 nos indica que el valor límite para el índice WBGT, según la Norma UNE-EN 27243 para cargas térmicas metabólicas entre 130 y 200 $W/m^2$, es de 28°C.

Puesto que el valor obtenido (27,6°C) es muy próximo a 28, no puede descartarse la existencia de estrés térmico, por lo que debería efectuarse una evaluación más detallada de la situación, empleando, por ejemplo, el método recomendado en la Norma UNE-EN ISO 7933.

## 5.2. Evaluación mediante el análisis de los intercambios térmicos

Los métodos de evaluación del estrés térmico llamados "racionales" se basan en el análisis de la ecuación del balance térmico. Si tomamos la expresión que hemos visto antes:

$$M \pm C \pm R - E = 0$$

podemos reescribirla y tendremos:

$$M \pm C \pm R = E$$

donde E representa la cantidad de calor que debe evaporarse por evaporación para mantener el equilibrio térmico, cantidad que frecuentemente se denomina evaporación requerida y se representa como $E_{req}$.

Ahora bien, como ya hemos dicho, la cantidad de sudor que **puede evaporarse** depende, fundamentalmente, de la humedad y la velocidad del aire, por lo que en cada situación ambiental existe una **evaporación máxima posible**, $E_{max}$.

> Si $E_{req} > E_{max}$ el cuerpo no es capaz de evaporar la cantidad de sudor necesaria para mantener el equilibrio térmico, por lo que acumulará calor; una situación de este tipo solo puede mantenerse durante un tiempo limitado.

En 1955, los científicos norteamericanos Belding y Hatch definieron el **heat stress index** (índice de estrés térmico), HSI, como:

$$HSI = \frac{E_{req}}{E_{max}} \cdot 100$$

En situaciones "límite" en las que la capacidad máxima de evaporación $E_{max}$ coincide exactamente con la evaporación necesaria para mantener el equilibrio térmico $E_{req}$, el índice HSI vale 100. Las situaciones en las que $HSI<100$ serían en principio aceptables, aunque cuando HSI supera 40 es necesario adoptar precauciones.

Cuando $HSI > 100$, la duración de la situación debe ser forzosamente limitada. En sus propuestas originales, Belding y Hatch proponían fórmulas que permitían calcular el tiempo máximo de permanencia en una situación en función de la diferencia entre $E_{req}$ y $E_{max}$.

Obviamente, la aplicabilidad del método de Belding y Hatch está condicionada a que, en cada situación, seamos capaces de calcular los valores de los términos del balance térmico M, C y R, y de $E_{max}$. Ya hemos visto cómo se estima el valor de M, y para el cálculo de los restantes términos están disponibles las fórmulas necesarias en la bibliografía.

Los principios establecidos por Belding y Hatch han sido sometidos posteriormente a mejoras prácticas considerables que desembocaron en la aprobación, en el año 2004, de la Norma ISO 7933, posteriormente incorporada al acervo normalizador europeo y español al año siguiente mediante la Norma UNE-EN ISO 7933 Determinación analítica e interpretación del estrés térmico mediante el cálculo de la sobrecarga térmica estimada.

Aunque una presentación detallada del método va más allá del ámbito de este capítulo, deben señalarse las diferencias conceptuales entre la Norma UNE-EN ISO 7933 y el método de Belding y Hatch:

**1)** Se tiene en cuenta que los sujetos aclimatados sudan en mayor cantidad, más uniformemente y empiezan a sudar antes que los sujetos no aclimatados.

**2)** Se tiene en cuenta que los sujetos no aclimatados sudan de manera menos eficiente, es decir, son incapaces de mojar "toda" su piel, cosa que sí hacen las personas aclimatadas.

**3)** Se tiene en cuenta que el flujo de sudor que una persona es capaz de producir es limitado: como máximo, 1.000 centímetros cúbicos por hora, y en sujetos no aclimatados, un 25% menos.

**4)** Se tiene en cuenta que la cantidad total de sudor producido a lo largo de la jornada no debe superar ciertos límites, para evitar el riesgo de deshidratación.

El método de la Norma UNE-EN ISO 7933 (también llamado de Malchaire en honor de su principal impulsor) no es fácil de implementar, pues los cálculos incluyen iteraciones que requieren el empleo de un ordenador, pero constituye el sistema más fiable actualmente para analizar las situaciones de estrés térmico intenso, en especial aquellas en las que el balance térmico está desequilibrado y, por tanto, es necesario limitar el tiempo de exposición. Es el método de evaluación que es recomendable emplear cuando el índice WBGT supera 25°C.

# 6. Control de los ambientes con riesgo de estrés térmico

Reducir la agresividad térmica de una situación laboral puede lograrse modificando las variables ambientales que la determinan (temperatura del aire, humedad del aire, velocidad del aire y temperatura radiante media) o sobre la intensidad del trabajo físico, pues normalmente sobre el tipo de vestido las posibilidades de actuación son limitadas. Dicha modificación puede lograrse mediante medidas técnicas o a través de actuaciones sobre la organización del trabajo.

## 6.1. Actuación mediante medidas técnicas

Los principios básicos de higiene industrial indican que, para reducir la exposición a un contaminante, las primeras acciones deben dirigirse a su foco de generación. Si aplicamos estos principios al caso que nos ocupa, la primera opción de corrección debe ir dirigida al foco o focos de calor. En algunos casos, una modificación radical del proceso puede eliminar el problema, como es la sustitución del calentamiento en hornos convencionales por hornos de inducción, pero en general deberá acudirse a medios menos expeditivos.

El primero de ellos es el **aislamiento del proceso** generador de calor, es decir, su ubicación en una zona separada o alejada en la que el número de personas ocupadas sea mínimo. Es, por ejemplo, la opción empleada en el caso de las calderas de vapor, que invariablemente se ubican en una zona separada del resto de las instalaciones.

La segunda opción es la **reducción de la emisividad** del foco caliente. Ello puede lograrse pintando su superficie con un material adecuado, como la pintura aluminizada, cuya emisividad es muy baja, o recubriéndolo con chapa de aluminio. A igualdad de temperatura superficial, la radiación emitida es proporcional a la emisividad del material; si se reduce esta, se reduce también el calor emitido por radiación. Una ventaja adicional de la reducción de la emisividad es el ahorro de energía que representa, pues el equipo pierde menos calor por radiación. La reducción de la emisividad no modifica la temperatura de la superficie y, por tanto, no reduce la transmisión de calor al ambiente por **convección**.

Normalmente, la reducción del calor radiante emitido es mucho más efectiva si el foco de calor se recubre de un material **aislante térmico** y sobre este se coloca un recubrimiento de baja emisividad.

Es, por ejemplo, la técnica universalmente empleada para reducir las pérdidas de calor en las tuberías que transportan fluidos a temperaturas elevadas, como el vapor de agua.

El empleo de aislamiento reduce la temperatura superficial del objeto aislado y, por tanto, reduce el intercambio térmico por convección. La reducción de la emisión de calor en este caso es doble, pues se reduce tanto el calor emitido por convección como por radiación.

Agotadas las posibilidades de actuación sobre el foco de contaminante para reducir la cantidad emitida de aquel, la tercera opción que indican los principios de la higiene industrial es la **extracción localizada**. Es habitual que los focos calientes dispongan de campanas de extracción localizada situadas sobre ellos, de manera que el aire caliente que generan sea expulsado directamente al exterior; en ocasiones, el propio movimiento ascensional del aire caliente es suficiente para dirigirlo al exterior, si bien en otros casos es necesario el empleo de ventiladores. Aunque por este medio puede eliminarse una proporción importante del calor que el foco emite por convección, la ventilación no tiene ningún efecto sobre el calor emitido por radiación, que debe controlarse por otros medios.

Los principios de higiene industrial indican que el paso siguiente (cuarta opción) debe ser la actuación sobre el medio ambiente a través del cual se difunde el contaminante. En este caso, la opción más adecuada es el **apantallamiento** de la radiación emitida por el foco de calor. El apantallamiento es una forma muy efectiva de reducir la carga térmica ambiental que recibe el trabajador, y puede lograrse mediante pantallas reflectantes, absorbentes, transparentes y flexibles.

Las **pantallas reflectantes** están construidas de paneles de aluminio, acero inoxidable u otros materiales metálicos de superficie brillante. El aluminio tiene la ventaja de su alta capacidad de reflexión, que puede alcanzar el 85-95% de la radiación térmica recibida. En su construcción y empleo, deben tenerse en cuenta ciertas precauciones. En primer lugar, el efecto de reflexión es superficial, por lo que el material reflectante debe quedar a la vista, no "embebido" en otros materiales, y no debe ser pintado ni barnizado. En segundo lugar, debe ponerse cuidado en mantener la superficie de la pantalla libre de aceites, grasas y suciedades diversas, lo cual disminuiría la capacidad reflectante. A estos efectos, si el material es corrugado, debe instalarse de manera que la corrugación esté en posición vertical, a fin de minimizar el ensuciamiento.

Las **pantallas absorbentes** tienen como objetivo absorber la radiación térmica que reciben; para ello, se construyen con dos o tres hojas metálicas pintadas de negro mate y separadas entre sí algunos centímetros. Por el lado opuesto al foco radiante, deben construirse de aluminio para minimizar su emisividad. Debe tenerse en cuenta que el calor absorbido pasará al aire por convección, a menos que se adopten medidas para refrigerar la pantalla, mediante circulación de agua o otros medios.

Cuando es necesario que la pantalla no limite la visibilidad, pueden emplearse **pantallas transparentes** que se construyen en vidrio especial, absorbente de la radiación térmica. También se recurre a veces a pantallas de tela metálica, que pueden contribuir a mitigar el problema.

Finalmente, puede recurrirse a las **pantallas flexibles**, construidas con materiales parecidos a los que se emplean para la fabricación de prendas de protección personal aluminizadas. Su capacidad reflectante es importante y tiene la ventaja de que pueden ser desplazadas con facilidad, lo que puede ser necesario en ciertas situaciones.

La quinta opción para reducir el problema mediante medidas técnicas es el recurso a la **ventilación general**. Un medio habitual para reducir la carga térmica ambiental es recurrir a la ventilación general. Aunque gran parte de la carga térmica tenga su origen en la emisión de radiación térmica, esta incide sobre el resto de los paramentos del local, que reemiten por radiación parte del calor recibido y transfieren el resto al aire, por convección. El aire del local es, pues, el "almacén" último del calor y su renovación contribuye a reducir la temperatura del local. Por ello, la ventilación general es un elemento sustancial de la estrategia de control del ambiente térmico, lo cual debe tenerse en cuenta a los efectos de la aportación controlada de aire fresco del exterior y de su distribución por el interior del local. Si la cantidad de aire introducida es insuficiente y/o la ubicación de los puntos de entrada no es adecuada, su efecto refrigerante es posible que sea insuficiente en distintos puntos del local.

La sexta opción de control mediante medidas técnicas es la actuación en el propio puesto de trabajo, en el cual pueden aplicarse medidas de **enfriamiento**

**localizado** cuando las actuaciones sobre las fuentes de calor o sobre el medio ambiente del local no sean suficientes. Esta acción localizada puede realizar dos funciones, según cuál sea la magnitud relativa del calor recibido por convección y por radiación.

Si la carga térmica ambiental es primariamente convectiva (lo que ocurrirá cuando la temperatura del aire en el puesto de trabajo sea muy elevada), la aportación de un chorro de aire a menor temperatura producirá un alivio importante siempre y cuando se evite que llegue al puesto de trabajo sin mezclarse con el aire circundante.

Si la carga térmica ambiental es primariamente radiante, el chorro de aire aportado deberá ser notablemente más frío que en el caso anterior, pues debe lograr que el trabajador pierda calor por convección para compensar la fuerte carga radiante.

Como se ha analizado anteriormente, las variables ambientales relacionadas con el **intercambio por convección** son la temperatura del aire y la velocidad del mismo. Cuando la temperatura del aire es superior a la temperatura media de la piel (unos 35°C), el cuerpo gana calor por convección, y cuando es inferior, lo pierde. Puesto que el aumento de la velocidad del aire aumenta la cantidad de calor transmitido por convección (sea este ganado o perdido por el cuerpo), cuando la temperatura del aire sea inferior a la de la piel, aumentar la velocidad de aire contribuirá en cualquier caso a refrigerar el cuerpo.

Cuando la temperatura del aire es superior a la del cuerpo, en primer lugar debe intentarse reducir la temperatura del aire, bien sea aportando aire exterior más frío o por otros medios. Si ello no es posible, aumentar la velocidad del aire aumentaría la cantidad de calor ganada por convección, por lo que la velocidad del aire debe mantenerse baja, pero sin llegar a dificultar la evaporación del sudor.

Para aumentar la cantidad de calor eliminado por **evaporación**, hay dos posibilidades: aumentar la velocidad del aire y reducir la humedad. Aumentar la velocidad del aire es fácil, empleando ventiladores, y su efecto es siempre favorable hasta alcanzar valores del orden de 2,5 m/s, por encima de los cuales la mejora es poco apreciable. Reducir la humedad del aire suele ser más complicado, pero en ciertos casos es posible lograr mejoras controlando las emisiones de vapor al ambiente que se producen desde el propio proceso; si estas emisiones se reducen o se conducen directamente al exterior, la humedad ambiental se reduce, favoreciendo la evaporación del sudor.

Siguiendo los principios preventivos, la última opción es el recurso de la **protección individual**. Los vestidos, y en particular los vestidos de protección, pueden tener un efecto adverso sobre el organismo, pues su efecto aislante puede dificultar los intercambios necesarios para refrigerar el cuerpo. Especialmente, los vestidos impermeables impiden la eliminación del calor y el uso de ese tipo de vestidos puede presentar riesgos si se desarrolla una actividad física intensa a temperaturas de tan solo 21°C, sobre todo si el trabajador no está aclimatado o tiene alguna contraindicación personal para el trabajo en ambientes cálidos.

La ropa, y en particular las ropas de protección, pueden contribuir a aumentar el calor acumulado en el cuerpo si su capacidad aislante es elevada. Las ropas de protección que se emplean para evitar las quemaduras por contacto con superficies calientes o con metal fundido pueden ser contraindicadas desde el punto de vista del estrés térmico, en cuyo caso su empleo debería ser supervisado y limitado en el tiempo. Si es necesaria una utilización continua de la ropa de protección, puede ser necesario recurrir a vestidos especiales equipados con medios de refrigeración, tales como circulación de aire, circulación de líquidos fríos, bolsas de hielo y, más modernamente, bolsas de otros materiales líquidos, como el tetradecano, que funde a 10°C y no produce una sensación tan fría sobre la piel como el hielo y, además, es más fácil de congelar.

La Comisión Europea, en su 7.° Programa Marco de Investigación, ha aprobado el **Proyecto Prospie**, orientado al diseño de nuevos equipos de protección individual frente al calor, en particular los equipos que incorporan sistemas de enfriamiento. El proyecto comenzó su andadura a principios del año 2010 y tiene una duración prevista de tres años. Sus progresos pueden seguirse en su página web: http://www.prospie.eu/.

También pueden utilizarse ropas de protección aluminizadas, especialmente en ambientes con una radiación térmica muy elevada. Este tipo de protecciones son muy adecuadas cuando la radiación se concentra en la parte delantera del cuerpo, como por ejemplo cuando se está inspeccionando un horno; en tales casos, es posible que la ropa cubra solo la parte delantera del cuerpo, con lo que la parte posterior del mismo puede seguir evaporando sudor en abundancia. Si, en cambio, es necesario que el vestido recubra todo el cuerpo, podrían producirse limitaciones excesivas en la evaporación.

## 6.2. Actuaciones sobre la organización del trabajo

Existen muchas situaciones en las que la aplicación de medidas de control sobre las condiciones ambientales es imposible o insuficiente para reducir el estrés térmico hasta niveles aceptables, bien sea porque la situación es impredecible (como en las olas de calor, por ejemplo) o por razones inherentes al propio proceso productivo. En tales casos, es preciso recurrir a la adopción de medidas de organización del trabajo. Estas medidas pueden ser de cinco clases: limitación del tiempo o la temperatura de trabajo; reducción de la carga térmica metabólica; aumentar la tolerancia al calor; formación en salud y seguridad; selección de personal.

**a) Limitación del tiempo o la temperatura de trabajo**: existen varias formas de controlar el tiempo de exposición y/o las condiciones térmicas en las que se realiza la tarea:

- Cuando sea posible, haga que las tareas con mayor exposición al calor se realicen en las horas menos calurosas del día (a primera hora de la mañana o por la noche).
- Planifique las operaciones de mantenimiento rutinarias en las áreas con mayor exposición al calor para las épocas menos calurosas del año.
- Modifique la distribución de descansos en la jornada, aumentando el tiempo de los mismos.
- Disponga zonas "frescas" para el descanso.
- Aumente el personal disponible, a fin de reducir el tiempo de exposición de cada individuo.
- Dé libertad a los trabajadores para que interrumpan su tarea si se sienten extremadamente inconfortables.
- Promueva el aumento de la ingestión de agua de los trabajadores durante el trabajo.

- Cuando sea posible, y a fin de reducir el número de personas expuestas, planifique el trabajo de manera que las operaciones "calientes" no se realicen al mismo tiempo y en las mismas zonas donde otros trabajadores vayan a realizar otros trabajos que, en sí mismos, no exigen exposición importante al calor.

**b) Reducción de la carga térmica metabólica**: en la mayor parte de las situaciones de trabajo con riesgo de estrés térmico, la carga térmica metabólica no es el componente principal de la carga térmica total; sin embargo, representa una solicitación adicional sobre los sistemas de control del organismo y puede ser la "gota que desborde el vaso". La carga térmica metabólica puede ser reducida mediante:

- Mecanización del trabajo para reducir el esfuerzo físico.
- Reducción del tiempo efectivo de trabajo (reducción de la jornada, aumento de los tiempos de descanso, restringir las posibilidades de doblar el turno).
- Aumento de la plantilla.

**c) Reforzar la tolerancia al calor**: estimular los mecanismos naturales de adaptación al calor puede incrementar, significativamente, la capacidad para tolerar el trabajo en ambientes calurosos. Debe tenerse en cuenta, sin embargo, que las diferencias individuales en la capacidad de las personas para adaptarse al calor son importantes y deben ser tenidas en cuenta con respecto a cualquier grupo de trabajadores.

- Un programa de aclimatación al calor bien diseñado puede aumentar mucho la capacidad de los trabajadores para desarrollar su tarea en un ambiente caluroso, disminuyendo el riesgo de efectos negativos sobre la salud. La aclimatación puede lograrse en un período de entre cinco y siete días de exposición al ambiente caluroso. Según las recomendaciones del Nacional Institute for Occupational Safety and Health (Instituto Nacional de Seguridad y Salud norteamericano), para trabajadores que ya han desarrollado su trabajo en condiciones parecidas, el régimen de aclimatación debería ser de un 50% de la jornada el primer día, un 60% el segundo día, un 80% el tercer día y un 100% el cuarto día. Para nuevos trabajadores, debe empezarse con un 20% el primer día y añadirse un 20% adicional cada día hasta llegar al 100% el quinto día.

- Encontrarse en un buen estado físico general refuerza la tolerancia al calor (pero no sustituye al proceso de aclimatación al calor) tanto para trabajadores aclimatados como no aclimatados. El tiempo necesario para desarrollar la aclimatación en trabajadores que no estén en buena forma física es, aproximadamente, el 50% superior al de los que lo están.

Para mejorar la tolerancia al calor y prevenir cualquier clase de efecto nocivo, es necesario garantizar que el agua perdida por el sudor y la orina es reemplazada adecuadamente cada hora, poniendo a disposición de los trabajadores agua abundante en condiciones adecuadas y estimulándoles a beberla sin restricciones.

- El balance salino de los fluidos corporales debe mantenerse a fin de evitar los molestos calambres por calor. Para trabajadores no aclimatados que pudieran estar siguiendo una dieta sin sal, durante los dos primeros días de exposición es aconsejable, bajo control médico, salar adicionalmente la comida a fin de reponer la sal perdida con el sudor. Puesto que los trabajadores aclimatados pierden mucha menos sal (su sudor es menos salado), para ellos no suele ser necesario salar adicionalmente la comida.

**d) Formación en seguridad y salud**: la prevención de las graves secuelas que pueden derivarse de algunas de las consecuencias de la exposición al calor, especialmente del golpe de calor, depende mucho de una identificación precoz de sus signos y síntomas y de la iniciación de las actuaciones encaminadas a la recuperación tan pronto como se detecte el problema.

Los supervisores y otras personas responsables deberían ser formadas en la identificación de los signos y síntomas de las distintas afecciones que puede provocar la exposición intensa al calor, por ejemplo los calambres por calor, el desfallecimiento por calor y, especialmente, del golpe de calor, y en la administración de primeros auxilios.

- Todo el personal expuesto al calor debería recibir una formación básica sobre las causas y la identificación de las distintas afectaciones que pueden producirse, y sobre los comportamientos personales que pueden minimizar la probabilidad de que ocurran.
- Todo el personal que utilice vestidos de protección y equipos de protección individual debe ser instruido acerca de su uso correcto.
- Todo el personal que trabaja en áreas con exposición intensa al calor debe ser instruido acerca de los efectos de ciertos factores no laborales (medicamentos, alcohol, obesidad, etc.) sobre la tolerancia al estrés térmico.
- Debe organizarse un sistema de vigilancia mutua de los trabajadores para detectar síntomas precoces de afectación en sus compañeros. A cada trabajador que forme parte del equipo de vigilancia, incluidos los supervisores, se le debe asignar la responsabilidad de observar, a intervalos regulares, a uno o más compañeros para determinar si presenta algún síntoma de afectación debida al calor. Si un trabajador presenta signos o síntomas que pueden ser indicativos de que empieza a estar afectado por el calor, debe trasladársele a un puesto de primeros auxilios para una evaluación completa de su estado a fin de iniciar, si es necesario, las maniobras necesarias para su recuperación. Deben estar previstos los medios necesarios para el traslado urgente a un centro hospitalario, si ello fuese necesario.

e) **Selección del personal**: la capacidad para tolerar una exposición intensa al calor varía ampliamente entre los individuos de un grupo de personas sanas con historias de exposición similares.

Una forma de reducir el riesgo de que se produzcan daños a la salud como consecuencia de la exposición al calor es reducir o eliminar la exposición de los individuos menos tolerantes al calor. A este fin, y teniendo en cuenta que un reconocimiento médico debe considerarse absolutamente imprescindible antes del comienzo de la exposición, algunas características generales pueden servir de orientación.

Los individuos obesos o que no están "en forma" es más probable que experimenten problemas a consecuencia de una exposición intensa al calor. El buen estado físico hace que las personas toleren mejor el calor porque tienen un mayor volumen sanguíneo y más capacidad cardiovascular, lo que les permite hacer frente con mayor eficacia, por ejemplo, a las necesidades simultáneas de bombeo de sangre hacia los músculos que han de realizar un esfuerzo y hacia la piel para disipar el calor.

El tamaño del cuerpo es también un factor a tener en cuenta. Cuanto mayor es el cuerpo de la persona, mayor es la energía necesaria para realizar una tarea determinada y por tanto mayor la producción metabólica de calor, particularmente en aquellas actividades en las que hay que soportar el peso del cuerpo, como andar. Además, cuanto mayor es el cuerpo, más pequeña es la relación superficie/volumen, lo que dificulta la eliminación del calor y alarga el tiempo de recuperación necesario después de una exposición.

Muchos medicamentos y drogas sociales (como el alcohol) pueden tener un impacto en la tolerancia al calor. Un fin de semana con una ingesta grande de alcohol puede dejar a una persona peligrosamente deshidratada. Algunos medicamentos, como los betabloqueantes que se emplean para controlar el ritmo cardiaco, pueden reducir notablemente la tolerancia al trabajo intenso en ambientes muy cálidos.

En general cualquier enfermedad, incluso pasajera, como un resfriado, puede disminuir notablemente la tolerancia al calor, en especial si produce fiebre, por lo que es absolutamente desaconsejable que las personas enfermas se expongan a situaciones laborales con exposición intensa al calor.

## 7. Evaluación del riesgo de estrés por frío

Una aproximación sistemática a la evaluación y control de los riesgos asociados a la exposición laboral al frío puede realizarse siguiendo lo recomendado por la Norma **UNE-EN ISO 15265**,[1] que propone una estrategia progresiva basada en la idea de resolver los problemas con métodos tan sencillos como sea posible, reservando las metodologías complejas de evaluación y corrección a aquellas situaciones en las que las aproximaciones simples no son eficaces. La estrategia propuesta en la Norma ISO 15265 se organiza en tres niveles: fase de observación, fase especializada y fase de experto.

1. **UNE-EN ISO 15265** Ergonomía del ambiente térmico. Estrategia de evaluación del riesgo para la prevención del estrés o incomodidad en condiciones de trabajo térmicas.

## 7.1. Fase de observación

Muchos problemas relacionados con la exposición al frío son obvios y, por tanto, fáciles de identificar; los propios trabajadores habituados a trabajar en esas condiciones pueden aportar recomendaciones útiles para resolver problemas específicos.

Asociar a los trabajadores a la solución de los problemas tiene la ventaja añadida de que su compromiso en el empleo de las medidas adoptadas aumenta considerablemente.

Las acciones en el primer nivel de actuación son simples observaciones llevadas a cabo de una manera sistemática: una plantilla de observación en la que se contemplen los posibles problemas principales (temperatura del aire, contacto con superficies frías, contacto con líquidos fríos, idoneidad de las protecciones individuales, presencia de viento, etc.). La Norma **UNE-EN ISO 15743**[1] incluye una completa lista de chequeo que puede ser de utilidad para esta fase. Una lista de chequeo de este tipo puede ser utilizada eficazmente por los supervisores tras una breve formación sobre los efectos del frío en el ser humano. Cada uno de los factores de la lista es observado y clasificado en uno de los tres siguientes niveles:

- Sin problemas: las condiciones son aceptables y no son necesarias acciones preventivas.
- Problema leve: se encuentran problemas de frío que dan lugar a condiciones de trabajo degradadas; sin embargo, los efectos se consideran entre ligeros y moderados y no se precisan acciones correctoras inmediatas.
- Problema grave: para preservar la salud y la seguridad de los trabajadores, el problema requiere una acción inmediata.

1. UNE-EN ISO 15743 Ergonomía del ambiente térmico. Lugares de trabajo con frío. Evaluación y gestión de riesgos.

## 7.2. Fase especializada

Cuando los problemas son complejos o su solución es costosa, pude requerirse la intervención de un especialista a fin de realizar una evaluación más detallada. Algunos de los problemas pueden requerir la realización de mediciones para conseguir una mayor exactitud en el resultado. A la hora de llevar a cabo adecuadamente las tareas de esta fase, se dispone de un amplio conjunto de normas ISO que aportan varias metodologías estandarizadas y universalmente aceptadas por los especialistas (ver Figura 5).

**Figura 5.** Normas ISO relacionadas con la evaluación de la exposición al frío

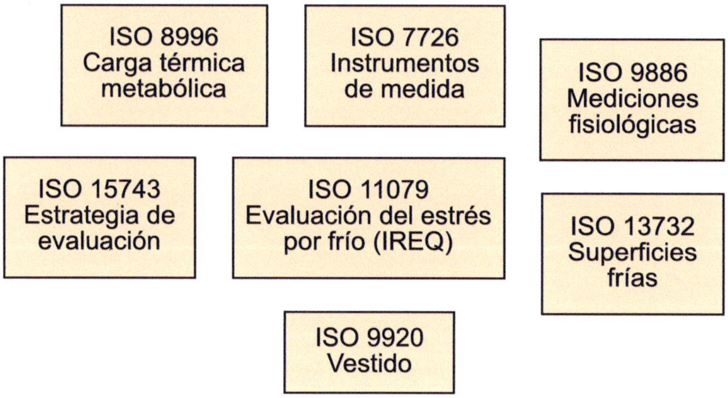


La Norma **UNE-EN ISO 11079**[1] es la referencia a seguir para la evaluación del riesgo por exposición laboral al frío, en sus dos posibles vertientes: enfriamiento global del cuerpo y enfriamiento localizado.

El método propuesto por la Norma UNE-EN ISO 11079 para la evaluación del riesgo de **enfriamiento global del cuerpo** se basa en el cálculo del aislamiento necesario del vestido para que el balance térmico se mantenga equilibrado. Para su aplicación, al igual que en el caso del estrés térmico, es preciso medir las cuatro variables ambientales que definen la calidad térmica del ambiente: temperatura, velocidad y humedad del aire, y temperatura radiante media. Sin embargo,

1. UNE-EN ISO 11079 Ergonomía del ambiente térmico. Determinación e interpretación del estrés debido al frío empleando el aislamiento requerido de la ropa (IREQ) y los efectos del enfriamiento local.

en las situaciones de frío las variables cuyos valores son más decisivos en la determinación del riesgo son la temperatura y la velocidad del aire (incluido, en su caso, el efecto del movimiento del cuerpo), pues la temperatura radiante media suele diferir poco de la temperatura del aire (salvo que se trabaje al sol) y la humedad del aire suele ser elevada y puede adoptarse para ella un valor del 85%.

Conocidos los datos ambientales, y estimada la carga térmica metabólica de la forma que ya hemos visto, la metodología propuesta en la Norma UNE-EN ISO 11079 permite calcular el aislamiento mínimo que debe proporcionar el vestido (IREQ, *insulation required*, aislamiento requerido) para que la temperatura del cuerpo no descienda más de 1°C. El procedimiento permite, también, calcular el aislamiento del vestido necesario para que la temperatura del cuerpo se mantenga estable y el tiempo máximo de permanencia en una situación si el aislamiento real del vestido es inferior al necesario para la estabilidad de la temperatura del cuerpo.

En la siguiente dirección web http://www.eat.lth.se/termisk_miljoe/english/tools/ está disponible un programa que realiza los cálculos. En todo caso, antes de utilizar dicho programa es recomendable una lectura en profundidad del texto de la norma.

El **enfriamiento localizado** puede producirse básicamente de dos maneras: por contacto con superficies frías y por efecto del viento.

Para evaluar el **efecto del viento** en el enfriamiento de las partes descubiertas del cuerpo, la Norma UNE-EN ISO 11079 recomienda emplear la temperatura de enfriamiento por el viento , que se define como la temperatura ambiente que, para un viento de 4,2 km/h, produce el mismo poder refrigerante que las condiciones ambiéntales reales. La temperatura de enfriamiento por el viento $T_{wc}$ se determina (en °C) por la ecuación siguiente:

$$T_{wc} = 13{,}12 + 0{,}6215 \cdot TA - 11{,}37 \cdot (v_{10})^{0{,}16} + 0{,}3965 \cdot TA(v_{10})^{0{,}16} \quad (7)$$

donde $v_{10}$ es la velocidad del aire en km/h medida a 10 m sobre el nivel del suelo y TA la temperatura del aire en °C. Si la velocidad del aire se determina a nivel del suelo debe tenerse en cuenta que $v_{10}$ vale 1,5 veces dicho valor.

La Tabla 3 relaciona los valores de $T_{wc}$ con los efectos en las partes descubiertas del cuerpo, según la Norma UNE-EN ISO 11079.

**Tabla 3.** Efectos de la exposición al frío según el valor de la temperatura de enfriamiento por el viento, °C

| Temperatura de enfriamiento por el viento, °C | Efectos sobre las partes del cuerpo expuestas |
|---|---|
| –10 a –24 | Frío molesto |
| –25 a –34 | Riesgo de congelación de la piel |
| –34 a –59 | Riesgo de congelación profunda en 10 minutos |
| < –60 | Riesgo de congelación en 2 minutos |

El **contacto con superficies frías** puede provocar grandes caídas de temperatura en las partes del cuerpo afectadas; los efectos son función de la temperatura de la superficie y del material del que está constituida esta; materiales que conducen bien el calor, como los metales, producen un enfriamiento mucho más rápido que aquellos que, como la madera, tienen una conductividad térmica baja. Así, la mano desnuda siente dolor a los 100 segundos en contacto con acero a -6°C, y en contacto con madera a -45°C.

Como criterio general, la Norma UNE-EN ISO 11079 recomienda que la temperatura de los dedos de la mano debe ser superior a 24°C, con el objetivo de mantener una destreza aceptable, cuya disminución puede aumentar el riesgo de accidentes.

La Norma **UNE-EN ISO 13732-3**[1] proporciona información detallada sobre las temperaturas de los distintos materiales y los tiempos máximos de contacto en relación con tres posibles efectos: sensación de dolor, entumecimiento y congelación.

## 7.3. Fase de expertos

Cuando la situación no se ajusta a las contempladas por los métodos anteriores, puede ser necesario recurrir a un experto. Ello puede ocurrir, por ejemplo, cuando

1. UNE-EN ISO 13732-3 Ergonomía del ambiente térmico. Métodos para la evaluación de la respuesta humana al contacto con superficies. Parte 3: superficies frías.

las condiciones de trabajo son extremadamente variables en el tiempo, trabajo cuando nieva, o utilización de equipos especiales de protección individual.

La intervención del experto es también necesaria para la organización de la vigilancia de la salud de los trabajadores expuestos al frío, pues esta puede agravar problemas de salud preexistentes, como hipertensión, angina de pecho y asma, entre otras. Las normas **UNE-EN ISO 12894**[1] y **UNE-EN ISO 15743** tratan de los aspectos médicos de la exposición al frío.

## 8. Control de los ambientes con riesgo de estrés por frío

El control de las situaciones con riesgo de estrés por frío debe establecerse adoptando medidas en tres direcciones complementarias: la selección de personal, las medidas técnicas y las medidas organizativas.

### 8.1. Selección de personal

Aunque no se conoce con detalle cuáles son las condiciones individuales que son contraindicadas para el trabajo en ambientes fríos, los especialistas suelen mostrar un cierto grado de acuerdo acerca de las patologías que deben controlarse. La British Refrigerated Food Industry Confederation (Confederación Británica de la Industria de Alimentos Refrigerados) considera las siguientes: problemas circulatorios o cardiacos; diabetes; problemas de tiroides; enfermedades de la sangre, de los riñones o del sistema urinario; artritis y enfermedades de los huesos; cualquier infección, en particular de oído, nariz o garganta; problemas pulmonares o asma; problemas psicológicos o neurológicos; problemas gástricos crónicos. Información adicional sobre este tema puede encontrarse en la Norma UNE-EN ISO 12894.

---

1. UNE-EN ISO 12894 Ergonomía del ambiente térmico. Vigilancia médica de las personas expuestas a ambientes cálidos o fríos extremos.

UNE-EN ISO 15743 Ergonomía del ambiente térmico. Lugares de trabajo con frío. Evaluación y gestión de riesgos.

## 8.2. Medidas técnicas

Puesto que uno de los factores más críticos en la producción de estrés por frío es el movimiento del aire, cualquier medio de reducir la velocidad del aire debe considerarse apropiado. Las dos soluciones más habituales son el empleo de barreras antiviento y los refugios. Las barreras antiviento pueden ser efectivas tanto en trabajos en el exterior como en cámaras frigoríficas y similares. La provisión de refugios equipados con bebidas calientes y una temperatura confortable en los cuales puedan recogerse los trabajadores es una medida esencial. Otras medidas a tener en cuenta son:

A temperaturas por debajo de 0°C, los asideros de metal deben estar recubiertos de material aislante. Deben evitarse las herramientas de metal, en la medida de lo posible.

- A fin de reducir la sudoración, deben emplearse ayudas mecánicas que eviten la manutención manual de cargas.
- Las máquinas o herramientas deben ser diseñadas de manera que, para su manejo, no sea necesario quitarse los guantes.
- Los puestos de trabajo deben diseñarse de manera que los trabajadores no deban permanecer sentados o quietos de pie durante largos periodos en condiciones de frío.
- En los recintos cerrados fríos, debe reducirse la velocidad del aire a menos de 1 m/s cuando los trabajadores deban permanecer en su interior.

## 8.3. Medidas de organización del trabajo

La primera medida a adoptar es el control regular de las condiciones térmicas ambientales. La American Conference or Governmental Industrial Hygienists recomienda que, en ambientes interiores, si la temperatura del aire baja de –1°C, se proceda a medirla cada cuatro horas, al igual que la velocidad del aire si excede de 2 m/s. Lo mismo se recomienda en trabajos en el exterior a temperaturas por debajo de –1°C, cualquiera que sea la velocidad del aire.

Como en toda exposición de las que son objeto de estudio en higiene industrial, una medida preventiva importante es la limitación del tiempo de exposición; este principio es obviamente aplicable en situaciones de exposición a frío intenso y, en ciertos casos, puede estar regulado legalmente (ved el anexo).

Por debajo de 4°C debe usarse ropa de protección contra el frío, seleccionada atendiendo a las condiciones ambientales y al tipo de tarea a realizar. La ropa debe constar de múltiples capas, que proporcionan mayor protección que una sola prenda gruesa; el empleo de varias capas de ropa permite, además, añadir o quitar capas según las circunstancias. La capa interior debe no solo ser aislante, sino "absorber" rápidamente el sudor producido, para mantener la piel seca. La ropa debe mantenerse limpia, pues la suciedad reduce el aislamiento. Para trabajo ligero, deben emplearse guantes por debajo de 4°C. Si el trabajo es de intensidad moderada, los guantes pueden no ser necesarios hasta -7°C.

Medidas complementarias de las anteriores son: la formación de los trabajadores sobre los riesgos y las medidas preventivas del trabajo en ambientes fríos, incluyendo la necesidad de que notifiquen cualquier tipo de enfermedad que sufran o medicación que deban tomar; la observación mutua de los trabajadores para detectar cualquier efecto del frío en un compañero; y el mantenimiento de ritmos de trabajo no demasiado intensos a fin de evitar la sudoración intensa, especialmente a temperaturas por debajo de -12°C.

## 9. Aspectos legales

En España, la norma fundamental sobre las condiciones térmicas de los lugares de trabajo es el Real decreto 486/1997, de 14 de abril, sobre disposiciones mínimas de seguridad y salud en los lugares de trabajo, en particular lo dispuesto en el artículo 7 y el anexo III. En dicho artículo, se establece que

> "la exposición a las condiciones ambientales de los lugares de trabajo no deberá suponer un riesgo para la seguridad y la salud", pero en el citado anexo III, punto 2, se matiza que "en la medida de lo posible, las condiciones ambientales de los lugares de trabajo no deben constituir una fuente de incomodidad o molestia para los trabajadores".

La ausencia de riesgo es pues obligatoria, mientras que el confort debe alcanzarse "en la medida de lo posible".

Por tal motivo, el punto 3 del anexo III establece unos márgenes de temperatura que, en sus valores extremos, representan situaciones en las que la mayoría de las personas se sentirán poco confortables, pero que no representan ningún riesgo para la salud. Dichos límites son:

**a)** Para trabajos sedentarios en locales propios de oficinas y similares, entre 17 y 27°C.

**b)** Para trabajos ligeros, entre 14 y 25°C.

Se limitan también: la humedad relativa, que deberá estar comprendida entre el 30% y el 70%, salvo donde haya riesgos de electricidad estática, que deberá ser superior al 50%, y la velocidad del aire, que no deberá exceder "de forma frecuente o continuada" 0,25 m/s en trabajos en ambientes no calurosos, 0,5 m/s en trabajos sedentarios en ambientes no calurosos y 0,75 m/s en trabajos no sedentarios en ambientes calurosos.

Además, el punto 4 del anexo III relativiza aún más la obligatoriedad de los valores citados al establecer que

> "a efectos de la aplicación [de los límites anteriores] deberán tenerse en cuenta las limitaciones o condicionantes que puedan imponer, en cada caso, las características particulares del propio lugar de trabajo, de los procesos y operaciones que se realicen en él y del clima de la zona en la que esté ubicado".

En resumen, la legislación laboral obliga a que las condiciones ambientales no generen riesgo para la salud, pero no obliga en absoluto a que el ambiente de trabajo sea **confortable**. La razón de esta postura es clara: la protección de la salud es un derecho de los trabajadores, por lo que no debe haber riesgo para la misma. En cambio, la sensación de confort está básicamente relacionada con la productividad y, por eso, se deja en gran medida al libre albedrío del empresario la decisión sobre el nivel de confort a alcanzar.

Desde el punto de vista de la eficiencia energética, debe respetarse también, en los casos en los que es de aplicación, el Reglamento de Instalaciones Térmicas en Edificios (RITE) aprobado por el Real decreto 1027/2007, de 20 de julio, y modificado posteriormente por el Real decreto 1826/2009, de 27 de noviembre.

El RITE es de aplicación a las instalaciones térmicas en los edificios de nueva construcción y a las instalaciones térmicas en los edificios construidos, en lo relativo a su reforma, mantenimiento, uso e inspección, con las limitaciones que en el mismo se determinan. Ahora bien, la modificación del año 2009, específicamente encaminada a establecer nuevos límites de temperatura obligatorios en los edificios, establece que dichos nuevos límites serán de aplicación a todos los edificios de uso administrativo, comercial y de pública concurrencia, que deberán respetar los siguientes valores:

a) La temperatura del aire en los recintos calefactados no será superior a 21 °C, cuando para ello se requiera consumo de energía convencional para la generación de calor por parte del sistema de calefacción.

b) La temperatura del aire en los recintos refrigerados no será inferior a 26 °C, cuando para ello se requiera consumo de energía convencional para la generación de frío por parte del sistema de refrigeración.

c) Las condiciones de temperatura anteriores estarán referidas al mantenimiento de una humedad relativa comprendida entre el 30% y el 70%.

Las limitaciones anteriores se aplicarán exclusivamente durante el uso, explotación y mantenimiento de la instalación térmica, por razones de ahorro de energía.

En relación con la exposición a ambientes muy fríos, debe recordarse la vigencia del Real decreto 1561/1995 sobre jornadas especiales de trabajo. Dicha disposición limita la jornada de trabajo y establece descansos obligatorios en las condiciones indicadas en la Tabla 4.

**Tabla 4.** Condiciones de trabajo-descanso en cámaras frigoríficas y de congelación según el Real decreto 1561/1995

| Temperatura del aire, °C | Tiempo máximo de trabajo, horas | Tiempo de descanso |
|---|---|---|
| > -5 | Normal | 10 minutos cada 3 horas |
| Entre –5 y –18°C | 6 horas | 15 minutos cada hora |
| Inferior a –18°C | 6 horas | 15 minutos cada 45 minutos |

Capítulo IX

# Radiaciones

Emilio Castejón Vilella

## Introducción

**Extracto del comunicado 27.° del Consejo de Seguridad Nuclear (emitido el viernes, 8 de abril del 2011, a las 14:19 horas) sobre el seguimiento de la situación de las centrales nucleares de Japón después del terremoto ocurrido el 11 de marzo del 2011**

"Según la última información recibida por parte del Organismo Internacional de Energía Atómica (OIEA) y la Unión Europea, los datos recabados sobre la situación radiológica, en el interior y exterior de la instalación, y la situación operativa de los reactores de la central nuclear Fukushima Daiichi, son los siguientes:

**Situación radiológica en el interior:**

Las tasas de dosis registradas han disminuido ligeramente en los últimos días, aunque los valores detectados en los reactores 3 y 4 siguen siendo extremadamente altos. En el acceso principal del emplazamiento, las tasas de dosis son 0,068 mSv/h. Las labores de recuperación en la planta siguen siendo complicadas dada la situación radiológica existente.

Respecto a los trabajadores que desempeñan las labores de recuperación del emplazamiento (alrededor de 300), hasta ahora, un total de 21 han sobrepasado los 100 mSv de dosis acumulada desde el inicio de los trabajos, con una dosis máxima en torno a 180 mSv. (El límite establecido para los trabajadores de emergencias nucleares en Japón es de 250 mSv).

La existencia de agua muy contaminada en las galerías de las unidades 1, 2 y 3 ha puesto en marcha trabajos para evitar su emisión al mar; en concreto, se ha realizado la transferencia de esa agua a un depósito de almacenamiento. El día 5 de abril, la grieta detectada en una galería de la unidad 2 (de unos 20 centímetros de longitud) fue sellada con éxito utilizándose resinas especiales y agentes coagulantes. De este modo, han cesado los vertidos al mar procedentes de la misma.

Asimismo, el titular ha identificado una vía por la que sale agua de los edificios de reactor y de turbinas, de las unidades 1 y 3, hacia el mar. Se ha rociado una zona de unos 500 m?, cerca de la piscina común de combustible con una resina especial para evitar la dispersión de partículas radiactivas por el viento y la lluvia.

Los vertidos gaseosos siguen disminuyendo debido a la despresurización casi completa de los recintos de contención de las unidades 2 y 3 y la aparente integridad de la unidad 1. Los aportes de agua a los reactores y a las piscinas y su consiguiente vertido al mar centran los motivos actuales de preocupación.

**Situación radiológica en el exterior:**

En las poblaciones cercanas a la central (en un radio de unos 40 km) van disminuyendo progresivamente los niveles de radiación. El valor máximo medido es de 0,028 mSv/h a una distancia de 30 km y de 0,058 mSv/h a una distancia de 20 kilómetros.

Las autoridades japonesas están estudiando la ampliación de la zona de evacuación; actualmente se limita al área comprendida en un radio de 20 kilómetros de la central. Desde el día 13 de marzo, se han llevado a cabo mediciones en 122.613 personas, de las cuales 102 presentaron contaminación en la ropa, pero ninguna de ellas presentó contaminación corporal por encima de los límites.

En las ciudades de Litate y Kawamata, a unos 40 km al noroeste de la central, se han realizado mediciones en 946 niños para estudiar su glándula tiroides, sin que los resultados indiquen valores superiores a los límites.

En las capitales de prefecturas más alejadas, los valores muestran una tendencia claramente decreciente. Los valores más altos se registran en la prefectura de Fukushima, donde alcanzan 0,0019 mSv/h. En la prefectura de Ibaraki se registran valores del orden de 0,00015 mSv/h. En Tokio, se miden 0,00008 mSv/h. El fondo radiactivo normal en estas ciudades es de 0,000045 mSv/h.

En cuanto a la situación del mar, cabe destacar el aumento de los controles realizados. Según las mediciones efectuadas a 30 y 330 metros y a 10, 15, 20 y 30 kilómetros de la central, los niveles de radiación se mantienen con fluctuaciones y, en general, muy por encima de los límites establecidos."

Fuente: https://www.csn.es

La energía puede transmitirse de un cuerpo a otro por medio de distintos mecanismos físicos. El más evidente es el **contacto**: tal como hemos visto en el capítulo relativo a las vibraciones, cuando sujetamos con la mano una herramienta que vibra (una motosierra, por ejemplo), la vibración de la herramienta se transmite a nuestra mano, que entra en vibración: si esta vibración es excesiva, pueden producirse daños a la salud.

En otros casos, la transmisión se realiza mediante un **intermediario material**: cuando pulsamos la cuerda de una guitarra, esta empieza a vibrar; dicha vibración se transmite al aire que la rodea y viaja a su través hasta alcanzar el tímpano de nuestro oído, que es "excitado" por el aire y empieza a su vez a vibrar "reproduciendo" la vibración original de la cuerda de la guitarra; a partir de ahí entra en acción nuestro sentido del oído y, finalmente, "oímos". La energía se ha transmitido de la cuerda a nuestro oído utilizando el aire como intermediario.

Existe un tercer mecanismo mucho más complejo en sus detalles pero con cuyos resultados estamos muy familiarizados en nuestra vida cotidiana: cuando una carga eléctrica es sometida a un **movimiento acelerado** emite energía hacia sus alrededores mediante lo que se llaman **radiaciones u ondas electromagnéticas**. Las radiaciones electromagnéticas producen modificaciones de las características eléctricas y magnéticas del medio que atraviesan y viajan a través del mismo a una velocidad que depende de las características del medio y **sin necesidad de soporte material**: es decir, se transmiten en el vacío, por medio del cual viajan a la velocidad de la luz (300.000 km/s). En el aire, la velocidad es prácticamente la misma que en el vacío.

La radiación electromagnética más conocida es la luz visible, pero hay muchas más: los rayos infrarrojos y ultravioleta, los rayos X, las microondas o las ondas de radio y televisión no son sino algunos ejemplos de fenómenos que tienen las mismas características esenciales: son radiaciones electromagnéticas, es decir, energía que viaja por el espacio procedente de un **foco emisor**.

Los mecanismos mediante los que un objeto se convierte en un foco emisor de radiaciones son varios, pero en todos los casos implican un aporte de energía que da a lugar a cambios del nivel energético de la materia a nivel atómico o molecular; esos cambios dan lugar a un movimiento acelerado de las partículas subatómicas (electrones, protones...) y es este movimiento el que genera la radiación.

No todas las radiaciones electromagnéticas transportan la misma cantidad de energía. Algunas de ellas son tan energéticas que, cuando chocan con la materia, son capaces de de ionizar las moléculas e incluso los átomos; ello puede dar lugar a consecuencias biológicas gravísimas: desde la aparición de cánceres a mutaciones que podrían transmitirse a las siguientes generaciones. A este tipo de radiaciones se las llama, debido a estas características, **radiaciones ionizantes**; los rayos X, por ejemplo, son radiaciones ionizantes. Debido a la potencial gravedad de las exposiciones a radiaciones ionizantes, estas deben someterse a estrictos controles, tanto en el caso de exposiciones laborales (la persona que **hace** radiografías, por ejemplo) como no laborales (la persona a la que le **hacen** radiografías).

Afortunadamente, la mayoría de las radiaciones electromagnéticas son **no ionizantes**, es decir, no son capaces de ionizar la materia, lo cual no quiere decir que no tengan un cierto potencial dañino que debe controlarse cuando las exposiciones son intensas. Pero en cualquier caso su capacidad de daño no es comparable con el de las radiaciones ionizantes.

Aunque las radiaciones pueden provocar daños a las personas, también debe destacarse que el hombre ha aprendido a utilizarlas en su propio beneficio mediante múltiples inventos que han sido claramente positivos: las telecomunicaciones, el radiodiagnóstico y muchas otras no son más que algunos ejemplos de aplicaciones útiles de las radiaciones electromagnéticas.

La exposición a radiaciones, tanto ionizantes como no ionizantes, es un fenómeno natural; tanto unas como otras existen en la naturaleza y todos los seres vivos de nuestro planeta estamos expuestos a dosis **naturales** de las mismas. El problema puede radicar en una exposición excesiva a ellas; nosotros nos ocuparemos de las situaciones en las que esta exposición se produce en un entorno laboral.

## 1. Características principales de las radiaciones electromagnéticas

Las radiaciones electromagnéticas son un fenómeno **ondulatorio**, lo cual implica que (como ocurre con el ruido, que es otro fenómeno ondulatorio) una de sus características importante es su **frecuencia**.

La frecuencia de una radiación electromagnética es una magnitud relevante porque está directamente asociada a la cantidad de energía que transporta.

Esta relación viene dada por la siguiente expresión:

$$E = \mathrm{h} \cdot f$$

donde $E$ es la energía asociada a la radiación (julios, J), h la llamada constante de Plack que vale $6{,}63 \cdot 10^{-34}$ J · s y $f$ es la frecuencia de la radiación en Hz.

El valor de $E$ se denomina a menudo **energía del fotón** asociado a la radiación, ya que algunos de los fenómenos asociados a aquella se estudian con más facilidad considerando que se trata de una sucesión de fotones, partículas sin carga ni masa pero con contenido energético; otros fenómenos, en cambio, se explican mejor considerando que la radiación es una onda. De ahí que se hable de la **dualidad onda-corpúsculo** pues, de hecho, las radiaciones se comportan a veces como ondas y, a veces, como partículas.

Para que una radiación pueda dar lugar a ionización es necesario que la energía de su fotón sea superior a $2 \cdot 10^{-18}$ J, lo que según la expresión anterior implica que su frecuencia sea superior a $3 \cdot 10^{15}$ Hz.

Como toda onda que se transmite en el espacio, la frecuencia y la longitud de onda (distancia entre dos puntos que se encuentran en el mismo estado) están relacionadas por la expresión:

$$\lambda = c/f$$

donde $\lambda$ es la longitud de onda, $f$ la frecuencia y $c$ la velocidad de propagación. Ello indica que una radiación electromagnética puede caracterizarse **indistintamente** mediante su frecuencia o su longitud de onda, pues su velocidad de propagación es fija para cada medio de transmisión. Dadas las importantes diferencias entre los efectos sobre las personas de las radiaciones ionizantes y de las no ionizantes, es habitual estudiarlas por separado.

Para visualizar el conjunto de las radiaciones electromagnéticas, suele hablarse del **espectro electromagnético**. En la Figura 1 se presenta este, con indicación de los nombres habituales de cada radiación y una representación de sus aplicaciones útiles.

**Figura 1.** El espectro electromagnético: tipos de radiaciones y aplicaciones principales

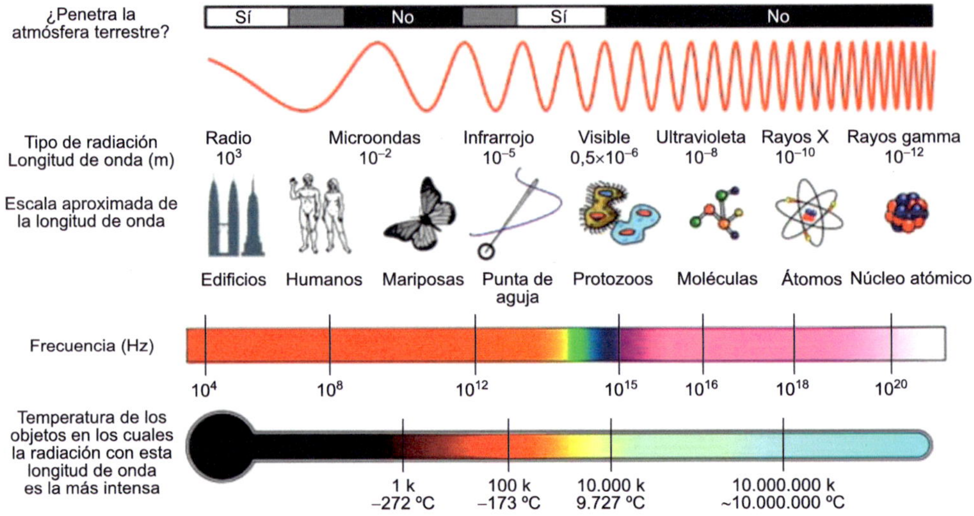


Fuente: http://commons.wikimedia.org/wiki/File:EM_Spectrum_Properties_es.svg

## 2. Radiaciones no ionizantes

De acuerdo con lo dicho más arriba, son no ionizantes todas las radiaciones electromagnéticas cuya frecuencia es inferior a $3 \cdot 10^{15}$ Hz. Dentro de ese amplio campo de frecuencias, se atribuyen denominaciones distintas a las radiaciones comprendidas dentro de distintas bandas de frecuencia (Figura 1), atendiendo a alguna de sus características asociadas a su utilidad, a sus efectos biológicos o, simplemente, a razones históricas.

Los efectos de la exposición a radiaciones no ionizantes dependen en gran medida de la frecuencia de las mismas, a cuyos efectos se distinguen dos grupos: las llamadas **radiaciones ópticas**, que incluyen las radiaciones ultravioleta, la luz visible y los rayos infrarrojos, y los llamados **campos electromagnéticos**, que incluyen todas las radiaciones de frecuencia inferior a 300 GHz (un GHz –gigaherzio– equivale a $10^9$ herzios), es decir, las microondas, las radiofrecuencias, las radiaciones ELF (**extremely low frequency** o frecuencia extremadamente baja) y, por analogía, los campos magnéticos estáticos (frecuencia cero) producidos por ciertos equipos, aunque estos últimos no generan radiaciones electromagnéticas.

Para la medición y evaluación de las radiaciones no ionizantes, son relevantes tres magnitudes físicas relacionadas pero distintas:

- **Exposición radiante (H)**: es la energía total que incide sobre una unidad de superficie. Se mide en julios por metro cuadrado ($J/m^2$).
- **Irradiancia (E)**: energía radiante que incide sobre una unidad de área por unidad de tiempo. Se mide en vatios por metro cuadrado ($W/m^2$).
- **Radiancia (L)**: energía radiante que incide sobre una unidad de área por segundo y por unidad de ángulo sólido. Se mide en vatios por estereorradián por metro cuadrado ($W/sr.m^2$).

## 2.1. Radiaciones ópticas

Reciben el nombre de radiaciones ópticas todas las radiaciones electromagnéticas cuya longitud de onda está comprendida entre 100 nanometros (1 nanometro = $10^{-9}$ metros) y 1 milímetro. Dado que en este intervalo tan amplio se incluyen radiaciones cuyos efectos sobre el cuerpo humano son muy distintos, las radiaciones ópticas se subdividen en tres bandas:

- **Radiación infrarroja**: frecuencias comprendidas entre 700 y 10.000 nanometros (nm). Se suele subdividir en tres bandas, A, B y C.
- **Radiación visible**: frecuencias comprendidas entre 380 y 700 nm. En ellas se incluye también un tipo de radiación visible especial, la luz producida por los láseres, que por sus características específicas debe tratarse separadamente.
- **Radiación ultravioleta**: frecuencias comprendidas entre 180 y 380 nm. Se subdivide también en tres bandas: A, B y C.

A efectos del tratamiento higiénico, las dos primeras se suelen tratar conjuntamente, mientras la radiación ultravioleta requiere una consideración específica.

### 2.1.1. Radiación visible e infrarroja

La radiación visible tiene longitudes de onda comprendidas entre 400 nm (azul) y 770 nm (rojo). Por encima de este último valor se encuentra la banda del infrarrojo (IR), que se extiende hasta 1 mm, subdividida a su vez en el IRA (780-1400nm), IRB (1400-3.000 nm) y IRC (3.000 nm-1 mm).

Los efectos de la luz visible y de los rayos infrarrojos sobre el cuerpo humano son fundamentalmente térmicos (calientan la superficie irradiada) y de carácter ocular, pudiendo producir lesiones en la córnea y en la retina, pues los efectos protectores del parpadeo y del reflejo pupilar, que nos protegen de la luz visible excesiva, no son eficaces para los rayos infrarrojos.

Algunas fuentes de luz visible pueden producir parpadeo, reflejos u otras molestias que den lugar a estrés ocular, si bien este es un tema más propio de la ergonomía que de la higiene industrial.

Con respecto a los **efectos sobre la piel**, son básicamente de calentamiento; cuando las exposiciones son largas (más de 10 segundos) se evalúan con los criterios utilizados para el estrés térmico. Para exposiciones cortas (menos de 10 segundos en el intervalo de longitudes de onda de 380 a 3.000 nm, el valor límite de exposición está referido a la irradiancia y vale:

$$H = 20.000\ t^{0,25}$$

donde t se expresa en segundos y H en $J/m^2$.

En referencia a los efectos oculares, la radiación visible e IRA puede causar dos tipos de daños **en la retina**: por efectos térmicos o por acción fotoquímica. En ambos casos, la intensidad de la acción depende de la frecuencia, del ángulo subtendido α que se define como el tamaño aparente del objeto (ver Figura 2) y del tiempo de exposición.

**Figura 2.** Ángulo subtendido α

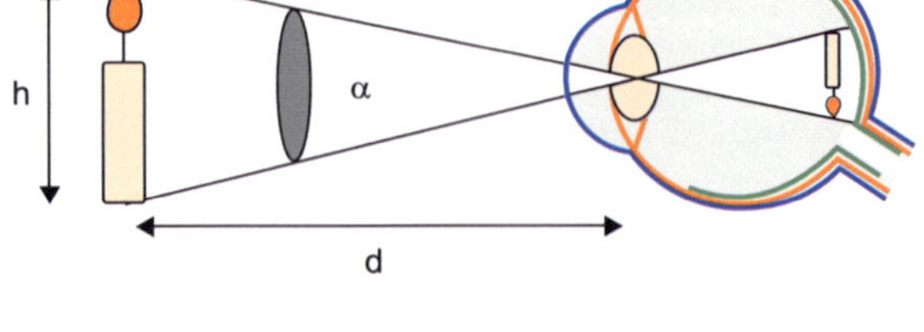

La catarata por calor o del vidriero puede producirse en trabajadores de soldadura con arco, trabajadores del vidrio, hornos y metales, aunque actualmente no es frecuente. Se produce por la exposición del ojo a radiaciones infrarrojas, que pueden originar cataratas en trabajadores sin protección que observan las masas de vidrio o de hierro brillante y calientes durante muchas horas al día.

El mecanismo fotoquímico ocurre para frecuencias entre 300 y 700 nm. Los valores límite se dan en la Tabla 1.

**Tabla 1.** Valores límite para la radiación visible de frecuencias comprendidas entre 300 y 700 nm (luz azul) en relación con el riesgo de fotorretinitis

| Valor de $\alpha$, mrad | Tiempo, s | Valor límite* |
|---|---|---|
| $\alpha > 11$ | $\leq 10.000$ | $L_B = 10^6/t$ W/m$^2$ sr |
| | $> 10.000$ | $L_B = 100$ W/m$^2$ sr |
| $\alpha < 11$ | $< 10.000$ | $E_B = 100/t$ W/m$^2$ |
| | $> 10.000$ | $E_B = 0{,}01$ W/m$^2$ |

* El subíndice B indica que los valores de $L_B$ y $E_B$ se han medido empleando las ponderaciones en frecuencia indicadas en la columna B(A) de la tabla A.4 del Real decreto 486/2010.

El mecanismo térmico puede producirse entre 380 y 1.400 nm. Los valores límite se dan en la Tabla 2.

**Tabla 2.** Valores límite para la radiación de frecuencias comprendidas entre 380 y 1.400 nm en relación con el riesgo de quemaduras en la retina

| Tiempo | Valor límite(1), (2) |
|---|---|
| $> 10$ s | $L_R = (2{,}8 \cdot 10^7)/C_a$W/m$^2$ sr |
| $10\ \mu s \leq t \leq 10$ s | $L_R = (5 \cdot 10^7)/(C_a \cdot t^{0,25})$W/m$^2$ sr |
| $t \leq 10\ \mu s$ | $L_R = (8{,}89 \cdot 10^8)/C_a$W/m$^2$ sr |

**(1)** El subíndice R indica que los valores de $L_R$ se han medido empleando las ponderaciones en frecuencia indicadas en la columna R($\lambda$) de la tabla A.4 del Real decreto 486/2010.
**(2)** El valor de $C_a$ depende del valor del ángulo subtendido $\alpha$, tal como se indica a continuación:

- Para $\alpha < 1{,}7$ mrad $C_a = 1{,}7$
- Para $1{,}7 \leq \alpha \leq 100$ mrad $C_a = \alpha$
- Para $\alpha > 100$ mrad $C_a = 100$

En el intervalo de longitud de onda entre 780 y 1.400 nm también se producen efectos térmicos en la retina, definiéndose para ese intervalo valores límite específicos (ver Tabla 3).

**Tabla 3.** Valores límite para la radiación de frecuencias comprendidas entre 780 y 1.400 nm en relación con el riesgo de quemaduras en la retina

| Tiempo | Valor límite(1),(2) |
|---|---|
| > 10 s | $L_R = (6 \cdot 10^6)/C_a$ W/m$^2$ sr |
| 10 μs ≤ t ≤ 10 s | $L_R = (5 \cdot 10^7)/(C_a \cdot t^{0,25})$W/m$^2$ sr |
| t ≤ 10 μs | $L_R = (8,89 \cdot 10^8)/C_a$W/m$^2$ sr |

(1) El subíndice R indica que los valores de $L_R$ se han medido empleando las ponderaciones en frecuencia indicadas en la columna R(A) de la tabla A.4 del Real decreto 486/2010.
(2) El valor de $C_a$ depende del valor del ángulo subtendido α, tal como se indica a continuación:
- Para $\alpha < 11$ mrad $C_a = 11$
- Para $11 \leq \alpha \leq 100$ mrad $C_a = \alpha$
- Para $\alpha > 100$ mrad $C_a = 100$

Finalmente, las exposiciones en las bandas IRA y IRB (780-3.000 nm) pueden dar lugar a lesiones en el cristalino (cataratas) y en la córnea (quemaduras). En este caso, los efectos no dependen de la frecuencia, por lo que a los valores límite no se les aplica la ponderación en función de la frecuencia y, al no afectar a la retina, tampoco influye el ángulo subtendido, por lo que solo influye el tiempo. Los valores límite son:

Para t ≤ 1.000 s $\quad E = 18.000 \cdot t^{0,75}$ W/m$^2$
Para t > 1.000 s $\quad E = 100$ W/m$^2$

Para la medición de las radiaciones ópticas se emplean **radiómetros** con los filtros adecuados para efectuar la ponderación en frecuencia necesaria en cada caso.

### 2.1.2. Radiación ultravioleta

Las radiaciones ultravioleta abarcan el intervalo de longitud de onda comprendido entre 180 y 400 nm y son las de más energía del grupo de radiaciones "no" ionizantes. No son visibles ni detectables por los órganos de los sentidos. Suelen dividirse en tres bandas que comprenden, respectivamente, las siguientes longitudes de onda: UVA (315-400 nm), UVB (280-315 nm) y UVC (100-280 nm).

La exposición a radiaciones ultravioleta se da o puede darse en presencia de lámparas emisoras de luz ultravioleta, tales como las usadas como germicidas o en las artes gráficas, y en situaciones de soldadura al arco (las gafas que usan los soldadores tienen como principal objetivo proteger sus ojos de la radiación ultravioleta producida).

La luz del sol contiene también radiaciones ultravioleta, gran parte de las cuales son filtradas por la capa de ozono; si dicha capa se debilita, la cantidad de radiación ultravioleta que llega a la superficie de la tierra puede aumentar peligrosamente.

Los efectos de la exposición excesiva a radiaciones ultravioleta dependen de la frecuencia de estas. En la banda de 280 a 400 nm pueden producirse afectaciones en los ojos (fotoqueratitis, fotoconjuntivitis y cataratas) y en la piel (eritema, cáncer de piel). El enrojecimiento de la piel (eritema) que produce una exposición intensa al sol es debido a la radiación ultravioleta recibida. La exposición crónica a la luz solar está asociada a un aumento del riesgo de contraer cáncer de piel, lo que parece atribuible especialmente a los rayos UVB, si bien no se dispone de datos cuantitativos exposición-respuesta. En la banda de 315 a 400 nm se aplica un límite específico para la prevención de las cataratas.

Los valores límite para la exposición a las radiaciones ultravioleta se dan en la Tabla 4. En general, es suficiente comprobar que se respeta el límite en el intervalo de 180 a 315 nm, pues por encima de este último valor los coeficientes de ponderación de la curva S(λ) son muy bajos (ver Figura 3); la excepción la constituyen algunos equipos construidos para emitir específicamente en la banda de 315 a 400 nm (rayos UVA), en cuyo caso debe verificarse el cumplimiento del límite en esta segunda banda.

**Tabla 4.** Valores límite para la radiación ultravioleta, referidos a 8 horas de exposición

| Longitud de onda (nm) | Valor límite de exposición |
|---|---|
| 180-400 | $H_{eff}$ =30 J/m$^2$ (1) |
| 350-400 | $H_{UVA}$ =104J/m$^2$ (2) |

(1) Ponderado según la curva de ponderación S(A) dada en la tabla A3 del Real decreto 486/2010 y en la Figura 2.
(2) Sin ponderación espectral.

**Figura 3.** Curva de ponderación S(λ) para la radiación ultravioleta

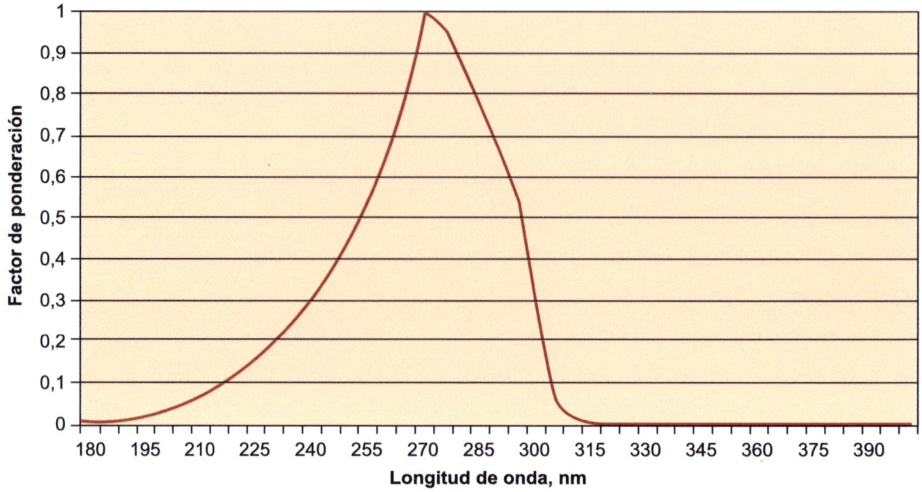


Una vez conocido el valor de $H_{eff}$ o $H_{UVA}$ es posible calcular el tiempo máximo de exposición para que se respete el valor límite.

### 2.1.3. Radiación láser

Un láser (*light amplification by stimulated emission of radiation*, amplificación de luz por emisión estimulada de radiación) es un dispositivo que, gracias al empleo de un proceso complejo denominado "emisión estimulada de radiación", produce un haz de radiación "coherente", otro concepto complejo que en la práctica implica que la radiación producida por un láser sea un "rayo" cuyo diámetro apenas aumenta con la distancia, algo que es imposible de conseguir con fuentes de radiación convencionales. Aunque se acostumbre a hablar de "luz láser" porque muchos láseres emiten luz visible, es posible construirlos para que emitan radiación electromagnética de cualquier frecuencia, desde la zona infrarroja del espectro hasta los rayos X. Los láseres pueden emitir radiación de forma continua o ser "pulsantes", es decir, emitir la potencia en forma de pulsos separados por un cierto intervalo de tiempo.

El primer láser fue construido en 1960 y, en poco más de cincuenta años, la técnica del láser ha encontrado gran cantidad de aplicaciones en campos tan diversos como la transmisión de información, la medicina, las técnicas de medida y muchas otras.

El hecho de que puedan construirse láseres que emiten una potencia de radiación elevada y que, al ser su radiación coherente, esta potencia no se disperse en el espacio (como ocurre con la luz ordinaria), hace que los láseres constituyan un riesgo importante para quienes puedan verse sometidos a su radiación, por lo que su utilización puede exigir medidas preventivas importantes.

Los efectos de la radiación láser sobre las personas son los mismos a los que puede dar lugar la exposición a las radiaciones no coherentes de la misma frecuencia, potencialmente agravados por la capacidad del láser para concentrar la energía de la fuente en una superficie muy pequeña. Puesto que la mayoría de los láseres emiten radiaciones ópticas (ultravioleta, visible o infrarroja), los efectos cualitativos son los mismos que hemos visto para este tipo de radiaciones y se concentran en la piel y los ojos.

La evaluación higiénica de la exposición a radiación láser es extremadamente compleja y supera ampliamente los límites fijados para este texto, por lo que en lo que sigue nos limitaremos a presentar la clasificación de los láseres en función de su nivel de peligrosidad y a dar unas recomendaciones preventivas de carácter general.

La Norma UNE-EN 60825-1/A2-2002 clasifica los láseres en siete categorías atendiendo a la potencia y longitud de onda de la radiación emitida. Para cada una de ellas se recomiendan las medidas preventivas especificadas en la Tabla 5.

**Tabla 5.** Clasificación de los láseres y medidas preventivas básicas según la Norma UNE-EN 60825-1/A2-2002

| Clase | Recomendaciones preventivas |
|---|---|
| 1 | Son seguros en condiciones previsibles de uso. No requieren equipos de protección individual (EPI) ni formación específica, más allá de seguir las recomendaciones del fabricante. |
| 1M | Similares a los de clase 1, pero pueden presentar peligro si se mira el haz a través de instrumentos ópticos (lupas o binoculares). No requieren equipos de protección individual (EPI), pero es recomendable formación específica. |
| 2 | Son seguros para exposiciones cortas, pues el ojo está protegido por el reflejo de aversión. No requieren equipos de protección individual (EPI), pero deben seguirse las instrucciones del fabricante. |
| 2M | Similares a los de clase 2, pero pueden presentar peligro si se mira el haz a través de instrumentos ópticos (lupas o binoculares). No requieren equipos de protección individual (EPI), pero es recomendable formación específica. |

| Clase | Recomendaciones preventivas |
|---|---|
| 3R | Mirar directamente el haz es potencialmente peligroso. Debe proporcionarse formación específica y emplear EPI en función de los resultados de la evaluación de riesgos. |
| 3B | Son normalmente peligrosos cuando ocurre exposición directa al haz. Debe proporcionarse formación específica y emplear EPI. |
| 4 | Es peligrosa tanto la visión directa del haz como de las reflexiones difusas. Entraña peligro para la piel y riesgo de incendios. Debe proporcionarse formación específica y emplear EPI. |

Los fabricantes están obligados a informar al usuario del láser sobre los riesgos mediante la correspondiente etiqueta (ver Figura 4) en la que debe figurar un texto donde se indique la clase del mismo y las precauciones esenciales. Deben estar situadas de manera que su lectura sea posible, sin superar la exposición que correspondería a un láser de clase 1. Además de la información contenida en las etiquetas, los productos láser, salvo los de clase 1, deben ir acompañados de información relativa a las características técnicas del equipo, tales como la potencia máxima emitida, la duración del pulso (si el láser es pulsante) y la longitud de onda emitida. Igualmente deben suministrar información sobre el mantenimiento del equipo, especialmente de las precauciones a adoptar durante el mismo.

**Figura 4.** Indicación de peligro por láser

La utilización de láseres de las clases 3 y 4 puede representar un riesgo no solo para el usuario, sino también para otras personas situadas en las proximidades. En estos casos, el responsable de la instalación debería tener una formación adecuada a fin de poder adoptar las medidas preventivas adecuadas en relación con el uso de protecciones individuales, la señalización de zonas y la notificación de accidentes en su caso.

En los casos en los que sea necesario el empleo de equipos de protección individual, estos deberán seleccionarse de acuerdo con lo indicado en las normas UNE-EN 207 y UNE-EN 208.

Finalmente, debe señalarse que el empleo de dispositivos láser puede presentar otros riesgos además de la exposición a la radiación láser: entre estos posibles problemas, citaremos la contaminación ambiental, el desprendimiento de partículas, el riesgo eléctrico, las quemaduras por contacto, los incendios, etc., cada uno de los cuales exigirá las medidas preventivas específicas adecuadas.

### 2.1.4. Exposición laboral a la luz solar

En los trabajos al aire libre, las personas pueden verse expuestas al conjunto de las radiaciones ópticas (infrarrojas, visibles y ultravioletas), situación a la cual **no son** aplicables los valores límite dados antes, que se refieren exclusivamente a las radiaciones **artificiales**. Los posibles riesgos derivados de esta exposición no son objeto de ninguna obligación preventiva específica más allá de los principios generales establecidos en la Ley de Prevención de Riesgos Laborales. Ello significa que el empresario está obligado a evaluar el riesgo, que en este caso será fundamentalmente debido a la exposición a radiaciones ultravioleta (y/o a estrés térmico) y a minimizarlo mediante medidas tales como el uso de ropa y sombreros capaces de apantallar la radiación, empleo de filtros químicos o físicos, la disponibilidad de lugares de descanso a la sombra, etc.

## 2.2. Campos electromagnéticos

La constante incorporación a la vida cotidiana de equipos que emiten radiaciones electromagnéticas de frecuencia entre 0 y 300 gigaherzios (1 GHz = $10^9$ Hz), tales como teléfonos móviles, hornos microondas, antenas de comunicaciones y muchos otros, ha hecho que, desde hace años, se hayan realizado numerosas investigaciones sobre sus posibles efectos en las personas y publicado recomendaciones acerca de los correspondientes valores límite a aplicar; sin embargo, dichas recomendaciones no han sido incorporadas a la legislación europea sobre prevención de riesgos laborales hasta la publicación de la Directiva 2013/35/UE, que los Estados miembros de la Unión Europea deben transponer a su ordenamiento interno antes del 1º de julio de 2016.

Las radiaciones electromagnéticas de frecuencias comprendidas entre 0 y 300 gigaherzios se engloban bajo el nombre de **campos electromagnéticos**, si bien incluyen cuatro intervalos de frecuencia que suelen recibir denominaciones específicas.

Por debajo de 30 kHz se encuentra la **radiación de frecuencia extremadamente baja** (radiación ELF, **extremely low frequency**) originada, sobre todo, por las líneas eléctricas de transporte de energía y sus equipos asociados, incluidos los electrodomésticos, aunque estos últimos generan radiaciones muy débiles. En este grupo se suelen incluir por analogía los **campos eléctricos y magnéticos estáticos** (frecuencia cero) que no emiten radiaciones electromagnéticas pero crean a su alrededor un campo eléctrico o magnético fijo. Los generan equipos que funcionan con corriente continua, como los empleados para el diagnóstico por la imagen mediante resonancia magnética nuclear, o ciertos equipos de carácter científico.

Entre 30 kHz y 300 MHz se encuentran las radiaciones empleadas en telecomunicaciones (radar, radio, televisión, telefonía móvil, etc.), que suelen llamarse **radiofrecuencias**. Entre 300 MHz y 300 GHZ se habla de **microondas**, con aplicaciones en las telecomunicaciones y el calentamiento.

Para frecuencias superiores a 100 kHz los efectos de la exposición a estas radiaciones son de tipo térmico, aumentando la temperatura de los órganos internos y no solo superficialmente; el efecto es mayor en los órganos poco vascularizados, debido a su dificultad para evacuar el calor. Para frecuencias inferiores a 10 MHz se tiene también en cuenta posibles efectos sobre el funcionamiento del sistema nervioso. Se han realizado también muchos estudios sobre algún posible efecto cancerígeno, pero los resultados no han sido concluyentes.

Las exposiciones laborales significativas pueden presentarse en trabajos relacionados con las telecomunicaciones y la defensa (instalación y mantenimiento de antenas), en la operación de hornos industriales de microondas y en medicina, en el empleo de algunos equipos de diagnóstico (resonancia magnética nuclear) o tratamiento por onda corta o microondas.

Para evaluar la exposición, deben emplearse equipos capaces de medir tanto la intensidad de campo eléctrico (E, V/m) como la de campo magnético (H, A/m) y la densidad de flujo magnético (B, microteslas), pues los valores de referencia establecidos en la directiva exigen respetar ciertos límites de cada una de dichas variables, límites que dependen además de la frecuencia.

Para ciertas frecuencias, además, deben respetarse valores de la densidad de potencia de la onda plana equivalente ($W/m^2$), de la corriente de contacto (mA) y de la corriente inducida en las extremidades (mA).

La evaluación de la exposición a campos electromagnéticos es una tarea compleja, reservada a especialistas.

El control de la exposición cuando esta puede ser excesiva puede lograrse mediante el aumento de la distancia entre el emisor y el receptor, o el empleo de encerramientos metálicos, tales como las mallas empleadas en las puertas de los hornos domésticos de microondas.

## 3. Radiaciones ionizantes

De acuerdo con la definición dada en la introducción, las radiaciones ionizantes son aquellas radiaciones electromagnéticas cuya energía hace posible que produzcan la ionización de la materia cuando chocan con ella: este es el caso de los rayos X y la radiación gamma; sin embargo, suele llamarse también radiaciones ionizantes a las partículas (en general subatómicas, como los protones, los electrones o los neutrones) que, cuando se desplazan por el espacio a gran velocidad, son también capaces también de ionizar la materia cuando chocan con ella. Aunque estas partículas no son propiamente radiaciones, la similitud de sus efectos justifica en buena medida que se las incluya en el grupo de las radiaciones ionizantes.

Dicha inclusión viene también justificada porque las radiaciones ionizantes (tanto las electromagnéticas como las corpusculares) se presentan como el resultado de inestabilidades en el seno de los átomos de ciertos elementos que, al reajustarse para estabilizarse, liberan energía en forma de radiaciones ionizantes que pueden ser electromagnéticas, corpusculares o contener ambas formas a la vez.

Estas inestabilidades pueden ser naturales (radiactividad natural) o ser provocadas artificialmente, como en los aparatos de rayos X o los reactores nucleares.

En la superficie de la Tierra siempre ha existido una radiación ionizante natural, procedente de los átomos radiactivos que existen naturalmente en la corteza terrestre y del cosmos, siendo estos últimos denominados rayos cósmicos, que se componen de protones y de cantidades pequeñas de rayos gamma y de átomos pesados. Por tanto, todas las personas estamos expuestas a una cierta dosis natural de radiaciones ionizantes, cuya magnitud depende del punto de la Tierra en la que se encuentra, ya que influye la composición de la corteza terrestre y la incidencia de la radiación cósmica, que varía de un punto a otro del planeta. La exposición promedio es de 2,4 mSv/año.

A esta exposición natural a radiaciones ionizantes se suma la procedente de fuentes artificiales. Para las personas no expuestas laboralmente, alrededor del 50% de su exposición procede de la radiación natural, mientras el otro 50% procede de las exploraciones médicas con rayos X. Las personas fumadoras soportan una exposición adicional de otro 50% aproximadamente, pues el humo del tabaco contiene pequeñas cantidades de átomos radiactivos.

## 3.1. Radiactividad: tipos de radiaciones ionizantes

Los átomos que constituyen la materia están constituidos por un núcleo formado por protones y neutrones, y por una corteza formada por electrones distribuidos en capas. Los protones tienen carga positiva, los electrones son negativos y los neutrones no tienen carga. Puesto que todo átomo debe ser neutro, el número de protones y de electrones coincide; dicho número, llamado número atómico, es el que caracteriza a un elemento determinado y le confiere sus propiedades químicas específicas.

Dentro del conjunto de átomos de cada elemento existentes en la naturaleza, la mayoría tienen el mismo número de neutrones, pero existe una cierta proporción (en general, pequeña) de átomos "anómalos" que tienen un número distinto de neutrones; dichos átomos reciben el nombre de isótopos. Algunos de dichos isótopos son inestables, y para estabilizarse emiten radiaciones ionizantes; a este fenómeno se le llama radiactividad, y a los isótopos correspondientes, radioisótopos o radionucleidos. Este proceso puede implicar que el elemento se transmute en otro: así por ejemplo, un átomo de uranio, que es inestable y por tanto naturalmente radiactivo, tras varias transformaciones termina convirtiéndose en plomo, que es estable y, por tanto, no radiactivo. De lo anterior se desprende que la radiactividad natural es un proceso limitado en el tiempo: todo radioisótopo acaba convirtiéndose en un átomo estable, si bien el proceso puede llegar a durar miles de años.

Las principales radiaciones emitidas durante los procesos radiactivos son de cinco tipos, y desde el punto de vista preventivo las diferencias entre ellas son relevantes en términos de capacidad de ionización y de penetración (Figura 5).

**Figura 5.** Características de las radiaciones ionizantes

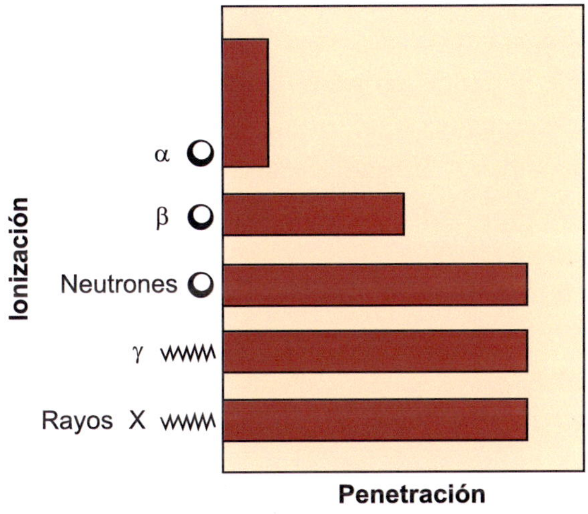


Fuente: F. Bernal (coord.) (2008). *Higiene industrial* (5.ª ed.). Madrid: INSHT.

1) Las **partículas alfa** son núcleos de helio, compuestos de dos protones y dos neutrones, y están cargados positivamente; al ser su masa elevada tienen una gran energía y, por tanto, alta capacidad de ionización. En cambio, son absorbidas muy fácilmente; es suficiente una hoja de papel.

2) Las **partículas beta** son electrones (o positrones, el equivalente positivo del electrón); están cargadas eléctricamente, pero su masa es muy pequeña. Su capacidad de ionización es menor que la de las partículas alfa, pero su capacidad de penetración es mayor. Para absorberlas, se requiere una lámina delgada de metal.

**3)** La **radiación de neutrones** está compuesta por neutrones; al ser su masa elevada y carecer de carga tienen gran capacidad de penetración, pero su capacidad de ionización es menor que la de las anteriores.

**4)** La **radiación gamma** es una radiación electromagnética de alta energía que se produce en muchas transformaciones nucleares; al no tener carga su capacidad de penetración es muy alta, si bien su capacidad de ionización es menor que la de las anteriores.

**5)** Los **rayos X** son el resultado de alteraciones en la estructura de la corteza del átomo; al ser neutras, como los rayos gamma, tienen gran capacidad de penetración pero pequeña capacidad de ionización. Como para las anteriores radiaciones sin carga, para absorberlas se requiere el empleo de blindajes de plomo.

La capacidad de una exposición a las radiaciones ionizantes para afectar a la salud de las personas depende, en primer lugar, de la dosis de energía absorbida. Dicha dosis se mide en **grays** (Gy), que se define como la cantidad de energía cedida por la radiación a la unidad de masa de la materia irradiada. Un gray equivale a una dosis de 1 J/kg.

Ahora bien, como a igualdad de energía cedida no todas las radiaciones tienen la misma capacidad de daño, debido a sus distintas capacidades de ionización y penetración, se define la **dosis equivalente**, que es el resultado de multiplicar la dosis absorbida por un factor de ponderación que depende del tipo de radiación:

$$\text{Dosis equivalente} = \text{Dosis absorbida} \times \text{Factor de ponderación}$$

La unidad de dosis equivalente es el **sievert**, pero como es una unidad muy grande, habitualmente se usan el **milisievert** (mSv) y el **microsievert** (μSv).

Los valores del factor de ponderación ($w_R$) varían desde 1 para rayos X y gamma, hasta 20 para partículas alfa. El factor de ponderación es una medida del **efecto biológico relativo** de las distintas radiaciones, que es mucho mayor para las radiaciones corpusculares que para las que son propiamente radiaciones electromagnéticas.

### 3.2. Irradiación y contaminación radiactiva

Cuando un radionucleido se encuentra en contacto con una superficie, materia o medio, se dice que este se encuentra contaminado. Las personas pueden contaminarse por contacto dérmico, ingestión o inhalación; en tales casos, la persona está expuesta constantemente a la radiación emitida por el radionucleido, es decir, está permanentemente **irradiada**.

Cuando se dice que una central nuclear que ha sufrido un siniestro ha "emitido radiación", nos referimos a que ha liberado sustancias radioactivas que han pasado al medio ambiente y, desde allí, son susceptibles de contaminar a personas, animales o cultivos.

En general, las situaciones de irradiación no son de este tipo, sino que se producen porque las personas están expuestas a la radiación emitida por una fuente artificial de radiación, como un aparato de rayos X, por ejemplo. Este tipo de fuentes no son permanentemente radiactivas: su emisión cesa en cuanto se desconectan.

Obviamente, las situaciones de contaminación radiactiva son potencialmente mucho más graves que las de simple irradiación, pues la exposición es permanente mientras el radionucleido no sea eliminado del organismo por los procesos metabólicos normales o la cantidad de radiación emitida decaiga naturalmente.

### 3.3. Efectos de las radiaciones ionizantes

Aunque los efectos de la radiación pueden manifestarse en cualquier molécula del interior de la célula, los más importantes son los que dan lugar a alteraciones en las moléculas de ADN, en los genes y en los cromosomas, y pueden llegar a producir la muerte celular.

Los efectos de estas alteraciones suelen dividirse en **somáticos**, que afectan solo al individuo que ha estado expuesto a la radiación, y **genéticos**, que pueden afectar a los descendientes. Estos últimos no se han detectado en seres humanos, aunque están bien documentados en otros organismos.

Los efectos somáticos pueden ser **inmediatos**, es decir, producirse muy poco tiempo después de la exposición, o **diferidos**, cuya aparición puede tener lugar muchos años después. Los **efectos inmediatos** están asociados a dosis altas de radiación, como las que pueden darse en accidentes en centrales nucleares o en pacientes tratados erróneamente con altas dosis de radiación y se deben a la muerte de un número elevado de células; se manifiestan especialmente en tejidos como la médula ósea, donde existen muchas células en división, que son más sensibles a la radiación que las células maduras. La intensidad de estos efectos depende de la dosis de radiación recibida, por lo que suele hablarse de **efectos deterministas**; en estos casos, existe una dosis mínima por debajo de la cual no aparece efecto.

El principal **efecto diferido** es la aparición de cánceres, que suelen manifestarse muchos años después de la exposición. Estos cánceres no presentan ningún signo distintivo de los originados por otras causas, por lo que su origen puede pasar inadvertido; su localización puede ser cualquiera. La probabilidad de que aparezca un cáncer está relacionada con la dosis recibida, hablándose en este caso de **efectos estocásticos**. Para este tipo de efectos no parece existir un umbral por debajo del cual la probabilidad de aparición de efecto sea nula.

Para la mayoría de los efectos de la radiación, la sensibilidad celular aumenta cuanto mayor es su grado de indiferenciación y su tasa de reproducción, por lo que el embrión y el niño en crecimiento son los seres más sensibles.

### 3.4. Medición y evaluación de las radiaciones ionizantes

Para la medición de las radiaciones ionizantes suelen emplearse dos tipos de instrumentos: los equipos de lectura directa y los dosímetros.

Los **instrumentos de lectura directa** dan directamente la intensidad de la radiación en el momento en el que se realiza la medida; se basan en la detección de alguno de los fenómenos que se producen cuando la radiación ionizante interactúa con la materia. Por ejemplo, cuando una radiación ionizante atraviesa una cámara en la que hay un gas, este se ioniza, volviéndose conductor de la electricidad; midiendo el cambio de conductividad eléctrica del gas, se puede deducir la cantidad de radiación. Este tipo de equipos es útil para tareas de inspección, tales como detección de fugas.

Los **dosímetros** están diseñados para medir la radiación durante un período de tiempo relativamente largo (semanas, meses), por lo que se emplean para medir la dosis de radiación que ha recibido una persona a lo largo de un período. Es el medio fundamental para controlar la exposición de las personas profesionalmente expuestas a radiación, como por ejemplo los operadores de los servicios de radiodiagnóstico o radioterapia.

Dada la peligrosidad de las radiaciones ionizantes artificiales en todos los países, existen limitaciones legales a las dosis que se pueden recibir, tanto por los trabajadores profesionalmente expuestos como para el público en general.

En España, el límite de dosis para el conjunto del cuerpo (Real decreto 783/2001) se define en términos de la llamada **dosis efectiva** (E), que es una medida de la energía recibida ponderada, teniendo en cuenta el tipo de radiación (factor $w_R$) y la distinta susceptibilidad de los principales órganos del cuerpo de contraer cáncer debido a la radiación; dicha susceptibilidad se mide con un factor de ponderación ($w_T$) cuyos valores se indican en la Tabla 6.

**Tabla 6.** Factores de ponderación de tejidos a efectos del cálculo de la dosis efectiva

| Tejido u órgano | Wt |
|---|---|
| Gónadas | 0,2 |
| Médula ósea (roja), colon, pulmón y estómago | 0,12 |
| Vejiga, mama, hígado, esófago y tiroides | 0,05 |
| Piel, superficie ósea | 0,01 |
| Resto | 0,05 |

Para trabajadores mayores de 18 años profesionalmente expuestos, el límite de dosis equivalente es de 100 mSv en cinco años oficiales, sin superar 50 mSv en ninguno de ellos; para aprendices y estudiantes entre 16 y 18 años, el límite se reduce hasta 6 mSv/año. A título de comparación, diremos que la dosis de radiación procedente de fuentes naturales es del orden de 2 a 3 mSv/año.

En lógico contraste con las cifras anteriores, para el público, aprendices y estudiantes menores de 16 años, el límite es de 1 mSv por año oficial. Para las mujeres embarazadas, debe ser improbable superar 1 mSv por embarazo.

Existen también, tanto para el público como para las personas profesionalmente expuestas, límites aplicables a situaciones en las que el cristalino, la piel u otros órganos se vean sometidos a una exposición localizada.

Estos límites se aplican a la suma de la irradiación total recibida, incluyendo tanto la irradiación externa como la interna que hubiera podido producirse como consecuencia de algún tipo de contaminación radiactiva.

Si aplicáramos el límite máximo de 50 mSv en un año, los trabajadores de la planta de Fukushima, donde la tasa de dosis en la entrada es de 0,068 mSv/h, deberían dejar de trabajar una vez transcurridas 50/0,068 = 735,3 horas. Como presumiblemente las tasas en el interior de la central serán superiores, ese tiempo sería inferior para muchos de los trabajadores de la planta. Y todo ello sin tener en cuenta la posible irradiación procedente de la contaminación radiactiva.

## 3.5. Prevención del riesgo

La reconocida peligrosidad de las radiaciones ionizantes ha hecho que las autoridades hayan regulado con sumo detalle las actividades susceptibles de producirlas, especialmente desde la puesta en marcha, en los años cincuenta del siglo pasado, de las primeras centrales nucleares cuyo objetivo era la generación de electricidad a partir del calor liberado en las reacciones nucleares producidas artificialmente.

La primera central nuclear construida para generar electricidad se inauguró en Calder Hall (Inglaterra) en 1956, si bien el reactor de Obninsk en la Unión soviética, construido con fines científicos, había sido conectado a la red eléctrica en 1954.

Con independencia de lo anterior, estudiaremos también someramente los principios básicos de las técnicas de protección radiológica.

### 3.5.1. Regulación administrativa

Esta regulación se articula por medio de dos tipos de normas: por un lado, las que establecen limitaciones sobre los aspectos organizativos de las actividades radiactivas, limitando quién puede realizarlas y la organización que deben adoptar los titulares de las mismas para garantizar que las exposiciones se reducen al mínimo y se mantienen dentro de los límites autorizados; por el otro, las que establecen los límites autorizados para los distintos grupos expuestos. Las primeras son de carácter **técnico-organizativo**; las segundas, de carácter **sanitario.** Las normas de carácter técnico-administrativo se orientan a garantizar la minimización de las emisiones y el control de las actividades, y tratan aspectos tales como:

- Definición de actividad radiactiva
- Condiciones de los titulares de las actividades
- Clasificación de las instalaciones y autorizaciones administrativas.
- Capacitación del personal.
- Organización de la protección radiológica y documentación acreditativa de las actividades realizadas.

En España, la principal norma de este tipo es el Real decreto 1836/1999, modificado por el Real decreto 35/2008.

Las normas de carácter sanitario se centran en el establecimiento de los límites de dosis admisibles para los distintos grupos de expuestos y en las actividades orientadas a controlar que dichos límites no se superan. En España, la principal norma de este tipo es el ya citado Real decreto 783/2001.

El conjunto de ambos tipos de normas obliga en la práctica a que, en las empresas afectadas por ellas, se adopte una organización preventiva específica que se ocupa exclusivamente de la protección radiológica de manera separada del servicio de prevención, por lo que lo habitual es que los técnicos de este último no se ocupen de este tema, que requiere de un alto nivel de especialización.

### 3.5.2. Aspectos técnicos de la protección radiológica

Puesto que, al atravesar la materia, esta absorbe la energía de las radiaciones ionizantes, una de las principales medidas preventivas es el empleo de **blindajes o apantallamientos**. Las características necesarias de un blindaje para que reduzca la exposición hasta los niveles autorizados dependen de las características de la radiación: una hoja de papel detiene las partículas alfa, pero para los rayos X o gamma son precisos el hormigón o el plomo, en espesores apropiados a la intensidad de la radiación.

El segundo medio a emplear es la **distancia**. A mayor distancia de la fuente radiactiva, menor es la intensidad de la radiación (al igual que al alejarse de una fuente de luz se reduce la intensidad de la iluminación recibida). Puesto que la dosis recibida disminuye de forma inversamente proporcional a la distancia a la fuente, doblar la distancia a esta implica reducir la dosis a una cuarta parte; en consecuencia, aumentar la distancia a la fuente, cuando ello sea posible, es una medida preventiva muy eficaz.

Cuando se manipulan radionucleidos y existe por tanto el riesgo de contaminación radiactiva, es esencial que las superficies de los locales sean lisas y libres de oquedades y fisuras, a fin de permitir una descontaminación lo más eficaz posible. Ello deberá ir acompañado de controles periódicos de cualquier posible contaminación de la ropa, los utensilios y cualquier otro objeto que pudiera contribuir a la dispersión de una posible contaminación. En ningún caso se debe entrar con ropa de calle en el interior de una zona con riesgo de contaminación radiactiva, y al salir de la misma debe verificarse que los sujetos están carentes de toda contaminación.

En función del nivel de riesgo existente, debe disponerse de una señalización específica (ver Figura 6) según lo dispuesto en el anexo IV del Real decreto 783/2001.

**Figura 6.** Señalización de las zonas con riesgo de exposición a radiaciones ionizantes

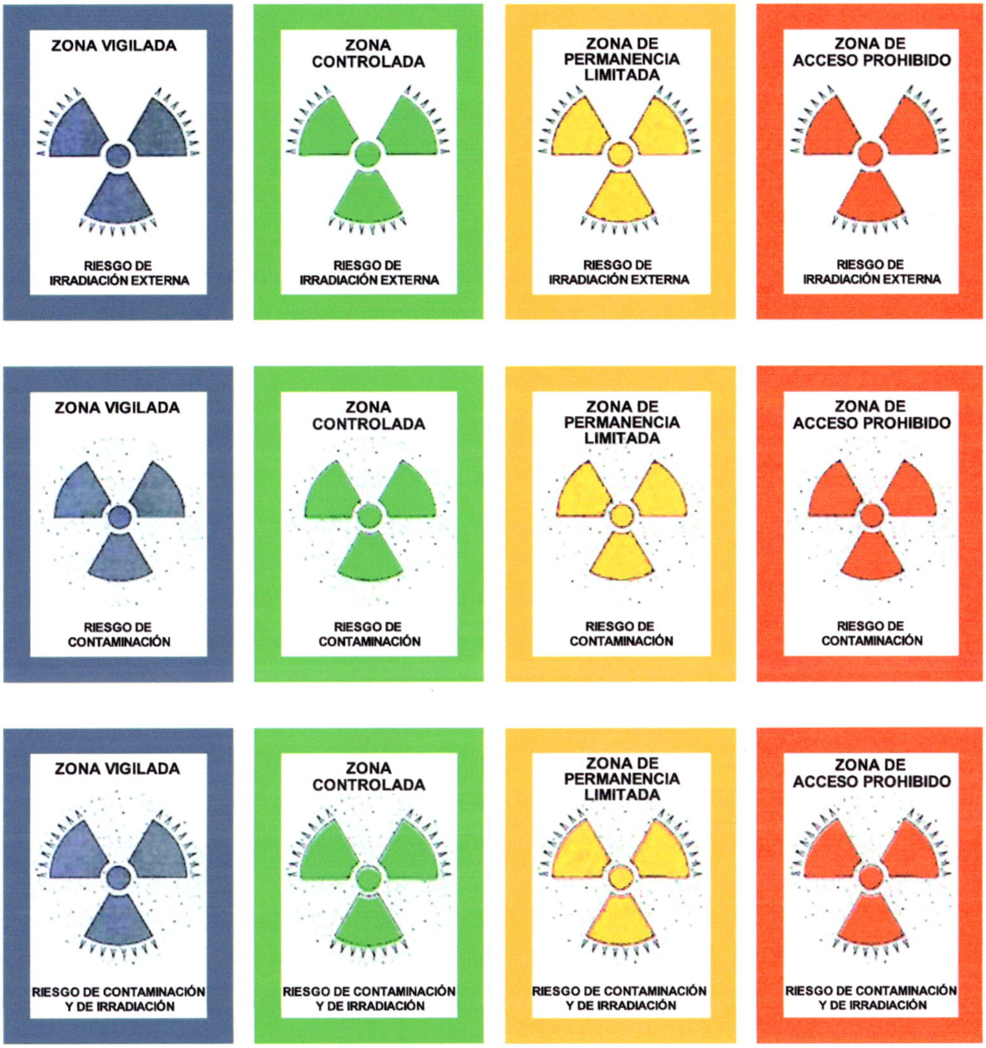


Fuente: http://fete.ugt.org/PRL/p_preventivo/imgs_riesgos/Imagen%208.png

Como frente a cualquier otro riesgo laboral, deben atenderse las prescripciones generales de la Ley de Prevención: formación e información de los trabajadores, existencia de planes de emergencia y vigilancia de la salud. En este último caso, debe seguirse el protocolo específico aprobado por las autoridades sanitarias que se cita en el apartado de aspectos legales.

## 4. Aspectos legales

En España, la exposición laboral a las **radiaciones ópticas artificiales** está regulada por el Real decreto 486/2010, que es la transposición de la Directiva 2006/25/CE del Parlamento Europeo y del Consejo de 5 de abril del 2006. Este real decreto introduce límites a la exposición para las radiaciones infrarrojas, visibles, ultravioleta y la radiación láser. A diferencia de otras disposiciones similares (como la que hace referencia al ruido, por ejemplo), no se establecen niveles de acción a partir de los cuales deben empezar a tomarse medidas preventivas, sino solamente niveles límite que "en ningún caso" deberán superarse; de ocurrir, el empresario deberá "tomar inmediatamente medidas para reducir la exposición por debajo de los valores límite". El resto de lo dispuesto en el decreto sigue el modelo marcado por la Ley de Prevención en lo tocante a información, formación, vigilancia de la salud, consulta y participación de los trabajadores, etc.

Para los **campos electromagnéticos**, es decir, radiaciones no ionizantes de frecuencias comprendidas entre 0 y 300 GHz, no existe todavía legislación española de carácter laboral, si bien el Real decreto 1066/2001, que se ciñe al ámbito radioeléctrico, limita las exposiciones para el público en general.

En el campo de la prevención de riesgos laborales, está pendiente de transposición la Directiva 2013/35/UE del Parlamento Europeo y del Consejo, cuya fecha límite de transposición es el 1º de julio de 2016.

Con respecto a las **radiaciones ionizantes**, debe señalarse en primer lugar el papel preeminente que, en relación con la protección radiológica, juega el Consejo de Seguridad Nuclear, un organismo creado por la Ley 15/1980, de 22 de abril, como un "ente de Derecho Público, independiente de la Administración Central del Estado, con personalidad jurídica y patrimonio propio e independiente de los del Estado, y como único organismo competente en materia de seguridad nuclear y protección radiológica".

Se trata pues del **único organismo competente**, lo que no impide que ciertas funciones de su competencia puedan ser delegadas a otros entes públicos, como las comunidades autónomas. El Consejo de Seguridad Nuclear controla directamente la seguridad de las grandes instalaciones, como las centrales nucleares y, aunque no tiene capacidad normativa, es el "inspirador" de toda la reglamentación en la materia.

Las dos disposiciones básicas sobre el tema son los reales decretos 1836/1999 y 783/2001, aunque para una visión más completa se aconseja consultar la página web del Consejo: www.csn.es.

El Real decreto 1836/1999 (modificado de manera importante por el Real decreto 35/2008) aprobó el Reglamento sobre instalaciones nucleares y radiactivas; es una disposición compleja de la que daremos una breve visión esquemática.

**Instalaciones nucleares** son, fundamentalmente, aquellas relacionadas con las operaciones de fisión nuclear: centrales nucleares, reactores nucleares, instalaciones que utilicen o traten sustancias nucleares y los almacenes de sustancias nucleares.

**Instalaciones radiactivas** son las que contengan una fuente de radiación ionizante, los aparatos productores de radiaciones ionizantes cuya potencia supere un cierto valor mínimo y los locales donde se almacenen, manipulen, traten o se utilicen de alguna forma materiales radiactivos. Las instalaciones radiactivas se dividen en tres categorías, según su capacidad potencial de generar radiaciones ionizantes y/o contaminación radiactiva.

Las **autorizaciones administrativas** (otorgadas por el Ministerio de Industria, Comercio y Turismo, previo informe del Consejo de Seguridad Nuclear) afectan distintas fases del proceso de la actividad de las instalaciones nucleares y radiactivas y pueden incluir al proyecto, a la construcción, a la puesta en marcha, al funcionamiento ordinario de la instalación y a sus posibles modificaciones. Lógicamente, el número y complejidad de dichas autorizaciones es tanto mayor cuanto más alto es el riesgo potencial.

Otro aspecto importante es la **capacitación del personal**: las personas que manipulen material o equipos radiactivos y quien dirija dichas actividades deberán estar provistos de una licencia específica concedida por el Consejo de Seguridad Nuclear. Adicionalmente, las instalaciones nucleares y las radiactivas del ciclo del combustible nuclear dispondrán de un servicio de protección radiológica, del que será responsable una persona acreditada al efecto con un diploma de jefe de servicio de protección radiológica, expedido por el Consejo de Seguridad.

Además, el Consejo de Seguridad Nuclear, considerando el riesgo radiológico, podrá exigir a los titulares de cualquier actividad radiactiva que se doten de un **servicio de protección radiológica** (SPR) o que contraten con una **unidad**

**técnica de protección radiológica** (artículo 23 del Real decreto 783/2001). El servicio de protección radiológica es el equivalente "radiactivo" del servicio de prevención propio y la unidad técnica de protección radiológica, del servicio de prevención ajeno, si bien en ambos casos su constitución y funcionamiento están supervisados por el Consejo de Seguridad Nuclear.

Otro aspecto central del control del riesgo lo constituye la **documentación** de las actuaciones. A este respecto, el titular de la autorización de una instalación nuclear o radiactiva viene obligado a llevar un **diario de operación** donde se refleje, de forma clara y concreta, toda la información referente a la operación de la instalación. El diario de operación, numerado, deberá estar autorizado, sellado y registrado por el Consejo de Seguridad Nuclear.

El diario de operación podrá ser comprobado y revisado por el personal facultativo del Ministerio de Industria y Energía y del Consejo de Seguridad Nuclear designado para realizar la inspección y verificación de las instalaciones nucleares y radiactivas, que será considerado como **agente de la autoridad** en todo lo relativo al ejercicio de su cargo.

El **Real decreto 783/2001** aprueba el Reglamento sobre protección sanitaria contra radiaciones ionizantes, derogando un reglamento anterior de 1992. El Real Decreto 783/2001 deberá ser modificado cuando (antes del 6 de febrero de 2018) se transponga la Directiva 2013/39/EURATOM de 5 de diciembre de 2013 publicada en el Diario Oficial del 17 de enero de 2014. Su objetivo es establecer las normas relativas a la protección de los trabajadores y de los miembros del público contra los riesgos que resultan de las radiaciones ionizantes.

Se aplicará a todas las prácticas que impliquen un riesgo derivado de las radiaciones ionizantes que procedan de una fuente artificial, o bien, de una fuente natural de radiación cuando los radionucleidos naturales son o han sido procesados por sus propiedades radiactivas, fisionables o fértiles.

Básicamente, el reglamento establece los límites de dosis que pueden recibir los trabajadores y el público en general, y establece los principios fundamentales de protección que deben respetarse por los titulares de las instalaciones, que se basan en los siguientes tipos de actuaciones:

**a)** Evaluación previa de las condiciones laborales para determinar la naturaleza y magnitud del riesgo radiológico y asegurar la aplicación del principio de optimización.

**b)** Clasificación de los lugares de trabajo en diferentes zonas, teniendo en cuenta: la evaluación de las dosis anuales previstas, el riesgo de dispersión de la contaminación y la probabilidad y magnitud de exposiciones potenciales. En cada tipo de zona, se adoptarán las medidas preventivas establecidas en el reglamento.

**c)** Clasificación de los trabajadores expuestos en diferentes categorías según sus condiciones de trabajo.

**d)** Aplicación de las normas y medidas de vigilancia y control relativas a las diferentes zonas y a las distintas categorías de trabajadores expuestos, incluida, en su caso, la vigilancia individual.

**e)** Vigilancia sanitaria: la vigilancia sanitaria de los trabajadores expuestos se basará en los principios generales de Medicina del Trabajo y en la Ley 31/1995, de 8 de noviembre, sobre Prevención de Riesgos Laborales, y reglamentos que la desarrollan. La vigilancia deberá realizarse siguiendo lo prescrito en el protocolo aprobado por el Ministerio de Sanidad, disponible en: http://www.csn.es/desarga/radiacio.pdf.

El reglamento establece que "la Inspección del Consejo de Seguridad Nuclear se encargará de verificar el cumplimiento de las disposiciones legales y de todas aquellas especificaciones en materia de protección radiológica que se hayan establecido en las correspondientes autorizaciones reglamentarias".

Debe señalarse la publicación relativamente reciente del Real decreto 1085/2009, de 3 de julio, por el que se aprueba el Reglamento sobre instalación y utilización de aparatos de rayos X con fines de diagnóstico médico, el cual tiene por objeto sustituir la regulación contenida en el derogado Real decreto 1891/1991.

# Bibliografía

## Capítulo I. Introducción a la higiene industrial

Aparicio Tovar, J.; Saracíbar Sautúa, A. (coords.) (2007). *Historia de la prevención de riesgos laborales en España*. Barcelona: Instituto Nacional de Seguridad e Higiene en el Trabajo.

Cortés Díaz, J. M. (2005). *Técnicas de prevención de riesgos laborales. Seguridad e higiene del trabajo* (8.ª ed.). Madrid: Tebar.

Falagán Rojo, M. J. (2005). *Higiene industrial aplicada "ampliada"*. Oviedo: Fundación Luis Fernández Velasco.

Guasch Farras, J. (coord.) (2006). *Higiene industrial* (2.ª ed.). Barcelona: Instituto Nacional de Seguridad e Higiene en el Trabajo.

Mateo Floría, P. (2000). *Gestión de la higiene industrial en la empresa*. Madrid: Fundación Confemetal.

Menéndez Díez, F. (2005). *Higiene industrial: manual para la formación del especialista*. (4.ª ed.). Madrid: Lex Nova.

## Capítulo II. Toxicología laboral

Bartual, J. y otros (1989). *Toxicología laboral básica*. Barcelona: Instituto Nacional de Seguridad e Higiene en el Trabajo (INSHT).

Clayton, G. D; Clayton, F. E. A. (1994-2003). *Patty's industrial hygiene and toxicology* (vol. II). Nueva York: John Wiley and Sons.

González, E.; Ugarte, C.; Tejedor, J. N. (1988). *Toxicocinética aplicada a la higiene industrial*. Madrid: INSHT.

Lauwerys, R. R. (1992). *Toxicologie industrielle et intoxications professionnelles* (3.ª ed.). París: Masson.

Obiols, J. (1998). *Control biológico de los trabajadores expuestos a contaminantes químicos*. Madrid: INSHT.

Reglamento (CE) 1272/2008 CLP (Classification, Labeling and Packaging) (DOUE L353 de 31 de diciembre). Modificación: Reglamento (CE) 790/2009 (DOUE L 235 de 5 de septiembre).

Repetto, M. (1981). *Toxicología fundamental*. Barcelona: Editorial Científico-Médica.

Ruiz Frutos, C.; García García, A. M.; Delclós, J.; García Benavides, F. (2007). *Salud laboral. Conceptos y técnicas para la prevención de riesgos laborales* (3.ª ed.). Barcelona: Masson.

Sanz-Gallén, P.; Izquierdo, J.; Prat Martín, A. (1995). *Manual de salud laboral*. Barcelona: Springer-Verlag Ibérica.

Sax, N. I.; Lewis, J. R. (1988). *Dangerous properties of industrial materials*. Nueva York: Van Nostrand Reinhold.

Silbergeld, E. K. y otros (1998). "Toxicología". *Enciclopedia de salud y seguridad en el trabajo* (4.ª ed., vol. 1, cap. 33). Ginebra: Organización Internacional del Trabajo (OIT).

**Bases de datos toxicológicos**

**CSST**: BDD de Québec (Canadá). Da información en formato ficha de los productos de mayor uso http://www.reptox.csst.qc.ca

**CCOHS**: BDD también canadiense que da acceso al RTECS (Registry of Toxic Effects of Chemical Substances). Incluye versión en español: http://ccinfoweb.ccohs.ca/rtecs/search.html

**TOXNET**: Recopilación de muchas BBDD de toxicología http://toxnet.nlm.nih.gov/

**GESTIS**: BDD de la RFA con información toxicológica relevante de cara al establecimiento de valores límites. http://www.dguv.de/ifa/en/gestis/stoffdb/index.jsp

**eChemPortal**: Página de la OCDE; una recopilación de BDD de información química muy exhaustiva. http://www.echemportal.org

**ATSDR**: BDD de USA con versión en español. http://www.atsdr.cdc.gov/es/phs/es_phs13.html

**RICSTOX**: Bases de datos del ISTAS (España). http://www.istas.net/web/index.asp?idpagina=3286

## Capítulo III. Agentes biológicos

ABAS (Ausschuss für Biologische Arbeitsstoffe), BAUA (2006). *Guideline for risk assessment and for the instruction of employees in relation to activities with biological agents* (Technical Rule for Biological Agents 400). <http://www.baua.de/en/Topics-from-A-to-Z/Biological-Agents/TRBA/pdf/TRBA-400.pdf?__blob=publicationFile&v=2>

ABAS (Ausschuss für Biologische Arbeitsstoffe), BAUA (2007). *Protective measures for specific and non-specific activities involving biological agents in laboratories (Technical Rule for Biological Agents 100).* <http://www.baua.de/en/Topics-from-A-to-Z/Biological-Agents/TRBA/pdf/TRBA-100.pdf?__blob=publicationFile&v=2>

ABAS (Ausschuss für Biologische Arbeitsstoffe), BAUA (2007). *Protective measures for activities involving biological agents in agriculture and forestry and comparable activities (Technical Rule for Biological Agents 230).* <http://www.baua.de/en/Topics-from-A-to-Z/Biological-Agents/TRBA/pdf/TRBA-230.pdf?__blob=publicationFile&v=2>

ASEPEYO (2005). *Prevención del riesgo biológico en ganadería.* Barcelona: ASEPEYO. <http://www.asepeyo.es/apr/apr0301.nsf/ficheros/HAQ0509058%20Prevenci%C3%B3n%20de%20riesgo%20biol%C3%B3gico%20en%20ganader%C3%ADa.pdf/$file/HAQ0509058%20Prevenci%C3%B3n%20de%20riesgo%20biol%C3%B3gico%20en%20ganader%C3%ADa.pdf>

CDC-NIH (2000). *Bioseguridad en laboratorios de Microbiología y Biomedicina* (4.ª ed.). Atlanta (Georgia) / Bethesda (Maryland): CDC-NIH.

<http://freelibros.bligoo.es/content/view/1399226/Bioseguridad-en-laboratorios-de-microbiologia-y-biomedicina-CDC-NIH.html>

INSHT (sin fecha) Colección de notas técnicas de prevención: NTP-351, NTP-372, NTP-376, NTP-409, NTP-447, NTP-473, NTP-541, NTP-519, NTP-520, NTP-539, NTP-545, NTP-571, NTP-572, NTP-585, NTP-597, NTP-608, NTP-609, NTP-610, NTP-611, NTP-616, NTP-625, NTP-628, NTP-636, NTP-700, NTP-717, NTP-771, NTP-772, NTP-781, NTP-802, NTP-805, NTP-806, NTP-807, NTP-812, NTP-821, NTP-822, NTP-833, NTP-838, NTP-853, NTP-858, NTP-875. Madrid: INSHT.

INSHT. Guía del RD 664/97.

Martí, M. C. y otros (1997). *Prevención de riesgos biológicos en el laboratorio*. Madrid: INSHT.

OMS (2005). *Manual de Bioseguridad en el laboratorio* (3.ª ed.). Ginebra: OMS. <http://whqlibdoc.who.int/publications/2005/9243546503_spa.pdf>

OSHA (2003). FACTSHEET 41. Agentes biológicos. <http://osha.europa.eu/es/publications/factsheets/41>

Real decreto 664/1997, de 12 de mayo, sobre la protección de los trabajadores contra los riesgos relacionados con la exposición a agentes biológicos durante el trabajo.

Ruiz Figueroa, M. J.; García Puente, N. (2003). *La prevención del riesgo biológico en la ganadería*. Madrid: INSHT.

## Capítulo IV. Agentes químicos: evaluación de la exposición

Bartual, J.; Torrado, S. (coord.) (2007). *Riesgo químico* (4.ª ed.). Madrid: INSHT.

Bernal, F. y otros (2006). *Higiene industrial. Problemas resueltos*. Madrid: INSHT.

Comisión Europea (2006). *Directrices prácticas de carácter no obligatorio sobre la protección de la salud y la seguridad de los trabajadores contra los riesgos relacionados con los agentes químicos en el trabajo*.

Falagán, M. J. (2001). *Higiene industrial aplicada*. Oviedo: Fundación Luis Fernández Velasco.

Guasch, J. y otros (2006). *Higiene industrial* (2.ª ed.). Madrid: INSHT.

INSHT (2002). *Guía Técnica para la evaluación y prevención de los riesgos relacionados con agentes químicos*.

INSHT sin fecha. *Colección de Notas Técnicas de Prevención*. Madrid: INSHT.

INSHT (2011). *Límites de exposición profesional para agentes químicos 2011*. Madrid: INSHT.

### Control banding

COSHH Essentials (Reino Unido, 1999) <http://www.coshh-essentials.org.uk/>

Regetox (Bélgica, 2003) <http://www.regetox.be/accueil>

Targeted Risk Assessment (TRA) Tools (UE, 2004) <http://www.ecetoc.org/tra>

Easy-to-use Workplace Control Scheme for Hazardous Substances (RFA, 2004) <http://www.baua.de/en/Topics-from-A-to-Z/Hazardous-Substances/workplace-control-scheme.pdf?__blob=publicationFile>

OIT CCTK (2006)
<http://www.ilo.org/legacy/english/protection/safework/ctrl_banding/toolkit/main_guide.pdf>
Méthodologie d'Evaluation Simplifiée du Risc Chimique (Francia, 2006)
<http://www.inrs.fr/htm/methodologie_evaluation_simplifiee_risque_chimique.html>
Stoffenmanager (Holanda, 2007)
<https://www.stoffenmanager.nl/>

**Métodos analíticos**

Métodos INSHT
Normas UNE
Métodos HSL (Reino Unido)
Métodos NIOSH (USA)
Métodos OSHA (USA)

**Referencias legales**

Real decreto 374/2001, de 6 de abril, sobre la protección de la salud y seguridad de los trabajadores contra los riesgos relacionados con los agentes químicos durante el trabajo. BOE n° 104 01-05-2001.
Real decreto 665/1997, de 12 de mayo, sobre la protección de los trabajadores contra los riesgos relacionados con la exposición a agentes cancerígenos durante el trabajo. BOE n° 124 24/05/1997.
Real decreto 396/2006, de 31 de marzo, por el que se establecen las disposiciones mínimas de seguridad y salud aplicables a los trabajos con riesgo de exposición al amianto. BOE n° 86 11/04/2006.
Reglamento (CE) n° 1907/2006 del Parlamento Europeo y del Consejo, de 18 de diciembre del 2006, relativo al registro, la evaluación, la autorización y la restricción de las sustancias y preparados químicos (REACH). DOUE 396 de 30/12/2006.
Reglamento (CE) n° 1272/2008 del Parlamento Europeo y del Consejo, de 16 de diciembre del 2008, sobre clasificación, etiquetado y envasado de sustancias y mezclas. DOUE 353 de 31/12/2008.

## Capítulo V. Agentes químicos: control de la exposición

ACGIH (2004). *Industrial Ventilation: A Manual of Recommended Practice* (25.ª ed.). Cincinnati, Oh: ACGIH.
Bartual, J.; Torrado, S. (coord.) (2007). *Riesgo químico* (4.ª ed.). Madrid: INSHT.
Bernal, F. y otros (2006). *Higiene industrial. Problemas resueltos*. Madrid: INSHT.
Bernal, F. y otros (2008). *Higiene industrial* (5.ª ed.). Madrid: INSHT.
Comisión Europea (2006). *Directrices prácticas de carácter no obligatorio sobre la protección de la salud y la seguridad de los trabajadores contra los riesgos relacionados con los agentes químicos en el trabajo.*

Falagán, M. J. (2001). *Higiene Industrial aplicada*. Oviedo: Fundación Luis Fernández Velasco.

INSHT (2002). *Guía Técnica para la evaluación y prevención de los riesgos relacionados con agentes químicos*.

INSHT (sin fecha). *Colección de Notas Técnicas de Prevención*. Madrid: INSHT.

Real decreto 374/2001, de 6 de abril, sobre la protección de la salud y seguridad de los trabajadores contra los riesgos relacionados con los agentes químicos durante el trabajo. BOE n° 104 01/05/2001.

Real decreto 1407/1992, de 20 de noviembre, por el que se regulan las condiciones para la comercialización y libre circulación intracomunitaria de los equipos de protección individual. BOE n° 113 28/12/1992.

Real decreto 773/1997, de 30 de mayo, sobre disposiciones mínimas de seguridad y salud relativas a la utilización por los trabajadores de equipos de protección individual. BOE n° 140 12/06/1997.

Real decreto 486/1997, de 14 de abril, por el que se establecen las disposiciones mínimas de seguridad y salud en los lugares de trabajo. BOE n° 97 23/04/1997.

## Capítulo VI. Ruido

Falagán Rojo, M. J. (2005). *Higiene Industrial Aplicada "Ampliada"*. Oviedo: Fundación Luis Fernández Velasco.

Guasch Farras, J. (2006). (coord.). *Higiene Industrial* (2.ª ed.). Barcelona: Instituto Nacional de Seguridad e Higiene en el Trabajo.

Mateo Floría, P. (2000). *Gestión de la Higiene Industrial en la empresa*. Madrid: Fundación Confemetal.

Menéndez Díez, F. (2009). *Higiene Industrial: Manual para la formación del especialista* (11.ª ed.). Valladolid: Lex Nova.

### Notas Técnicas de Prevención del Instituto Nacional de Seguridad e Higiene en el Trabajo:

**NTP 503:** Hernández Calleja, A. (1998) "Confort acústico: El ruido en oficinas". INSHT (Madrid).

**NTP 638:** Luna Mendaza, P.; Guasch Farrás, J. (2003) "Estimación de la atenuación efectiva de los protectores auditivos". INSHT (Madrid).

**NTP 864:** Vega Giménez, C. (2010) "Ruido en los sectores de la música y el ocio (I)". INSHT (Madrid).

**NTP 865:** Vega Giménez, C. (2010) "Ruido en los sectores de la música y el ocio (II)". INSHT (Madrid).

**NTP 950:** García Ruiz-Bazán, J.; Luna Mendaza, P. (2012) "Estrategias de medición y valoración de la exposición a ruido (I): incertidumbre de la medición". INSHT (Madrid).

**NTP 951:** García Ruiz-Bazán, J.; Luna Mendaza, P. (2012) "Estrategias de medición y valoración de la exposición a ruido (II): tipos de estrategias". INSHT (Madrid).

**NTP 952:** García Ruiz-Bazán, J.; Luna Mendaza, P. (2012) "Estrategias de medición y valoración de la exposición a ruido (III): ejemplos de aplicación". INSHT (Madrid).

**NTP 960:** Vega Giménez, C. (2012) "Ruido: control de la exposición (I).Programa de medidas técnicas o de organización". INSHT (Madrid).

## Capítulo VII. Vibraciones

Atlas Copco (2010). *Vibration Exposure Assesment for Industrial Power Tools.* Disponible en: http://194.132.104.144/Websites/TOOLS/Products/WEBSITE.NSF/Pocket_Guide_Vibration_Exposure_Assessment.pdf

Burström, L.; Järvholm, B.; Nilsson, T.; Wahlström, J. (2010). "White fingers, cold environment and vibration exposure among Swedish construction workers". *Scand J Work Environ Health* (vol. 6, núm. 36, págs. 509-513).

Comisión Europea (2008). *Guía no vinculante sobre buenas prácticas para la aplicación de la Directiva 2002/44/CE (vibraciones en el trabajo).* Luxemburgo: Oficina de Publicaciones Oficiales de las Comunidades Europeas. Descargable desde: http://ec.europa.eu/social/main.jsp?catId=148&furtherPubs=yes&langId=es

European Agency for Safety and Health at Work (2008). *Workplace exposure to vibration in Europe: an expert review.* Luxemburgo: Oficina de Publicaciones Oficiales de las Comunidades Europeas. Descargable desde: http://osha.europa.eu/en/news/workplace_exposure_vibration_europe_expert_review_01.14012009

Griffin, M. C. "Vibraciones". *Enciclopedia de Seguridad y Salud en el Trabajo* (vol. 2, cap. 50). Disponible en: http://www.insht.es/InshtWeb/Contenidos/Documentacion/TextosOnline/EnciclopediaOIT/tomo2/50.pdf

HSE (2008). *Hand-arm vibration.* Londres: HSC. Disponible en: http://www.hse.gov.uk/pubns/priced/l140.pdf

INSHT (2005). *Guía Técnica del Real Decreto 1311/2005.* Disponible en: http://www.insht.es/InshtWeb/Contenidos/Normativa/GuiasTecnicas/Ficheros/Vibraciones.pdf

INRS (2008). *Vibrations et mal de dors. Guide des bonnes pratiques en application du décret «vibrations».* París: INRS. Disponible en: http://www.inrs.fr/inrs-pub/inrs01.nsf/intranetobject-accesparreference/ED%206018/$file/ed6018.pdf

Lavín Ortiz, N. (2009). *Evaluación de la exposición a la vibración mano-brazo. Evaluación por estimación.* Barcelona: INSHT. Disponible en: http://www.insht.es/InshtWeb/Contenidos/Documentacion/FichasTecnicas/NTP/Ficheros/786a820/792%20web.pdf

## Capítulo VIII. Estrés térmico

American Conference of Governmental Industrial Hygienists (2001). *Documentation of the threshold limit values for physical agents* (7.ª ed.). Cincinnati, Ohio: ACGIH Worldwide.

Bernal, F. (coord.) (2008). *Higiene industrial* (5.ª ed.). Madrid: INSHT.

Bethea, D.; Parsons, K.(2002). *The development of a practical heat stress assessment methodology for use in UK industry.* Londres: HSE Books.

Holmer, I. (2009). "Evaluation of Cold Workplaces: An overview of Standards for Assessment of Cold Stress". *Industrial Health* (núm. 47, págs. 228-234).

Parson, K. C. (2002). *Human thermal environments: the effects of hot, moderate, and cold environments on human health, comfort and performance* (2.ª ed.). Londres: Taylor & Francis.

Vogt, Jean-Jacques. "Calor y frío OIT". *Enciclopedia de seguridad y salud en el trabajo* (cap. 42). <http://www.insht.es/InshtWeb/Contenidos/Documentacion/TextosOnline/EnciclopediaOIT/tomo2/42.pdf>

## Capítulo IX. Radiaciones

Bernal, F. (coord.) (2008). *Higiene industrial* (5.ª ed.). Madrid: INSHT.

Cherry, R. N. Jr. "Radiaciones ionizantes". En: *Enciclopedia de seguridad y salud en el trabajo*. <http://www.insht.es/InshtWeb/Contenidos/Documentacion/TextosOnline/EnciclopediaOIT/tomo2/48.pdf>

Gallardo, E. y otros (1988). *Radiaciones no ionizantes: prevención de riesgos*. Madrid: INSHT.

Internacional Comisión for Non Ionizing Radiation Protection (1998, abril) "Guidelines for limiting exposure to Time-varying electric, magnetic and electromagnetic fields (up to 300 GHz)". *Health Physics* (vol. 4, núm. 74, pág. 494-522). <http://www.icnirp.de/documents/emfgdl.pdf>

Knave, B. "Radiaciones no ionizantes". En: *Enciclopedia de seguridad y salud en el trabajo*. <http://www.insht.es/InshtWeb/Contenidos/Documentacion/TextosOnline/EnciclopediaOIT/tomo2/49.pdf>

Pascual, A. NTP 728. *Exposición laboral a radiación natural*. <http://www.insht.es/InshtWeb/Contenidos/Documentacion/FichasTecnicas/NTP/Ficheros/701a750/ntp_728.pdf>

Pascual, A.; Gadea, G. NTP 614. *Radiaciones ionizantes: normas de protección*. <http://www.insht.es/InshtWeb/Contenidos/Documentacion/FichasTecnicas/NTP/Ficheros/601a700/ntp_614.pdf>

Rupérez, M. J.; Cabrera, J. A. (coord.) (1995). *Algunas cuestiones de seguridad láser*. Madrid: INSHT.

REAC/TS. *The medical aspects of radiation incidents*. <http://orise.orau.gov/files/reacts/medical-aspects-of-radiation-incidents.pdf>

Made in United States
Cleveland, OH
25 October 2026

46755866R10295